高等学校“十二五”规划教材

给排水科学与工程专业应用与实践丛书

水文与水文地质学

王亚军 ■ 主编

卢静芳　王进喜 ■ 副主编

化学工业出版社

·北京·

本书主要围绕水文学和水文地质学与给排水科学与工程专业之间的相互关系展开叙述，在此基础上讨论相关研究发展方向，列举目前人类面临的相关问题。全书共分2篇。第1篇为水文学，系统地介绍了水文现象、水文学基本知识、水文统计基本方法、河川径流情势特征值分析、小流域暴雨洪峰流量计算、水文学在土木工程中的应用等内容。第2篇为水文地质学，介绍了地质基本知识、地下水的储存与循环、地下水的渗流运动、地下水污染与防治等内容。

本书在每章前总结了学习目的、学习重点、学习难点、本章任务、学习情景，每章后配任务解决、知识拓展、思考与练习题，适合高等院校给排水科学与专业、市政工程专业、环境工程专业等相关专业师生教学使用。

图书在版编目(CIP)数据

水文与水文地质学/王亚军主编．—北京：化学工业出版社，2013.2（2022.8重印）
高等学校“十二五”规划教材
（给排水科学与工程专业应用与实践丛书）
ISBN 978-7-122-16320-2

Ⅰ.①水…　Ⅱ.①王…　Ⅲ.①水文学②水文地质学
Ⅳ.①P33②P641

中国版本图书馆CIP数据核字（2013）第009443号

责任编辑：徐　娟　　　装帧设计：关　飞
责任校对：徐贞珍

出版发行：化学工业出版社（北京市东城区青年湖南街13号　邮政编码100011）
印　　装：北京虎彩文化传播有限公司
787mm×1092mm　1/16　印张17　字数450千字　2022年8月北京第1版第9次印刷

购书咨询：010-64518888　　　售后服务：010-64518899
网　　址：http://www.cip.com.cn
凡购买本书，如有缺损质量问题，本社销售中心负责调换。

定　　价：48.00元　

丛书序

在国家现代化建设的进程中，生态文明建设与经济建设、政治建设、文化建设和社会建设相并列，形成五位一体的全面建设发展道路。建设生态文明是关系人民福祉，关乎民族未来的长远大计。而在生态文明建设的诸多专业任务中，给排水工程是一个不可缺少的重要组成部分。培养给排水工程专业的各类优秀人才也就成为当前一项刻不容缓的重要任务。

21 世纪我国的工程教育改革趋势是“回归工程”，工程教育将更加重视工程思维训练，强调工程实践能力。针对工科院校给排水工程专业的特点和发展趋势，为了培养和提高学生综合运用各门课程基本理论、基本知识来分析解决实际工程问题的能力，总结近年来给排水工程发展的实践经验，我非常高兴化学工业出版社能组织全国几十所高校的一线教师编写这套丛书。

本套丛书突出“回归工程”的指导思想，为适应培养高等技术应用型人才的需要，立足教学和工程实际，在讲解基本理论、基础知识的前提下，重点介绍近年来出现的新工艺、新技术与新方法。丛书中编入了更多的工程实际案例或例题、习题，内容更简明易懂，实用性更强，使学生能更好地应对未来的工作。

本套丛书于“十二五”期间出版，对各高校给排水科学与工程专业和市政工程专业、环境工程专业的师生而言，会是非常实用的系列教学用书。

薛启鹏

2013 年 1 月

前言

本书紧跟给水排水工程专业教学内容的改革和工程教育的改革，结合“水文学”和“水文地质学”两门课程的教学大纲编写，将“水文学”和“供水水文地质”的有关内容有机地融为一体，形成完整的课程体系。编写的指导思想是“回归工程”，不仅拓展专业基础知识面，更重视培养学生的创新精神，提高分析、解决问题的能力，增强综合素质。

本书分为两篇，第 1 篇水文学，第 2 篇水文地质学。为了使内容更简单易懂，实用性更强，在每章内容前设置“本章任务”和“学习情景”，同时每章结束时附有“任务解决”和“知识拓展”等部分。

全书由王亚军主编，卢静芳、王进喜为副主编。各章的执笔人为：兰州理工大学王亚军编写前言、绪论、第 6 章、第 8 章、第 9.4 节；兰州大学和法国编写第 1 章；甘肃联合大学王进喜编写第 2 章、第 5 章；西安工业大学董艳慧编写第 3 章、附录；西安工业大学田应丽编写第 4 章；天津城市建设学院卢静芳编写第 7 章；安徽工业大学郭彦英编写第 8 章；太原大学杨素宜编写第 9 章；河北科技大学葛磊编写第 10 章。全书由王亚军统稿，英文翻译由王亚军完成。

在本书的编写过程中，参考并引用了有关院校编写的教材及生产科研单位等的技术资料，同时得到了化学工业出版社的大力支持，在此致以衷心的感谢！

由于水文学及水文地质涉及的内容和知识领域广泛，加之编者的水平所限，内容的疏漏和不足在所难免，恳请本书的使用者和广大读者批评指正。

编者

2012 年 12 月

目　录

绪 论

0.1 水文学的研究内容

水文学（Hydrology）是人类在长期水事活动过程中，不断地观测、研究水文现象及其规律性而逐步形成的一门科学。它经历了一个由萌芽到成熟、由定性到定量、由经验到理论的发展过程。如今的水文学已是分支众多、应用广泛、理论成熟、学科前沿不断扩大、新分支学科不断兴起。

0.1.1 水文学

水文学是地球物理学和自然地理学的分支学科。水文学是人类在长期水事活动过程中逐渐形成的一门服务于社会的学科。早期的水文学主要是对自然界中的水现象进行描述。水文学的发展最早可以追溯到17世纪70年代，在1674年，Perrault 和 Mariotte 定量研究了降水形成的河流和地下水量大小，标志着水文学的产生。随着科学的发展，水文学已经成为一个学科体系。

不同的国家、不同的部门对水文学的定义也不尽相同。国际水文科学协会（International Association of Hydrological Sciences，IAHS）对水文学的目标和任务的定义是："研究地球上水文循环和大陆上各种水，如地表水和地下水，雪和冰川及其物理的、化学的和生物学的变化过程；各类形态的水与气候及其他物理的和地理的因素间的关系，以及它们之间的相互作用；研究侵蚀和泥沙同水文循环的关系；检验在水资源管理和利用中的水文问题；以及在人类活动影响下水的变化。"1962年，美国联邦政府科技委员会把"水文学"定义为"一门关于地球上水的存在、循环、分布，水的物理、化学性质以及环境（包括与生活有关事物）反应的学科"。1987年，《中国大百科全书》中定义为："水文科学是地球上水的起源、存在、分布、循环、运动等变化规律和运用这些规律为人类服务的知识体系，水圈同大气圈、岩石圈和生物圈等自然圈层的关系也是水文科学的研究领域。"尽管在表述上有所不同，但基本可以把水文学总结为"研究自然界中水体形成、分布、循环和与环境相互作用规律的一门科学。即：研究水存在于地球上的大气层中和地球表面以及地壳内的各种现象的发生和发展规律及其内在联系的学科。包括水体的形成、循环和分布，水体的化学成分，生物、物理性质以及它们对环境的效应等。"

0.1.2 水文学的研究内容

水文学研究自然界中水体形成、时空分布、循环和与环境相互作用的关系，为人类防治洪涝灾害，合理开发利用水资源，提供科学依据。

从给水排水工程和环境工程的角度来看，随着水资源开发利用的规模日益扩大，人类活动对水环境的影响明显增强，大规模的人类活动干扰了自然界的水循环过程，改变着各个水体的性质。水情预测与水灾防治，水资源的合理开发利用与保护，都是实施经济社会可持续发展的重要支撑条件。因此，水资源的开发利用和人类活动对水环境的影响研究，已成为现代水文学研究的重要内容。

本课程的内容主要叙述水分循环运动中，从降水到径流入海的这一段过程中，关于地面径流的运动规律、量测方法及在工程上的应用等问题，基本上属工程水文学的范畴。它包括河川及径流的基本概念，河川水文要素量测方法，水文分析中常用的数理统计的基本原理，河川径流的年际变化与年内分配，枯水径流与洪水径流的调查分析与计算，降雨资料的整理与暴雨公式的推求，小流域暴雨洪水流量的计算，城市降雨径流的特点等。

通过本课程的学习，要求能了解河川水文现象的基本规律，掌握水文统计的基本原理与方法，能够独立地进行一般水文资料的收集、整理工作，具有一定的水文分析计算技能。由于水文现象本身所具有的特点，一般在处理上多运用数理统计方法进行分析，注重实际资料的收集，强调深入现场进行调查研究。因此在学习中，不仅要学会某种具体方法，而且要体会运用这种方法的条件。总之，随时注重资料收集，深入掌握分析方法，全面熟悉应用条件，才能在学习中有所获益。

0.1.3 水文学面临的机遇与挑战

不断提出的新理论迫切需要在水文学中得到检验和应用推广：一方面，它们为水文学发展提供新的理论基础；另一方面，又需要水文学家不断吸收和改进新理论，以完善水文学理论体系。这是现代水文学遇到的前所未有的机遇。比如人工神经网络理论有助于水文非线性问题研究；分形几何理论有助于水文相似性和变异性研究；混沌理论有助于水文不确定性问题研究；灰色系统理论有助于灰色水文系统不确定性研究。这些新理论已经渗透到水文学中，促进了水文学的不断发展。这既是机遇，也是挑战。

新技术特别是高科技的不断涌现，为水文学理论研究、实验观测、应用实践提供了新的技术手段。比如3S技术［是遥感（RS）技术、地理信息系统（GIS）技术和全球定位系统（GPS）技术的统称］，可以提供快速的水文遥感观测信息，可以提供复杂信息的系统处理平台，为水文学理论研究（如水文模拟、水文预报、洪水演进）、水文信息获取与传输（如洪水信息、地表水、地下水自动监测）以及水文社会化服务（如防洪抗旱、水量调度）提供很好的技术手段；再比如，同位素实验技术可以为水循环研究提供技术手段，为地下水补给、径流、排泄过程分析提供支持。现代新技术的飞速发展，为水文学研究提供了许多新的技术手段，大大促进了水文学的发展。

随着社会发展，人类活动日益加剧，引起的水问题越来越严重，受到全人类的关注程度也越来越强烈。由于解决这些水问题需要更深入的水文学知识，所以日益突出的水问题促进了水文学的发展，这是“机遇”。当然，由于面对的水问题越来越复杂，水文学研究也面临更加严峻“挑战”。

0.2 水文学与给水排水工程专业的关系

研究水文学的目的是：运用水文规律为给水排水工程和市政工程的规划、设计、施工管理提供正确的水文资料及分析成果，以充分开发与合理利用水资源，减免水害，充分发挥工程效益。

可通过水文资料的整理，找出水文规律，以便估计出防止泵房和道路、桥梁受淹的洪水水位，以及确定泵房的室内地坪高度和保证道路、桥梁运行安全的泄水建筑物高度。又如采用地面水为水泥的给水工程，首先要考虑水泥的水量变化，当水源水量丰沛时，需要了解水文、泥沙及冰凌的变化情况；当水源水量不足时，就要设法以丰补枯，进行水量的引取、蓄存与调节，需要对径流的年际变化及年内分配等水文情况进行分析。再如洪水位、常水位及枯水位的取水口的确定也依赖于水文学的知识。还有城市排水泵及雨水泵扬程的选择以及排水工程中雨水的排泄、洪水的防御，都要预先求得暴雨和洪水的大小和变化情况。这些都需要进行水文资料的收集、分析与计算。因此，水文学与给水排水工程和市政工程有着密切的关系。

采用地面水为水源的给水工程。首先要考虑水量变化及其取用条件。当水源水量充沛时，需要了解水位、泥沙及冰凌的变化情况；当水源水量不足时，就要设法以丰补歉，进行水量的引取、蓄放与调节，需要对径流的年际变化及年内分配等水文情况进行分析。如果给水与灌溉、航运、水力发电等其他水利工程设施配合在一起综合利用水利资源时，其水文分析与计算的内容就更加复杂、广泛。排水工程中雨水、污水排泄的设计计算及排泄口的位置、洪水防御的设计，都要预先求得暴雨和洪水的大小和变化情况，这些都需要进行水文资料的收集、分析与计算。所以说，水文学与结水排水工程有着密切的关系，学好水文学对系统全面地掌握给水排水专业知识具有重要的意义。

0.3 水文地质学的研究内容

水文地质学（Hydrogeology）针对当前国民经济建设的需要和地质工程、岩土工程、地质学等学科发展的需要，系统论述了水文地质学的基本概念、基本理论和方法；重点介绍了地下水形成与赋存的基本规律、地下水运动的基本规律、不同介质中地下水的重要特征、地下水的理化特征、地下水运动的基本理论、水文地质参数计算价等。

0.3.1 水文地质学

水文地质学是研究地下水的数量和质量随空间和时间变化的规律，以及合理利用地下水或防治其危害的学科。它研究在与岩石圈、水圈、大气圈、生物圈以及人类活动相互作用下地下水水量和水质的时空变化规律以及如何运用这些规律兴利除害。

0.3.2 水文地质学的研究内容

水文地质学的研究内容包括地下水的起源、分布和赋存状态、补给、径流与排泄条件，水质、水量在时空上的变化与运动规律，包括在各种自然因素和人为因素影响下，地下水作为一种地质营力对环境的改造作用以及在作用过程中它自身发生的各种变化规律，经济合理地开采利用地下水，有效地防治和消除地下水造成的危害，达到兴利除害的目的。其研究内容是地下水在周围环境影响下，数量和质量在时间和空间上的变化规律，以及如何应用这一规律有效地利用和调控地下水。

0.3.3 水文地质学研究的发展方向

预计今后水文地质学研究重点主要有以下几方面：①裂隙水和岩溶水的形成机制；②粘性土渗透机制；③包气带水盐运移机制；④人类活动对地下水数量和质量的影响及预测；⑤地下水与大气降水、地表水、包气带水之间的关系与转化以及生态需水研究；⑥水资源联合调度研究；⑦水资源、水环境规划与管理研究等；⑧地下水在裂隙介质、岩溶介质中运动机制和基本运动规律的研究；⑨水中溶质运动机制和运移理论的研究；⑩热量在地下水中运移的研究；⑪介质非均质性研究；⑫各种实际渗流问题的数值模拟方法研究；⑬随机理论在水流和溶质运移研究中的应用；⑭在含多组分溶质的水流中 Darcy 定律的表达形式。

0.4 水文地质学与给水排水工程专业的关系

水文地质学与给水排水工程专业的联系，包括了地下水的开发与管理及水源工程等内容，地下水作为城镇、厂矿、企业、国防工程的供水水源，有着重要的供水意义。

给水排水工作者的任务是选择水源地和设计取水构筑物，一般不去进行水文地质勘察工作。但选择水源和设计取水构筑物的依据是水文地质资料，因此对于给水排水工作者来说，掌握基本的水文地质知识，学会阅读和利用水文地质资料，能进行简单的水文地质计算，具备地下水取水工程的基础知识，均是正确地选择水源和合理地设计取水构筑物的必要条件。新型节能技术，如水源热泵、地温热泵技术，还有地下水人工补给、地下水与地表水联合调蓄等问题，都涉及水文地质学的知识。可见水文地质学与给水排水工程专业有非常密切的联系。

0.5 水文及水文地质学的学习方法与要求

0.5.1 按主线有重点地点面结合学习

“水文及水文地质学”是一门实用性较强的课程，学习时需以分析与计算方法、应用为主线。重点是掌握知识的应用，而对公式推求以及勘察地质等知识只做一般性的了解。水文学与水文地质学细节繁多，需要学习和研究的内容范围很广。因此，对其学习不必面面俱到，平均分配力量，而应有重点地、点面结合地进行学习。

本课程的学习重点水文学及水文地质学的知识及其应用。但不可满足于知道基本概念、分类、公式，重要的是理解这些分类的内在原因、外部原因和相互关系，从而更好地应用，并注意对知识点的比较，注意其异同点，具体的数据懂得查找即可。

0.5.2 知识、能力和素质的有机统一

学习本课程不仅仅是为了掌握有关的专业知识和基本技能，更重要的是培养分析、解决问题的能力，培养创新精神，提高综合素质。

本书每节均有工程实例分析的任务解决，这是为引导学生理论联系实际，培养分析、解决实际问题的能力而设置的。建议在阅读案例的基本情况后，先联系有关的知识独立思考，然后阅读其原因分析，且应当多观察身边的工程实际问题，理论联系实际地学习。

在学习完每一章后，对习题与讨论亦应认真思考，并可对照所附参考答案。这些习题大多源自工程实际，在此过程中不仅可加深基本原理、基本知识的理解，而且有利于分析解决工程实际问题能力的培养。

本书每章设有能力知识扩展专栏，提出挑战性的问题，漫谈现代学及水文地质学的发展与应用，供学生思考讨论，以激发、培养其创新意识。

学生本课程还需要充分注意水文学、水文地质学与给排水科学与工程专业的结合，强化专业意识，提高工程综合素质。

第1章

水文现象

【学习目的】 了解水文现象及水文循环的有关概念，明确水文现象特征及研究方法，熟悉水文现象及水文循环的组成内容，掌握水量平衡表达。

【学习重点】 水文现象的运动形式，水量平衡。

【学习难点】 水量平衡。

【本章任务】 近100年海平面平均每年上升约1.8mm。是否意味全球水平衡出现问题?

【学习情景】 2010年底以来，由于降水稀少，甘肃省定西市通渭县城及周边地区供水主要水源锦屏水库蓄水不足，锦屏水库主要靠7月份以后主汛期的暴雨引发的洪水蓄水。2010年该县年降水量为310.8毫米，比历年偏少20.8%，该水库来水仅77.7万立方米，与近5年平均来水量相比减少了59.8%。当时水库实际可用水量不足10万立方米，按城区每天正常生活供水2000立方米计算，水库可用水量仅能维持城区5万人1个月左右的生活用水。出现严重的城乡居民饮水困难。

1.1 水文现象与水文循环

1.1.1 水文现象

水文现象（Hydrological Phenomena）是指地球上的水受到外部作用（太阳辐射和地心引力）而产生的永不休止的运动形式。其运动形式可概括为四大类型，即降水、蒸发、渗流和径流。

降水（Precipitation）的形式有雨、雪、雾、霰、雹等，凡空气中水汽以任何方式冷凝并降落在地表的都属降水。降水是水文循环的重要环节，也是人类用水的基本来源。降水资料是分析河流洪枯水情，流域旱情的基础，也是水资源的开发利用如防洪、发电、灌溉等的规划设计与管理运用的基础。

蒸发（Evaporation）是水分子从水面、冰雪面或其他含水物质表面以水汽形式逸出的现象。这种使水上升成为水汽的途径有截留蒸发、地面蒸发、叶面散发、水面蒸发和海洋蒸发等五种。所谓截留蒸发是指那些并未落到地面而被植物截留了的降水重新蒸发的现象；所谓叶面散发是指从植物叶孔中逸出水汽的现象，有时也称为蒸腾。

渗流（Infiltration）是水从地表渗到地内，以及在地内流动的现象。可分为两步：下渗或入渗是指地表水经过土壤表面进入土壤的过程；渗透是指水分在土壤内的运动。

径流（Runoff）是指降雨及冰雪融水在重力作用下沿地表或地下流动的水流。径流有不同的类型，按水流来源可有降雨径流和融水径流；按流动方式可分地面径流和地下径流；此外，还有水流中含有固体物质（泥沙）形成的固体径流，水流中含有化学溶解物质构成的离子径流（又称化学径流）等。其中地面径流（Surface Runoff）是水在地面上流动的现象，包括坡地漫流和河槽流动两个过程；地下径流（Groundwater Runoff）是水在地下含水层内流动的现象。在这些水文现象中，从地表和地下汇入河川后，向流域出口断面汇集和排泄的水流称为河川径流（River Runoff），与人类经济活动关系最为密切，是我们研究的主要对象。

1.1.2 水文循环

水文循环（Hydrologic Cycle）是指地球上或某一区域内，在太阳辐射和地心引力的作用下，水分通过蒸发、水汽输送、降水、入渗、径流等过程不断变化、迁移的现象，又称水循环。

地球上的水在太阳热能和地心引力的作用下，不断蒸发而形成水汽，上升到高空，随大气运动而散布到各处。这种水汽如遇适当条件与环境，则凝结成降水，下落到地面。到达地面的雨水，除部分为植物截留并蒸发外，一部分沿地面流动成为地面径流，一部分渗入地下沿含水层流动成为地下径流，最后它们之中的大部分都流归大海。然后又重新蒸发，继续凝结形成降水，运转流动，往复不停。水文循环如图 1-1 所示。

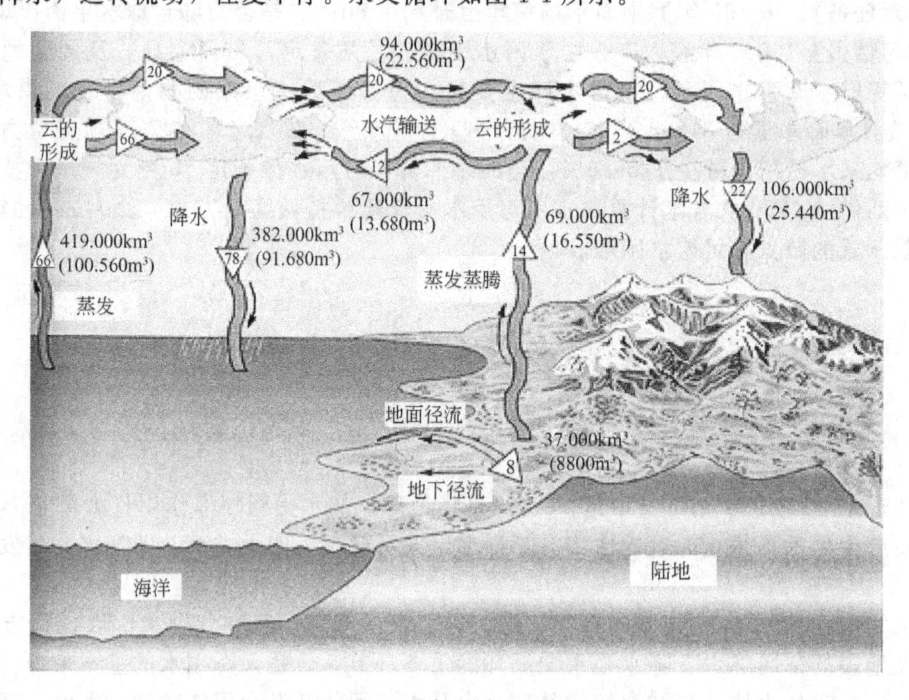

图 1-1 水文循环示意

（源自：Robert W. Christopherson，Geosystems：An Introduction to Physical Geography（8th Edition）©2011.）

根据水文循环过程的整体性和局部性，可把水分循环分为大循环与小循环两类。由海洋蒸发的水汽降到大陆后又流归海洋的循环，称为大循环；由图 1-1 可以看出大循环收入与支出量相等。海洋蒸发的水汽凝结后成为降水又直接降落在海洋上或者陆地上的降水在没有流归海洋之前，又蒸发到空中去的这些局部循环，称为小循环。由图 1-1 可以看出收入与支出量不相等，差值为储水量。陆地上小循环之所以重要，在于地方性蒸发所产生的水汽，既增加了当时大气中的水汽含量，又改变了大气的物理状态，因此创造了降水的有利条件，直接影响到人类的经济活动。

在水文循环中，水的时空分布不均匀。一些地区河川径流的丰水、枯水年往往交替出现。一般来说，低纬度湿润地区，降雨较多，雨季降水集中，气温较高，蒸发量大，水文循环过程强烈；高纬度地区，气温低，冰雪覆盖期长，水文循环过程较弱；干旱地区降水稀少，蒸发能力大，但实际蒸发量小，水文循环微弱。同一地区不同季节水文循环强度也存在差异，水文循环的这种不均匀现象造成了洪涝、干旱等多变的复杂的水文情势。

研究水循环的目的，在于认识水循环的客观规律，了解其各项影响因素间的内在联系，为改造自然，开发水利资源提供理论根据。

1.1.3 水量平衡

水量平衡（Water Balance）是水循环的数量表示。是指在任意给定的时域和空间内，水的运动（包括相变）有连续性，在总体上数量保持收支平衡，即收入的水量与支出的水量之间差额必等于该时段区域（或水体）内蓄水的变化量。水量平衡是水文现象和水文过程分析研究的基础，也是水资源数量和质量计算及评价的依据。

水量平衡的基本原理是质量守恒定律。从本质上说，水量平衡是质量守恒原理在水循环过程中的具体体现，也是地球上水循环能够持续不断进行下去的基本前提。一旦水量平衡失控，水循环中某一环节就要发生断裂，整个水循环亦将不复存在。反之，如果自然界根本不存在水循环现象，亦就无所谓平衡了。因而两者密切不可分。水循环是地球上客观存在的自然现象，水量平衡是水循环内在的规律。水量平衡方程式则是水循环的数学表达式，而且可以根据不同水循环类型，建立不同水量平衡方程，如通用水量平衡方程、空间水量平衡方程（海洋水量平衡方程、陆地水量平衡方程、全球水量平衡方程、流域水量平衡方程）等。

1.1.3.1 研究意义

水量平衡研究是水文、水资源学科的重大基础研究课题，同时又是研究和解决一系列实际问题的手段和方法。因而具有十分重要的理论意义和实际应用价值。

首先，水量平衡研究可以定量地揭示水循环过程与全球地理环境、自然生态系统之间的相互联系、相互制约的关系；揭示水循环过程对人类社会的深刻影响，以及人类活动对水循环过程的消极影响和积极控制的效果。

其次，水量平衡是研究水循环系统内在结构和运行机制，分析系统内蒸发、降水及径流等各个环节相互之间的内在联系，揭示自然界水文过程基本规律的主要方法；是人们认识和掌握河流、湖泊、海洋、地下水等各种水体的基本特征、空间分布、时间变化，以及今后发展趋势的重要手段。通过水量平衡分析，还能对水文测验站网的市局，观测资料的代表性、精度及其系统误差等做出判断，并加以改进。

第三，水量平衡分析又是水资源现状评价与供需预测研究工作的核心。从降水、蒸发、径流等基本资料的代表性分析开始，到进行径流还原计算，到研究大气降水、地表水、土壤水、地下水等四水转换的关系，以及区域水资源总量评价，基本上都是根据水量平衡原理进行的。水资源开发利用现状以及未来供需平衡计算，更是围绕着用水，需水与供水之间能否平衡的研究展开的，所以水量平衡分析是水资源研究的基础。

第四，水量平衡分析不仅为工程流域规划与水资源工程系统规划与设计提供基本设计参数，而且可以用来评价工程建成以后可能产生的实际效益。在水资源工程正式投入运行后，水量平衡方法又往往是合地分配各部门的不同用水需要，进行合理调度，科学管理，充分发挥工程效益的重要手段。

1.1.3.2 水量平衡方程

水量平衡通常用水量平衡方程式（Water Balance Equation）表示。方程式中各收入项、支出项和蓄水变量随研究的区域不同而有所不同。利用水量平衡方程式，可以确定各要素（也称水量平衡要素）的数量关系。

（1）通用水量平衡方程。水平衡方程式水循环的数学模式。对于一个区域，可列出如下水平衡方程。

$$I-Q=\frac{\mathrm{d}s}{\mathrm{d}t}$$

写出差分形式为：$\overline{I}\Delta t-\overline{Q}\Delta t=\Delta\overline{S}$

式中，I 为水量收入项；Q 为水量支出项；$\overline{I}$、$\overline{Q}$、$\Delta\overline{S}$ 分别为研究时段 Δt 内区域（或水体）的水量收入、支出及蓄水变化量。

上式为水量平衡的基本表达式。式中收入项 I 和支出项 Q，还可视具体情况进一步细分。现以陆地上任一地区为研究对象，设想沿该地区边界做一垂直柱体，以地表作为柱体的上界，以地面下某深度处的平面为下界（以界面上不发生水分交换的深度为准），则可在上述水量平衡基本表达式的基础上，列出如下方程式。

$$P+E_1+R_{地表}+R_{地下}+S_1=E_2+R'_{地表}+R'_{地下}+q+S_2$$

式中，P 为时段内降水量；E_1、E_2 为时段内水汽凝结量和蒸发量；$R_{地表}$ 和 $R'_{地表}$ 分别为时段内地表流入与流出的水量；$R_{地下}$ 和 $R'_{地下}$ 分别为时段内从地下流入与流出的水量；q 为时段内工农业及生活净用水量；S_1 和 S_2 分别为时段内始末蓄水量。

由于式中 E_1 为负蒸发量，令 $E=E_2-E_1$，为时段内年蒸发量；$\Delta S=S_1-S_2$ 为时段内蓄水变量，则上式可改写如下。

$$(P+R_{地表}+R_{地下})-(E+R'_{地表}+R'_{地下}+q)=\Delta S$$

此式即为通用水量平衡方程式。

图 1-2 为水量平衡示意。

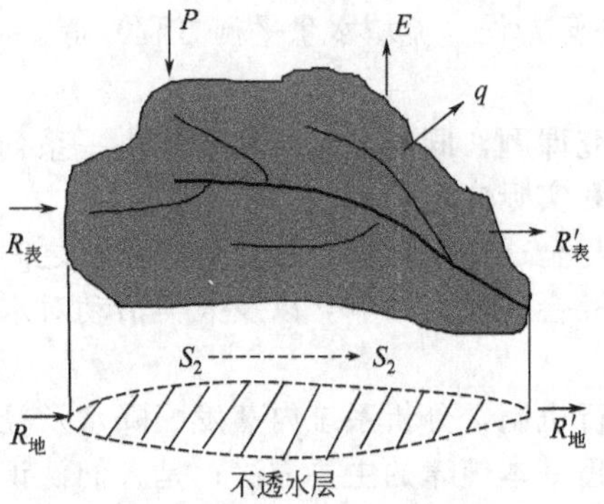

图 1-2　水量平衡示意

在此基础上，根据研究对象的不同，就一定时段内有关的收入与支出及其盈余补偿等项目，可以建立各种特定的水平衡方程。

（2）空间水量平衡方程

① 海洋水平衡方程　以全球海洋为研究对象，则任意时段内的水量平衡方程如下。

$$P_{海}+R-E_{海}=\Delta S_{海}$$

由于多年平均状态下 $\Delta S_{海}=0$，所以上式改写如下。

$$\overline{P}_{海}+\overline{R}-\overline{E}_{海}=0$$

式中，$P_{海}$、$E_{海}$和 R 分别为海洋上任意时段降水量、蒸发量及入海径流量；$\overline{P}_{海}$、$\overline{E}_{海}$和 $\overline{R}$ 分别为海洋上多年平均降水量、蒸发量及入海径流量；$\Delta S_{海}$为海洋蓄水变化量。在多数平均状态下，整个海洋的降水量加上入海径流量与海面水蒸发量处于动态平衡状态。但由于各大洋间存在水量交换，因此对各大洋来说，降水量与入海径流量之和并非等于蒸发量。

② 陆地水平衡方程

a. 外流区水平衡方程。对于外流区来说，任意时段的水量平衡方程如下。

$$P_{外}-E_{外}-R_{地表}-R_{地下}=\Delta S_{外}$$

对于多年平均而言 $\Delta S_{外}=0$，并且有 $R=R_{地表}+R_{地下}$ 的关系。

$$\overline{P}_{外}-\overline{R}-\overline{E}_{外}=0$$

式中，$P_{外}$、$E_{外}$、$R_{地表}$、$R_{地下}$和 $\Delta S_{外}$ 分别为外流区任意时段内降水量、蒸发量及入海的地表和地下径流量及蓄水变化量；$\overline{P}_{外}$、$\overline{E}_{外}$和 $\overline{R}$ 分别为外流区多年平均降水量、蒸发量及径流量。

b. 内流区水平衡方程。由于内流区水循环系统基本上呈闭合状态，除上空存在与外界水汽发生交换外，内流区的降水量最终全部蒸发，没有水量入海。因此在多年平均情况下，水平衡方程如下。

$$\overline{P}_{内}=\overline{E}_{内}$$

式中，$\overline{P}_{内}$、$\overline{E}_{内}$分别为内流区多年平均降水量与蒸发量。

c. 陆地水平衡方程。将上述外流区和内流区水量平衡方程组合起来，就构成整个陆地系统的水量平衡方程。

$$(\overline{P}_{外}+\overline{P}_{内})-(\overline{E}_{外}+\overline{E}_{内})=\overline{R}$$

如以 $\overline{P}_{陆}=\overline{P}_{外}+\overline{P}_{内}$，$\overline{E}_{陆}=\overline{E}_{外}+\overline{E}_{内}$ 代入上式，则有：

$$\overline{P}_{陆}-\overline{E}_{陆}=\overline{R}$$

据测定，全球陆地平均降水量 $\overline{P}_{陆}$ 为 800mm，而平均蒸发量 $\overline{E}_{陆}$ 为 485mm，两者之差即为陆地上剩余的水量为 315mm，它就是河流入海径流量 $\overline{R}$。

③ 全球水平衡方程。将上述海洋水平衡方程式与陆地水平衡方程式组合在一起就构成全球水平衡方程式。

海洋水平衡方程式：$\overline{P}_{海}+\overline{R}=\overline{E}_{海}$

陆地水平衡方程式：$\overline{P}_{陆}-\overline{E}_{陆}=\overline{R}$

两者相加得：

$$\overline{P}_{海}+\overline{P}_{陆}=\overline{E}_{海}+\overline{E}_{陆}$$

上式说明海洋和陆地的多年平均降水量等于海洋和陆上多年平均蒸发量，即：

$$\overline{P}_{全球}=\overline{E}_{全球}$$

在水循环过程中，全球水量基本不变，但各种水体的数量都处于经常变化状态之中。

根据 John Mbugua 等（1995 年）的估算，海洋年蒸发量 $E_{海}$ 为 505000km^3，降水量 $P_{海}$ 为 458000km^3；陆地蒸发量 $E_{陆}$ 为 72000km^3，降水量 $P_{陆}$ 为 119000km^3；年径流入海量 R 为 47000km^3。可以算得：$E_{海}-P_{海}-R=505000-458000-47000=0$；$P_{陆}-E_{陆}-R=119000-72000-47000=0$；$(P_{海}+P_{陆})-(E_{海}+E_{陆})=(458000+119000)-(505000+72000)=0$。由此表明海洋、陆地以及全球水量都是平衡的。

图 1-3 为全球水量平衡。

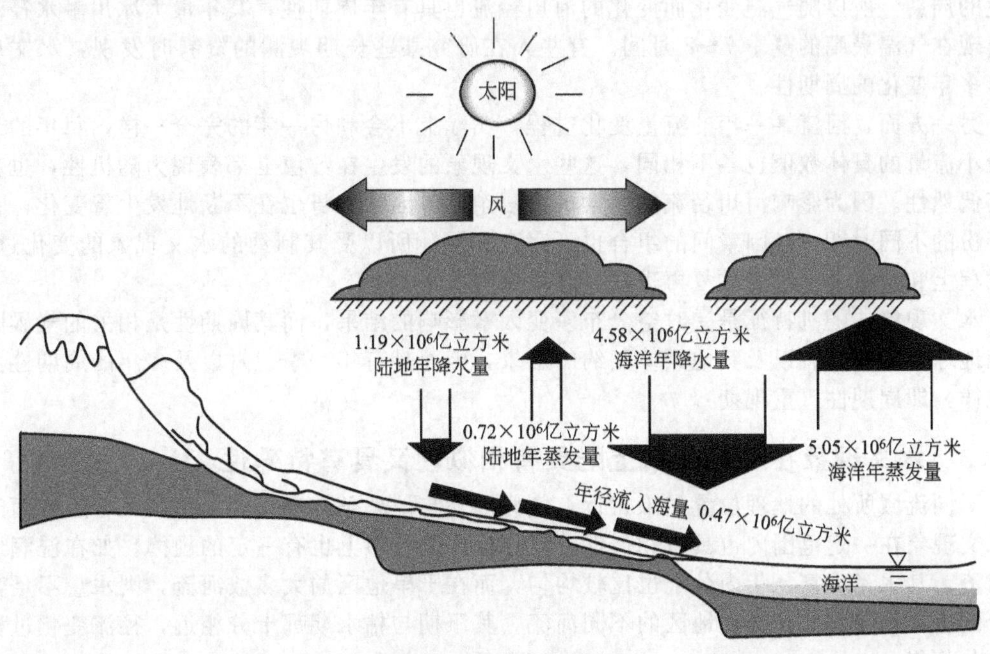

图 1-3　全球水量平衡

（源自：John Mbugua 等 1995）

利用水量平衡原理，便可以改变水的时间和空间分布，化水害为水利。目前人类活动对水循环的影响主要表现在调节径流和增加降水等方面。通过修建水库等拦蓄洪水，可以增加枯水径流。通过跨流域调水可以平衡地区间水量分布的差异。通过植树造林等能增加入渗，调节径流，加大蒸发，在一定程度上可调节气候，增加降水。而人工降雨、人工消雹和人工消雾等活动则直接影响水汽的运移途径和降水过程，通过改变局部水循环来达到防灾抗灾的目的。当然，如果忽视了水循环的自然规律，不恰当地改变水的时间和空间分布，如大面积地排干湖泊、过度引用河水和抽取地下水等，就会造成湖泊干涸、河道断流、地下水位下降等负面影响，导致水资源枯竭，给生产和生活带来不利的后果。因此，了解水量平衡原理对合理利用自然界的水资源是十分重要的。

1.2 水文现象的特性

1.2.1 水循环的永无止境及因果关系

任何一种水文现象的发生，都是全球水文现象整体中的一部分和永无止境的水循环过程中的短暂表现。也就是说，一个地区发生洪水和干旱，往往与其他地区水文现象的异常变化有联系；今天的水文现象是昨天水文现象的延续，而明天的水文现象则是在今天的基础上向前发展的结果。任何水文现象在空间上或时间上总是存在一定的因果关系。

1.2.2 水文现象在时间变化上既具有周期性又具有随机性

在水文现象的时程变化方面存在着周期性与随机性的对立统一。水文现象的变化对任何一条河流都有一个以年为单位的周期性变化。例如每年河流最大和最小流量的出现中虽无具体固定的时日，但最大流量每年都发生在多雨的汛期，而最小流量多出现在雨雪稀少的枯水期，这是由于四季的交替变化影响河川径流。又如靠冰川或融雪补给的河流，因气温具有年变化的周期，所以随气温变化而变化的河川径流也具有年周期性，其年最大冰川融水径流一般出现在气温最高的夏季7～8月间。有些人在研究某些长期观测的资料时发现，水文现象还有多年变化的周期性。

另一方面，河流某一年的流量变化过程，实际上不会和另一年的完全一样，每年的最大与最小流量的具体数值也各不相同，这些水文现象的发生在数值上都表现为随机性，也就是带有偶然性。因为影响河川径流的因素极为复杂，各因素本身也在不断地发生着变化，在不同年份的不同时期，各因素间的组合也不完全相同，所以受其制约的水文现象的变化过程，在时程上和数量上都没有重复再现过，都具有随机性。

水文现象的随机特征是受时空分布多变因素影响的结果，而其周期性是相关的气候因素受到地球自转、公转以及其他天体制约的结果，因而具有年、季、月以及多年的周期性变化的规律，即周期性（重现期）。

1.2.3 水文现象在地区分布上既具有相似性又具有特殊性

不同流域所处的地理位置如果相近，气候因素与地理条件也相似，由其综合影响而产生的水文现象在一定范围内也具有相似性，其在地区的分布上也有一定的规律。如在湿润地区的河流，其水量丰富，年内分配也比较均匀，而在干旱地区的大多数河流，则水量不足，年内分配也不均匀。又如同一地区的不同河流，其汛期与枯水期都十分相近，径流变化过程也都十分相似。

另一方面，相邻流域所处的地理位置与气候因素虽然相似，但由于地形地质等条件的差异，从而会产生不同的水文变化规律。这就是与相似性对立的特殊性。如在同一地区，山区河流与平原河流，其洪水运动规律就各不相同；地下水丰富的河流与地下水贫乏的河流，其枯水水文动态就有很大差异。

由于水文现象具有时程上的随机性和地区上的特殊性，故需要对各个不同流域的各种水文现象进行年复一年的长期观测，积累资料，进行统计，分析其变化规律。又由于水文现象具有地区上的相似性，故只需有目的地选择一些有代表性的河流设立水文站进行观测，将其成果移用于相似地区即可。为了弥补观测年限的不足，还应对历史上和近期发生过的大暴雨、大洪水及特枯水等进行调查研究，以便全面了解和分析水文现象周期性、随机性的变化规律。

1.3 水文现象的研究方法

由上述水文现象的基本特征可知，对水文现象的分析研究，都要以实际观测资料为依据。而研究水文规律所需要的实测资料，通常是通过水文调查、水文测验和水文实验等途径获得的。通过对所获得的实际水文资料的整理和对水体时空分布和运动变化的信息分析，得出水文现象的基本特性的综合分析结论，这是水文学研究的基本方法，具体方法主要包括成因分析法、数理统计法和地理综合法。

1.3.1 成因分析法

根据水文站网和室外、室内试验的观测资料，从物理成因出发，研究水文现象的形成、演变过程，揭示水文现象的本质与成因，其与各因素之间的内在联系，建立某种形式的确定性模型。但由于影响水文现象的因素极其复杂，其形成机理还不完全清楚，因而本法在定量方面仍然存在着很大困难，目前尚不能满足工程设计的需要。

例如当知道上下游站的同时水位和洪水的传播时间时，就可由上游站的洪水水位来预报下游站的洪水水位，这就是所谓的相应水位法。又如影响水面蒸发的因素主要为气象因素，可以根据有关的气象因素来计算水面蒸发量。应该指出，任一水文现象的形成过程都是极其复杂的，在对水文现象做成因分析时，一般只考虑其主要因素，忽略一些次要因素。因此水文学中的物理成因法是有其局限性的。

1.3.2 数理统计法

水文现象的随机性特点决定了必须以概率理论为基础，运用数理统计方法，对实测水文资料系列进行分析计算，求得水文现象特征值的统计规律，从而得出工程规划、设计所需的水文特征值，并根据这一规律预测未来的水文特征值的变化范围。水文计算中广泛使用这种方法，预估某些水文特征值的概率与分布，推求一定的设计频率标准下的设计值。但它未阐明水文现象的因果关系。若本法与物理成因法结合起来运用，可望获得满意成果。

1.3.3 地理综合法

水文现象在各地区、各流域具有相似性与特殊性，其主要原因是受各地区自然地理条件综合因素的影响，水文现象的变化在地区分布上呈现一定的规律性。这种地区性规律可以用地区性经验公式（如洪水地区经验公式）来反映水文特征值的变化与分布。若与地形图结合，可绘制水文特征的等值线图，如多年平均年径流量等值线图、暴雨洪峰流量地区性经验公式等研究成果及根据水文现象在地区上存在着相似性的特点，将水文现象相似地区的实测资料经修正后，移用到设计流域上来的方法都属于地理综合法的范畴。

在解决实际问题时，以上三种方法常常同时使用，相辅相成，互相补充。在实际工程中，结合工程实际、地区特点，综合分析，合理选用，互为校核，尽可能收集较多的实测长系列资料，选用合理方法精确计算，为工程规划设计提供准确的水文分析成果依据。

【任务解决】 全球气候变暖，年均温上升1.2℃，导致冰川融化折合水量增加250km^3，使海平面年均上升约0.7mm；20世纪干旱使内陆湖面下降，陆地水储量年均减少80km^3，导致相对海平面上升0.2mm；地下水每年减少300km^3，使海平面上升0.8mm；人类修建水库、河道取水等使海平面下降0.1mm；即海平面每年上升约0.7+0.2+0.8−0.1=1.6mm，与观测结果接近。说明全球水平衡没有出现问题。

【知识拓展】 近些年来，涉及水循环的一系列全球性研究计划相继提出，如世界气候计划、国际水文计划、国际生态计划、国际岩石圈计划、人与生物圈计划、国际地圈与生物圈计划、划、全球环境变化的人文科学研究计划等。各种计划的交叉与联系，更加丰富了“人与水”关系的研究内容，促进人们对人地关系、人水关系的理解。水循环研究范围涉及小、中、大尺度。其中大尺度水循环研究主要关注大气圈—水圈—生物圈—冰雪圈—岩石圈—社会圈水循环的综合影响问题，其重点是陆面与气候相互作用、水文学过程与生物圈过程的气候强迫、陆面反馈机理的研究以及水文尺度问题。利用遥感技术、世界气象观测网来研究水循环状况，预测水循环变化趋势；模拟全球水循环及其对大气、海洋和陆面的影响；利用可观测到的大气与陆面特征的全球观测值确定水量循环和能量循环。

【思考与练习题】

1. 试论述水文循环的作用与效应。
2. 举例说明主要的水文现象有哪些。
3. 从水循环角度，阐述多年平均情况下建立的陆地水量平衡方程的意义。

第2章 水文学基本知识

【学习目的】 了解河流、流域的有关概念，明确河川径流形成过程及其影响因素，熟悉河川水文资料的基本观测方法，掌握流域水量平衡和水位与流量关系曲线分析方法。

【学习重点】 河流、流域基本特征，河川径流形成过程及其影响因素，水文测验与信息采集，流域水量平衡，水位与流量关系曲线。

【学习难点】 水文测验，水文与流量关系曲线分析方法。

【本章任务】 河川径流是由流域降水形成的，为什么久晴不雨时河水仍然川流不息?

【学习情景】 2010 年 8 月 7 日，甘肃省甘南藏族自治州舟曲县发生特大泥石流，县城北面的罗家峪、三眼峪泥石流下泄，由北向南冲向县城，造成沿河房屋被冲毁，致 1463 人遇难，302 人失踪；舟曲 5km 长、500 米宽区域被夷为平地。泥石流阻断白龙江、形成堰塞湖。携带有大量泥沙以及石块的特殊洪流具有突然性以及流速快、流量大、物质容量大和破坏力强等特点，造成了重大的生命财产损失，对当地的生态系统造成了毁灭性的破坏。

2.1 河流与流域

河流（River）是指在一定区域内地面径流和地下径流在地球引力作用下汇集，经常（或周期性）地沿着它本身所营造的连续延伸的凹地流动的水流。径流是水分循环中一个重要的环节。降水落到地面，除下渗、蒸发等损失外，其余水流都以径流的形式注入河流。因此河流是水分循环的一条主要路径。在地球上的各种水体中，河流的水面面积和水量都最小（仅占全球水体总量的 0.0001518%），但它和人类的关系却最为密切。

汇集地表和地下径流的区域称为流域（Hydrographic Basin，River Basin）。分水岭为界限的一个由河流、湖泊或海洋等水系所覆盖的区域，以及由该水系构成的集水区。地面上以分水岭为界的区域为流域。每条河流都有自己的流域，一个大流域可以按照水系等级分成数个小流域，小流域又可以分成更小的流域等。另外也可以截取河道的一段，单独划分为一个流域。流域内的河流以其所具有的能量，冲蚀河床，搬运泥沙，改变着流域内的面貌。同时河流流经地区的地理特征也影响着径流的形成与变化，使流经不同自然地理环境的河流具有不同的特性，因而使它们之间的水文现象也存在着差异。流域内河流的洪水情况及河床的冲淤变形直接影响到跨河构筑物（如桥梁和涵洞等）的工程设计。因此，认识河流与流域的基本特征，可以使水文情势的分析与计算更能符合河流与流域的实际情况。

2.1.1 河流基本特征

2.1.1.1 干流及支流

由河流的干流、支流、溪涧和湖泊等构成的脉络相连的系统，称为河系［也称水系（Water System），河网（Hydrographic Net）］。如图 2-1 所示，河系表现出复杂的几何特征。常见的水系形状有以下几种。

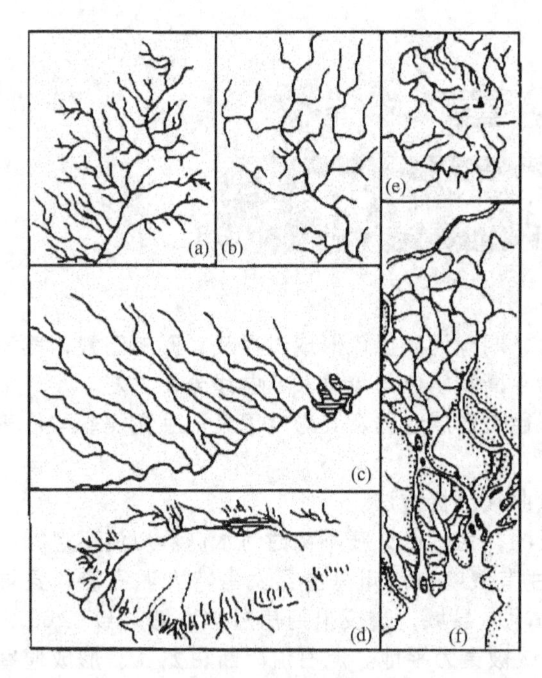

图 2-1　水系示意

(a) 树枝状水系；(b) 格子状水系；(c) 平行状水系；(d) 辐合状水系；(e) 放射状水系；(f) 网状水系

(1) 树枝状水系。河流排列成树枝状，干流与支流之间以锐角相交，主要发育在地面倾斜平缓、岩性比较一致的地区。平原地区的河系常属于此种类型。

(2) 辐合状水系。河流由四周山岭或高地向中心低洼地汇集，多发育在盆地中，如中国新疆的塔里木水系。

(3) 放射状水系。河流在穹形山地或火山地区，从高处顺坡流向四周低地，呈辐射（散）状分布。

(4) 平行状水系。河流在平行褶曲或断层地区多呈平行排列，如中国横断山地区的河流和淮河左岸支流。

(5) 格子状水系。河流的主流和支流之间呈直线相交，多发育在断层地带。

(6) 网状水系。河流在河漫滩和三角洲上常交错排列犹如网状，如三角洲上的河流常形成扇形网状水系。

如图 2-2 所示，其中的各个河流按自上而下的顺序分为 1 级、2 级、3 级、……根据斯特拉勒（Strahler）分级法，即河流地貌定律：直接发源于河源的小河流为 1 级河流；2 条同级的河流汇合为高一级的河流，例如 2 条 1 级河流汇合后为 2 级；不同级的汇合时，则不增加汇合后的河流级别，如 2 级与 1 级汇合后仍为 2 级。河系在发育过程中将遵循一定的规律。

在河系中，直接汇集水流注入海洋或内陆湖泊的河流称为干流（Trunk Stream，Mainstream）。流入一较大河流或湖泊的河流称为支流（Tributary）。甲河注入乙河，则甲河是乙河的支流。支流可分成许多级：直接汇入干流的河流叫干流的一级支流，如汉江是长江的一级支流，渭河是黄河的一级支流；直接汇入一级支流的河流叫干流的二级支流，如丹江和唐白河流入汉江，它们就是长江的二级支流；直接汇入二级支流的叫干流的三级支流，其余的可依次类推。

水系通常以干流的名称命名，如长江水系、黄河水系等，见图 2-3；但在研究某一支流或某一地区的问题时，也可用该地区名称命名，如湖南省境内的湘江、资水、沅江、澧水 4 条河流共同注入洞庭湖，被称为洞庭湖水系。

2.1.1.2　河长及弯曲系数

(1) 河长（River Length）。从河源到河口河流溪线的长度称为河长，以 L 表示，单位为 km。河长是确定河流落差、比降和能量的基本参数。测定河长，要在精确的地形图上画出河道深泓线，用两脚规逐段量测。所用地图的比例尺越大，测得的结果就越接近于真实的河长，因为河流的弯曲程度和两脚规的开距都影响量测的结果。一般在 1∶50000 及 1∶100000 的地形图上量取河长时，两脚规的开距常采用 1～2mm。

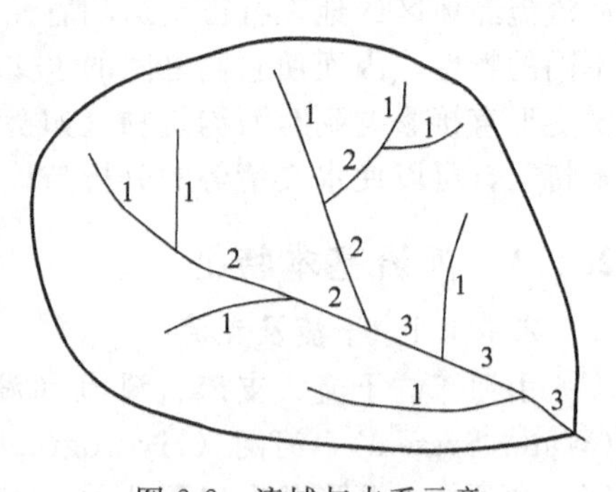

图 2-2　流域与水系示意

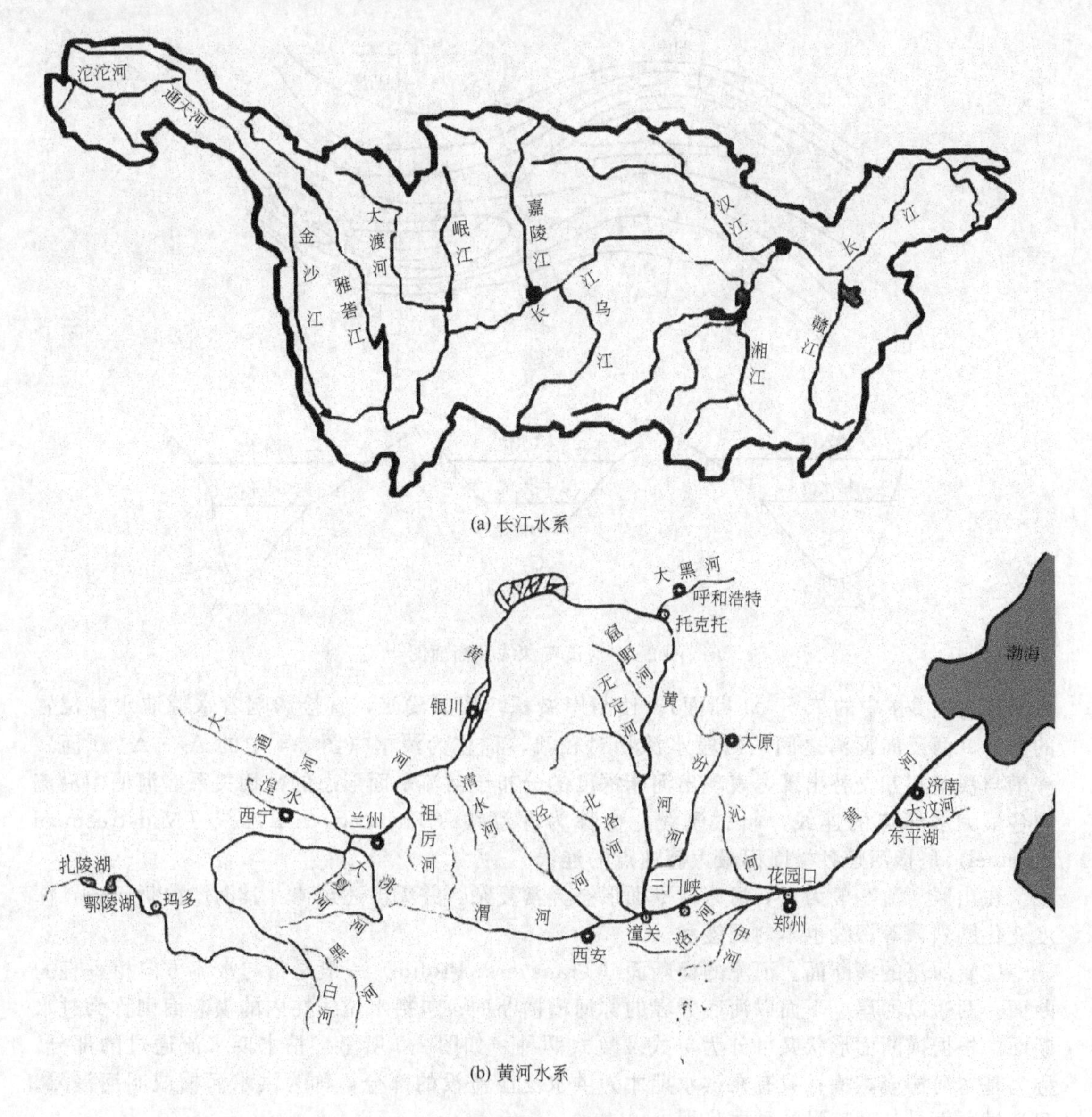

(a) 长江水系

(b) 黄河水系

图 2-3　长江、黄河水系

(2) 弯曲系数（Bending Coefficient）。弯曲系数表示河流平面形状的弯曲程度，是河源至河口的河长 L 与两地间的直线长度 l 之比。

$$\varphi=\frac{L}{l} \tag{2-1}$$

据此也可求出任意河段的弯曲系数。显然 $\varphi\geqslant1$。φ 值越大，河流越弯曲，当 $\varphi=1$ 时河道顺直。一般平原区的 φ 值比山区的大，下游的 φ 值比上游的大。

2.1.1.3　河流基本特征

(1) 河流的平面形态。在平原河道，由于河中环流的作用、泥沙的冲刷与淤积，使平原河道具有蜿蜒曲折的形态。图 2-4 为河段某一水位下的等深线图。由于在河流横断面上存在水面横比降，是水流在向下游运动过程中，水体内产生一种横向环流，这种横向环流与纵向水流相结合，形成河流中常见的螺旋流。在河道弯曲的地方，这种螺旋流冲刷凹岸，使其形

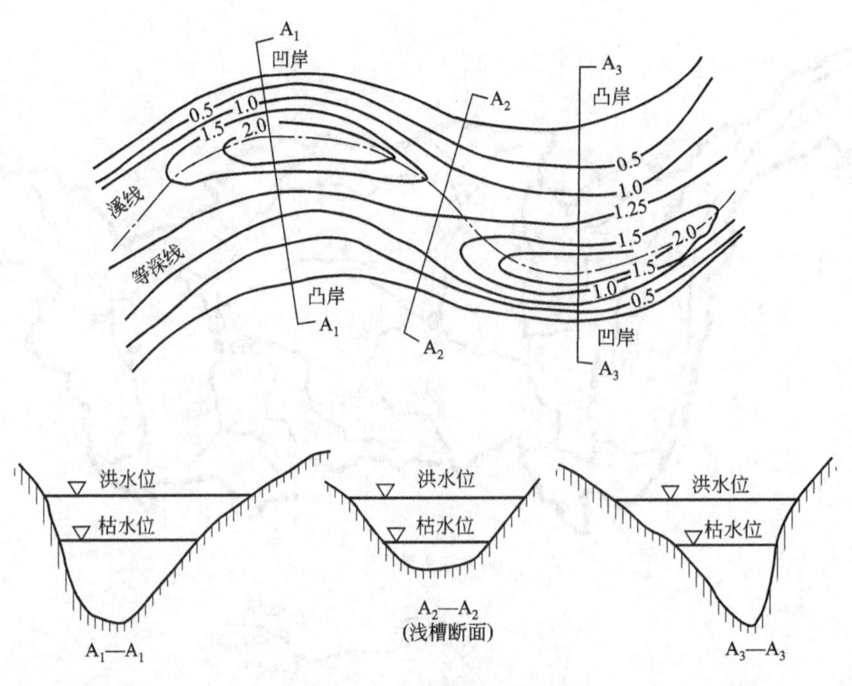

图 2-4 河流等深线及断面图

成深槽（图 2-4 中的 A_1—A_1 断面）。使凸岸淤积，形成浅滩，直接影响着水源取水口位置的选择。两反向河湾之间的河段水深相对较浅，称之为浅槽（图 2-4 中的 A_2—A_2 断面）。深槽与浅槽相互交替出现，表现出河床深度的分布于河流平面形态的密切关系。河槽中沿流向各最大水深点的连线，叫做溪线，也称为深泓线（Thalweg）。中泓线（Midstream of Channel）是指河道各横断面最大流速点的连线。

在山区河流一般为岩石河床，平面形态异常复杂，并无上述规律，其河岸曲折不齐，深度变化剧烈，等深线也不匀调缓和。

（2）河流的横断面。河流的横断面（Transverse Profile）一般是指与水流方向相垂直的断面。两边以河岸、下面以河底为界的称河槽横断面；包括水位线在内的横断面则称为过水断面。根据横断面形状又可分为单式及复式两种。如图 2-5 所示。枯水期水流通过的部分，称为基本河槽或主槽；只有在洪水期才为洪水泛滥淹没的部分，称为洪水河槽或叫河漫滩。河流横断面是计算流量的重要依据。

河流的横断面上存在着水面横比降（Transverse Gradient），即垂直于主流向的横向水面坡度。产生的原因有二：一为地球自转所产生的偏转力（或称柯里奥利斯力）；二为河流

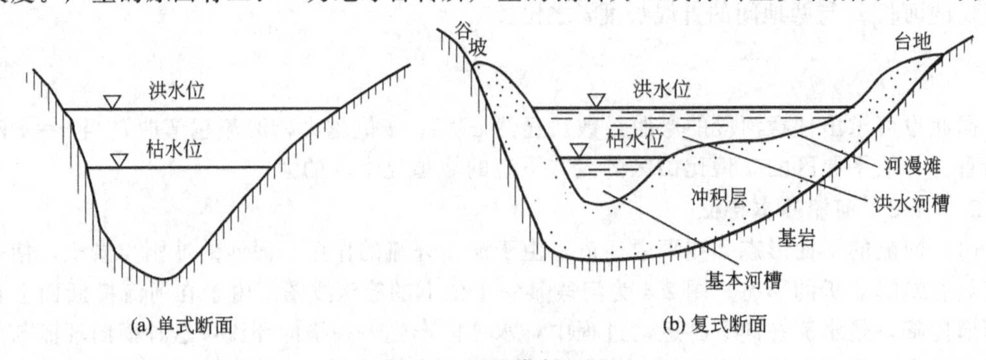

图 2-5 河流横断面图

弯道离心力。

河流横比降的存在，使水流在向下游运动的过程中，在水体内产生一种横向水流，它与河轴垂直，表层横向水流与底层横向水流的方向恰恰相反，在过水断面上它们的投影将构成一个封闭的环流。实际上，横向环流与纵向水流结合起来，成为江河中常见的螺旋流。这种螺旋流使平原河道凹岸受到冲刷，形成深槽，使凸岸河床产生泥沙淤积，形成浅滩，直接影响着水源取水口位置的选择。河流凸凹岸横断面见图 2-6。在取水工程中，取水口位置的选取，既要考虑有足够的水深，又必须考虑取水建筑物不被冲刷破坏的安全性。因此，取水口位置宜选在水深较大的凹岸，同时又要避开冲刷最厉害的顶冲点。

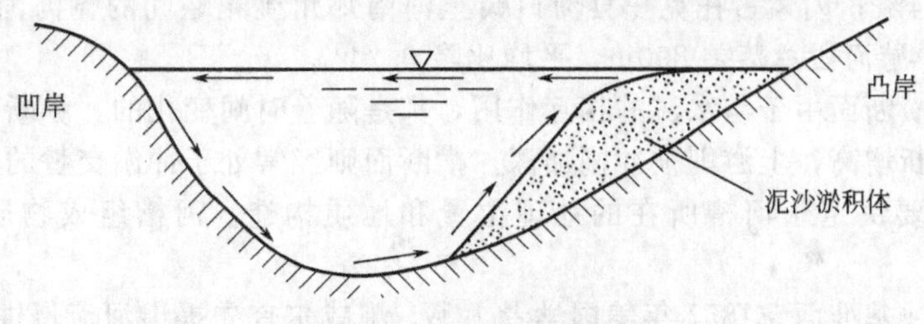

图 2-6　河流凸凹岸横断面

(3) 河流的纵断面。河流的纵断面（Longitudinal Profile）一般是指沿河流深泓线的断面。用高程测量法测出该线上若干河底地形变化点的高程，以河长为横坐标，河底高程为纵坐标，可绘出河流的纵断面图（图 2-7）。它明显地表示出河底的纵坡和落差的分布，是推算水流特性和估计水能蕴藏量的主要依据。

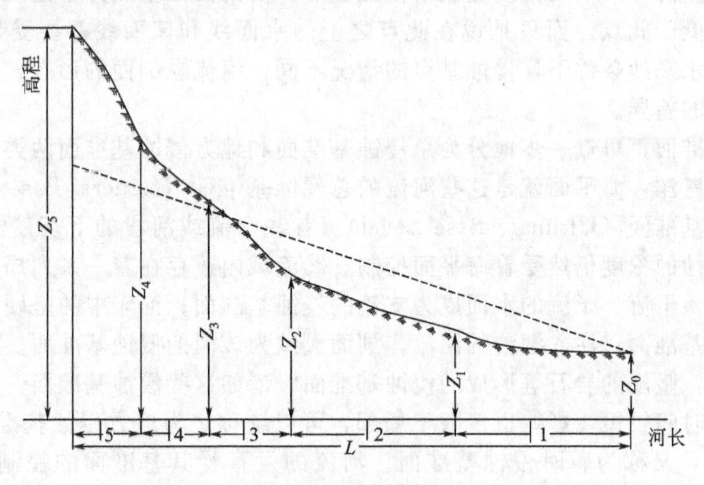

图 2-7　河流纵断面

河流落差指河流上、下游两地的高程差。河源与河口的高程差，即为河流的总落差。某一河段两端的高程差，称之为河段落差。通常所谓的河流比降，一般是指河流纵比降（Longitudinal Gradient），即单位河长的落差，也称坡度。河流比降有水面比降与河床比降之分，两者不尽相等，但因河床地形起伏变化较大，故在实际工作中多以水面比降代表河流比降。

任意河段首尾两端的高程差与其长度之比就是该河段的纵比降。当河段纵断面近于直线时，可按下式计算。

$$J=\frac{Z_1-Z_2}{L} \tag{2-2}$$

式中，J 为河底或水面纵比降（%或‰）；Z_1、Z_2 分别为河段首端和终端的高程，m，用河底高程计算时为河底纵比降，用水面高程计算时为水面纵比降；L 为河段长度，m。

上式为河流某段的平均纵比降，当整个河流纵断面呈折线（图 2-7），各段的纵比降可能不一致，为了说明整个河流纵比降情况，还需利用下式求其平均纵比降。

$$J=\frac{(Z_0+Z_1)L_1+(Z_1+Z_2)L_2+\cdots+(Z_{n-1}+Z_n)L_n-2Z_0L}{L^2} \tag{2-3}$$

式中，Z_0、Z_1、…、Z_n 分别为自下游到上游沿流程各转折点（亦称为特征地面点）高程，m；L_1、L_2、…、L_n 分别为相邻两点间的距离，m。

河流比降一般都比较小，常用千分率（‰）表示。例如湖南省的湘江，河长为 856km，平均比降为 0.134‰；内蒙古托克托县河口镇至河南郑州桃花峪间的黄河河段为黄河中游，河长 1206km，中游河段总落差 890m，平均比降 0.74‰。

河流的纵、横断面由于与水流的相互作用，都是随着时间变化的。纵断面的下游一般多因泥沙淤积而不断增高，上游则被冲刷加深。横断面则经常处于冲淤交替的过程中。河流断面的发展变化主要决定于河槽所在的地理位置和地质构造、河槽组成物质和水流情况等条件。

（4）河流侵蚀基准面。1857 年美国学者 J. W. 鲍威尔首先提出河流侵蚀基准面的概念。河流在冲刷下切过程中其侵蚀深度并非无限度，往往受某一基面所控制，河流下切到这一基面后侵蚀下切即停止，此平面称为河流侵蚀基准面（Erosion Basis）(图 2-8)。它可以是能控制河流出口水面高程的各种水面，如海面、湖面、河面等，也可以是能限制河流向纵深方向发展的抗冲岩层的相应水面。这些水面与河流水面的交点称为河流的侵蚀基点（Erosion Base Point）。河流的冲刷下切幅度受制于侵蚀基点。所谓侵蚀基点并不是说在此点之上的床面不可能侵蚀到低于此点，而只是说在此点之上的水面线和床面线都要受到此点高程的制约，在特定的来水来沙条件下，侵蚀基点的情况不同，河流纵剖面的形态、高程及其变化过程，可能有明显的差异。

上述侵蚀基准面，可进一步地分为总侵蚀基准面和地方侵蚀基准面两类。①地球上绝大多数的河流汇注海洋，海平面就是这些河流的总侵蚀基准面（General Base Level），一些人则称为终极侵蚀基准面（Ultimate Base Level）。有些河流或河段的下切侵蚀深度可在海平面以下，但其侵蚀的深度仍然受着海平面控制。②流域内还存在着一系列局部或地方侵蚀基准面，如支流注入干流，干流的水面成为支流的侵蚀基准面；河床中的坚硬岩石亦可作为其上游河段的侵蚀基准面；注入湖泊的河流，湖面大致为该河的侵蚀基准面。河流壅塞，山体崩塌，人工筑堤，坚硬的岩石等形成的侵蚀基准面，诸如这些侵蚀基准面，不仅本身不断变化，而且存在的时间较短，影响也仅限于局部，可以统称之为地方侵蚀基准面（Local Erosion Base Level），又称为暂时侵蚀基准面。河流的发育受其基准面的控制，基准面上升，水流的挟沙能力降低，就会发生淤积作用；基准面下降，河道比降增大，水流侵蚀作用加强，并由下游开始向上游发展，发生溯源侵蚀。溯源侵蚀在河流纵断面的塑造过程中起着重要的作用（图 2-8）。

2.1.1.4 河流的分段

按照河段不同特性，发育成熟的天然河流，一般可分为河源、上游、中游、下游和河口五段。

（1）河源（Riverhead，River Sources）。河源是河流的发源地，它可能是溪涧、泉水、冰川、湖泊或沼泽等。河源不只一点一线，而是呈现扇面状。

（2）上游（Upper Reaches，Upper Course）。上游是紧接河源的河流上段，多位于深山峡谷，河槽窄深，流量小，落差大，水位变幅大，河谷下切强烈，多急流险滩和瀑布。

（3）中游（Middle Reaches，Middle Course）。中游即河流的中段，两岸多丘陵岗地，

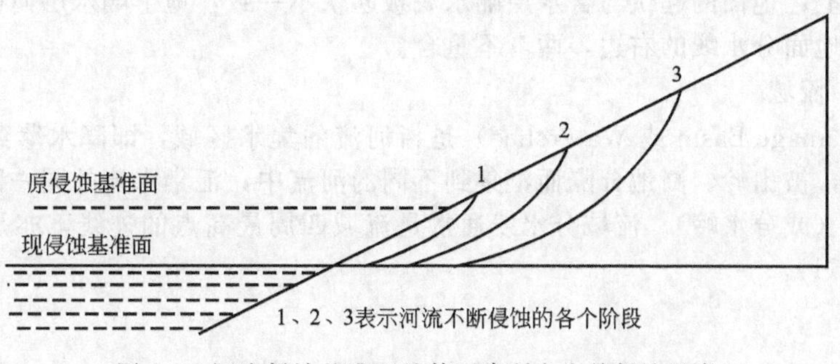

图 2-8　河流侵蚀基准面及其下降所发生的侵蚀示意

或部分处平原地带，河谷较开阔，两岸见滩，河床纵坡降较平缓，流量较大，水位涨落幅度较小，河床善冲善淤。

(4) 下游（Lower Reaches，Downstream）。下游即指河流的下段，位处冲积平原，河槽宽浅，流量大，流速、比降小，水位涨落幅度小，洲滩众多，河床易冲易淤，河势易发生变化。

(5) 河口（River Mouth，Estuary）。河口是河流的终点，即河流流入海洋、湖泊或水库的地方。入海河流的河口，又称感潮河口，受径流、潮流和盐度三重影响。一般把潮汐影响所及之地作为河口区。河口区可分为河流近口段、河口段和口外海滨三段，如图 2-9 所示。从某种意义上讲，可以把河流近口段与河口段的分界处视为河流真正意义上的终点。

以长江为例，长江发源于青藏高原唐古拉山脉主峰格拉丹东雪山西南侧，河源至宜昌为上游，长 4504km；宜昌至湖口为中游，长 955km；湖口以下为下游，长 938km；长江河口自徐六泾至河口南槽 50 号灯浮，长 167km。

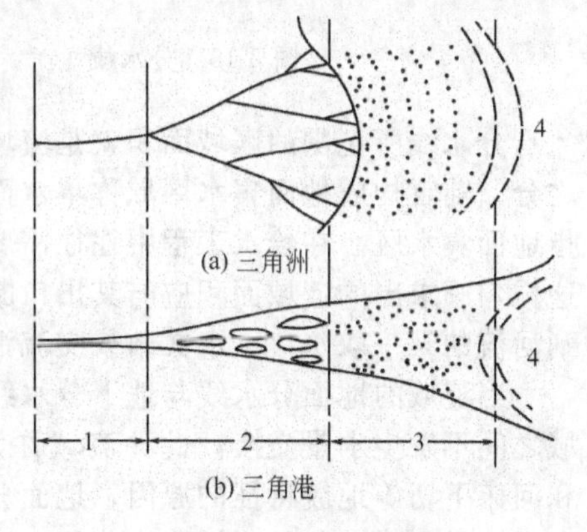

图 2-9　河口区分段
1—河流近口段；2—河口段；
3—口外海滨；4—前缓急滩

2.1.2　流域基本特征

2.1.2.1　分水线

当地形向两侧倾斜，使雨水分别汇集到两条不同的河流中去，这一地形上的背线起着分水的作用，是相邻两流域的界线，称为分水线（Divide Line）或称为分水岭（Ridge Line 或 Watershed Divide）。例如降落在秦岭以南的雨水流入长江，而降落在秦岭以北的雨水则流入黄河，所以秦岭便是长江与黄河的分水岭。对较小的流域，其间虽无山岭，但有地形上的脊线，也构成分水线。

分水线是流域的边界线（Drainage-Area Boundary），可根据地形图勾绘。每个流域的分水线就是流域四周地面最高点的连线，通常就是流域四周山脉的脊线。有些多沙河流，由于河床严重淤积，成为地上河，河床高于两岸的地面，河床本身成为不同流域的分水线。如黄河下游，河道北岸属海河流域，河道南岸属淮河流域，黄河河床成为海河流域与淮河流域的分水线。

河流水源包括地面水和地下水，同地面流域分水线一样，地下水也有分水线。流域的地面分水线和地下分水线一般大体一致，但有时受流域上的水文地质条件和河床下切等地貌特征的影响，地面分水线和地下分水线可能不一致。如图 2-10 所示，A、B 两河地面分水线位于中间的山顶上，地面的起伏与含水层隔水底板起伏不一致，地下隔水层向甲河倾斜，因此地下分水线在地面分水线的右边，两者不重合。

2.1.2.2 流域

流域（Drainage Basin 或 Watershed）是指河流的集水区域，即降水落到地面形成的地表与地下径流，被山岭、高地分隔而汇集到不同的河流中，汇集水流的同一区域。流域的周界称为分水线（或分水岭）。流域分水线通常是流域四周最高点的连线，亦是流域四周山脉的脊线（图 2-11）。

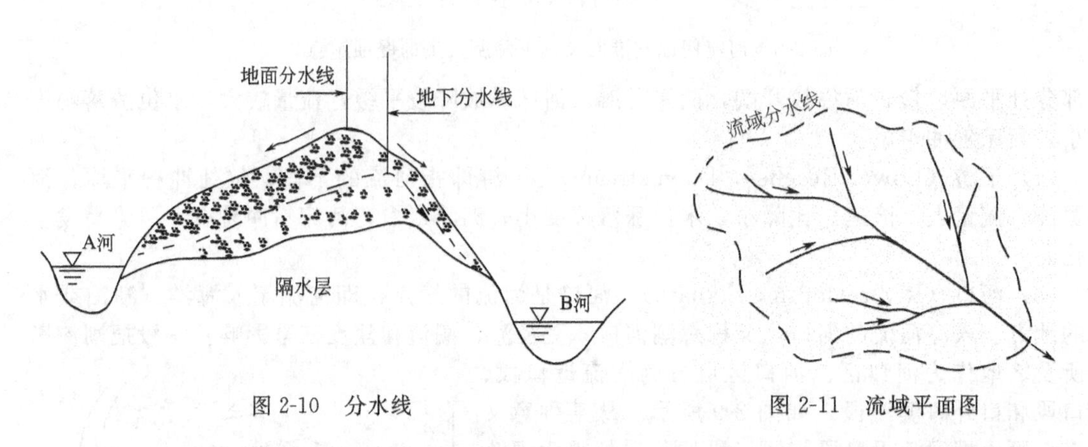

图 2-10 分水线　　图 2-11 流域平面图

分水线所包围的区域面积就是流域面积。如上所述，分水线有地面分水线与地下分水线之分，前者构成地面集水区域称集水面积，后者构成地下集水区。一般流域所指的实际上是指地面集水区。在给水工程中往往需要的只是取水构筑物所在断面以上的那部分流域面积，这样勾画求出的流域面积应与其出口断面一一对应。因此河流的流域面积根据需要可以计算到河流的某一取水口、水文站或支流汇入处。

当流域的地面分水线与地下分水线相重合，则地面和地下集水区域也相重合，相邻的流域之间不发生水量交换，此种流域称为闭合流域（Closed Watershed）。由于水文地质条件和河床下切等地貌特征的原因，地面分水线与地下分水线不完全重合，此时邻近两个流域会发生水量交换，此种流域称为非闭合流域（Non-Closed Watershed)(图 2-10)。

实际上，很少有严格意义上的闭合流域，对一般流域面积较大、河床下切较深的流域，因地面和地下集水区不一致而产生的两相邻流域的水量交换量比流域总水量小得多，常可忽略不计。因此，可用地面集水区代表流域。但是对于小流域或者流域内有岩溶的石灰岩地区，有时交换水量占流域总水量的比重相当大，把地面集水区看做流域，会造成很大的误差。这就必须通过地质、水文地质调查及枯水调查、泉水调查等来确定地面及地下集水区的范围，估算相邻流域水量交换的大小。

2.1.2.3 流域的几何特征

（1）流域面积。流域分水线包围区域的平面投影面积，称为流域面积，记为 F，以 km^2 计。可在适当比例尺的地形图上勾绘出流域分水线，使用求积仪量出其流域面积。一般情况下，流域的面积指的地面集水区的面积。

流域面积小的河流，因自然条件各异，流域之间河流水质差异较大；随着流域面积增大，流域内各支流汇合，常使得流域之间河流水质的差异变小。此现象为流域面积给河流水质带来的尺度效应（Scale Effect），即不同时间空间尺度的水文信息变化的相似性和变异性信息系统研究、气候变化和人类活动对水资源（包括水量、水质两方面）的影响。如何用一个定量模型来描述水文系统（包括水量、水质两方面）、生态系统相互间这种复杂的关系，是水文系统与生态系统耦合研究的基本要求之一。实际上，它所需要建立的模型，是一个以反映水量循环为主的水量模型、以反映水质变化为主的水质模型、以反映生态系统状态和演变的生态系统模型以及上述三模型的耦合模型，即水文-生态耦合系统模型。

(2) 流域的长度和平均宽度。流域长度就是指流域的轴长。以流域出口为中心向河源方向做若干个不同半径的同心圆，在每个圆与流域分水线相交处做割线，各割线中点的连线的长度即为流域的长度（l），以 km 计。流域面积（F）与流域长度（l）之比称为流域平均宽度（B），以 km 计。

(3) 流域形状系数。流域平均宽度（B）与流域长度（l）之比称为流域形状系数（k）。扇形流域的形状系数较大，狭长性流域则较小，所以流域形状系数在一定程度上以定量的方式反映流域的形状。

(4) 流域的平均高度与平均坡度。将流域地形图划分为 100 个以上的正方格，依次定出每个方格交叉点上的高程以及与等高线正交方向的坡度，取其平均值即为流域的平均高度和平均坡度。

(5) 河网密度。河系中河道的密集程度可用河网密度（用 D 表示，单位为 km/km^2）表示。河网密度等于河系干、支流的长度之和与流域面积之比。反映流域的自然地理条件，河网密度越大，排水能力越强。我国东南部的水乡，河网密度远高于北方地区。

2.1.2.4 流域的自然地理特征

流域的自然地理特征包括流域的地理位置、气候特征、下垫面条件等。

(1) 流域的地理位置。流域的地理位置是指流域中心及周界的位置。流域的地理位置一般以经、纬度来表示。在一般情况下，相近的流域，其自然地理及水文条件是比较相似的。例如两流域在东西向延展较长，则纬度相近，其气候、水文、植被等条件亦多相似。

(2) 流域的气候特征。流域的气候因素很多，其中决定流域径流形成和洪水特性的关键性因素是降水与蒸发。降水是地表水的主要来源。我国大部分地区，年降水总量绝大部分是降雨。降雨是空气中的水汽随气流上升，绝热膨胀冷却而凝结成水滴降落到地面的现象。蒸发是水由液体状态变成气态的物理过程。流域总蒸发由水面蒸发、陆面蒸发和植物散发三方面组成。

(3) 流域的下垫面条件。下垫面条件包括流域的地形、土壤和岩石特性、地质构造、植被、湖泊及沼泽情况等，都是与流域水文特性密切相关的因素。其中岩土组成的颗粒大小、组成结构、透水性、断层、节理及裂缝情况对流域中的径流量大小及变化有显著影响，且与流域的侵蚀和河流的泥沙情况也有很大的关系。例如页岩、板岩、石灰岩及砾岩等易风化、易透水、下渗量大，则地面径流将减少；当地面分水线与地下分水线不一致时，水资源将通过地下流失；沙土的下渗量大于黏土的下渗量，其地面径流将小于黏土地区的；黄土地区易于冲蚀，故其河流挟沙力往往很大，由于黄河流域流经黄土高原，其河水的含沙量居世界首位。此外深色紧密的土壤易蒸发，疏松及大颗粒土壤蒸发量小。

人类活动会改变下垫面条件，从而影响水文特性的变化。

2.2 河川径流

2.2.1 河川径流及其表示方式

2.2.1.1 河川径流的基本概念

河川径流（River Runoff）是指下落到地面上的降水，由地面和地下汇流到河槽并沿河槽流动的水流的统称。其中来自地面部分的称为地面径流（Surface Runoff）；来自地下部分的称为地下径流（Underground Runoff）；水流中挟带的泥沙（包括河水靠其所具有的动能挟带着呈悬浮态的悬移质泥沙和沿河底滚动的推移质泥沙）则称为固体径流（Solid Runoff）或泥沙径流（Sediment Runoff）；水流中携带的粒径小于10^{-5}mm的微粒物质（溶解气体、化学离子、生物原生质、微量元素、有机质）称为溶解质径流（Solvency Runoff）。

河流中的泥沙和溶解质对水质和区域生态环境有影响，其中泥沙的冲淤变化不仅制约着河道变迁，而且对取水构筑物、桥涵工程、水电工程及港口建设等亦有影响，例如给水工程设计中要考虑取水构筑物进水口因泥沙产生的淤积问题。无论是悬浮于河水中的泥沙，还是沉积于河底的泥沙，参与着物质与能量交换，与水介质和生物体共同构成了水生态系统，泥沙颗粒所含矿物质是某些水生生物的食物来源；泥沙同时制约着水体浑浊度；泥沙颗粒的巨大比表面积是水体中溶解质和水生生物的主要载体，决定着溶解质在水环境中的迁移、转化、归宿和生物效应。例如河流中的重金属，在吸附、表面络合、分配等多种物理化学机理和生物絮凝机理作用下，易于由水相转入颗粒物相，使河流中的重金属主要以颗粒状态存在；河水中的腐殖物质常以泥沙颗粒为载体存在于水体及底泥中。因此，评价河流水环境质量时，不能忽视水体中泥沙物质的研究。

2.2.1.2 河川径流的表示方式

河川径流量一般是指河流出口断面的流量或某一时段内的河水总量。此出口断面常指水文站或取水构筑物所在的断面。河川径流量的大小通常用以下几种径流特征值来表示。

(1) 流量Q（Flow、Discharge）。单位时间内通过河流过水断面的水量，以m^3/s为单位。流量有瞬时流量、日平均流量、月平均流量、年平均流量和多年平均流量之分。流量随时间发生变化，可用流量过程线（Hydrograph）表示。

(2) 径流总量W（Runoff Amount）。在一定时段内通过河流过水断面的总水量，以m^3计。由于它是一个相当大的数字，实际上常用10^8m^3来表示。其计算公式如下。

$$W=QT \tag{2-4}$$

由上式可知，一条河流通过某一控制断面的径流总量W，等于计算时段总秒数T乘以该时段的平均流量Q（m^3/s）。

(3) 径流模数M（Runoff Modulus）。单位流域面积F（km^2）上平均产生的流量Q（m^3/s），叫做径流模数M，以L/（s·km^2）计，按下式计算。

$$M=\frac{1000Q}{F} \tag{2-5}$$

(4) 径流深度Y（Runoff Depth）。将计算时段内的径流总量，均匀分布于测站以上的整个流域面积上，此时得到的平均水层深度，就是径流深度Y，计算公式如下。

$$Y=\frac{1}{1000}\times\frac{W}{F} \tag{2-6}$$

式中，W为径流总量，m^3；F为流域面积，km^2；Y为径流深度，mm。

(5) 径流系数α（Runoff Coefficient）。同一时段内流域上的径流深度与降水量之比值就是径流系数。

$$\alpha=\frac{Y}{X} \tag{2-7}$$

式中，Y为所求时段内的径流深度，mm；X为同一时段内的降水量，mm。

径流系数也可表达如下。

$$\alpha=\frac{R}{P} \tag{2-8}$$

式中，P为年降水总量；R为年径流总量。

径流系数无量纲，它小于1。它的多年平均值R_0/P_0是一个稳定的数字，并且有一定的区域性。用以判断该流域湿润或干旱情况。α 越小则该流域越干旱。

(6) 径流特征值间的关系。上述各径流特征值之间存在着一定的关系，见表 2-1。下面仅就径流深度与径流模数之间的关系加以说明。

由式（2-5）可得 $$Q=\frac{FM}{1000}$$

而 $$W=QT=\frac{FMT}{1000}$$

与式（2-6）比较得 $$1000FY=\frac{FMT}{1000}$$

因此： $$Y=\frac{MT}{10^6} \tag{2-9}$$

当 T 为一年并以 365 日计算时，$T=31.54\times10^6\text{s}$，则

$$Y=31.54M$$

式中，Y 以 mm 计，M 以 L/（s・km²）计。

在式（2-9）中 T 为任何时段的秒数，代入后即可求出该时段径流深度与径流模数之间的数值关系，具体见表 2-1。

表 2-1 径流特征值关系转换

关系转换式 / 转换后的单位		转换前的单位			
		Q	W	M	Y
		m³/s	m³	L/(s・km²)	mm
Q	m³/s	—	W/T	$MF/10^3$	$10^3YF/T$
W	m³	QT	—	$MFT/10^3$	10^3YF
M	L/s・km²	$10^3Q/F$	$10^3W/FT$	—	$10^6Y/T$
Y	mm	$QT/10^3F$	$W/10^3F$	$MT/10^6$	—

2.2.2 河川径流形成过程及其影响因素

2.2.2.1 径流形成过程

流域中降水形成径流并流经出口断面或河口的全过程，称为径流形成过程，通常可分为四个阶段，如图 2-12 所示。

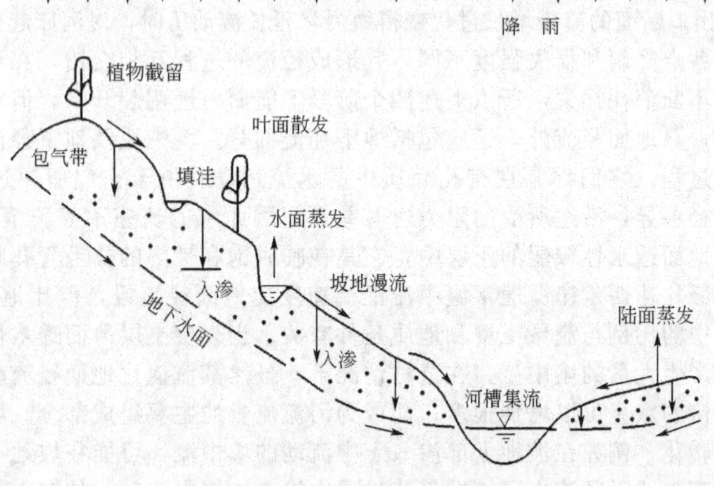

图 2-12 径流形成过程示意

第一阶段是降水过程。在我国绝大多数地区（除新疆、青海等地的部分地区），降水主要以降雨为主，流域内的径流由降雨形成。受当地气象条件变化影响，在流域内的降雨可能是均匀分布，笼罩全流域，也可能是在流域内的局部地区，不均匀分布，还有时在局部地区形成暴雨中心，并向某方向移动。因此降雨的大小及其在时间、空间上的分布，决定着径流的大小和变化过程。所以流域内的降雨是径流形成的首要环节。在我国华北、西北及东北的河流虽受融雪补给，但仍以降雨补给为主，可称为混合补给。只有新疆、青海等地的部分河流是靠冰川或融雪补给，该地区的其他河流仍然是冰川、融雪与降雨的混合补给类型。

第二阶段是蓄渗过程。降雨开始时并不立即形成径流。降落至陆地上的雨水，首先被流域内的植物截流，随后，落到地面上的雨水部分渗入土壤，部分被蓄留在坡面的坑洼地。由植物截流、入渗、填洼的整个过程称为流域内的蓄渗过程。这部分雨水不产生地面径流，对降雨径流而言，称为损失。随着土壤中水分逐渐趋于饱和，渗透趋于稳定入渗，暴雨强度逐渐加大并超过下渗强度，将产生超渗水量，这些水在重力作用下会由高向低流动。在流动过程中，若遇地形坑洼处，将填满坑洼后继续流动，形成地表径流，直到河系，而填入坑洼的水量一般也会消耗于蒸发或入渗。总之，在本阶段，经历了植物叶面截留、地面洼蓄、流域蒸发及土壤入渗等过程。

第三阶段是坡地漫流过程。超渗雨水在坡面上呈片流、细沟流运动的现象，称坡面漫流。满足填洼后的降水开始产生大量的地面径流，它沿被面流动进入正式的漫流阶段。在漫流过程中，坡面水流一方面继续接受降雨的直接补给而增加地面径流，另一方面又在运行过程中不断地消耗于下掺和蒸发，使地面径流减少。地面径流的产流过程与坡面汇流过程是相互交织在一起的，前者是后者发生的必要条件，后者是前者的继续和发展。

坡面漫流通常是在蓄渗容易得到满足的地方先发生，例如透水性较低的地面（包括小部分不透水的地面）或较潮湿的地方（例如河边）等，然后其范围逐渐扩大。坡面水流可能呈紊流或层流，其流态与降雨强度有关，其水的运行受重力和摩阻力所支配，遵循能量守恒和质量守恒规律的侧向运动的水流，可以用水流的运动方程和连续方程来进行描述。坡面漫流的流程一般不超过数百米，历时亦短，放对小流域很重要，而大流域则因历时短而在整个过程中可以忽略。地面径流经过坡面漫流而注入河网，一般仅在大雨或高强度的降雨后，地面径流才是构成河流流量的主要源流。

第四阶段是河槽集流过程。坡面径流流经支流而入干流，最后到达流域出口断面或河口的集流过程，称为河槽集流过程。汇入河槽的水流，一方面继续沿河槽迅速向下流动，另一方面也使河槽内的水量增大，水位也随之上升。河槽容蓄的这部分水量，在降雨结束后才慢慢地流向下游，使流域出口断面的流量增长过程变得缓慢，延长流动历时，对河床起到调蓄作用。

由于流域内各点降雨和损失强度不同，其形成径流的过程互相交错，在汇流过程中沿途不断补充降雨，不断消耗损失，所以上述四个阶段不能简单地割裂开来。但对实际的流域径流形成过程而言，除地面径流外，还应包括地下径流部分。壤中流及地下径流也同样具有沿坡地土层的汇流过程。它们都是在有孔介质中的水流运动。由于它们所通过的介质性质不同，所流经的途径各异，沿途所受的阻力也有差别，因此水的流速不等。壤中流（表层流）主要发生在近似地面透水性较弱的土层中，它是在临时饱和带内的非毛管孔隙中侧向运动的水流，它的运动服从达西定律。通常壤中流汇流速度比地面径流慢，但比地下径流快得多。壤中流在总径流中的比例与流域土壤和地质条件有关。当表层土层薄而透水性好，有相对不透水层时，可能产生大量的壤中流。在这种情况下，虽然其流速比地面径流缓慢，如遇中强度暴雨时，壤中流的数量可以增加很多，而成为河流流量的主要组成部分。壤中流与地面径流有时可以相互转化，例如在坡地上部渗入土中流动的壤中流，可能在坡地下部以地面径流形式汇入河槽，部分地面径流也可能在漫流过程中渗入土壤中流动。故有人将壤中流归到地面径流一类。均匀透水的土壤有利于水渗透到地下水面，形成地下径流。地下径流运动缓慢，变化亦慢，补给河流的地下径流平稳而持续时间长，构成流量的基流。但地下径流是否完全通过本流域的出口断面流出，取决于地质构造条件。

所以整个径流形成过程分为产流（Runoff Producing）过程（降水过程、蓄渗过程、坡地漫流）和汇流（Flow Concentration）过程（壤中流、地下径流、河槽集流）。径流形成过程实质上是水在流域的再分配与运行过程。产流过程中水以垂向运行为主，是构成降雨在流域空间上的再分配过程，是构成不同产流机制和形成不同径流成分的基本过程。汇流过程中水以水平侧向运行为主，水平运行机制是构成降雨过程在时程再分配的过程，是构成流域汇流过程的基本机制。

2.2.2.2 河川径流影响因素

从径流形成过程可知，流域的各种自然地理因素、如降水蒸发、地形地质、湖泊沼泽等，都不同程度地影响着河川径流。

（1）气象条件。流域的气象条件是影响径流量的决定性因素，其中以降水和蒸发最为重要，直接影响流域内的径流量和损失量。

降雨过程对径流形成过程影响最大。例如在相同的降雨量条件下，降雨强度越大，降雨历时越短，则流量越大，径流过程急促；反之，则流量小，径流过程平缓。

蒸发是流域内的水分由液态变为气态的过程。由于降雨时空气湿润，蒸发对一次降雨过程的作用不大，但平时流域内的土壤水分大都消耗于蒸发。我国湿润地区年降水量的30％～50％、干旱地区年降水量的 80％～95％都消耗于蒸发，其剩余部分才形成径流。

其他气象因素如气温、湿度、风等，都通过降水和蒸发对径流产生间接作用。而以冰雪融水补给的河流，其径流变化与气温变化密切相关，有季变化与日变化之分。

（2）地理位置和地形。流域的地理位置是以流域所处的地理坐标即经度和纬度来表示，并说明它离开海洋有多远，它与别的流域和山岭的相对位置。这些与内陆水分小循环的强弱和径流过程有关。地形包括流域地表的平均高程、坡度、切割深度等。地形对径流的汇流速度和停滞过程起着决定作用。地势越陡，切割越深，坡地漫流和河槽汇流时的流速越大，汇流时间越短，径流过程则越急促，洪水流量越大。因此，在地形起伏较大的山区河流的径流变化较平原地区的强烈。

（3）形状和面积。流域的长度决定了地面径流汇流的时间，狭长地形较之宽短地形的汇流时间长，汇流过程平缓。大流域的径流变化较之小流域的要平缓得多，这是因为大流域面积较大，各种影响因素有更多机会能相互平衡，相互作用，从而增大了它的径流调节能力，而使径流变化趋于相对稳定。

（4）地表植被覆盖。植物枝叶对降水有截留作用，增加了地面的粗糙程度，减缓了坡地漫流的速度，增加了雨水下渗的机会，落叶枯枝和杂草可改变土壤结构，减少了水分蒸发。总之可以起到蓄水、保水和保土等作用，消减洪峰流量，增加枯水径流，使径流随时间的变化趋于均匀。

（5）土壤及地质构造。土壤的物理性质、含水量和岩层的分布、走向、透水岩层的厚薄、储水条件等都明显地影响着流域的下渗水量、地下水对河流的补给量、流域地表的冲刷等，因而在一定程度上影响着径流及泥沙情势。岩溶地区的水文过程另具有其独特性。

（6）湖泊和沼泽。湖泊和沼泽通过对流域蓄水量的调节作用影响径流的变化，例如进入新世纪以来，鄱阳湖就一直出现短时间被拉空的现象，对生态保护、人畜饮水安全等造成了不小的影响。通过气象因素影响，特别是蒸发的影响到径流量的大小，这种影响作用在干旱地区比湿润地区更为显著。

（7）人类活动因素。人类改造自然的活动对径流的影响可从 3 个方面体现出来：农林牧措施、水土保持措施以及水利化措施。农林牧措施是通过农业上的坡地改梯田、旱地改水田、单季改双季、深耕密植等措施用以拦截径流、泥沙，使下渗和蒸发增大；通过改变流域植被、覆盖、森林等措施减缓和阻止地面径流的发生和发展，增加下渗和蒸发。水土保持措施则是通过植被或护坡，加强河道上游及两岸的边坡保护，减少土壤冲蚀，防止水土流失，使泥沙流失量减小，达到水土保持的目的。当今水利化措施日益显示出其巨大的作用，并对人类的生存环境产生广泛的影响。在流域内修建水库、塘、堰以及其他的引水工程，不仅控制了径流情势，还对水质、气候、生态、地质、地貌等环境要素产生影响。一方面，这些水利工程的修建首先在流域内进行径流调节，汛期将多余的水量储存于水库中，枯水期引用库中水量用于工、农业生产，大大缓解了流域内径流星在年内、年际间的矛盾。例如三峡水库的形成可以起到多年调节的作用，既减少了长江下游多年来不断产生的洪灾，同时使这一流域枯水年不再缺水，达到在多年内的径流调节作用。再如南水北调工程，将长江的水分别从东线、中线、西线 3 条线路输往黄河。东线自长江下游干流江苏的江都引水入黄河下游，年引水量 170 亿立方米；中线自长江中游支流汉江的丹江口水库引水经河南、河北进入北京、天津，年引水量 145 亿立方米；西线自长江上游支流通天河、雅砻江、大渡河引水入黄河上游，年引水量 190 亿立方米。这一工程的修建将极大地改变黄河流域的径流状况。

城市化带来了人口密度和建筑物密度增大，这在一定程度上改变了城市地区的局部气候条件，从而影响到降水条件和径流形成条件。较之乡村地区，城市化使暴雨次数、总量和平均雨量增大，地表不透水面积增加，降水渗入量减少，地表径流量增大，导致城市排水系统负荷加重，这就要求提高工程设计标准，对现有工程加以改进。

另一方面，人类的活动又极大地影响到水质的变化，致使水体污染加剧。随着工、农业生产的发展，大量污水排往江河，直接污染地面水体；工业废气流入大气，并随大气降水或自身重量降落而污染水体。例如我国西南、华东等地区，由于燃煤的合硫量较高，致使大气中二氧化硫含量过高，酸雨遍及西南、华东等地。合理开发、管理、保护好水资源是现代化建设不可缺少的一项基本任务。

2.2.3 地下径流

来自地下部分的称为地下径流（Underground Runoff）；下降的雨水渗入土壤后，一部分为植物吸收或通过地面蒸发而损失外，一部分渗入透水层而成为地下水，经过一段相当长的时间，通过在地层中的渗透流动而逐渐注入河流，这就是地下径流，也称为基流。它与地面径流不同，水量较小，水位变幅大，在数量与时程上都表明出相当的稳定性。

2.2.4 固体径流

河川的固体径流（Solid Runoff）或泥沙径流（Sediment Runoff）是指河流挟带的水中悬移质泥沙和沿河底滚动的推移质泥沙而言。所有河流都挟带有泥沙，只是多少不同而已。其中颗粒较小、质量较轻、悬浮于水中、随水流运动的泥沙称悬移质泥沙；颗粒较大、质量较重、沉于河底，当水流速度较大，沿河床滚动、跳动的泥沙称推移质泥沙。悬移质泥沙与推质泥沙在河流中的运动形成了固体径流。固体径流对水利工程、航运工程以及给水工程中的取水口有着极其重要的意义，合理疏导固体径流是工程安全运转的重要保障。在我国黄河流域，最大年输沙量达 39.1 亿吨（1933 年），最高含沙量 920kg/m^3（1977 年）。三门峡站多年平均输沙量约 16 亿吨，平均含沙量 35kg/m^3。河流泥沙主要来源于流域地表被风和雨水侵蚀的土壤，当大量的降雨或融雪形成坡地漫流时，水流就将地表的固体颗粒带入河中。河流挟带泥沙的多少与流域特征及地面径流有关，洪水期含沙量较大，枯水期只靠地下水补给时则含沙量最小。

2.3 流域水量平衡

水量平衡通常用水量平衡方程式表示。在一定时段内流域的各水文要素（降水、蒸发、径流等）之间的数量变化关系，可由流域的水量平衡方程综合地表示出来，它是进行水文分析计算的有力工具。

先求闭合流域内任一时段的水量平衡方程式。所谓闭合流域，即该流域的地面分水线明确，且地面与地下分水线相互重合，没有补给相邻流域的水量。设想在这样一个流域的分水线上做出一个垂直的柱形表面一直到达不透水层，使低于这个层面的水不参与所探讨的水量平衡。应用水力学中的水流连续性原理，来确定水文循环的数量关系。

闭合流域的水量平衡收入项为研究时段的总降水量（P）；支出项为研究时段的流域总蒸发量（E）和流域出口断面处的总径流量（R）；若研究时段内流域蓄水变量绝对值为ΔS，则任一时段闭合流域水量平衡方程式（Water Budget Equation）如下。

$$P=E+R\pm\Delta S \tag{2-10}$$

对于某一具体年份来说，式中 P 代表年降水总量，E 代表年蒸发总量，R 代表年径流总量。多水年份水量充沛，一部分水量补充流域蓄水量，因此 ΔS 为正号；而少水年份 ΔS 将为负号，表示流域将消耗蓄水量的一部分用于径流及蒸发。

对于多年平均情况而言，由于存在丰水年和枯水年的交替，流域蓄水量之差近似等于零。

$$\frac{1}{n}\sum_{i=1}^{n}\Delta U_i \approx 0 \tag{2-11}$$

此时式（2-10）可简化如下。

$$P_0=E_0+R_0 \tag{2-12}$$

$$P_0=\frac{1}{n}\sum_{i=1}^{n}P_i \quad E_0=\frac{1}{n}\sum_{i=1}^{n}E_i \quad R_0=\frac{1}{n}\sum_{i=1}^{n}R_i$$

式中，P_0 为流域多年平均降水量；E_0 为流域多年平均蒸发量；R_0 为流域多年平均年径流总量。

式（2-12）表明，对于一个闭合流域来说，降落在流域内的降水完全消耗在径流和蒸发两方面，如（2-12）公式两边同除以 P_0，则得出如下。

$$\frac{R_0}{P_0}+\frac{E_0}{P_0}=1 \tag{2-13}$$

式中，径流量占降水量的分数 R_0/P_0 称为径流系数（Runoff Coefficient），也可见式(2-8)；蒸发量占降水量的分数 E_0/P_0 称为蒸发系数（Evaporation Coefficient）。这两个系数在0～1的范围内变化，其和则等于1，干旱地区的径流系数很小，几乎近于零，为蒸发系数很大，可近于1；在水分丰沛地区的径流系数介于0.5～0.7之间或稍大。

2.4 水文测验与信息采集

系统地收集和整理水文资料的全部技术过程称为水文测验（Hydrometry）。狭义的水文测验指水文要素的观测。应用水文测验取得各种水文要素的数据，通过分析、计算，综合后为水资源的评价和合理开发利用，为工程建设的规划、设计、施工、管理运行及防汛、抗旱提供依据。如桥涵的高程和规模、河道的航运、城市的给水和排水工程等都以水位、流量、泥沙等水文资料作为设计的基本依据。

为了获得水文要素各类资料，建立和调整水文站网；为了准确、及时、完整、经济地观测水文要素和整理水文资料并使得到的各项资料能在同一基础上进行比较和分析，研究水文测验的方法，制定出统一的技术标准；为了更全面、精确地观测各水文要素的变化规律，研制水文测验的各种测验仪器、设备；对一些没有必要做驻站测验的断面或地点，进行定期巡回测验，如枯水期和冰冻期的流量测验、汛期跟踪洪水测验、定期水质取样测定等；进行水文调查，包括测站附近河段和以上流域内的蓄水量、引入引出水量、滞洪、分洪、决口和人类其他活动影响水情情况的调查，也包括洪水、枯水和暴雨调查。水文测验得到的水文资料，按照统一的方法和格式，加以审核整理，成为系统的成果，刊印成水文年鉴，供用户使用；按统一的技术标准在各类测站上进行水位观测，流量测验，泥沙测验和水质、水温、冰情、降水量、蒸发量、土壤含水量、地下水位等观测，以获得实测资料。本节主要阐述河流水位观测、流量测验、泥沙测验等水文要素的测验。

2.4.1 水文测站

水文测站（Hydrological Stations）是在河流上或流域内设立的，按一定技术标准经常收集和提供水文要素的各种水文观测现场的总称。按其目的和作用分为基本站、实验站、专用站和辅助站。

基本站是为综合需要的公用目的，经统一规划而设立的水文测站。基本站应保持相对稳定，在规定的时期内连续进行观测，收集的资料应刊入水文年鉴或存入数据库长期保存。实验站是为深入研究某些专门问题而设立的一个或一组水文测站，实验站也可兼作基本站。专用站是为特定的目的而设立的水文测站，不具备或不完全具备基本站的特点。辅助站是为了帮助某些基本站正确控制水文情势变化而设立的一个或一组站点，辅助站是基本站的补充，弥补基本站观测资料的不足。计算站网密度时，辅助站不参加统计。

基本水文站按观测项目可分为流量站、水位站、泥沙站、雨量站、水面蒸发站、水质站、地下水观测井等。其中流量站（通常称作水文站）均应观测水位，有的还兼测泥沙、降水量、水面蒸发量及水质等；水位站也可兼测降水量、水面蒸发量。这些兼测的项目，在站网规划和计算站网密度时，可按独立的水文测站参加统计；在站网管理和刊布年鉴和建立数据库时，则按观测项目对待。

2.4.2 水位观测

水位是水体（如河流、湖泊、水库、沼泽等）的自由水面相对于某一基面的高程，其单位以米（m）表示。水位是反映水体、水流变化的重要标志，是水文测验中最基本的观测要素，是水文测站常规的观测项目。水位观测（Water Stage Observation）资料可以直接应用于堤防、水库、电站、堰闸、浇灌、排涝、航道、桥梁等工程的规划、设计、施工等过程中。水位是防汛抗旱斗争中的主要依据，水位资料是水库、堤防等防汛的重要资料，是防汛抢险的主要依据，是掌握水文情况和进行水文预报的依据。同时水位也是推算其他水文要素并掌握其变化过程的间接资料。在水文测验中，常用水位直接或间接推算其他水文要素，如由水位通过水位流量关系，推求流量；通过流量推算输沙率；由水位计算水面比降等，从而确定其他水文要素的变化特征。

以一个基本水准面为起始面，这个基本水准面又称为基面。由于基本水准面的选择不同，其高程也不同，在测量工作中一般均以大地水准面作为高程基准面。大地水准面是平均海水面及其在全球延伸的水准面，在理论上讲，它是一个的连续闭合曲面。但在实际中无法获得这样一个全球统一的大地水准面，各国只能以某一海滨地点的特征海水位为准。这样的基准面也称绝对基面，特征海水面的高程定为 0.000m，目前我国使用的有大连、大沽、黄海、废黄河口、吴淞、珠江等基面。若将水文测站的基本水准点与国家水准网所设的水准点接测后，则该站的水准点高程就可以根据引据水准点用某一绝对基面以上的高程数来表示。

观读水位的设备常用水尺和自记水位计两类。水尺分直立式、倾斜式、矮桩式和悬锤式四种。其中直立式水尺应用最普遍，其他三种则根据地形和需要选定。水尺板上刻度的起点与某一基面的垂直距离叫做水尺的零点高程，预先可以测量出来，如图 2-13 所示。每次观读水尺后，便可计算水位。

$$水位=水尺零点高程+水尺读数 \tag{2-14}$$

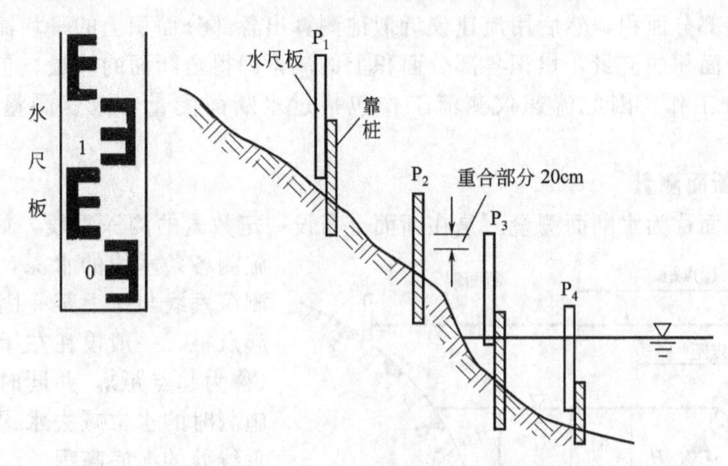

图 2-13　直立式水尺分级设置示意

自记水位计种类较多，间接观测设备主要由感应器、传感器与记录装置三部分组成。感应水位的方式有浮筒式、水压式、超声波式等多种类型。按传感距离可分为：就地自记式与远传、遥测自记式两种。按水位记录形式可分为记录纸曲线式，打字记录式、固态模块记录等。它们可以以数字或图像的形式连续记录水位变化过程。

一般河流的水位观读次数与时间，根据河流及水位涨落变化情况合理安排，以能测得完整的水位变化过程，满足日平均水位计算、推求流量和水情播报的要求为原则。水位平稳时，一日内可只在 8 时观测一次，稳定的封冻期没有冰塞现象且水位平稳时，可每 2～5 日观测一次，月初月末两天必须观测。水位有缓慢变化时，每日 8 时、20 时观测两次外，枯水期 20 时观测确有困难的站，可提前至其他时间观测。水位变化较大或出现较缓慢的峰谷时，每日 2 时、8 时、14 时、20 时观测 4 次。洪水期或水位变化急剧时期可每 1～6h 观测 1 次，当水位暴涨暴落时，应根据需要增为每半小时或若干分钟观测 1 次，应测得各次峰、谷和完整的水位变化过程。结冰、流冰和发生冰凌堆积、冰塞的时期应增加测次，应测得完整的水位变化过程。

2.4.3　流量测验

流量是单位时间内流过江河某一横断面的水量，单位为 m^3/s。流量是反映水资源和江河、湖泊、水库等水量变化的基本资料，也是河流最重要的水文要素之一。流量测验 (Flow Observation) 的目的是取得天然河流以及水利工程调节控制后的各种径流资料。

河流流量是通过测定过水断面面积与断面平均流速并加以计算得到的。在过水断面上，流速随水平及垂直方向的位置不同而变化。从水平方向看，中间流速大，两岸流速小；从水深方向看，河床流速最小，如图 2-14 所示。用流速仪测流实际上是将过水断面划分为若干

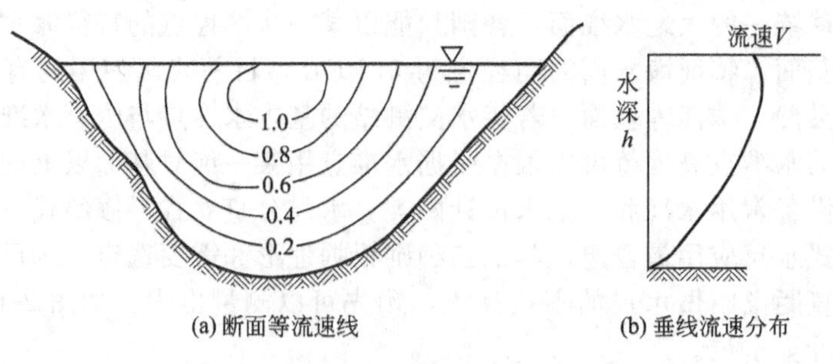

图 2-14　流速分布

部分，计算出各部分面积，然后用流速仪近似地测算出各部分面积上的平均流速，两者的乘积为通过各部分面积的流量，累积各部分面积上的流量即得全断面的流量。包括断面测量和流速测量两部分工作。因此流速仪测流工作包括过水断面测量、流速测量、流量计算三部分。

2.4.3.1　断面测量

测量过水断面称为水断面测量。是在断面上布设一定数量的测深垂线，如图 2-15 所示，施测各条垂线的水深，同时测得每条测深垂线与岸上某一固定点（断面的起点桩，一般设在左岸）的水平距离（称为起点距），并同时观测水位，用施测时的水位减去水深，得到各测深垂线处的河底高程。

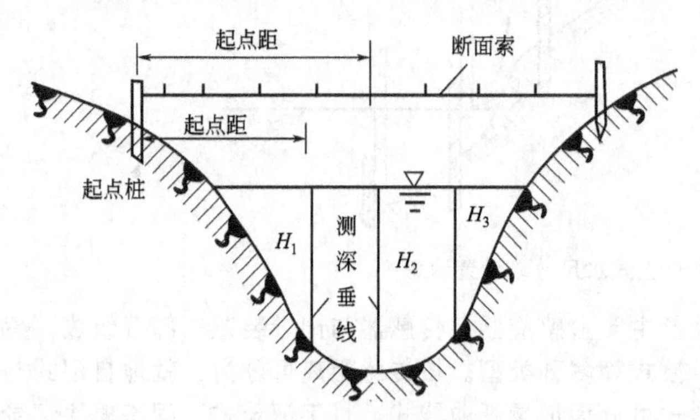

图 2-15　断面测量示意

2.4.3.2　流速测量

（1）点流速测定。测量点流速通常使用流速仪进行。流速仪（Velocity Meter）放在流动的水中，受水流冲刷使旋杯或旋桨产生旋转，流速越大，旋转越快，它们之间一般是直线关系，根据转速即可算出流速。其计算公式如下。

$$u=K\frac{N}{T}+C \tag{2-15}$$

式中，u 为水流的点流速，m/s；K 为水力螺距，表示流速仪的转子旋转一周时，水质点的行程长度；N 为流速仪在测速历时 T 内的总转数，一般是根据讯号数，再乘上每一讯号代表的转数求得；T 为测速历时，为了消除水流脉动的影响，测速历时一般不应少于 100s；C 为附加常数，表示仪器在高速部分内部各运动件之间的摩阻，称为仪器的摩阻常数。

这种流速只是河流过水断面上某一测点的流速。为适应过水断面上天然流速分布的不均匀性，最后根据“以点控制线，以线控制面”的原则，求得垂线平均流速和部分断面平均流速，进而求出断面流量。

（2）垂线平均流速测定与计算。河流过水断面上流速的分布是不均匀的，为了掌握过水断面流速的分布情况，就得合理安排测点，使观测结果具有代表性。为此就必须在过水断面上沿河宽选一些代表性强的测速垂线，在每一根测速垂线上依水深不同选择一些特征点进行测速。常测法的最少测速垂线数目规定列于表 2-2 中。

对测速历时的规定：对每一测点一般不应短于 100s；在能满足测流的精度要求时，还可以缩短测速历时，但不宜少于 50s，如测点流速脉动严重，则测速历时还应适当延长。

只要水深足够，应采用五点法。

表 2-2 常测法的最少测速垂线数目

水面宽/m		＜5.0	5.0	50	100	300	1000	＞1000
最少测速垂线数	窄深河道	5	5	10	12	15	15	15
	宽浅河道			10	15	20	25	＞25

注：当水面宽与平均水深之比大于 100 时为宽浅河道，否则为窄深河道。

$$v_m=\frac{1}{10}(v_{0.0}+3v_{0.2}+3v_{0.6}+2v_{0.8}+v_{1.0}) \tag{2-16}$$

式中，$v_{0.0}$、$v_{0.2}$、$v_{0.6}$、$v_{0.8}$及 $v_{1.0}$分别为水面 0.0、0.2m、0.6m、0.8m 水深及河底 1.0m 处的流速（m/s）。

（3）部分断面平均流速计算。部分面积平均流速是指两测速垂线间部分面积的平均流速，以及岸边或死水边与断面两端测速垂线间部分面积的平均流速。首先将天然河流的过水断面划分为若干部分，面各部分的划分，以测速垂线为界，岸边部分按三角形计算，中间部分按梯形计算。如图 2-16 所示，1 部分和 4 部分的断面面积 A_1 与 A_4 按三角形计算，而 2 部分和 3 部分断面的面积 A_2 和 A_3 按梯形计算。

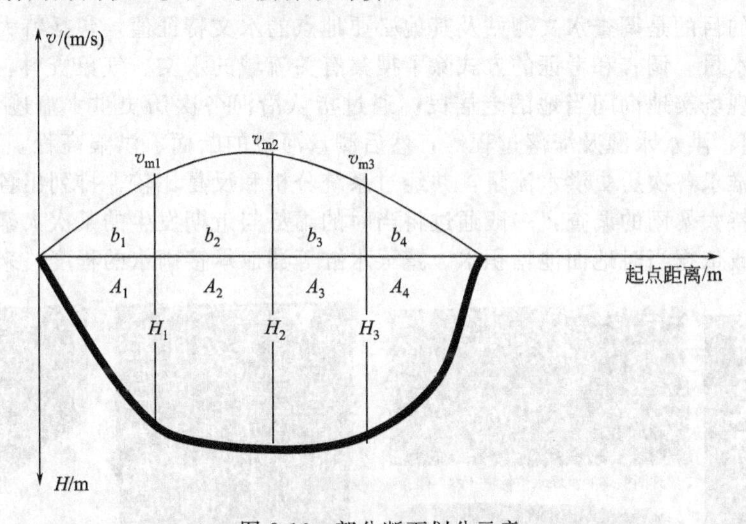

图 2-16 部分断面划分示意

如图 2-16 所示，两测速垂线中间部分的平均流速为两垂线平均流速的算术平均值；岸边或死水边部分的平均流速，等于自岸边或死水边起第一条测速垂线的垂线平均流速乘以岸边流速系数 ε。

$$v_1=\varepsilon_1 v_{\mathrm{m1}} \tag{2-17}$$

$$v_2=\frac{v_{\mathrm{m1}}+v_{\mathrm{m2}}}{2} \tag{2-18}$$

$$v_3=\frac{v_{\mathrm{m2}}+v_{\mathrm{m3}}}{2} \tag{2-19}$$

$$v_1=\varepsilon_4 v_{\mathrm{m3}} \tag{2-20}$$

式中，v_1、v_2 及 v_3 分别为 1、2 及 3 部分断面上的平均流速；v_{m1}、v_{m2}及 v_{m3}分别为 1、2 及 3 垂线平均流速；ε 为岸边流速系数，可在表 2-3 中选用，也可根据试验资料确定。

2.4.3.3 **流量计算**

$$Q=\sum_{i=1}^{n}q_i=\sum_{i=1}^{n}A_i v_i \tag{2-21}$$

式中，Q 为过水断面流量，m^3/s；n 为部分断面的个数；q_i 为部分断面流量，m^3/s；A_i 为部分断面面积，m^2；v_i 为部分断面平均流速，m/s。

表 2-3 岸边流速系数 ε 值

岸边情况	ε 值
斜坡岸边(即水深均匀地变浅至零的岸边部分)	0.67～0.75,可用 0.7
陡岸边	不平整陡岸边用 0.8 光滑陡岸边用 0.9
死水边(死水与流水的交界处)	0.6

2.4.4 水文信息采集

水文信息采集的主要手段是水文测验。这种定位测验由于受到时间与空间的限制，往往不能满足实际工作需要。通过水文调查、水文遥测、水文年鉴等途径采集水文信息，可以使水文资料更加完整而系统，这些信息也是进行水文分析计算时必不可少的依据。

2.4.4.1 水文调查

水文调查的目的是调查水文测站及其他必要地点的水文特征值，包括特大洪水流量、暴雨量和最小枯水量。调查和考证的方式除了搜集有关流域的水文、气象资料、查阅历史文献以外，还要到现场实地询问当地的老居民。通过指认沿河各次历史洪水痕迹（如图 2-17 所示）、发生时间、洪水水源及涨落过程等，然后测量河段的断面、洪痕高程，可运用水位-流量关系曲线法推求各次历史洪水流量，并经过系统分析和反复比较，排列出各次洪水在调查期中的序位。特大暴雨的调查，一般通过将当时的雨势与近期发生的某次大暴雨相比，得出定性的结论；或依据当时地面池塘积水、露天水缸等器皿承接雨水的程度，来估算暴雨量。

涪陵峰子岩的洪峰题记“ ”(上)

涪陵两汇场的洪峰水位标记“丕”(上)

云阳飞滩子的洪峰标记“Z”

涪陵陈家嘴洪水题记(下)

云阳张飞庙洪水题记(上)

孝感文庙洪水题记(上)

图 2-17 长江历史特大洪水石刻

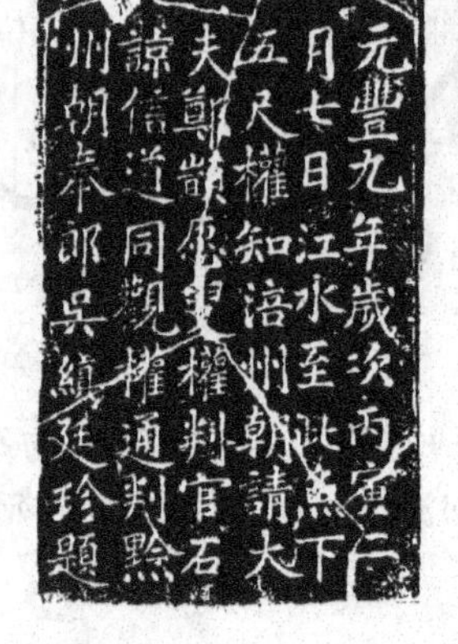

“江水至此鱼下五尺”

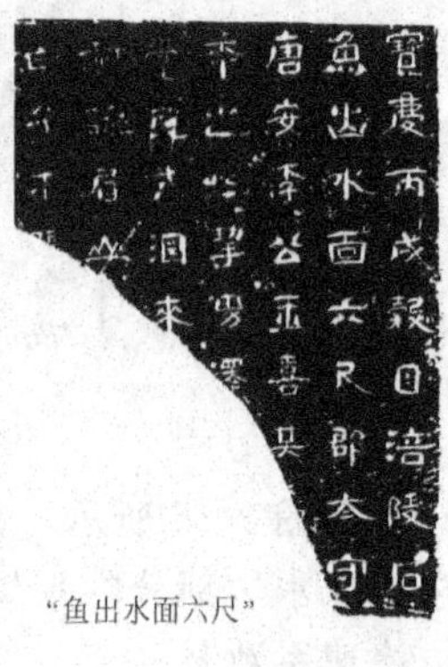

“鱼出水面六尺”

“鱼在水尚一尺”

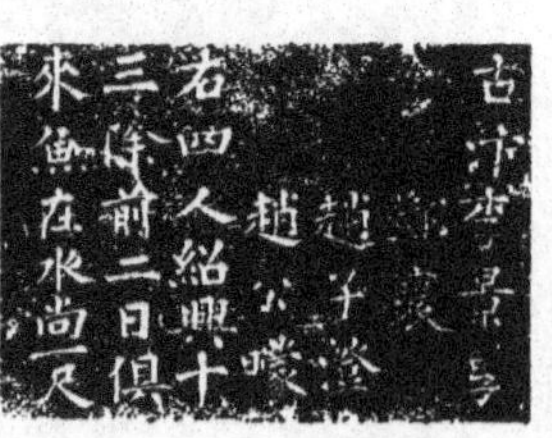

“水齐至此”

图 2-18 四川涪陵白鹤梁上部分石刻题记

根据当地严重旱情、无雨天数、河水水深以及枯竭断流的情况调查，来估算当时的最小水量和最低水位。历史枯水的调查工作必须在水位极枯或较枯的时候才能进行，不像对洪水的调查那样，随时都可以进行。河流沿岸的古代遗址、古代墓葬、古代建筑物、记载水情的碑刻题记等考古实物以及文献资料（如图 2-18 所示），都是进行历史水文调查的重要资料。调查方法与洪水调查方法基本相似，一般比历史洪水调查更为困难。

我国许多水文部门对历史洪水进行过大规模的系统调查，并已编辑成册，供工程技术人员在设计洪水计算时参考。古洪水是指洪水发生的时间早于现代系统水文测验和历史（调查）洪水的古代洪水，可以追溯到地质年代称之为全新世发生的洪水。近年来，有关古洪水的研究成果的收集也是水文调查的内容之一。

2.4.4.2 水文遥测

水文遥测是指遥感技术在水文科学领域的应用。其特点是可以大范围、快速、周期性地探测地球上各种水文现象及其变化。近 20 多年来，水文遥测已成为收集水文信息的一种手段，尤其在流域特征调查、水资源调查、水质监测、洪涝灾害监测、河口湖泊水库泥沙淤积监测等方面的应用更为显著。

2.4.4.3 水文年鉴

水文年鉴是指由国家水文站网按全国统一规定对观测的数据进行处理后，由主管部门分流域和水系每年刊布一次的水文资料。1986 年起，陆续实行用计算机存储，建立水文数据库，供用户查阅。水文年鉴内容包括测站分布图，水文站说明表与位置图，各测站的水位、流量、水温、泥沙、冰凌、水化学、地下水、降水量、蒸发量等系统资料。

2.4.4.4 水文手册和水文图集

水文年鉴仅刊布水文测站的资料，而水文手册、水文图集和水资源评估报告等是各地区水文部门在分析研究和综合历年地区性水文资料的基础上编制出来的，包括适合于某地区的各种水文特征值统计表、等值线图、经验公式、经验系数、关系曲线及计算方法等。利用水文手册和水文图集，可以计算资料缺乏或无资料地区的水文特征值。

2.5 水位与流量关系曲线

由上节内容可知，流量测验工作量大，各测站一年内实测的次数有限，通常得不到流量随时间连续的变化过程；而水位易于观测，因此可通过对观测到的水位、流量资料的整理，建立水位与流量关系曲线由水位推求相应水位下的流量，这样可以把相当大一部分流量观测工作简化为水位观测。同时在水文计算中，也可以利用水位-流量关系曲线将设计水位转化为设计流量。

2.5.1 水位与流量关系曲线的分析

2.5.1.1 稳定的水位-流量关系曲线

当测流段的河床稳定且测站控制良好时，绘制出来的水位-流量关系曲线表现为同一水位只有一个相应的流量，或者说为一条单一的曲线，二者即为稳定关系。稳定的水位-流量关系曲线的绘制步骤如下。

(1) 将各次测流时实测水位、流量的成果加以审查，列出实测流量成果表，如表 2-4 所示。

(2) 根据表 2-4 中数据，同时绘制 $Z \sim A$、$Z \sim v$、$Z \sim Q$ 关系曲线。以水位为纵坐标，横坐标用三种比例尺，分别代表流量 Q、断面面积 A、平均流速 v。如果采用不同方法测流，

表 2-4 ××河××站 1982 年实测流量成果（摘录）

测次	日期			水位/m	流量/(m³/s)	流量测法	断面面积/m²	平均流速/(m/s)	水面比降/‰	水面宽/m	备注
	月	日	时:分								
121	8	12	7:50～8:20	102.59	137	流速仪	98.6	1.39	—	83.6	
122	8	13	7:30～8:20	102.48	121	流速仪	92.3	1.52	—	83.1	
123			15:00～15:30	104.15	851	水面浮标	312	2.73	0.24	157	
124	8	14	7:00～7:30	104.42	1050	水面浮标	361	2.92	0.27	168	西北风 2～3 级
125			18:00～18:20	104.17	944	水面浮标	315	3.00	0.27	157	西北风 2～3 级

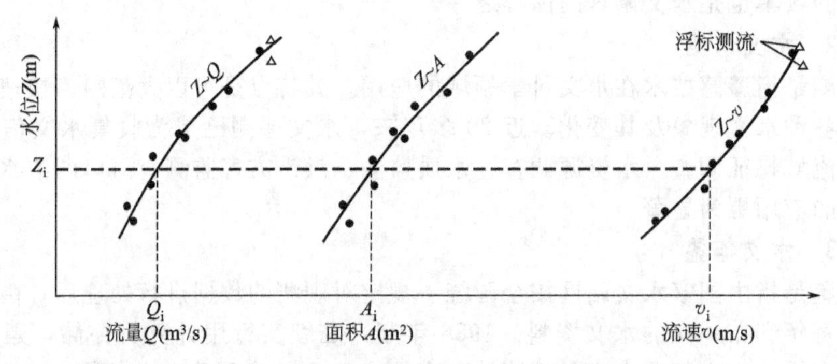

图 2-19 稳定情况下 Z～Q 曲线的绘制

则点子用不同符号表示。如果水位流量关系点子密集，分布成一带状，就可以通过点群中间，目估一条单一的水位流量关系曲线，如图 2-19 所示。在绘制水位流量关系曲线时，大多数点与曲线的偏差不超过测流误差的 5%，稳定良好。

(3) $Z\sim Q$ 曲线定出后，应与 $Z\sim A$、$Z\sim v$ 曲线对照检查，使各种水位情况下的 $Q=Av$。

2.5.1.2 不稳定的水位流量关系曲线

不稳定的水位流量关系，是指先后测得的水位虽然相同，但流量差别很大。在同一水位时，引起流量变化的原因很多，如断面冲刷或淤积（图 2-20）、洪水涨落（图 2-21）、变动回水（图 2-22）以及结冰、水草生长等都会引起断面面积、断面形状、比降或糙率的变化，从而形成不稳定的水位-流量关系曲线。

不稳定的水位流量关系曲线的处理方法很多，经常使用的有以下两种。

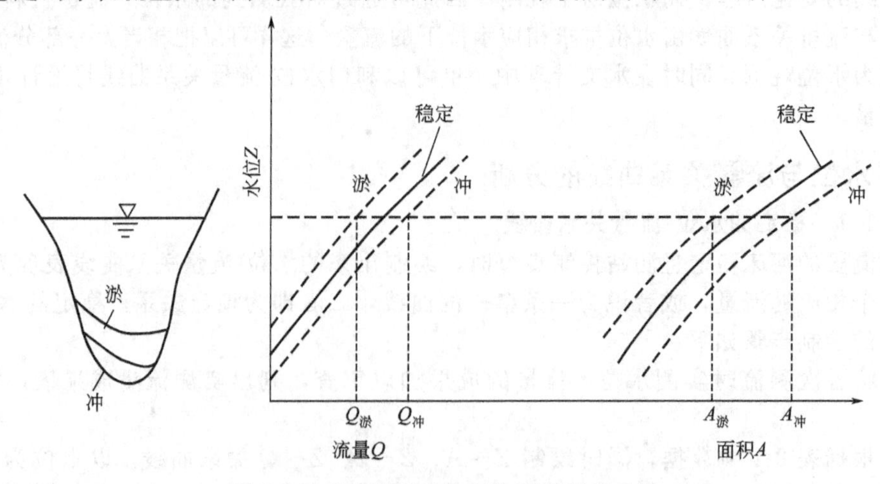

图 2-20 受冲淤影响的水位-流量关系曲线

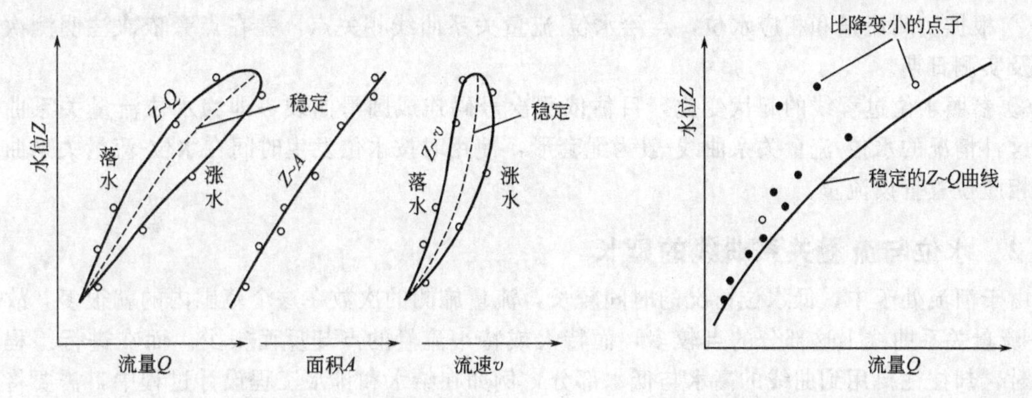

图 2-21　受洪水涨落影响的水位流量关系曲线　　图 2-22　受变动回水影响的水位流量关系曲线

(1) 临时曲线法。若水位流量关系受不经常的冲淤影响或比较稳定的结冰影响，在一定时期内关系点子密集成一带状，能符合定单一线的要求时，可以分期定出水位-流量关系曲线，称为临时曲线法，如图 2-23 所示。

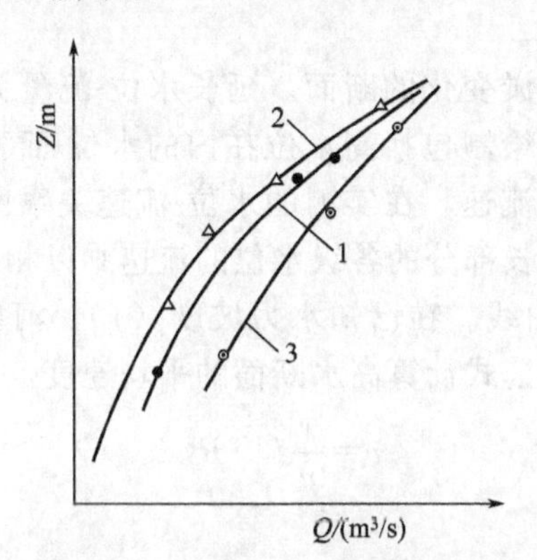

图 2-23　临时曲线法的水位-流量关系曲线

(1—1 月 1 日～1 月 7 日；2—1 月 7 日～2 月 15 日；3—2 月 15 日～3 月 9 日)

(2) 连时序法。当测流次数较多，能控制水位流量关系变化的转折点时，一般多用连时序法。其绘制过程如下。

① 根据实测资料绘出水位过程线 $Z=f(t)$，并在过程线上按顺序注上测次号码，如图 2-24 所示。

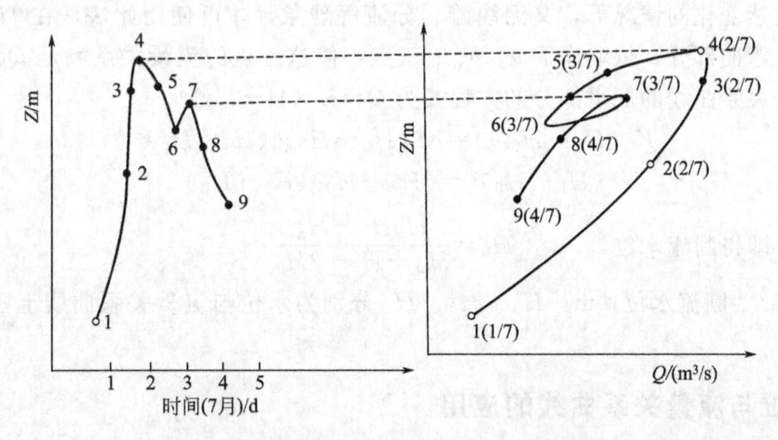

图 2-24　连时序法绘制水位-流量关系曲线

② 根据实测流量和相应水位，点绘水位-流量关系曲线相关点，并在点旁依次注明测次号码及实测日期。

③ 参照水位过程线的起伏变化，目估依测次号码连成圆滑曲线，即为水位流量关系曲线。这种情况的水位-流量关系曲线-般为绳套形，使用时按水位发生时间在水位-流量关系曲线的相应位置查读流量。

2.5.2 水位与流量关系曲线的延长

由于河流处于中、低水位情况的时间较长，流量施测的次数在这个范围内的就很多，故水位-流量关系曲线上这部分的点较多，而特大或特小流量的点却反而很少。而在进行工程设计时，却往往要用到曲线的高水与低水部分，例如在给水和排水工程设计过程中，需要将设计用的最大流量和最小流量转换为相应的设计最高水位和最低水位，以此确定取水工程的吸水口以及污水排水放口位置，这就需要用各种适当方法将该曲线做高水延长和低水延长。一般情况，高水部分延长不应超过当年实测流量所占水位变幅的 30%，低水部分延长不应超过 10%。

2.5.2.1 高水延长

此法用于河床没有严重冲淤变化的断面。延长水位-流量关系曲线的高水部分时，首先根据当时实测的大断面资料，绘制包括高水位在内的水位-面积关系曲线。其次利用水力学公式计算高水部分的断面平均流速，在实测的水位-流速关系曲线上接绘计算出的高水位与流速的关系曲线。最后，将延长部分的各级水位的流速乘以相应面积即得断面流量。据此即可绘出延长的水位-流量关系曲线。在已知水力坡度（J）、河床糙率（n）和水力半径（R）的条件下，用水力学中的曼宁公式计算高水断面的平均速度。

$$v=\frac{1}{n}J^{1/2}R^{2/3} \tag{2-22}$$

2.5.2.2 低水延长

低水延长比高水延长更不容易取得准确结果，延长范围的限制比高水的严格。对于给水设计，为推求设计最低水位，低水延长就显得更为重要。断流水位求法有以下两种。

（1）根据测站纵横断面资料确定。如测站下游有浅滩或石梁，则以其高程作为断流水位；如测站下游很长距离内河底平坦，则取基本水尺断面河底最低点高程作为断流水位。这样求得的断流水位比较可靠。

（2）分析法。在没有纵断面图和调查资料时，如断面形状整齐，在延长部分的水位变幅内河宽没有突然变化的情况下，又无浅滩、分流等现象，才可使用此法。在 H-Q 关系曲线的中、低水位弯曲部分，依顺序取 a、b、c 三点，使这三点的流量关系满足 $Q_b^2=Q_aQ_c$，假定水位与流量关系曲线的低水部分的方程式为 $Q=K(H-H_0)^n$。

$$K^2(H_b-H_0)^{2n}=K^2(H_a-H_0)^n(H_c-H_0)^n$$

所以

$$(H_b-H_0)^2=(H_a-H_0)(H_c-H_0)$$

解上式，即得断流水位

$$H_0=\frac{H_aH_c-H_b^2}{H_a+H_c-2H_b} \tag{2-23}$$

式中，H_0 为断流水位，m；H_a、H_b、H_c 分别为水位与流量关系曲线上 a、b、c 三点的水位，m。

2.5.3 水位与流量关系曲线的应用

上述水位-流量关系均指水文站基本水尺断面上的情况，还得移用到取水口处才能供设计使用。如取水口附近有水文站，可从基本水尺到取水口分别施测几条高、中、低水位的水面比降线，按不同比降，将基本水尺处的设计最高、最低水位推算到取水口去。如取水口距水文站较远，直接施测比降线较为困难，则可考虑在取水口处设置临时水尺，并观读水位。其观测历时最好能包括一个汛期和枯水期，以期与水文站基本水尺建立水位相关时能包括较大的水位变幅在内。如取水口附近或较远处无水文站资料可供借用，可在适宜河段设置临时水尺以观读水位，并施测一定数量的流量资料，建立临时水尺处的水位-流量关系曲线，虽然精度稍差，但对提供设计参考仍有一定价值。

【任务解决】 在本章任务中，我们提出了径流形成过程的问题，通过本章的学习，得知河川径流是流域降水通过产流、汇流过程形成的。其中汇流过程包括地面汇流和地下汇流，前者主要受到河网、湖泊、沼泽、冰川等的调蓄作用，而后者主要受地下水、土壤水等的调蓄作用，使得径流过程变得远远比降水过程平缓和滞后，尤其地下汇流速度极其缓慢，致使河川径流常年不断。

【知识拓展】 现代水文学在微观上是研究SVAT（土壤-植被-大气系统）中水分与热量的交换过程，探讨“三水”、“四水”或“五水”（大气水、地表水、土壤水、地下水及植被水）的转化规律。中国工程院雷志栋院士认为区域的四水（大气水、地表水、土壤水和地下水）转化问题的研究是水土资源平衡分析的科学基础和依据。研究组建立了干旱区绿洲灌区“四水转化”模型，同时对扩大灌溉面积后对生态的影响进行了分析，据此提出减少开荒140万亩（1亩$=666.7\text{m}^2$，下同），既节省了约2.8亿元的垦荒投入，又很好地维护了自然生态现状。

【思考与练习题】

1. 了解并举出你所在地区的流域与水系基本情况。

2. 实际上，从哪些方面判别一个流域是否为闭合流域？

3. 试述水量平衡与水循环的内在关系以及水量平面的研究意义。

4. 某山区的地表水系如图2-25所示，由分水岭圈闭的流域面积为24km^2，在8月份观测到出山口A点的平均流量为$8.0\times10^4\text{m}^3/\text{d}$，而8月份这个地区的总降水量是700mm。试求出该流域8月份的径流深度和径流系数，并思考以下问题：为什么径流系数小于1.0；A点的平均流量中是否包括地下径流。

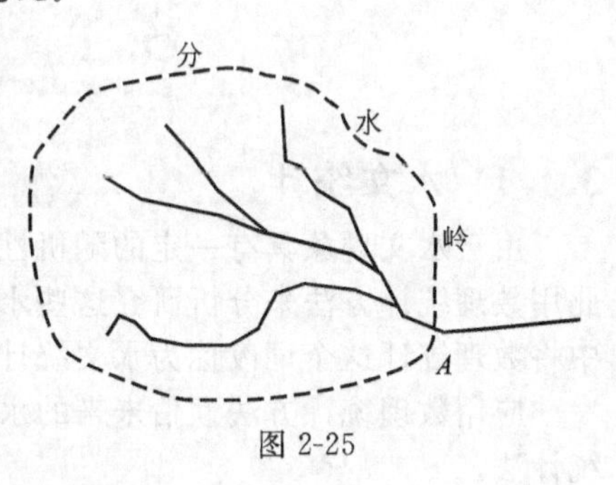

图2-25

5. 简述径流形成过程中包括哪些子过程，它们各有何特点。

6. 阐述人类活动对河川径流的影响。

7. 什么是流域的定义？什么是流域分水线的定义？取水工程中如何确定流域面积？

第3章 水文统计基本方法

【学习目的】 从已知资料寻求河川径流变化规律，一方面可用成因分析的方法从径流形成的角度去研究径流的变化规律；另一方面就是用水文统计（数理统计）的方法，去寻求水文现象的统计规律。研究河川径流的统计变化规律，预估径流未来的变化趋势，以满足水利水电工程规划、设计、施工和运行管理的需要。

【学习重点】 经验频率曲线的延长及理论频率曲线的绘制步骤，适线法的应用。

【学习难点】 适线法的应用。

【本章任务】 某水文站35年实测年降雨量资料见表3-4中第（1）、（2）列，试根据该资料用矩法初估参数，并用适线法求百年一遇的降雨量。

【学习情景】 欲在某河流上建一取水泵站，现已收集到该河流上某水文站1956～2010年的历年最高水位资料，假设取水口就在该水文站附近，要求用适线法求设计频率$P=1\%$、$P=2\%$、$P=5\%$时的河流水位。

3.1 水文统计的基本概念

3.1.1 水文统计

由于水文现象具有一定的随机性，且这种随机性的规律需要由大量的资料统计出来，因此用数理统计方法来分析研究这些水文现象可以认为是符合实际的也是合理的。通常在水文中将数理统计这个词改称为水文统计（Hydrologic Statistics）。

应用数理统计方法预估未来的水文情势（各种水文现象发生的概率）的方法，称为水文统计法。

3.1.2 水文现象与统计学概念的对应关系

3.1.2.1 事件

事件是统计学中最基本的概念之一。所谓事件是指在一定的条件组合下，随机试验的结果。对水文现象来说，事件可以是数量性质的，如某河流某断面处的水位、流量；也可以是属性性质的，如天气的风、雨、晴等。事件可分为3类。

（1）必然事件。在一定条件下必然发生的事情，称为必然事件。如流域上降雨且产流的情况下，河中水位上升是必然事件。

（2）不可能事件。在一定条件下肯定不会发生的事件，称为不可能事件。如天然河流上游无人为阻水时，发生断流是不可能事件。

（3）随机事件。在一定条件下，可能发生也可能不发生的事件，称为随机事件。如在一定的自然条件下，某河流断面洪水期出现的年最大洪峰流量可能大于某一个值，也可能小于某一个值。

必然事件与不可能事件本来没有随机性，但为了研究方便，我们把它看成是随机事件的特殊情形，通常把随机事件简称为事件。

3.1.2.2 随机试验与随机变量

对随机事件做大量重复观测的过程，称为随机试验。随机试验中种种结果的取值，称为随机变量。在水文学中，水文测验相当于随机试验，对某一断面流量的多年观测，可有种种数值，即随机变量。由随机变量组成的一系列数值，称为随机变量系列，简称为系列。通常系列可分两类：连续系列和离散系列。

（1）连续系列。指凡在实数区间可有任意值的系列。水文统计中所用的系列均为连续系列，如水位、流量、降雨量等水文资料系列。

（2）离散系列。指凡在实数区间只能有某些间断离散值的系列。如投掷骰子所得的点数。

3.1.2.3 总体、个体和样本

在统计学中，随机变量所有可能不同结果的全体，称为总体；总体中的每一个随机变量称为个体。总体是所有个体的集合。从总体中随机抽取一部分个体称为总体的一个样本。样本中所含个体的数目称为样本的容量。由于样本是总体的一部分，样本的特征在一定程度上可以代表总体的特征，所有对总体规律的认识可通过研究样本的规律来得到。用样本来推求总体必然存在抽样误差，故在水文统计中，也要进行抽样误差的计算。

3.1.2.4 选样方法

用水文统计法对各种水文现象实测系列进行频率计算，预估各种频率对应的随机变量值，从中选定设计值的方法，称为频率分析法。

在实测资料中选取供频率分析的数据，称为选样。由此组成的一系列样本，称为样本系列。水文计算中通常采用年单值法，即在每年实测资料中选出一个实测值组成样本系列（如年最大值、最小值、年评价值等），n 年资料可得 n 个实测值。此法所选样本独立性强，符合随机变量特性，水文计算所需样本容量至少应有 $n=20\sim30$ 年，不足时，可选相关水文站的资料对本站资料进行插补延长。

3.1.2.5 水文样本的基本要求

所选取的样本的质量直接影响水文统计的精度，故在选择样本时，应注意需满足以下几点要求。

（1）一致性。样本中的个体应属同类且收集条件相同。如最大流量与最小流量二者性质不同，不能相混组成样本系列。

（2）代表性。样本容量越大越能反映总体的情况，即代表性越好。一般要求至少有20～30个实测资料才能组成样本系列。

（3）可靠性。可靠性指资料来源可靠。对精度不高、错记、伪造的资料，要进行修正，保证样本数据的可靠性。

（4）独立性。独立性指样本系列中每个个体互不影响。用年单值法选样时，水文现象的年际关系差，关联性小，独立性好。而若选用同一场降雨造成的前后几天的日流量，其个体彼此存在较密切关系，独立性差。

市政工程中建筑物的安全标准低于水利工程建筑物的安全标准，容许一年中面临多次破坏风险，可按年最大值法选样。但年最大值法有其不足之处，对于大洪水年只入选一个最大值，其次大值可能大于其他年份，却不能入选；一些小洪水年的最大值虽然入选，但却可能小于其他年份的次大或第三值，这也影响了样本的代表性。

3.1.3 水文特征值的概率分布

随机变量的取值与其概率是一一对应的，将这种对应关系称为随机变量的概率分布。对于连续型随机变量 X 来说，由于其所有可能取值完全充满某一区间，其取得任何个别值 x

的概率为零，即 $X=x$ 的概率为零。故在分析水文数据的概率分布时，一般采用事件 $X\geqslant x$ 的概率，用 $P(X\geqslant x)$ 来表示，其为 x 的函数，随 x 的取值而变化，这个函数称为随机变量的分布函数，记为 $F(x)$，即

$$F(x)=P(X\geqslant x)=\int_x^{\infty} f(x)\mathrm{d}x \tag{3-1}$$

它代表随机变量大于等于某一取值的概率，其几何图形如图 3-1 所示，其纵坐标表示变量 x，横坐标表示概率分布函数值 $F(x)$，在数学上称此为分布曲线，但在水文学上称为随机变量的累积频率曲线，简称频率曲线。

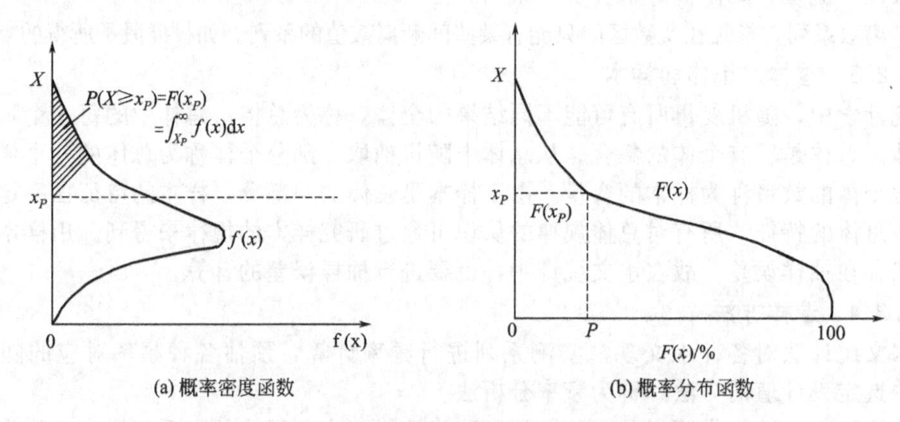

图 3-1　随机变量的概率密度函数和概率分布函数

在图 3-1（b）中，当 $X=x_P$ 时，由分布曲线上查得 $F(x)=P(X\geqslant x_P)=P$，这表示随机变量大于等于 x_P 的可能性是 P，P 即为此时的累积频率。

例如水泵房上部结构高程的设计取决于水位 H_P，即在设计中，当河流中水位 $H=H_P$ 时认为工程开始破坏，显然对于 $H>H_P$ 的各种水位也会导致工程破坏。若 $F(x)=P(H\geqslant H_P)=P$，则水泵工程破坏所对应的累积频率为 P。

我们将分布函数导数的负值称为密度函数，记为 $f(x)$，即

$$f(x)=-F'(x)=-\frac{\mathrm{d}F(x)}{\mathrm{d}x} \tag{3-2}$$

密度函数的几何曲线称密度曲线。水文中习惯以纵坐标表示变量 x，横坐标表示概率密度值 $f(x)$，如图 3-1（a）所示。

3.1.4　累积频率与重现期

3.1.4.1　累积频率

水文统计学上的累积频率（Accumulated Frequency）可理解为等量值和超量值累积出现的次数（m）与总观测次数（n）之比，以百分数或小数表示。

$$P(X\geqslant x_i)=\frac{m}{n}\times 100\% \tag{3-3}$$

由于选取样本系列的方法不同，累积频率分为年频率与次频率。若每年取一个代表值组成样本系列，统计所得的累积频率为年频率；若每年取多个代表值组成样本系列，统计所得的累积频率为次频率。

3.1.4.2　重现期

重现期（Recurrence Interval）指等量或超量的随机变量重复出现的平均时间间隔，又称为多少年出现一次，或多少年一遇。

累积频率这一词意义抽象，重现期的概念较易理解，二者都是表示随机事件发生的可能

程度。所谓“百年一遇”或“千年一遇”的洪水，都是洪水发生的概率，但具体在哪一年出现不能确定。“千年一遇”的洪水比“百年一遇”的洪水量大，出现的概率低。

最大值的累积频率分析问题多集中在 $P(X \geqslant x_P) \leqslant 50\%$ 的范围内，此时的 $P(X \geqslant x_P)$ 属于破坏率；最小值的累积频率分析问题多集中在 $P(X \geqslant x_P) \geqslant 50\%$ 范围内，此时 $P(X \leqslant x_P)$ 为破坏率。

因此重现期的计算公式分别如下。

$$P(X \geqslant x_P) \leqslant 50\% \text{时}, T(X \geqslant x_P) = \frac{1}{P(X \geqslant x_P)} = \frac{1}{P} \tag{3-4}$$

$$P(X \geqslant x_P) \geqslant 50\% \text{时}, T(X \leqslant x_P) = \frac{1}{1 - P(X \geqslant x_P)} = \frac{1}{1 - P} \tag{3-5}$$

各地根据当地实测的水文资料，通过水文分析计算，求得对应于设计频率的水文特征值，作为工程设计的依据。表 3-1 列出了给水排水工程相关的部分工程的设计频率标准 (Design Standard Of Frequency) 作为示例。

表 3-1　相关工程设计频率标准示例

工程类别		设计标准	规范名称及代号
地表水取水构筑物设计最高水位重现期/a		100	《室外给水设计规范》(GB 50013—2006)
公路桥涵设计洪水频率	高速公路特大桥	1/300	《公路工程技术标准》(JTGB 01—2003)
	二级公路大、中桥	1/100	
铁路桥涵设计洪水频率	Ⅰ、Ⅱ级铁路桥梁	1/100	《铁路桥涵设计基本规范》(TB 10002.1—2005)
	Ⅰ、Ⅱ级铁路涵洞	1/100	
以地表水为水源的城市设计枯水流量保证率/%		90～97	《室外给水设计规范》(GB 50013—2006)
水电站设计保证率(电力系统中水电容量比重<25%)/%		80～90	《水利水电工程动能设计规范》(DL/T 5015—1996)
雨水管渠设计重现期/a	一般地区，干道	0.5～3	《室外排水设计规范》(GB 50014—2006)
	重要地区，干道	3～5	

3.2　经验频率曲线

水文总体系列实际上是无限长的，而我们能得到的水文样本系列是有限的，且往往样本资料的容量很难满足与总体容量接近的要求。例如我国大多数河流的水文资料观测都在 1949 年以后，至今只有 60 余年的历史。因此累积频率是根据水文实测样本系列计算出来的，故常称之为经验累积频率 (Empirical Cumulative Frequency)，简称经验频率。

3.2.1　经验频率公式

用式 (3-3) 计算经验频率存在较大偏差，尤其是短系列的样本资料。因为 $m=n$ 时，$P=100\%$，则意味着样本的末项就是总体的最小值，样本之外再不会出现更小的数值，这显然不符合实际情况。因此，统计学家提出了很多改进的公式，我国水文计算规范规定，水文频率计算采用维泊尔 (Weibull) 公式，又称为数学期望公式，如下所示。

$$P(X \geqslant x_i) = \frac{m}{n+1} \times 100\% \tag{3-6}$$

式中，P 为 X 大于等于 x_i 的经验频率；m 为水文变量从大到小排列的序号；n 为样本的容量，即观测资料的总项数。

3.2.2 经验频率曲线的绘制和应用

当具有 n 年实测水文系列时，按下列步骤绘制经验频率曲线。

(1) 将 n 年实测水文系列的实测数据从大到小排列成 x_1，x_2，x_3，…，x_n，排列的序号表示的累计数为 m，样本总项数为 n。

(2) 用式 (3-6) $P(X \geqslant x_i)=\frac{m}{n+1}\times 100\%$ 计算各实测数据对应的频率值 P。

(3) 以频率 P (%) 为横坐标，以实测水文数据 x 为纵坐标，在海森概率格纸上点绘经验频率点 (P_1, x_1)，(P_2, x_2)，…，(P_n, x_n)，随后根据点群趋势目估绘出一条光滑的曲线，此即经验频率曲线。

(4) 若实测水文资料充分，可根据工程指定的设计频率标准，在该经验频率曲线上求出所需的水文特征值。

经验频率曲线可以在普通坐标系中点绘 [图 3-2 (a)]，也可以在专业的海森概率纸上点绘 [图 3-2 (b)]。在普通坐标中曲线的两端坡度较陡，即上部急剧上升，下部急剧下降；在海森概率格纸上的横坐标是按正态曲线的概率分布分格制成的（附录1），纵坐标可以是均匀分格或对数分格，因此，正态分布曲线绘制在这种坐标系中呈直线，非正态分布曲线则表现为两端坡度明显变缓的曲线。实测水文系列的频率多为非正态分布，且曲线的两端是工程设计频率常用的部位，故在海森概率格纸上绘制经验频率曲线。

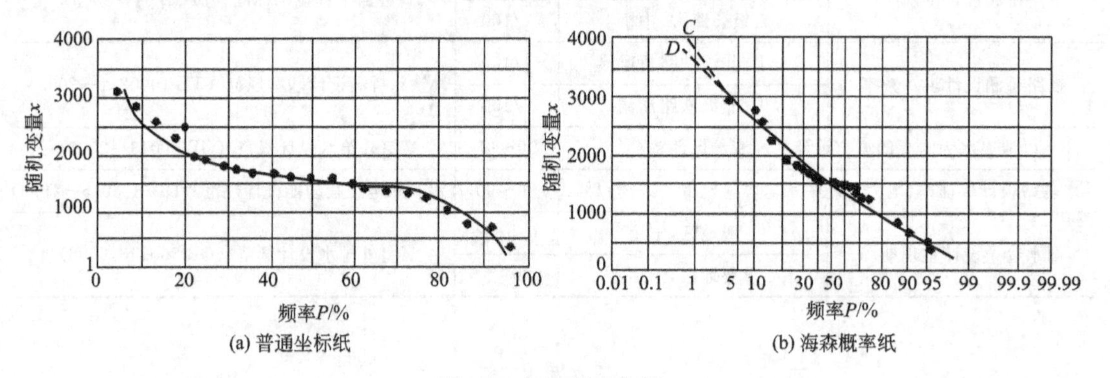

图 3-2 经验频率曲线

3.2.3 经验频率曲线的延长

若工程设计频率在经验频率曲线范围之内，则该曲线可直接满足设计要求。然而实际中，水文计算往往要推求百年一遇（$P=1\%$）、千年一遇（$P=0.1\%$）的水文数据或保证率高的水文数据，所以必须对经验频率曲线的两端外延。如图 3-2 (b) 所示，将经验频率曲线上部既可延至 C 点，也可延至 D 点，随意性很大，由于进行曲线外延时存在着这种相当大的主观成分，会使设计水文数据的可靠程度受影响。另外水文要素的统计规律有一定的地区性，很难直接利用经验频率曲线把这种地区性的规律综合出来。为解决这些问题，人们提出用数学方程表示的频率曲线来配合经验点据，这就是理论频率曲线。

3.3 统计参数与抽样误差

3.3.1 统计参数

一个随机变量系列的频率密度曲线和频率分布曲线的形状和方程，都可以用几个数值特征值来反映，这些数值特征值称为统计参数（Statistical Parameters）。包括均值$\overline{x}$、变差系数C_V和偏态系数C_S，均由实测水文系列求得，也是选配合适的理论频率曲线的三个特征参数。现分述如下。

3.3.1.1 均值$\overline{x}$

设实测系列为x_1，x_2，x_3，…，x_n，有：

$$\overline{x}=\frac{x_1+x_2+\cdots+x_n}{n}=\frac{1}{n}\sum_{i=1}^{n}x_i \tag{3-7}$$

均值可集中反映系列数据的大小水平，系列数据大的，其均值大；系列数据小的，其均值小。且均值大的实测系列，其频率曲线的位置偏高，所得的水文特征值也大。我国各地水文系列资料的均值存在差异，如降水量的均值，多为南方大，北方小，沿海大，内陆小，山区大，平原小。

概率论中大数定律指出，当项数n增大时，均值将逐渐趋于一个稳定值。根据此特性，在水文学中常用均值等值线图表示水文特征值的空间分布，如年径流等值线图、年降水量等值线图（图3-3）、最大24h雨量等值线图等。各类等值线图均可供缺实测资料的地区设计时查用。

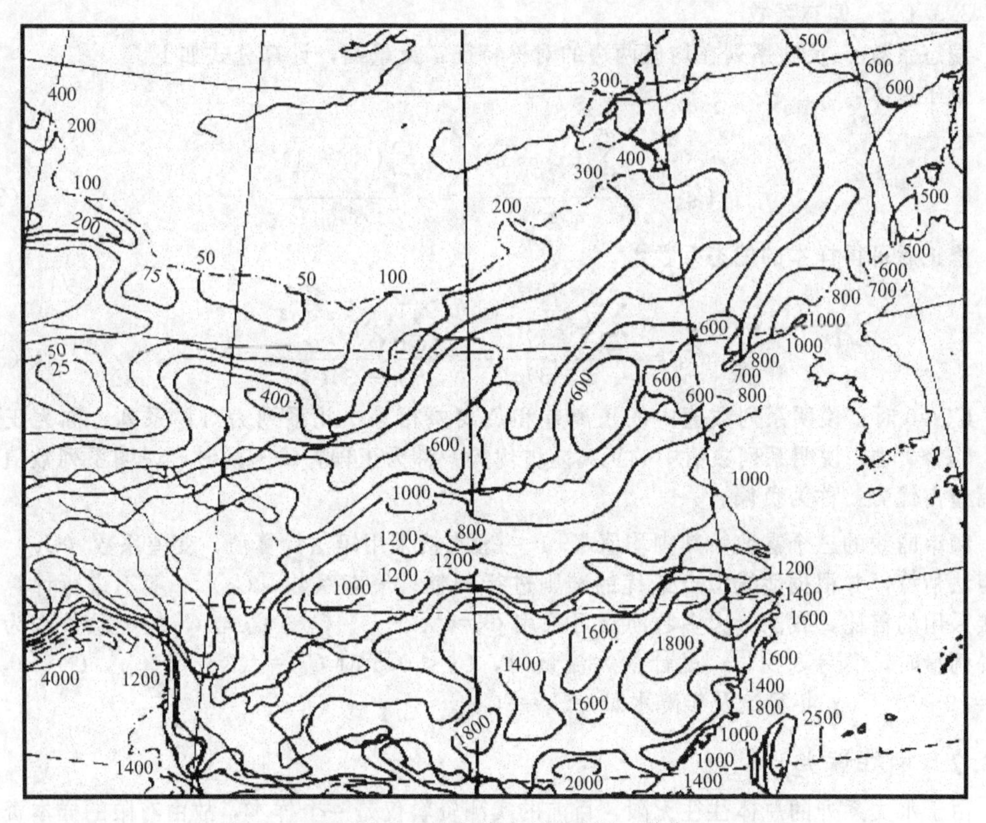

图3-3 我国多年平均年降水量分布图（单位：mm）

若令$K_i=\frac{x_i}{\overline{x}}$，则称$K_i$为模比系数，根据平均数的性质，有$\sum_{i=1}^{n}K_i=n$；$\sum_{i=1}^{n}(K_i-1)=0$；$\overline{K}=1$。

3.3.1.2 变差系数

变差系数C_V表示实测系列对均值的离散程度，也称为离差系数。其值为均方差与均值之比，为一无量纲的量，计算公式如下。

对于总体

$$C_{V总}=\frac{\sigma}{\bar{x}}=\frac{1}{\bar{x}}\sqrt{\frac{\sum_{i=1}^{n}(x_i-\bar{x})^2}{n}}=\sqrt{\frac{\sum_{i=1}^{n}(K_i-1)^2}{n}} \tag{3-8}$$

样本的变差系数，则需要在总体的基础上进行修正。

$$C_V=\frac{\sigma}{\bar{x}}=\frac{1}{\bar{x}}\sqrt{\frac{\sum_{i=1}^{n}(x_i-\bar{x})^2}{n-1}}=\sqrt{\frac{\sum_{i=1}^{n}(K_i-1)^2}{n-1}} \tag{3-9}$$

可用等值线图表示其在空间的分布情况。C_V较小时，表示系列的离散程度较小，即变量间的变化幅度较小，频率分布比较集中；反之，C_V较大时，系列的离散程度较大，频率分布比较分散。对于某条河流的年径流量来说，C_V越大，其年际变化越大；若两个河流比较，一般大河的调节作用比小河要大，所以大河年径流分布的C_V值比小河的小。我国年降雨量和年径流量C_V值的分布规律大致如下：南方小，北方大；沿海小，内陆大；平原小，山区大。

3.3.1.3 偏态系数

偏态系数C_S反映系列在均值两边的对称特征，无量纲，计算公式如下。

对于总体：

$$C_{S总}=\frac{\sum_{i=1}^{n}(x_i-\bar{x})^3}{n\sigma^3}=\frac{\sum_{i=1}^{n}(K_i-1)^3}{nC_V^3} \tag{3-10}$$

修正后可得样本的偏态系数：

$$C_S=\frac{\sum_{i=1}^{n}(x_i-\bar{x})^3}{(n-3)\sigma^3}=\frac{\sum_{i=1}^{n}(K_i-1)^3}{(n-3)C_V^3} \tag{3-11}$$

$C_S=0$ 时，说明系列数值中的正离差和负离差相等，此系列为对称系列，称为正态分布；$C_S>0$ 时，说明系列数值中的正离差占优势，称为正偏；$C_S<0$ 时，说明系列数值中的负离差占优势，称为负偏。

频率曲线的三个参数，其中均值（$\bar{x}$）一般直接采用矩法计算值；变差系数（C_V）可先用矩法估算，并根据适线拟合最优的准则进行调整；偏态系数（C_S）一般不进行计算，而直接采用的倍比，我国绝大多数河流可采用$C_S=(2\sim3)C_V$。C_S与C_V的经验关系为：设计暴雨量时，$C_S=3.5C_V$；设计最大流量时，$C_V<0.5$ 时 $C_S=(3\sim4)C_V$，$C_V>0.5$ 时 $C_S=(2\sim3)C_V$；年径流及年降水时，$C_S=2C_V$。

3.3.2 抽样误差

由于水文系列的总体往往无限，目前的实测资料仅是一个样本，故由有限的样本资料来估计总体的相应统计参数值，总带有一定的误差，这种误差与计算误差不同，它是由随机抽样引起的，称为抽样误差。

假设从某随机变量的总体中随意抽取 k 个容量相同的样本，分别计算各样本的均值$\bar{x}_1$，$\bar{x}_2$，$\bar{x}_3$，…，$\bar{x}_k$，这些均值对其总体均值$\bar{x}_总$的抽样误差为 $\Delta\bar{x}_i=\bar{x}_i-\bar{x}_总$ $(i=1, 2, \cdots, k)$，抽样误差有大有小，各种数值出现的机会不同，由误差分布理论知，抽样误差可近似服从正态分布。因此$\bar{x}$的抽样分布与 $\Delta\bar{x}$的分布相同，也近似服从正态分布（因为它们相差一常数）。

可以证明，当样本个数 k 很多时，均值抽样分布的数学期望正好是总体的均值 $\bar{x}_{总}$，故可以用抽样分布中的均方差 $\sigma_{\bar{x}}$ 作为度量抽样误差的指标，$\sigma_{\bar{x}}$ 大表示抽样误差大，$\sigma_{\bar{x}}$ 小表示抽样误差小。为区别起见，把这个均方差称为样本均值的均方误。

当总体为皮尔逊Ⅲ型分布且用矩法公式式（3-7）、式（3-9）和式（3-11）估算参数时，样本参数的均方误公式如下。

$$\left.\begin{aligned}
\sigma_{\bar{x}} &= \frac{\sigma}{\sqrt{n}} \\
\sigma_{\sigma} &= \frac{\sigma}{\sqrt{2n}}\sqrt{1+\frac{3}{4}C_S^2} \\
\sigma_{C_V} &= \frac{C_V}{\sqrt{2n}}\sqrt{1+2C_V^2+\frac{3}{4}C_S^2-2C_VC_S} \\
\sigma_{C_S} &= \sqrt{\frac{6}{n}\left(1+\frac{3}{2}C_S^2+\frac{5}{16}C_S^4\right)}
\end{aligned}\right\} \tag{3-12}$$

表 3-2 列出了皮尔逊Ⅲ型分布 $C_S=2C_V$ 时各特征数的抽样误差。由表可见，样本均值 $\bar{x}$ 和变差系数 C_V 的均方误相对较小，偏态系数 C_S 的均方误则很大。例如当 $n=100$ 时，C_S 的相对误差在 40%～126%；$n=10$ 时，C_S 的相对误差更大，在 126%以上。因此水文计算中，一般不直接用矩法估算参数，而是广泛采用配线法。矩法可作为配线法初选参数的一种方法，且一般不计算 C_S，而是假定 C_S 为 C_V 的某一倍数。

表 3-2　样本参数的均方误（相对误差）/%

参数 / n / C_V	$\bar{x}$				C_V				C_S			
	100	50	25	10	100	50	25	10	100	50	25	10
0.1	1	1	2	3	7	10	14	22	126	178	252	390
0.3	3	4	6	10	7	10	15	23	51	72	102	162
0.5	5	7	10	12	8	11	16	25	41	58	82	130
0.7	7	10	14	22	9	12	17	27	40	56	80	126
1.0	10	14	20	23	10	14	20	32	42	60	85	134

3.4　理论频率曲线

探求频率曲线的数学方程，即寻求水文频率分布线型，一直是水文分析计算中的一个热点问题。水文随机变量究竟服从何种分布，目前还没有充足的论证，只能以某种理论线型近似代替。这些理论线型并不是从水文现象的物理性质方面推导出来的，而是根据经验资料从数学的已知频率函数中选出来的。如皮尔逊Ⅲ型（P-Ⅲ）曲线、对数皮尔逊Ⅲ型（LP-Ⅲ）曲线、耿贝尔（EV-Ⅰ）型曲线等。不过从现有资料来看，皮尔逊Ⅲ型曲线和对数皮尔逊Ⅲ型曲线比较符合水文随机变量的分布，我国基本上采用前者，故仅对皮尔逊Ⅲ型曲线进行阐述。

3.4.1　理论频率曲线的数学方程式

皮尔逊Ⅲ型曲线（图 3-4）是一条一端有限一端无限的不对称单峰、正偏曲线，数学上常称伽玛分布，其概率密度函数如下。

$$f(x)=y_0\left(1+\frac{x}{a}\right)^{\frac{a}{d}}e^{-\frac{x}{d}} \tag{3-13}$$

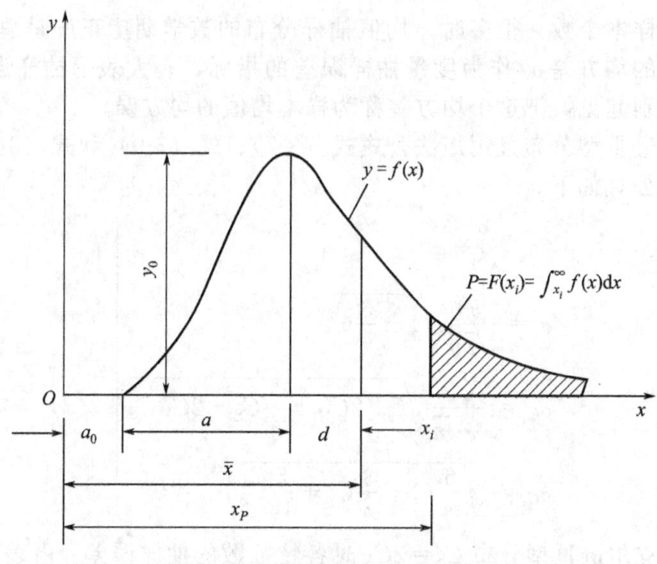

图 3-4 皮尔逊Ⅲ型概率密度曲线

式中，y_0为众数值$\hat{x}$对应的纵坐标；a为系列起点到众数值$\hat{x}$的距离；d为均值到众数值$\hat{x}$的距离。

经过移轴、参数代换等，可将上式变为如下。

$$f(x)=\frac{\beta^{\alpha}}{\Gamma(\alpha)}(x-\alpha_0)^{\alpha-1}\mathrm{e}^{-\beta(x-a_0)} \tag{3-14}$$

$$\alpha=1+\frac{a}{d}$$

$$\beta=\frac{1}{d}$$

$$a_0=\bar{x}-(a+d)$$

式中，a_0为系列起点到坐标原点的距离；Γ（α）为α的伽玛函数；e为自然对数的底。

皮尔逊Ⅲ型概率密度曲线方程式式（3-13）和式（3-14）中分别含有参数y_0、a、d和α、β、a_0，经过适当换算，这些参数与用实测系列计算出来的统计参数$\bar{x}$、C_V、C_S存在以下关系。

$$\left.\begin{aligned}
y_0&=\frac{2C_S\left(\frac{4}{C_S^2}-1\right)^{\frac{4}{C_S^2}}}{\bar{x}C_V(4-C_S^2)\Gamma\left(\frac{4}{C_S^2}\right)\mathrm{e}^{\frac{4}{C_S^2}-1}}\\
a&=\frac{\bar{x}C_V(4-C_S^2)}{2C_S}\\
d&=\frac{\bar{x}C_VC_S}{2}\\
a+d&=\frac{2\bar{x}C_V}{C_S}\\
\alpha&=\frac{4}{C_S^2}\\
\beta&=\frac{2}{\bar{x}C_VC_S}\\
a_0&=\bar{x}\left(1-\frac{2C_V}{C_S}\right)
\end{aligned}\right\} \tag{3-15}$$

若已知$\bar{x}$、C_V、C_S，根据式（3-15）可确定α、β、a_0。

在水文分析计算中，需要绘制理论曲线，以求得指定的设计频率对应的水文特征值。将式（3-14）积分可得到皮尔逊Ⅲ型理论频率曲线。

$$P(x \geqslant x_P) = \frac{\beta^\alpha}{\Gamma(\alpha)} \int_{x_P}^{\infty} (x - a_0)^{\alpha-1} e^{-\beta(x-a_0)} dx \tag{3-16}$$

3.4.2 理论频率曲线的绘制

对于一个具体的水文系列，统计参数$\bar{x}$、C_V、C_S可计算得到，则α、β、a_0已知，设水文实测系列从大到小排序后的值为x_{P_1}，x_{P_2}，x_{P_3}，…，x_{P_n}，由式（3-6）可计算出相应的P_1，P_2，P_3，…，P_n值，则以P为横坐标，x为纵坐标，点绘出理论频率曲线即为所求。

由于对式（3-16）的多次积分运算十分烦琐和困难，故美国工程师福斯特和前苏联工程师雷布京制作了离均系数值Φ表（附录2）供查阅，从而可以方便地计算和绘制理论频率曲线。

$$\Phi = \frac{x - \bar{x}}{\bar{x} C_V} \tag{3-17}$$

此时$x = \bar{x}(C_V\Phi + 1)$，$dx = \bar{x} C_V d\Phi$，则式（3-16）可整理成下式。

$$P(\Phi \geqslant \Phi_P) = \frac{(2/C_S)^\alpha}{\Gamma(\alpha)} \int_{\Phi_P}^{\infty} \left(\Phi + \frac{2}{C_S}\right)^{\alpha-1} e^{-\frac{2(C_S\Phi+2)}{C_S^2}} d\Phi \tag{3-18}$$

由式（3-18）可知，被积函数仅含有一个待定的参数C_S，$\alpha = 4/C_S^2$，其他两个参数$\bar{x}$，C_V都包含在Φ值之中，而Φ值可根据通过离均系数Φ表查出。

因此在进行水文频率计算时，根据已知的C_S值查Φ值表，可得出一组P与Φ的对应值，然后根据式（3-17）得如下公式。

$$x_P = \bar{x}(C_V\Phi_P + 1) \quad 或 \quad K_P = C_V\Phi_P + 1 \tag{3-19}$$

将已知的$\bar{x}$、C_V值代入上式，即求出对应于一定频率P的水文特征值x_P。从而根据一系列的（P，x_P），可绘制与统计参数$\bar{x}$、C_V、C_S相对应的理论频率曲线。

【例 3-1】 已知某水文站年最大洪峰流量系列的统计参数为$\bar{Q} = 1200m^3/s$，$C_S = 1.0$，$C_V = 0.5$，试求相应的理论频率曲线及$P = 0.1\%$的设计洪峰流量Q_P。

解：①根据$C_S = 1.0$，查附录2，得到不同的离均系数Φ_P值，列于表3-3中。

② 根据式（3-19）求得理论曲线的Q_P或K_P值。

③ 根据表3-3的数据，以P为横坐标，Q_P（或K_P）为纵坐标，点绘出理论点（P，Q_P），根据理论点的分布趋势，绘制一条光滑的曲线，即皮尔逊Ⅲ型理论频率曲线。

④ 由该曲线求得$Q_{0.1\%} = \bar{Q}(1 + C_V\Phi_{0.1\%}) = 1200 \times (1 + 0.5 \times 4.53) = 3918m^3/s$。

表 3-3 理论频率曲线计算

项目	P/%										
	0.01	0.1	1	5	10	50	75	90	97	99	99.9
Φ_P	5.96	4.53	3.02	1.88	1.34	−0.16	−0.73	−1.13	−1.42	−1.59	−1.79
$\Phi_P C_V$	2.98	2.27	1.51	0.94	0.67	−0.08	−0.37	−0.57	−0.71	−0.80	−0.90
$K_P = \Phi_P C_V + 1$	3.98	3.27	2.51	1.94	1.67	0.92	0.64	0.44	0.29	0.21	0.11
$Q_P = \bar{Q} K_P$	4776	3918	3012	2328	2004	1104	762	522	348	246	126

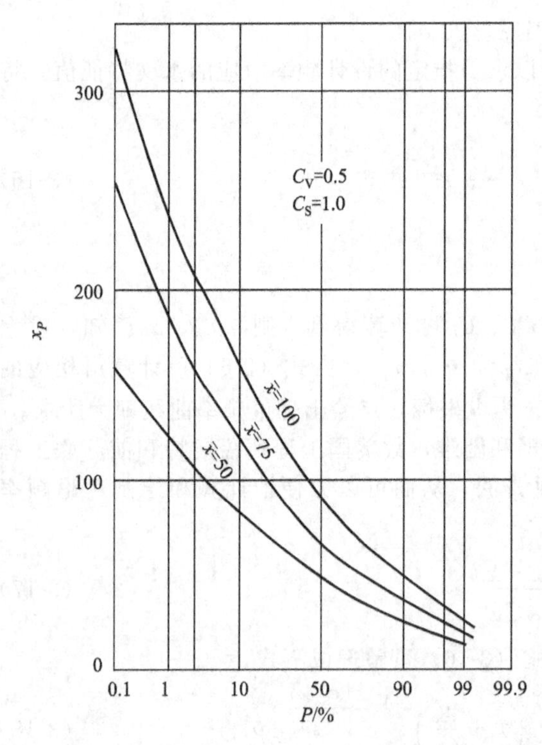

图 3-5　$C_V=0.5$、$C_S=1.0$ 时不同均值 $\bar{x}$ 对频率曲线的影响

3.4.3　统计参数对理论频率曲线的影响

为避免应用适线法（详见 3.5.2）时调整参数的盲目性，需了解统计参数对频率曲线的影响。

3.4.3.1　均值 $\bar{x}$ 对频率曲线的影响

根据式（3-19），当皮尔逊Ⅲ型频率曲线的另外两个参数 C_V 和 C_S 不变时，由于均值 $\bar{x}$ 的不同，可使频率曲线发生很大的变化。将 $C_V=0.5$、$C_S=1.0$，而 $\bar{x}$ 分别为 50、75、100 的 3 条皮尔逊Ⅲ型曲线同绘于图 3-5 中，由图 3-5 可得出下列两点规律。

（1）C_V 和 C_S 不变时，变换均值 $\bar{x}$，频率曲线的位置也会发生变化，均值大的频率曲线位于均值小的频率曲线之上。

（2）均值大的频率曲线比均值小的频率曲线陡。

3.4.3.2　变差系数 C_V 对频率曲线的影响

为了消除均值的影响，以模比系数 K 为变量绘制频率曲线，如图 3-6 所示。图中 $C_S=1.0$。若 $C_V=0$，表示随机变量的取值都等于均值，故频率曲线为 $K=1$ 的一条水平线。C_V 越大，说明随机变量相对于均值越离散，因而频率曲线将越偏离 $K=1$ 的水平线。随着 C_V 的增大，频率曲线的偏离程度也随之增大，显得越来越陡。

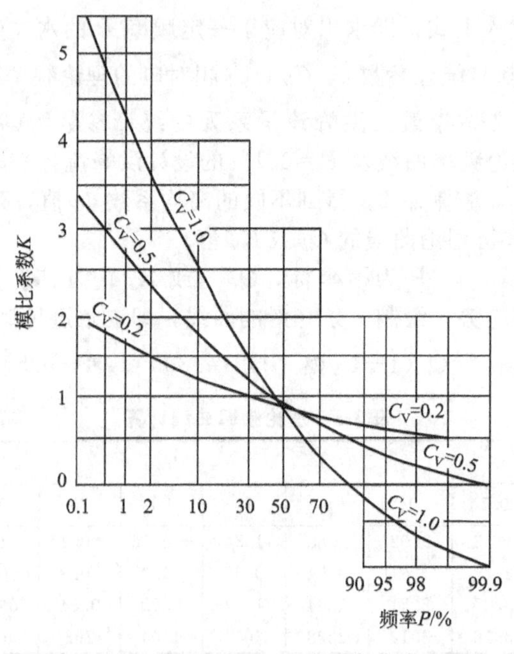

图 3-6　$C_S=1.0$ 时各种 C_V 对频率曲线的影响

3.4.3.3　偏态系数C_S对频率曲线的影响

图 3-7 为 $C_V=0.1$ 时各种不同的 C_S对频率曲线的影响情况。从图中可以看出，正偏情况下，C_S越大，均值（即图中 $K=1$）对应的频率越小，频率曲线的中部越向左偏，且上端越陡，下端越平缓。

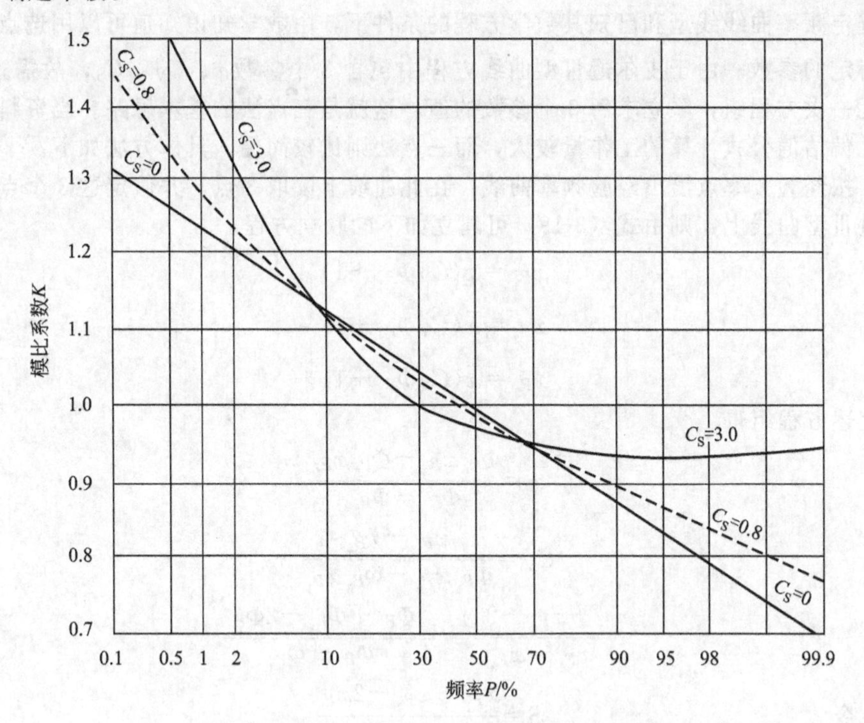

图 3-7　$C_V=0.1$ 时各种 C_S对频率曲线的影响

3.5　水文频率计算方法

3.5.1　统计参数的初估方法

水文频率分布线型确定后，接下来的工作是确定参数。皮尔逊Ⅲ型曲线包含均值、变差系数和偏态系数 3 个统计参数。由于水文变量的总体不可知，故需用有限的样本观测资料去估计总体分布线型中的参数，称为参数估计。目前参数估计的方法很多，本节介绍 3 种方法，即矩法、经验法和三点法。

3.5.1.1　矩法

如 3.3.1 所述，水文频率分析计算中，常将系列的均值$\bar{x}$、变差系数 C_V和偏态系数 C_S的无偏估值公式式（3-7）、式（3-9）和式（3-11）称为矩法公式。用矩法公式计算得到的参数，可以作为适线法（配线法见 3.5.2）的参考数值，尽管后两个公式式（3-9）和式（3-11）并不是精确的无偏估值公式。

3.5.1.2　经验法

鉴于用式（3-11）计算偏态系数 C_S的抽样误差过大，可用矩法公式式（3-7）和式（3-9）分别估算均值$\bar{x}$和变差系数 C_V，然后根据经验关系估算偏态系数 C_S的值。

对于设计暴雨：

$$C_S=3.5C_V$$

对于设计最大流量：　　　　$C_V<0.5$ 时　$C_S=(3\sim4)C_V$

　　　　　　　　　　　　　$C_V>0.5$ 时　$C_S=(2\sim3)C_V$

对于年径流及年降水：　　　　　$C_S=2C_V$

3.5.1.3　三点法

在选定频率曲线线型和已知其数学方程的条件下，由数学知识知道可以用选点法来求解方程中待定的参数。由于皮尔逊Ⅲ型曲线方程中包含 3 个参数$\bar{x}$、C_V、C_S，故需选 3 个点，建立三元一次方程组，联立求解 3 个参数的值，这就是三点法的基本思路。当资料系列较长时，按无偏估值公式计算的工作量较大，而三点法则比较简便。具体方法如下。

(1) 按经验频率点绘出经验频率曲线，在此曲线上读取 3 点，并假定这 3 个点就在待求的皮尔逊Ⅲ型曲线上，则由式 (3-19) 可建立如下的联立方程。

$$\left.\begin{aligned}x_{P_1}&=\bar{x}(C_V\Phi_{P_1}+1)\\x_{P_2}&=\bar{x}(C_V\Phi_{P_2}+1)\\x_{P_3}&=\bar{x}(C_V\Phi_{P_3}+1)\end{aligned}\right\}\tag{3-20}$$

解上述方程组得

$$\bar{x}=\frac{\Phi_{P_1}x_{P_3}-\Phi_{P_3}x_{P_1}}{\Phi_{P_1}-\Phi_{P_3}}\tag{3-21}$$

$$C_V=\frac{x_{P_1}-x_{P_3}}{\Phi_{P_1}x_{P_3}-\Phi_{P_3}x_{P_1}}\tag{3-22}$$

$$\frac{x_{P_1}+x_{P_3}-2x_{P_2}}{x_{P_1}-x_{P_3}}=\frac{\Phi_{P_1}+\Phi_{P_3}-2\Phi_{P_2}}{\Phi_{P_1}-\Phi_{P_3}}\tag{3-23}$$

(2) 令

$$S=\frac{x_{P_1}+x_{P_3}-2x_{P_2}}{x_{P_1}-x_{P_3}}\tag{3-24}$$

定义 S 为偏度系数，当 P_1、P_2、P_3已定时，有 $S=M$ (C_S) 的函数关系。有关 S 与C_S的关系已制成表格，见附录 3 由式 (3-24) 求得 S 后，查表即得 C_S值。三点法中的 P_2一般取 50%，P_1和 P_3则取对称值，即 $P_3=1-P_1$。若系列项数 n 在 20 左右，可取 $P=5\%\sim50\%\sim95\%$；若 n 在 30 左右，则可取 $P=3\%\sim50\%\sim97\%$，以此类推。

在实际计算中，首先根据 $S=\frac{x_{P_1}+x_{P_3}-2x_{P_2}}{x_{P_1}-x_{P_3}}$求得 S 值；再根据已确定的 P_1，P_2，P_3，查附录 3 偏度系数表，求得 C_S；最后由 C_S查附录 2，得 Φ_{P_1}、Φ_{P_3}，代入式 (3-21) 和式 (3-22)，求出$\bar{x}$、C_V的值。

三点法很简单，但致命弱点是难以得到三个点的精确位置，一般在目估的经验频率曲线上选取，结果因人而异，有一定的任意性。三点法与矩法一样，在实际中很少单独使用，都是与适线法（配线法）相结合，作为适线法初选参数的一种手段。

3.5.2　适线法

适线法（又称配线法）就是根据实测水文资料和维泊尔公式式 (3-6) 绘出经验点据，给它们选配一条较好的理论频率曲线，并以此来估计水文要素总体的统计规律。具体步骤如下。

(1) 将实测资料由大到小排列，计算各项的经验频率，在海森频率格纸上点绘经验点据（横坐标为频率，纵坐标为变量的取值），随后根据点群趋势目估绘出一条光滑的曲线，即经验频率曲线。

(2) 选定理论频率线型（一般选用皮尔逊Ⅲ型）。

(3) 可采用矩法、经验法或三点法初估统计参数$\bar{x}$、C_V和C_S。

(4) 根据初估的参数$\bar{x}$、C_V和C_S，查附录2皮尔逊Ⅲ型离均系数Φ_P值表，按式(3-19)计算x_P值。以x_P为纵坐标，P为横坐标，可得理论频率曲线。将此线画在绘有经验频率曲线的海森频率格纸上，看与经验频率曲线的配合情况，若不理想，则修改参数再次进行计算。主要调整C_V和C_S。

(5) 最后选一条与经验点据配合最好的理论频率曲线。从该曲线上可查出与各指定的设计频率相对应的水文特征值。

【例 3-2】 某雨量站35年实测年降雨量资料见表3-4中第(1)、(2)列，试根据该资料用矩法初估参数，并用适线法推求百年一遇的降雨量。

表 3-4　某雨量站 35 年实测年降雨量频率计算

年份	降雨量 P/(mm)	序号	降序排列 P/(mm)	模比系数 K_i	K_i-1	$(K_i-1)^2$	$\frac{m}{n+1}\times 100\%$
(1)	(2)	(3)	(4)	(5)	(6)	(7)	(8)
1971	554.8	1	902.3	1.63	0.63	0.40	2.78
1972	525.1	2	882.3	1.60	0.60	0.36	5.56
1973	547.4	3	725.2	1.31	0.31	0.098	8.33
1974	625.8	4	712.5	1.29	0.29	0.084	11.11
1975	670.8	5	670.8	1.21	0.21	0.046	13.89
1976	512.9	6	664.1	1.20	0.20	0.041	16.67
1977	345.3	7	657.4	1.19	0.19	0.036	19.44
1978	529.1	8	625.8	1.13	0.13	0.018	22.22
1979	490.2	9	625.7	1.13	0.13	0.018	25.00
1980	511.1	10	612.0	1.11	0.11	0.012	27.78
1981	725.2	11	606.7	1.10	0.10	0.0097	30.56
1982	497.7	12	606.2	1.10	0.10	0.0095	33.33
1983	902.3	13	567.8	1.03	0.03	0.00079	36.11
1984	664.1	14	554.8	1.00	0.00	0.000020	38.89
1985	490.3	15	551.1	1.00	0.00	0.000005	41.67
1986	402.7	16	547.4	0.99	−0.01	0.000079	44.44
1987	606.7	17	539.2	0.98	−0.02	0.00056	47.22
1988	657.4	18	534.6	0.97	−0.03	0.0010	50.00
1989	625.7	19	532.8	0.96	−0.04	0.0012	52.78
1990	449.3	20	529.1	0.96	−0.04	0.0018	55.56
1991	612.0	21	525.1	0.95	−0.05	0.0024	58.33
1992	539.2	22	512.9	0.93	−0.07	0.0051	61.11
1993	431.5	23	511.1	0.93	−0.07	0.0056	63.89
1994	532.8	24	504.4	0.91	−0.09	0.0075	66.67
1995	355.4	25	497.7	0.90	−0.10	0.0098	69.44
1996	712.5	26	490.3	0.89	−0.11	0.013	72.22
1997	356.6	27	490.2	0.89	−0.11	0.013	75.00
1998	551.1	28	449.3	0.81	−0.19	0.035	77.78
1999	606.2	29	431.5	0.78	−0.22	0.048	80.56
2000	534.6	30	405.4	0.73	−0.27	0.071	83.33
2001	405.0	31	405.0	0.73	−0.27	0.071	86.11
2002	405.4	32	402.7	0.73	−0.27	0.073	88.89
2003	882.3	33	356.6	0.65	−0.35	0.126	91.67
2004	504.4	34	355.4	0.64	−0.36	0.127	94.44
2005	567.8	35	345.3	0.63	−0.37	0.140	97.22
总计	19329.7	—	19329.7	35.0	3.04 −3.04	1.9	—

具体步骤如下。

（1）点绘经验频率曲线。将原始资料由大到小降序排列，列入表 3-4 中第（4）栏；用公式计算经验频率，列入表 3-4 中第（8）栏，并将第（4）栏与第（8）栏的数值对应点绘经验频率于海森频率格纸上（见图 3-8）。

（2）由式（3-7）、式（3-9）计算均值$\bar{x}$、变差系数 C_V 得到

$$\bar{x}=\frac{1}{n}\sum x_i=552.3\text{mm}$$

$$C_V=\sqrt{\frac{\sum_{i=1}^{n}(K_i-1)^2}{n-1}}\approx 0.245\approx 0.25$$

（3）取 $C_V=0.25$，并假定 $C_S=2$，查附录 2 得相应于不同频率 P 的 Φ_P 值，列入表 3-5 中第（2）列。根据式（3-19）$K_P=C_V\Phi_P+1$，计算得出 K_P 值，列入表 3-5 中第（3）列。K_P 乘以均值$\bar{x}$后，得相应的降雨量 x_P 值，列入表 3-5 中第（4）列。

将表 3-5 中第（1）、（4）列的对应数值点绘曲线，发现理论频率曲线的上部与经验频率点据配合较好，但中部和下部位于经验频率曲线的下方。

表 3-5 理论频率曲线选配计算

频率 P/%	第 1 次适线			第 2 次适线			第 3 次适线		
	$\bar{x}=541.98$mm $C_V=0.25$ $C_S=2C_V=0.5$			$\bar{x}=541.98$mm $C_V=0.25$ $C_S=2.4C_V=0.6$			$\bar{x}=541.98$mm $C_V=0.25$ $C_S=2.6C_V=0.65$		
	Φ_P	K_P	x_P	Φ_P	K_P	x_P	Φ_P	K_P	x_P
0.1	3.81	1.95	1078.32	3.96	1.99	1099.03	4.03	2.01	1108.70
1	2.69	1.67	923.68	2.76	1.69	933.35	2.79	1.70	937.49
5	1.77	1.44	796.66	1.80	1.45	800.80	1.81	1.45	802.18
10	1.32	1.33	734.53	1.33	1.33	735.91	1.33	1.33	735.91
25	0.62	1.16	637.88	0.61	1.15	636.50	0.60	1.15	635.12
50	−0.08	0.98	541.23	−0.10	0.98	538.47	−0.11	0.97	537.09
75	−0.71	0.82	454.25	−0.72	0.82	452.87	−0.72	0.82	452.87
90	−1.22	0.70	383.83	−1.20	0.70	386.59	−1.19	0.70	387.97
95	−1.49	0.63	346.55	−1.46	0.64	350.70	−1.44	0.64	353.46
99	−1.96	0.51	281.66	−1.88	0.53	292.71	−1.84	0.54	298.23

改变参数 C_V、C_S，重新配线。由第一次配线结果表明，需增大 C_S 值。经多次修正后，$C_S=2.6$，$C_V=0.65$ 时，理论频率曲线与经验频率曲线配合较好，此即最终采用的理论频率曲线。

（4）由图 3-8，查 $P=1\%$百年一遇的降雨量为 919.9mm。

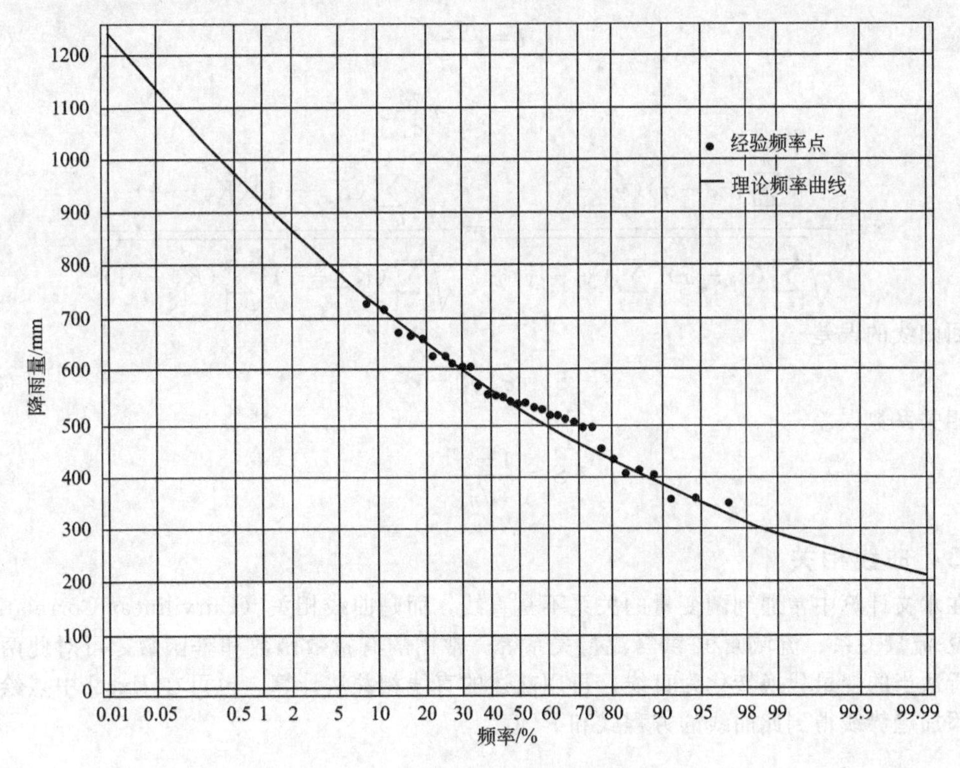

图 3-8 某雨量站年降雨量频率曲线

3.6 相关分析

3.6.1 相关分析的概念

相关分析（Correlation Analysis）就是要研究两个或多个随机变量之间的联系。在水文计算中，我们经常遇到某一水文要素的实测资料系列很短，而与其相关的另一要素的资料却比较长，此时可通过相关分析把短期系列延长，当然两者需在成因上确有联系，不能仅凭数字上的偶然巧合硬凑。

研究两个随机变量的相关关系，称为简单相关（Simple Correlation）；研究 3 个或 3 个以上随机变量的相关关系，称为复相关（Multiple Correlation）。在水文计算中常用的是简单相关；在水文预报中常用复相关。本节介绍简单直线相关、曲线相关和复相关。

3.6.2 简单直线相关

设 x_i、y_i代表两系列的观测值，共有 n 对，将对应值点绘于坐标纸上，根据点群的分布选择线型。若点群分布近似于直线，设该直线回归方程如下。

$$y=a+bx \tag{3-25}$$

使直线通过点群中间及点（$\overline{x}$，$\overline{y}$），在图上量得直线的斜率 b 和截距 a，从而将式（3-25）中的参数 a、b 求出，此为图解法。

也可在 Excel 中点绘散点图，添加趋势线得到此直线的方程式和 R^2 值。

还可以用相关计算法求 a、b 的值。

$$b=r\frac{\sigma_y}{\sigma_x} \tag{3-26}$$

$$a=\overline{y}-r\frac{\sigma_y}{\sigma_x}\overline{x} \tag{3-27}$$

$$r=\frac{\sum_{i=1}^{n}(x_i-\overline{x})(y_i-\overline{y})}{\sqrt{\sum_{i=1}^{n}(x_i-\overline{x})^2\sum_{i=1}^{n}(y_i-\overline{y})^2}}=\frac{\sum_{i=1}^{n}(K_{x_i}-1)(K_{y_i}-1)}{\sqrt{\sum_{i=1}^{n}(K_{x_i}-1)^2\sum_{i=1}^{n}(K_{y_i}-1)^2}} \tag{3-28}$$

回归线的误差

$$S_y=\sigma_y\sqrt{1-r^2} \tag{3-29}$$

相关系数误差

$$S_r=\frac{1-r^2}{\sqrt{n}} \tag{3-30}$$

3.6.3 曲线相关

在水文计算中常遇到两变量的关系不是直线，而是曲线相关（Curvilinear Correlation），如水位-流量关系、流域面积-洪峰流量关系等。常用的有指数函数和幂函数，可对此两种曲线进行适当的变量代换转化为直线，再用前述的直线相关法计算。也可在Excel中点绘散点图，添加趋势线得到此曲线的方程式和R^2值。

3.6.4 复相关

研究3个或3个以上变量的相关，称为复相关，又称多元相关。其中最常用的是一个倚变量、两个自变量的复直线回归分析。

设多元线性回归方程如下。

$$y=a_0+a_1x_1+a_2x_2+\cdots+a_mx_m \tag{3-31}$$

式中，a_0，a_1，a_2，…，a_m为$m+1$个待定的系数。

设t时刻，Y和X的观察值系列已知，用矩阵表示如下。

$$Y=\begin{bmatrix}y_1\\y_2\\\vdots\\y_n\end{bmatrix}\quad X=\begin{bmatrix}1 & x_{11} & \cdots & x_{m1}\\1 & x_{12} & \cdots & x_{m2}\\\vdots & \vdots & \cdots & \vdots\\1 & x_{1n} & \cdots & x_{mn}\end{bmatrix}\quad A=\begin{bmatrix}a_1\\a_2\\\vdots\\a_n\end{bmatrix}$$

则可得：

$$A=(X^{\mathrm{T}}X)^{-1}X^{T}Y \tag{3-32}$$

若$X^{\mathrm{T}}X$是非奇异矩阵，解向量A就是唯一的。

【例3-3】 某地区的径流量、降水量和蒸发量的同期实测资料见表3-6。试用复直线相关分析法求其回归方程。

表3-6 某地区径流量、降水量和蒸发量资料

序号	1	2	3	4	5	6	7	8
径流量/mm	360.0	401.1	558.8	227.2	323.3	468.3	308.1	440.2
降水量/mm	622.5	683.5	854.1	540.5	581.7	654.0	690.7	699.3
蒸发量/mm	1112.8	1702.3	1141.8	1199.8	1105.5	1097.3	1059.2	933.0
序号	9	10	11	12	13	14	15	
径流量/mm	700.0	364.1	212.8	348.5	496.7	260.7	417.0	
降水量/mm	869.1	686.6	442.2	595.1	760.7	443.5	747.8	
蒸发量/mm	901.9	927.9	1069.3	1036.7	1095.3	1115.3	1070.7	

【解】 设径流量为 y，降水量为 x_1，蒸发量为 x_2，确定 y 为倚变量，x_1、x_2 为自变量。

$$y_n = a_0 + a_1 x_{1n} + a_2 x_{2n} \qquad (n=1,2,\cdots,15)$$

用矩阵表示的方程组为：$Y=XA$

其中：

$$Y=\begin{bmatrix}360.0\\401.1\\558.8\\227.2\\323.3\\468.3\\308.1\\440.2\\700.0\\364.1\\212.8\\348.5\\496.7\\260.7\\417.0\end{bmatrix} X=\begin{bmatrix}1 & 622.5 & 1112.8\\1 & 683.5 & 1702.3\\1 & 854.1 & 1141.8\\1 & 540.5 & 1199.8\\1 & 581.7 & 1105.5\\1 & 654 & 1097.3\\1 & 690.7 & 1059.2\\1 & 699.3 & 933.0\\1 & 869.1 & 901.9\\1 & 686.6 & 927.9\\1 & 442.2 & 1069.3\\1 & 595.1 & 1036.7\\1 & 760.7 & 1095.3\\1 & 443.5 & 1115.3\\1 & 747.8 & 1070.7\end{bmatrix} A=\begin{bmatrix}a_0\\a_1\\a_2\end{bmatrix}$$

因为 $X^{\mathrm{T}}X=\begin{bmatrix}15 & 9871.3 & 16568.8\\9871.3 & 6719484.2 & 10863905\\16569 & 10863905 & 18780513.7\end{bmatrix}$ 为非奇异矩阵，故根据式（3-32），解

得 $A=(X^{\mathrm{T}}X)^{-1}X^{\mathrm{T}}Y=\begin{bmatrix}-146.7321\\0.9062\\-0.0517\end{bmatrix}$

因此所求的多元线性回归方程为：$y=-146.7321+0.9062x_1-0.0517x_2$

【任务解决】 可根据例题【3-2】的步骤，求解【本章任务】中的情况。

【知识拓展】 由于手绘曲线配线的速度慢，一些高校或科研单位依据适线法原理开发出了很多适线法的小程序或软件，工作中用到适线法时，可用这些小程序来求解设计频率对应的理论值。

【思考与练习题】

1. 水文频率分析中的“频率”与数学中的“概率”有何区别？

2. 阐述统计参数 $\bar{x}$、σ、C_V、C_S 在水文频率分析中的物理意义。

3. 简述用适线法进行频率分析的具体步骤。

4. 用适线法配线时，若第 1 次配线后的理论频率曲线与经验频率点据吻合效果不佳，理论频率曲线的上部低于经验频率点据，理论频率曲线的下部高于经验频率点据，则应调整什么参数，且如何调整参数才能使理论频率曲线与经验点据吻合较好？

5. 水文计算中的相关分析主要应用于什么情况，即要解决什么问题？如何根据相关分析的结果进行直线或曲线的插补延长？

第4章

河川径流情势特征值分析

【学习目的】 熟悉正常年径流量、洪水流量和设计枯水流量的基本概念；掌握不同年径流量资料（即具有长期、短期和缺乏资料）条件下，推求设计年径流量的基本原理和具体方法，以及推求设计年径流量的年内分配的基本方法，并运用年径流量的地区规律、因果关系对计算成果进行合理分析，为确定兴利水利工程的规模提供水文数据；要求理解设计洪水的涵义，掌握洪水资料的分析处理，推求设计洪峰流量、设计洪水总量、为确定防洪措施规模提供水文数据；了解影响枯水径流的主要因素和枯水资料的样本组成，掌握不同枯水径流量资料（即具有长期、短期和缺乏资料）条件下，推求设计枯水流量的基本方法；清楚径流调节的作用和径流情况对河流水质的影响。

【学习重点】 设计年径流量及其年内分配、设计洪峰流量（或水位）、设计枯水流量（或水位）的推算方法。

【学习难点】 流量历时曲线，历史特大洪水的引用和处理，计算成果合理性分析，水文比拟法。

【本章任务】 某水库属中型水库，已知年最大洪峰流量系列的频率计算结果为$\overline{Q}=1650m^3/s$、$C_V=0.60$，$C_S=3.5C_V$。试确定大坝设计洪水标准，并计算该工程设计和校核标准下的洪峰流量。

【学习情景】 渭河径流情势特征

渭河是黄河第一大支流，河川径流地区分布不均匀，渭河南岸来水量占渭河流域来水量的48%以上，而集水面积仅占渭河流域面积的20%。南岸径流系数平均0.26，是北岸的3倍左右。径流量年际变化大，C_V值0.30～0.60，最大年径流量218亿立方米（1964年），是最小年径流量43亿立方米（1995年）的5倍以上；年际之间丰枯交替，存在不同长度的连续枯水或连续丰水段，75%偏枯水年份和95%枯水年份流域天然径流量分别为73.54亿立方米和50.34亿立方米。

径流年内分配不均匀，如图4-1所示，汛期集中在7月～10月份，4个月的径流量约占全年的50%～70%，其中9月份径流量最多，一般占全年的14%～25%；1月份径流量最少，一般仅占全年的1.6%～3.1%。

自20世纪70年代渭河流域水量开始减少，80年代水量有所回升，90年代渭河水量减少到历史最低值，其中减少幅度最大为华县站，与50年代和80年代相比分别减少了43.55亿立方米和42.0亿立方米，由表4-1可以看出：90年代除了1992年水量为Ⅳ级偏枯状态以外，其他年份渭河都为Ⅴ级枯水状态，特别是1997年渭河华县站实测径流只有16.83亿立方米，渭河中下游首次出现了断流。

渭河流域也是严重缺水地区，人均占水量仅为全国平均水平的15%。渭河干流丰、枯水期径流量差别巨大，枯水期径流量只有$8m^3/s$左右。

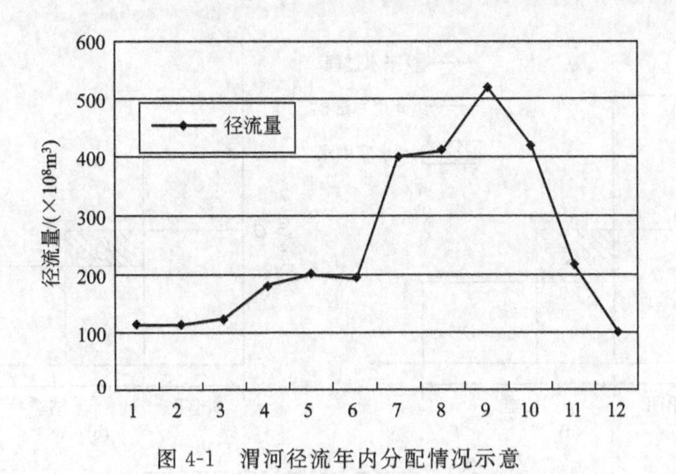

图 4-1　渭河径流年内分配情况示意

表 4-1　渭河水量评价结果

年份	实测值/($\times10^8m^3$)	级别	状况	年份	实测值/($\times10^8m^3$)	级别	状况
1991	44.77	Ⅴ	枯	1999	38.45	Ⅴ	枯
1992	64.19	Ⅳ	偏枯	2000	35.54	Ⅴ	枯
1993	61.29	Ⅳ	偏枯	2001	26.23	Ⅴ	枯
1994	37.45	Ⅴ	枯	2002	26.74	Ⅴ	枯
1995	17.51	Ⅴ	枯	2003	93.39	Ⅲ	平
1996	38.21	Ⅴ	枯	2004	37.12	Ⅴ	枯
1997	16.83	Ⅴ	枯	2005	66.06	Ⅳ	偏枯
1998	40.68	Ⅴ	枯	2006	37.90	Ⅴ	枯

4.1　概述

河川径流水文情势特征值主要是指河川径流的年际变化与年内分配、洪水和枯水等特征值。表达这些河流水文情势变化特征的主要尺度是水情要素，它具体包括年径流量、年正常径流量、洪水流量与水位、枯水流量与水位等。

人类开发利用水资源时，需要对河川径流进行水利规划，在河流上兴建各种水利水电工程等，这些都需要掌握工程地点有多少水可以利用。因为来水量不同时，来水与用水的矛盾大小不一，而为解决矛盾所采取的工程措施也不一样。因此，年径流量分析计算的目的是为满足国民经济各个部门的需水要求，提供在设计条件下所需的年径流量资料，其为水利水电工程的规划设计服务，年径流量分析计算成果与用水资料相配合，进行水库调节计算，便可求出水库的兴利库容，所以该资料将直接影响工程的规模及建筑物的尺寸；同时对于一个地区来说，年径流量的大小直接反映了地表水资源的多少，因此年径流分析计算成果也是进行水资源评价的重要依据，是制定和实施国民经济计划的重要依据之一。

除年径流量外，径流在年内分配的情况不同，对于国民经济各部门的用水和水利工程的修建也具有重要影响。比如对水库蓄水工程来说，非汛期径流比重越小，所需的调节库容越大，反之则越小。如图 4-2 所示，设来水量相同，汛期与非汛期的来水比例不同，即有不同的年内分配，但需水过程相同，将使得所需的调节库容各不相同。图 4-2 (a) 中枯季径流较

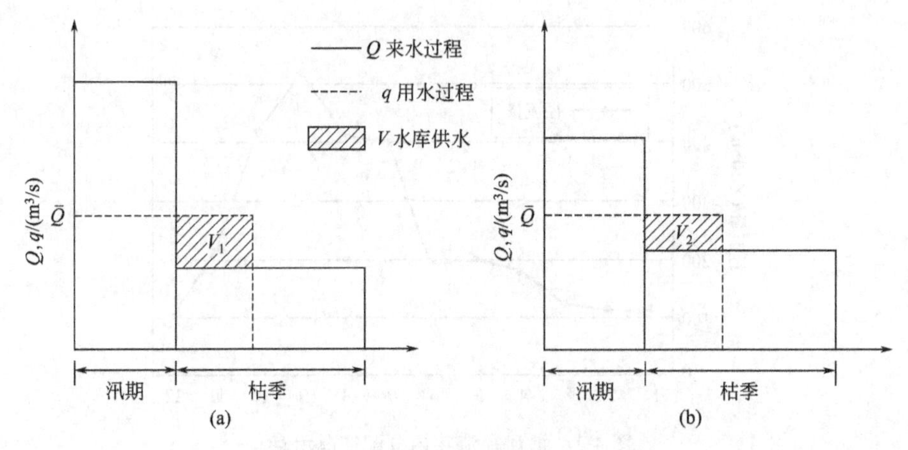

图 4-2　水库库容与径流过程关系示意

小，为满足需水要求，所需调节库容 V_1 较大，投资大，保证率高；图 4-2（b）中枯季径流较大，所需调节库容 V_2 较小，投资少，保证率却较低。因此当设计年径流量确定以后，还需根据工程的目的与要求，提供与之配套的设计年径流量的年内分配，以满足工程规划设计的需要。

在进行水利水电工程设计时，需要确定工程为确保自身安全而设立的泄洪建筑物尺寸（如溢洪道堰顶高程宽度、坝顶高程等），以及按照下游防洪要求而确定防洪库容的大小。为了解决某特定目标的防洪问题，需要对有关地点和河段，按照指定的标准，预估出未来水利工程运行期间将可能发生的洪水情势。因此，设计洪水和洪水位的高低影响着水工建筑物的高程和尺寸。

枯水流量是河川径流的一种极限形态，其往往制约着城市的发展规模、工农业生产的发展、人们的日常生活、农田灌溉面积、河流通航的容量和时间等。例如，对于以地面水为水源的取水工程设计，特别是对于无调节而直接从河流取水的工程设计，枯水位及相应的设计最小流量的确定，将直接关系到取水口设置的高低和引水流量的大小，例如枯水位决定着取水构筑物进水口的最低位置和集水井的底部高程，枯水流量决定着排入河流的污水量和水环境容量。

本章将运用前面介绍的原理与方法，分析与计算此类水文特征值：包括设计年径流量、设计年径流量的年内分配、设计洪峰流量与水位和设计枯水流量与水位，以满足工程设计与规划的需要。

4.2　设计年径流量的分析与计算

4.2.1　设计年径流量

4.2.1.1　年径流

（1）年径流量。河川径流在时间上的变化过程有一个以年为周期循环的特性，这样我们就可以用年为单位进行分析和研究河川径流的这种变化特性，掌握它们的变化规律，用于预估未来各种情况下的变化情势。

在一个年度内，通过河流某一断面的水量，称作该断面以上流域的年径流量（Annual Runoff）。年径流量可以用年平均流量 Q（m^3/s）、年径流总量 W（$10^4 m^3$）、年径流深 R（mm）和年径流模数 M［$m^3/(s \cdot km^2)$］等特征值来表示。

但是一个年度的起讫时间不同，一般分为日历年、水文年和水利年。当年径流资料经过审查、插补延长、还原计算和资料一致性和代表性论证以后，应逐年逐月统计其径流量，组成年径流系列和月径流系列。这些数据绝大部分可从《水文年鉴》上直接引用，我国的《水文年鉴》上刊布的年径流是按日历年分界的，即每年1～12月（1月1日～12月31日）为一个完整的年份。水文年是根据水文现象的循环对年进行划分，一般从每年的汛期开始到下一年的枯季结束为一水文年。在计算流域水量平衡关系时，最好采用水文年。水利年是以兴利为目的对年进行划分。它不是从1月份开始，而是将水库调节库容的最低点（汛前某一月份，各地根据入汛的迟早具体确定）作为一个水利年度的起始点，周而复始加以统计，建立起一个新的年径流系列。例如以水库开始蓄水起点，以水库放空作为终点。在水资源利用工程中，为便于水资源的调度运用，常采用水利年，有时亦称为调节年度。

河川径流量是以降水为主的多因素综合影响的产物。表现为任一河流的任一断面上逐年的天然年径流量是各不相同的，有的年份水量一般，有的年份水量偏多，有的年份则水量偏少。实测各年径流量的平均值称为多年平均径流量 $\overline{Q}_0$。

$$\overline{Q}_0=\frac{\sum_{i=1}^{n}Q_i}{n} \tag{4-1}$$

式中，$\sum_{i=1}^{n}Q_i$ 为各年的年径流量之和，m^3/s；n 为年数。

在气候和下垫面基本稳定的条件下，随着观测统计年数 n 的不断增加，多年平均年径流量 $\overline{Q}_0$ 趋向于一个稳定数值，称其为正常年径流量，相应以 W_0、Q_0、R_0、M_0 等表示。年正常径流量是反映河流在天然情况下所蕴藏的水资源量，代表能开发利用的地面水资源的最大程度，是河川径流水文计算中的重要特征值，是不同地区水资源进行对比时最基本的数据。虽然在气候及下垫面条件基本稳定的情况下，可以根据过去长期的实测年径流量，计算多年平均年径流量来代替年正常径流量。但是年正常径流量的稳定性不能理解为不变性，因为流域内没有固定不变的因素。就气候和下垫面条件来说，也是随着地质年代的进展而变化，只不过这种变化非常缓慢，可以不用考虑。但是大规模的人类活动，特别是对下垫面条件的改变，如跨流域调水、兴建水库、围湖造田等水利建设改变了原先的年径流的形成条件，将使年正常径流量发生显著变化，故正常年径流量是稳定的，又不是不变的。

某一年的年径流量与正常年径流量之比，称为该年径流量的模比系数，用 k_i 表示，则有

$$k_i=\frac{W_i}{w_0}=\frac{Q_i}{Q_0}=\frac{R_i}{R_0}=\frac{M_i}{M_0} \tag{4-2}$$

（2）年径流的变化特性。从闭合流域多年期间的水量平衡方程式看：$\overline{R}=\overline{P}-\overline{E}$，多年平均径流深是多年平均降水深和多年平均蒸发深的函数，即主要取决于气候因素。气候因素在时间上具有多年周期性和年周期性的变化，在地区分布上具有渐变的地带性规律，加之对年径流资料的统计分析，年径流既具有年内与多年周期变化的特征，也具有地理分布的规律性。

① 径流的年内变化。我国绝大部分河流年径流量的变化主要取决于降水量的季节变化。降水量在年内分配是不均匀的，有多雨季节和少雨季节，年径流量也随之呈现出大致以年为周期的丰水期（或洪水期）和枯水期，或汛期与枯季交替变化的规律，这种以年为周期，季节的径流量的交替变化称为年内变化或者年内分配。表4-2给出了我国七大主要河流径流量年内分配特征值。

表 4-2 我国主要河流径流量年内分配特征值

河名	站名	季节分配%			
		冬季	春季	夏季	秋季
松花江	哈尔滨	6.2	16.9	30	37.9
永定河	官厅	11.7	22.8	43	22.5
黄河	陕县	9.9	15.3	38.1	36.7
淮河	蚌埠	8.0	15.4	51.7	24.9
长江	大通	10.3	21.2	39.1	29.4
珠江	梧州	6.8	18.6	53.5	21.1
澜沧江	景洪	10.7	9.9	45.0	34.4

径流年内分配不均，夏秋季节高，冬春季节少，往往和工农业的用水需求很不一致，因此一方面需要兴建大批水库、塘坝、拦蓄部分夏秋季径流，以弥补冬春季的不足，另一方面又必须兴修防洪除涝的工程，防止江河泛滥，使洪涝迅速排除，以保证工农业正常的发展。因此分析年内径流变化，特别是洪、枯径流变化对于解决取水需求之间的矛盾至关重要。

与一年之中的气候相对应，径流在一年内虽然有明显的洪水期和枯水期，但各年汛期的起止时间、历时、水量大小又都具有随机性，并不是各年都一致，呈现出不重复性。例如从西安 2000～2002 年各月月平均流量统计图 4-3 中可以看出，每年汛枯期时间不一，历时不等，流量各异，基本上 3 年的径流过程年年不同，不重复，说明径流具有随机性的特点。

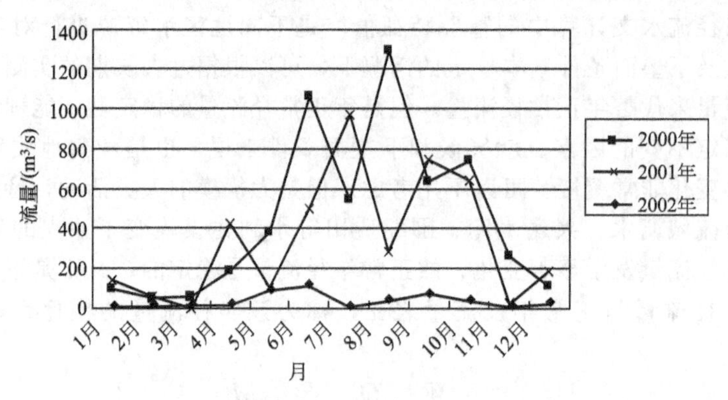

图 4-3 西安 2000～2002 年各月平均流量统计

② 径流的年际变化。年径流量在年际间存在丰水年和枯水年的现象，径流的这种变化称为年际变化（Interannual Variability）。通常以多年平均径流量为参照，若某一年份的年平均流量等于或接近于多年平均值，称该年为平水年；年平均流量较大的年份称为丰水年；年平均流量较小的年份称为枯水年。年径流量年际之间变化剧烈，变化以随机性为主，年与年之间差别较大，有些河流丰水年径流量可达平水年的 2～3 倍，枯水年径流量只有平水年的 10%～20%。

多年最大年径流量与多年最小年径流量的比值，称为年径流量的年际极值比。年际极值比也可以反映年径流量的年际变化幅度。从表 4-3 可以看出，我国各河流年径流量的年际极值比差异很大，一般来说长江以南小于 3.5，长江以北都在 5 以上，其中比值最小的是怒江，仅 1.4，最大的是淮河，其比值高达 23.7。

表 4-3　我国代表性河流最大、最小年平均流量比值

河名	站名	集水面积 /km^2	多年平均流量 /(m^3/s)	最大年平均流量		最小年平均流量		年际极值比
				m^3/s	年份	m^3/s	年份	
松花江	哈尔滨	390626	1100	2680	1932	387	1920	6.9
永定河	官厅	43402	40.8	82.2	1954	12.8	1973	6.4
黄河	花园口	730036	1470	2720	1964	636	1960	4.3
淮河	蚌埠	121330	788	2020	1954	85.2	1978	23.7
长江	汉口	1488036	23400	31100	1954	14400	1900	2.2
西江	梧州	329705	6990	11000	1915	3250	1963	3.4
怒江	道街坝	118760	1650	1940	1962	1380	1959	1.4
雅鲁藏布江	奴各沙	106378	532	957	1962	334	1965	2.9
叶尔羌河	长群	50248	205	279	1973	142	1965	2.0

注：叶尔羌河为以冰雪融水补给为主的河流。

此外，从我国一些河流的实测资料中还可以发现，在年径流量的年际变化过程中，丰水年、枯水年往往连续出现，而且有丰水年组和枯水年组循环交替变化的现象。许多河流发生过3～8年连丰或连枯，如黄河在1922～1932年连续11年枯水；1943～1951年连续9年丰水；1972～1999又连续枯水，如图4-4所示。

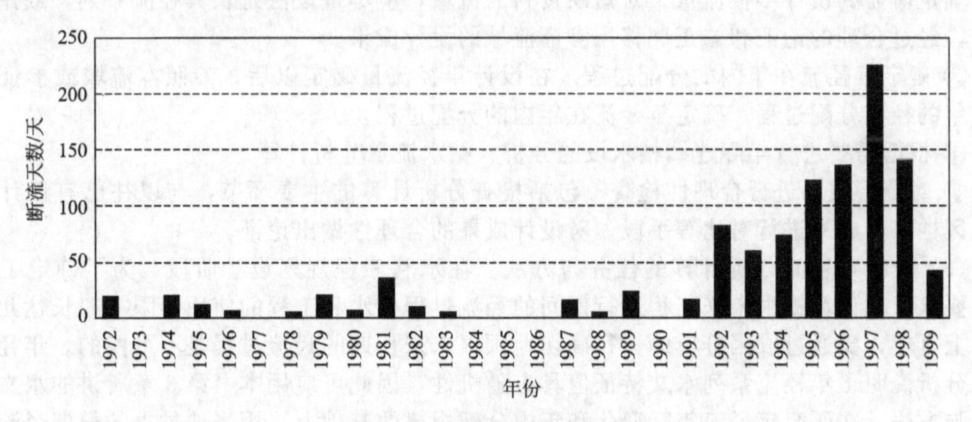

图 4-4　黄河断流天数统计

4.2.1.2　设计年径流量

前面分析过，河川径流在一年内和年际间的变化很大，往往与用水部门的蓄水要求不相适应，为了解决来水与用水的矛盾，就必须兴建水利工程，例如在河道上修建水库，对天然径流进行人工调节，将天然径流在时间上和地区上按用水要求进行重新分配进行泻放。对于不同的年份，来水与用水的组合情况不同，应该如何确定水利工程的规模呢？因此需要有一个设计标准。这个标准一般用频率表示，称为设计保证率，表示用水得到满足的保证程度，即工程规划设计的目标不被破坏的年数占运用年数的百分比。例如对于灌溉工程，$P=95\%$表示平均100年间可能有95年满足设计灌溉用水量的要求。

设计年径流量是指相应于某一设计保证率的年径流量。而具体的设计保证率是根据用水特性、水源丰枯情况及当地经济条件，由各用水部门依据规范并结合实际情况综合确定的。如城市供水工程的设计保证率一般选用90%～97%，农业灌溉工程的设计保证率一般选用75%～95%，水利水电工程一般选用10%、50%和90%等三个不同水平的保证率。

4.2.1.3 年径流量分析计算的任务

（1）目的。年径流分析计算是水资源利用工程中最重要的工作之一。设计年径流是衡量工程规模和确定水资源利用程度的重要指标。

在规划设计阶段，水利工程的规模是由来水、用水矛盾的大小和希望解决矛盾的程度（即设计保证率）决定的，也就是说，在规划设计阶段要分析工程规模、来水、用水、保证率四者之间的关系，经过技术经济比较来确定工程规模。其中来水与用水的平衡分析，由水利计算来确定；来水问题（包括水量及其时间变化）由水文计算来确定。

设计年径流分析计算是为蓄水工程、引水工程、提水工程的规划设计服务的，其设计保证率反映了对水资源利用的保证程度，即工程规划设计的既定目标不被破坏的年数占运用年数的百分比。例如一项水资源利用工程，有95%的年份可以满足其规划设计确定的目标，则其保证率为95%，依此类推，推求不同保证率的年径流量及其分配过程（年际变化和年内分配），提供工程设计需要的来水资料，作为衡量工程规模和确定水资源利用程度的重要指标，就是设计年径流分析计算的主要目的。

（2）年径流分析计算的内容

① 基本资料信息的搜集和复查。基本资料和信息包括：设计流域和参证流域的自然地理概况、流域河道特征、有明显人类活动影响的工程措施、水文气象资料，以及前人分析的有关成果。对搜集到的水文资料，应有重点地进行复查，对资料的可靠性做出评定。发现问题应找出原因，必要时应会同资料整编单位，做进一步审查和必要的修正。

② 年径流量的频率分析计算。对年径流系列较长且较完整的资料，可直接进行频率分析，确定所需的设计年径流量。对短缺资料的流域，应尽量设法延长其径流系列，或用间接方法，经过合理的论证和修正、移用参证流域的设计成果。

③ 确定年径流在年内的分配过程。在设计年径流量确定以后，参照本流域或参证流域代表年的径流分配过程，确定年径流在年内的分配过程。

④ 根据需要进行年际连续枯水段的分析、枯水流量分析计算。

⑤ 对分析成果进行合理性检查。包括检查分析计算的主要环节，与以往已有设计成果和地区性综合成果进行对比等手段，对设计成果的合理性做出论证。

（3）设计年径流分析计算的任务与方法。在水利工程规划设计阶段，为了确定工程规模，要求水文计算提供未来工程运行期间的径流过程。水利工程的使用年限一般长达几十年甚至上百年，要通过成因分析的途径确切地预报未来长期的径流过程是不可能的。年径流的特性分析说明了年径流系列水文特征值具有随机性，因此可应用本书第3章所讲的水文统计原理与方法，在研究年径流年际变化和年内分配规律的基础上，用当地过去的长期径流变化过程来预估未来的径流变化过程，估算指定频率的径流特征值，为合理确定工程规模和效益提供正确的水文依据，包括长系列年径流过程以及设计或实际代表年的年径流过程，即提供设计所需要的历年（或代表年）逐月（旬、日）流量成果或相应的参数，作为水利计算的依据。

通过对年径流资料的统计分析，估算出工程所在河流某指定断面符合某一设计保证率的年径流量，即为设计年径流量的推算。通过这种计算可以掌握河川径流在过去多年间的年际变化统计规律，其结果作为给水工程设计的依据。

由于工程所在断面或参证流域断面具备的径流连续观测资料的年限长短不一，设计年径流量的计算方法也有所不同，分为长期实测资料、短期实测资料和缺乏实测资料三种情况。

4.2.2 设计年径流量的分析计算

4.2.2.1 具有长期实测资料的设计年径流量分析计算

所谓具有长期实测径流资料，一般指实测年径流系列不小于规范规定的年数，即 $n \geq$

30a。在水利工程规划阶段，当具有长期实测年径流量资料时，设计年径流量分析计算包括三部分内容：水文资料的审查、设计年径流量的计算和成果合理性验证。

(1) 水文资料的审查。水文资料是水文分析计算的依据，直接影响水文分析计算成果的精度，因此对这些资料必须进行认真的“三性”审查，即可靠性、一致性和代表性。

① 可靠性审查。可靠性审查是对原始资料可靠程度的检验。径流资料是通过测验和整编取得的，通常是以《水文年鉴》的方式刊发，一般情况下是比较可靠的，但可能存在由于人为或天然原因造成的资料错误或时空不合理现象，因此应从测验及整编两方面审查，包括对水位资料的审查、水位流量关系的审查和水量平衡审查。检查和协调水位观测资料，了解水位基准面的情况，水尺零点高程有无变化，检查施测断面有无变动并分析水位过程线的合理性；检查水位流量关系延长方法的合理性，历年水位流量关系的变化及水位流量关系曲线绘制的正确性；根据水量平衡原理，上游、区间和下游的水量应平衡，检查其水量是否平衡，可用式(4-3)检验。

$$\sum_{i=1}^{n} W_i + \Delta W = W_{\text{下游}} \tag{4-3}$$

式中，W_i 为上游干支流各站年径流总量，$10^4 m^3$；ΔW 为区间年径流总量，$10^4 m^3$；$W_{\text{下游}}$ 为下游站年径流总量，$10^4 m^3$。

② 一致性审查。目前国内外水文计算采用纯随机模型，要求样本独立同分布，即样本独立随机抽自同一总体。一致性审查的目的就是为了使计算样本服从同一总体，即要求组成年径流量系列的每年资料具有同一成因条件。年径流量系列的一致性是建立在气候因素和下垫面因素稳定性基础之上的，当这些因素发生显著变化时，资料的一致性就遭到破坏。一般认为，气候条件的变化极其缓慢，可视为相对稳定的，下垫面因素却由于人类活动会发生迅速变化。如在上游修建水库蓄水、泄水，改变原天然径流过程；大洪水情况下分洪或发生决口、溃堤等原因使流域水文现象的形成条件发生了显著的改变，因而水文变量的概率分布规律也发生了显著的变异，实测资料的一致性就受到破坏，必须对受到人类活动影响的水文资料进行还原计算，使之还原到天然状态。还原后的若干年径流量资料再加入历史上未受到人类活动影响的资料，组成基本上具有一致性的系列，即可进行统计分析。径流还原的方法一般有分项调查法、降雨径流模式法和蒸发差值法等，应视资料情况选择适宜的方法。

③ 代表性审查。代表性是指样本的经验分布 $Fn(x)$ 与总体分布 $F(x)$ 接近的程度。越接近，则系列的代表性越好，频率分析成果的精度越高。其他条件相同时，样本容量越小，抽样误差愈大；样本系列越长，代表性越好。样本对总体代表性的高低，可通过对二者统计参数的比较加以判断。但总体分布是未知的，样本代表性的分析不能由自身来评判，只能根据人们对径流规律的认识以及与更长径流、降水等系列对比，间接进行合理性分析与判断，因此需要选择参证站，选用参证变量。

【例 4-1】 设计站甲具有（1975～2004 年）共 30 年的短系列年径流量资料，为了审查这一系列的代表性，选择邻近流域乙为参证站，其具有 60 年（1950～2009 年）长系列年径流量资料，将该系列资料作为参证变量。首先论证将乙站作为参证站的合理性，经分析，甲、乙两站年径流量的时序变化具有较好的同步性，即甲站的年径流量随时间的变化基本上与乙站是同步的，因此认为乙站作为参证站是合理的。其次计算参证站长系列 60 年(1950～2009 年）的统计参数均值和离差系数为：$R_N=212mm$，$C_{VN}=0.3$，$C_{SN}=2C_{VN}$；再计算参证站短系列 30 年，即与设计站同期的 1975～2004 年观测系列的统计参数均值和离差系数为：$R_N=216mm$，$C_{VN}=0.3$，$C_{SN}=2C_{VN}$。从长短系列统计参数可以看出，两者大致接近，可以认为参证站的此 30 年年径流量短系列在 60 年长系列中具有代表性，又因为甲、乙两站年径流量具有同步性，进而推断设计站 30 年的短系列年径流量在其本身的长系列中也具有较高的代表性，近似地认为在其总体中也具有代表性。

若通过对比分析，发现1975～2004年短系列的代表性不高，应当再选取参证站的该短系列附近时段进行统计参数的计算，如1970～1999年、1980～2009年等时段，假设计算分析的结果是参证站1970～1999年这段系列的代表性较好，但同期设计站缺少1970～1974年这5年的实测年径流量资料，则应将缺测年份的年径流量资料应用相关分析法进行延展，然后按照1970～1999年的短系列资料推求设计站的设计年径流量。

(2) 设计年径流量的计算。水文要素计算分析的通用方法，在第3章中已有详细阐述，此处重点针对设计年径流量的特点，根据审查分析后的长期实测径流量资料，按工程要求确定计算时段，对各时段径流量进行频率计算，求出指定频率的各种时段的设计流量值。

计算时段根据工程要求确定。灌溉工程取作物需水期作为计算时段；发电工程选枯水期和全年作为计算时段。按不同的起讫时间统计水文系列资料，所得的统计参数是有区别的。在计算设计年径流量时，通常是按水文年构成的年径流量系列资料进行计算的；根据确定的计算时段按水利年统计时段径流量，对年径流量系列或时段径流量系列进行频率计算，推求指定频率的设计年径流量或设计时段径流量。

经验表明，我国大多数河流的年径流频率分析，可以采用皮尔逊Ⅲ型频率分布曲线，经过论证也可采用其他线型。皮尔逊Ⅲ型年径流频率曲线有三个参数，均值$\overline{x}$、变差系数C_V和偏态系数C_S。参数采用目估适线法确定，适线时应侧重考虑中、下部，适当照顾上部点据。一般步骤是：首先将样本由大到小排列，由期望公式$\left[P(X>x_m)=\frac{m}{n+1}\right]$确定各项经验频率；其次直接采用矩法初估参数$\overline{x}$，$C_V$。可先用矩法估算，并根据适线拟合最优的准则进行参数的调整，C_S一般不进行计算，通常由地区上C_S/C_V的比值确定，年径流频率计算中C_S/C_V一般采用2～3，在进行频率适线和参数调整时，可侧重考虑平、枯水年份年径流点群的趋势，然后在海森机率格纸上点绘经验点据；最后由皮尔逊Ⅲ型理论曲线进行适线，根据频率曲线与经验点据的配合情况选定最终的频率曲线，相应于该曲线的参数便看做是总体参数的估值。该曲线上指定频率的设计值便是所要求的设计年径流量或设计时段径流量。

【例4-2】 某水库坝址处已实测得18年（1958～1975年）的年径流资料，列于表4-4中的第一列和第二列中，试求设计频率为90%的设计年径流量。

【解】 ①首先将18年的年平均径流量按由大到小的次序排列，并用期望公式计算经验频率。结果见表4-4，并将表中的第4列与第8列的数值点绘于海森频率格纸上，如图4-5所示。

表4-4 某水库年径流量频率计算表

年份	年平均径流量/(m³/s)	序号	由大到小排列的年平均径流量/(m³/s)	K_i	K_i-1	$(K_i-1)^2$	经验频率/%
1958	11.9	1	17.7	1.66	0.66	0.4356	5.3
1959	7.78	2	16.9	1.54	0.54	0.2716	10.5
1960	10.0	3	15.1	1.37	0.37	0.1369	15.8
1961	9.64	4	14.4	1.31	0.31	0.096	21.1
1962	14.4	5	12.6	1.15	0.15	0.023	26.3
1963	4.73	6	11.9	1.08	0.08	0.0064	31.6
1964	7.87	7	11.3	1.03	0.03	0.0009	36.8
1965	10.4	8	10.9	0.99	−0.01	0.0001	42.1
1966	10.2	9	10.4	0.94	−0.06	0.0036	47.4
1967	10.9	10	10.3	0.93	−0.07	0.0049	52.6

续表

年份	年平均径流量/(m^3/s)	序号	由大到小排列的年平均径流量/(m^3/s)	K_i	K_i-1	$(K_i-1)^2$	经验频率/%
1968	12.6	11	10.2	0.93	−0.07	0.0049	57.9
1969	10.3	12	10.0	0.91	−0.09	0.0081	63.2
1970	15.1	13	9.64	0.88	−0.12	0.0144	68.4
1971	7.24	14	8.42	0.77	−0.23	0.0676	73.7
1972	11.3	15	7.87	0.72	−0.28	0.0784	78.9
1973	17.7	16	7.78	0.70	−0.30	0.0900	84.2
1974	8.42	17	7.24	0.66	−0.34	0.1156	89.5
1975	16.9	18	4.73	0.43	−0.57	0.3249	94.7
合计	197.38		197.38	18.0	0.0	1.7025	

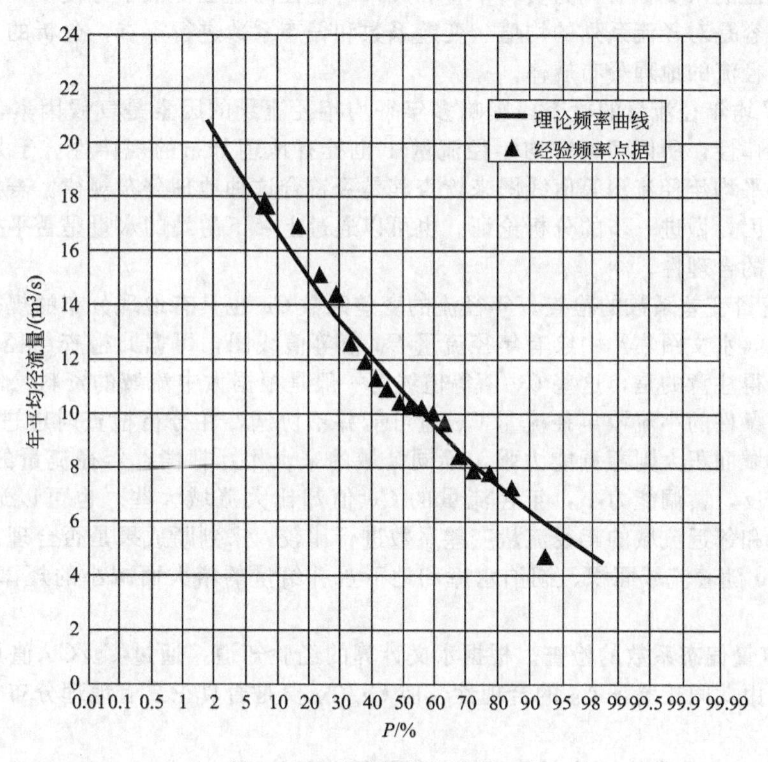

图 4-5　年径流量频率曲线示意

② 根据上述内容可以采用皮尔逊Ⅲ型频率分布曲线，由此需要统计计算年平均径流量 $\overline{Q}$、变差系数 C_V 和偏态系数 C_S。

$$\overline{Q}=\frac{1}{n}\sum_{i=1}^{n}Q_i=\frac{197.38}{18}=11.0\ \mathrm{m^3/s}$$

$$C_V=\sqrt{\frac{\sum_{i=1}^{n}(K_i-1)^2}{n-1}}=\sqrt{\frac{1.7025}{18-1}}=0.32$$

取 $C_S=2$，$C_V=0.64$，计算皮尔逊Ⅲ型分布离均系数，结果见表 4-5 [第 3 章水文统计中，称 K 为模比系数，其定义式为：$K=\frac{x}{\overline{x}}$ $x=\overline{x}$ $(1+\Phi C_V)$]。

表 4-5　年径流量频率曲线计算

$P/\%$	1	2	5	10	20	50	75	90	95	99
Φ_P	2.78	2.37	1.81	1.33	0.80	−0.11	−0.72	−1.19	−1.44	−1.85
K_P	1.89	1.76	1.58	1.43	1.25	0.97	0.77	0.62	0.54	0.41
Q_P	20.8	19.4	17.4	15.7	13.7	10.7	8.47	6.82	5.94	4.51

③ 将经验频率点据与理论频率曲线绘于同一张图上，如图 4-5 所示。

④ 由图 4-5 可知，理论频率曲线与经验频率点配合较好，不用再配线，此皮尔逊Ⅲ型曲线可作为该站年径流量的分布曲线。此时的参数分别为年平均流量 $\overline{Q}=11.0\text{m}^3/\text{s}$，变差系数 $C_V=0.32$，$C_S/C_V=2$。由图可知，$P=90\%$的设计年径流量为 $6.82\text{m}^3/\text{s}$。

(3) 成果合理性验证。对中小流域设计断面径流系列计算的统计参数，有时也会带有偶然性，因此应注意和地区综合分析的统计参数成果进行合理性比较，目前我国各省（区）等都编制了本地区的水文手册，为资料审查和成果合理性的验证提供了方便条件。成果合理性分析的主要内容是对径流系列的均值、变差系数和偏态系数进行审查，分析的主要依据是水量平衡原理和径流的地理分布规律。

① 多年平均年径流量的检查。影响多年平均年径流量的因素是气候因素，气候在地理分布上具有规律性，所以多年平均年径流量 $\overline{x}$ 也具有地理分布的规律性。于是可以根据我国各地的多年平均年径流深等值线图来检查其是否符合这种地理分布规律。若发现不合理现象，应查明原因，做进一步的分析论证。也可以通过上、下游站的水量是否平衡来分析多年平均年径流量的合理性。

② 年径流量变差系数的检查。年径流的变差系数 C_V 也具有地理分布的规律性。我国许多省区编制的《水文图集》中绘有年径流量 C_V 值等值线图，可据此检查年径流量 C_V 值的合理性。但值得注意的是，这些 C_V 值等值线图一般是根据大中流域的资料绘制的，与某些有特殊下垫面条件的小流域年径流量 C_V 值可能并不协调，在分析检查时应进行深入分析。一般情况下流域面积大则蓄调能力强，不同区域的来水相互补偿，年径流量的 C_V 值较小；而小流域则相反，蓄调能力小，年径流量的 C_V 值却比大流域大些。也可以通过设计站与上、下游站，和邻近流域的年径流量变差系数进行比较，来判断成果是否合理。还可以通过年径流量的 C_V 随着流域面积、湖泊水库和地下水补给量的增大而减小的规律性，分析 C_V 值的合理性。

③ 年径流量偏态系数的检查。根据水文计算的经验知道，通过 C_S/C_V 值具有地理上的一定分区性，由此间接验证 C_S 的合理性。但 C_S/C_V 值是否真正具有地理分布规律还有待进一步研究。

4.2.2.2　具有短期实测资料的设计年径流量分析计算

在实际工作中常遇到实测年径流量系列不足 30 年，或虽有 30 年但系列代表性不足的情况，处理这类问题时，首先应对短期实测年径流资料进行插补延长，然后根据展延后的系列资料，用与具有长期实测资料时完全相同的方法来推算设计年径流量。

在水文计算中，常用相关分析法来展延系列。即要选择参证站，寻求与设计断面径流有密切关系的参证变量，建立二者的相关关系，将设计断面年径流系列插补延长至规范要求的长度。

选择的参证站可以位于设计断面同一条河流的上游或下游，也可位于邻近流域，但是参证变量必须具备以下条件：首先确保参证变量与设计变量在成因上有密切的关系，即在形成径流的各项自然地理因素方面，尤其是气候因素方面必须有成因上的密切联系，这样才能保证相关关系有足够的精度；其次参证变量的系列较长，并有较好的代表性，除用以建立相关关系的同期资料外，还要有用来展延设计站缺测年份的年、月径流资料；最后参证变量与设计变量应有较多的同期观测资料，这样才能根据设计站年径流资料与参证变量的同期观测资料建立两者之间可靠的相关关系，然后利用较长系列的参证资料通过相关关系来展延设计站的年径流资料。最常采用的参证变量有：设计断面的水位、上下游测站或邻近流域测站的径流量、流域的降水量。

(1) 利用设计站（本站）的水位流量关系延长年径流系列。当本站年水位资料系列较长，并且有一定长度年流量资料时，可根据其水位-流量关系，将水位资料转化成径流资料。

(2) 利用参证站的水位流量关系延长年径流系列。规划设计工作中，当设计断面缺乏实测资料，这时就需要将邻近水文站的水位流量关系移用到这些设计断面。但是只有当这些设计断面与水文站之间距离不远，两者间的区间流域面积不大，河段内无明显的入流与出流，水位流量关系曲线的移用才比较容易进行；此时，可通过在设计断面设立临时水尺，与水文站同时观测水位，建立设计断面与水文站基本水尺断面之间的同时水位的关系线来进行转移。因为在中、低水时，河中流量随时间变化不大，两断面相距不远，故同一时刻的流量大致相等。将设计断面观测到的水位，与同时观测的水文站水位在其水位流量关系曲线查得的流量，点绘曲线，即可得出设计断面中、低水的水位流量关系曲线。当设计断面与水文站相距较远时，不能用同时水位来移用水位流量关系。此时可以考虑按相应水位，即在水位变化过程中位相相同的水位来移用。

(3) 利用参证站实测径流资料延长年径流系列。当上下游或邻近相似流域的参证站具有充分长的实测年径流资料时，且与设计站有一定长度同步系列，可直接建立设计站与参证站相同年份径流之间的相关关系，对设计站年径流进行插补延长。实际工作中，多用年径流深度或年径流模数进行相关分析。

【例 4-3】 设有甲、乙 2 个水文站，设计断面位于甲站附近，但只有 1971～1980 年实测径流资料。其下游的乙站却有 1961～1980 年实测径流资料，请查补甲站 1961～1970 年年径流。

【解】 ①根据二者 10 年同步年径流观测资料对应点绘，建立相关图（可应用相关软件来建立该相关图，如 Matlab、Excel 等），如图 4-6 所示，发现关系较好，乙站可为参证变量。

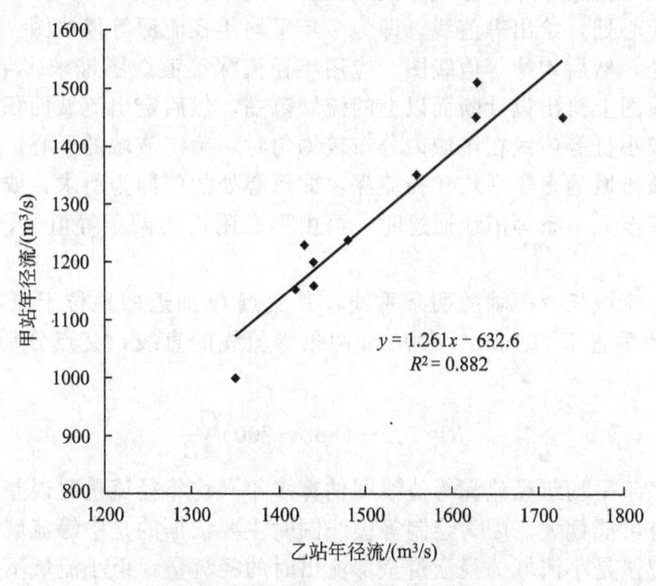

图 4-6　甲站与乙站年径流量相关图

② 根据二者的相关线，可将甲站1961～1970年缺测的年径流查出，延长年径流系列，如表4-6所示。

表4-6 某河流甲乙两站年径流资料 单位：m^3/s

年份	1961	1962	1963	1964	1965	1966	1967	1968	1969	1970
乙站	1400	1050	1370	1360	1710	1440	1640	1520	1810	1410
甲站	(1120)	(800)	(1100)	(1080)	(1510)	(1180)	(1430)	(1230)	(1610)	(1150)
年份	1971	1972	1973	1974	1975	1976	1977	1978	1979	1980
乙站	1430	1560	1440	1730	1630	1440	1480	1420	1350	1630
甲站	1230	1350	1160	1450	1510	1200	1240	1150	1000	1450

注：括号内数字为插补值。

4.2.2.3 缺乏实测资料的设计年径流量分析计算

在进行面广量大的中、小型水利水电工程的规划设计时，往往会遇到小河流上缺乏实测径流资料的情况，或者只有几年实测径流资料但无法展延，此时设计年径流量只能通过间接途径来推求。前提是设计流域所在的区域内，有水文特征值的地区综合分析成果，或在水文相似区内有径流系列较长的参证站可利用。常用的方法有参数等值线图法、水文比拟法和经验公式法。

(1) 参数等值线图法。把相同数值的点连接起来的线叫等值线。某一流域的水文特征值的等值线图即可反映出该流域水文特征值的地理分布规律。闭合流域多年径流量的主要影响因素是气候因素，而气候因素有地区性，即降雨量与蒸发量具有地理分布规律，同理，受降雨量和蒸发量影响的多年平均年径流量也具有地理分布规律。因此，可利用这一特点绘制多年平均年径流量的等值线图，为了消除流域面积这一非区域性因素的影响，等值线图总是以径流深（mm）或径流模数［L/（s・km^2）］来表示。目前我国各省（区）编制的水文手册中，提供了本地区的多年平均年径流深或径流模数等值线图、年径流变差系数等值线图，其中年径流深等值线图及C_V等值线图，如图4-7所示，可供中、小流域设计年径流量估算时直接采用。

① 多年平均年径流量的估算。水文手册上，将各个流域的多年平均径流深度值点绘在各该流域面积的形心处，绘出等值线，即为多年平均年径流深等值线图。在山区，则点绘在流域的平均高程处，然后勾绘等值线图。应用年径流深等值线图推求多年平均年径流深时，首先需要在等值线图上绘出设计断面以上的流域范围，然后定出流域面积的形心。

当流域面积较小且等值线在流域内分布较均匀时，确定流域的形心，可依据通过流域形心的等值线确定该流域的多年平均年径流深，即形心处的值即为所求，或者由于流域内通过的等值线太少，甚至无一条等值线通过时，可由形心附近的两条等值线，按线性内插求得，如图4-8所示。

首先绘出通过流域长、短轴的两条垂线，其交点O即近似地位于流域的形心位置。其次通过O点作大致垂直于700mm、800mm两条等值线的直线，交点分别为A、B，则流域的平均径流深如下。

$$R=700+(800-700)\frac{OA}{AB}$$

小流域应用多年平均年径流深等值线图估算多年平均年径流量时误差很大，且由等值线图查得的径流深有可能偏大。因为绘制等值线图时主要依据的是中等流域的资料，由等值线图查得的径流深应该是小流域的径流量全部流出时的径流量，但小流域不闭合，河槽下切不深，不能全部汇集本流域所形成的地下径流，即实际资料要小于这个数。

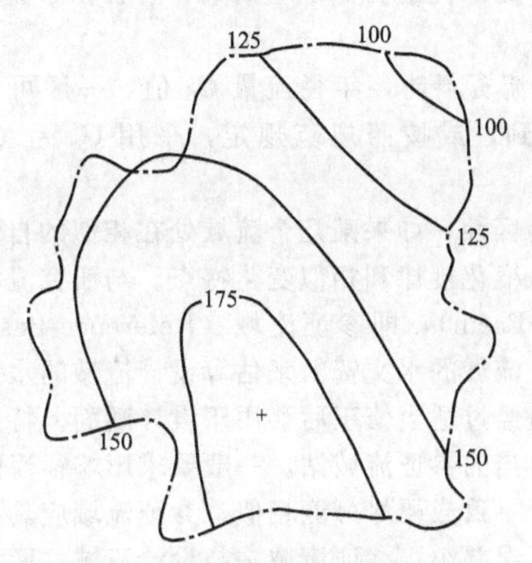

图 4-7　某区域多年平均年径流深等值线图（单位：mm）

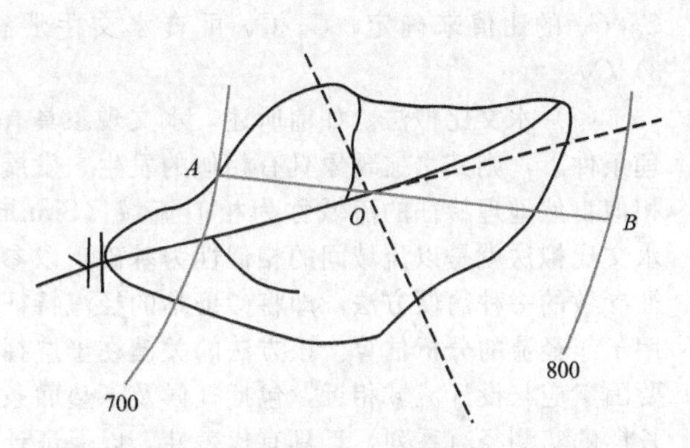

图 4-8　用直线内插法推求流域平均年径流深（mm）

当流域面积较大，设计流域内通过多条年径流深等值线，且等值线分布不均匀时，如图 4-9 所示，则采用相邻等值线间部分面积为权重的加权平均法来计算流域的平均年径流深，具体见式（4-4）。

$$h=\frac{0.5(h_1+h_2)f_1+0.5(h_2+h_3)f_2+0.5(h_3+h_4)f_3+0.5(h_4+h_5)f_4}{F} \tag{4-4}$$

$$F=\sum_{i=1}^{n}f_i$$

式中，h 为设计流域多年平均年径流深，mm；h_i 为等值线所示的多年平均年径流深，mm；f_i 为流域内相邻等值线间的部分面积，km^2；F 为流域面积，km。

综上所述：对于小流域，等值线图的误差可能很大，实际应用时要加以修正；对于中等流域，应用多年平均年径流深等值线图估算多年平均年径流量时精度一般较高，具有很大的实用价值；而对于大流域，一般具有长期的实测资料，很少用等值线图。

上述方法求出流域年径流深均值以后，可以通过式（4-5）确定设计流域的多年平均年径流量。

$$W=KRA \tag{4-5}$$

式中，W 为年径流量，m^3/s；R 为年径流深，mm；A 为流域面积，km^2；K 为单位换算系数，采用上述各单位时，$K=1000$。

② 年径流量变差系数的估算。在一定程度上，也可用等值线图来表示年径流量 C_V 值在地区上的变化规律。因此，可以应用年径流量 C_V 等值线图来推求无实测资料时流域年径流量的 C_V 值。年径流量 C_V 等值线图的绘制方法和使用方法与多年平均年径流深等值线图相似，但更简单一点，即按比例内插出流域重心的 C_V 值就可以了。一般来说年径流量 C_V 等值线图的精度较低，尤其用于查取缺乏资料的小流

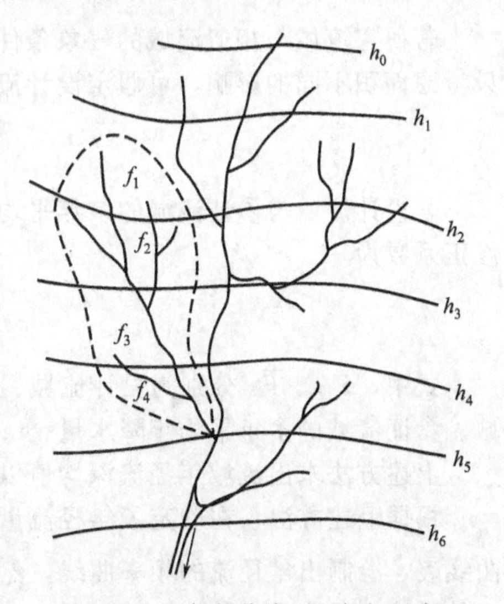

图 4-9　相邻等值线面积加权示意

域的年径流量 C_V 值时，误差可能较大，且由等值线图查得的 C_V 值一般偏小，这是因为影响年径流量的变化因素除气候因素外，还有一些非分区性的自然地理因素，后者在小流域上更为突出。从图上查出 C_V 值后，有时尚需修正。

③ 年径流量偏态系数的估算。当缺乏实测径流资料时，年径流量 C_S 值，一般可根据 C_S/C_V 的比值来确定。C_S/C_V 可查水文手册得到，或按照规范规定，采用 $C_S=$（2～3）C_V。

（2）水文比拟法。如前所述，水文现象具有地区性，如果某几个流域处在相似的自然地理条件下，则其水文现象具有相似的发生、发展、变化规律和相似变化特点。与研究流域有相似自然地理特征的流域称为相似流域（Similar Basin），即参证流域（Reference Basin）。水文比拟法就是以流域间的相似性为基础，以参证流域的水文资料来估算设计流域的水文特征参数的一种简便方法，即将参证站的径流特征值经过适当修正后移用于设计断面。特别适用于年径流的分析估算。该方法的关键在于选择恰当的参证流域站。一般要求影响径流的主要因素应与设计流域相近，包括气候及下垫面条件一致或要尽可能相似；参证流域应具有较长期的实测径流系列，且具有代表性，以保证计算误差小；参证流域站与设计流域站面积接近，通常以不超过15%为宜。

由于地球上不可能有两个流域完全一致，或多或少都存在一些差异，根据参证流域与研究流域之间的相似程度，可以有两种方法来估算多年平均年径流量：直接移用和修正后移用，一般情况下，进行修正的参变量，常用流域面积和多年平均降水量。

第一种方法为直接移用：当设计流域与参证流域的气候一致，处于同一河流的上下游，且设计流域面积与参证流域面积相差不超过15%时，或设计流域与参证流域虽不在同一条河流上，但气候及下垫面条件相似时，可以直接把参证流域的多年平均年径流深 $\overline{R}_{参}$ 移用过来，作为设计流域的多年平均年径流深 $\overline{R}_{设}$，即

$$\overline{R}_{设}=\overline{R}_{参} \tag{4-6}$$

第二种方法为修正后移用：当设计流域与参证流域的面积相差较大，或气候与下垫面条件有一定差异时，不宜直接移用参证流域的多年平均年径流深，通常要将参证流域的多年平均年径流深 $\overline{R}_{参}$ 加以修正，即乘以一个考虑不同因素影响时的修正系数 K_R 后，再移用过来，即

$$\overline{R}_{设}=K_R\overline{R}_{参} \tag{4-7}$$

若研究流域与相似流域的气象条件和下垫面因素基本相似，仅流域面积有所不同，这时只考虑面积不同的影响，可假定设计流域与参证流域的径流模数相等，则其修正系数为

$$K_R=\frac{\overline{F}_{设}}{\overline{F}_{参}} \tag{4-8}$$

若设计流域与参证流域的多年平均降水量有不同时，可假定两流域径流系数相等，则其修正系数为

$$K_R=\frac{\overline{P}_{设}}{\overline{P}_{参}} \tag{4-9}$$

式中，$\overline{F}_{设}$、$\overline{F}_{参}$ 分别为设计流域、参证流域的流域面积，km^2；$\overline{P}_{设}$、$\overline{P}_{参}$ 分别为设计流域、参证流域的多年平均年降水量，mm。

上述方法求出流域年径流深均值以后，同理可以应用式（4-6）确定多年平均年径流量。

根据上述方法，在确定了年径流量的均值 C_V，C_S 后，便可借助于查用皮尔逊Ⅲ型频率曲线表，绘制出年径流的频率曲线，然后应用公式 $x_P=\overline{x}\,(C_V\Phi_P+1)$，确定设计频率所对应的设计年径流量。

4.3 设计年径流量年内分配的分析与计算

4.3.1 设计年径流量年内分配

近百年来，全球气候发生了以气温升高为主要特征的显著变化，极端天气、气候事件增多增强，进一步严重影响经济、社会的可持续发展。对于我国而言，气候受季风影响较大，径流年内分配很不均匀，夏丰冬枯，见表 4-2，往往需要采取工程措施以丰养枯，才能满足需要。这就需要预估设计年径流量的年内分配情况，以根据实际用水量确定水库或蓄水池的调节容量。由于水库、水电站等水利工程的调度运用多是年调节的，当需水过程一定时，其运行调度方式便由径流的年内分配决定。

另外，一个区域的洪涝和干旱灾害，也直接与径流的年内分布有关。因此，人们在关注径流年际变化的同时，还密切关注径流的年内变化。河川径流的年内分配与径流补给条件密切相关，河川径流年内分配特征的变化对应着径流补给条件的变化。在气候变化以及人类活动的驱动下，河川径流的年内分布也将产生相应的变化。径流年内分配的变化必然会给水资源管理、农业以及人类社会系统带来一系列的影响。因此当求得设计年径流量之后，尚需根据径流年内变化特性及水利计算要求研究设计年径流量的年内分配。

河川径流量在一年内的变化过程称作径流的年内分配。而设计频率标准下的年径流量年内的变化过程称为设计年径流量的年内分配。在给水工程中，若以水库或蓄水池进行径流调节，则要求提供历年（或代表年）的逐月（旬）平均流量（或水位）过程资料，必要时也要求提供逐日流量（或水位）过程资料，一般可利用设计频率为 90%～95% 的不同设计频率的年径流量及最不利的年内分配进行设计，即为设计年径流量的年内分配。

推求设计年径流量的年内分配，实际上就是推求设计年径流过程。在水文计算中，一般有两种表示方法。一种是流量（或水位）过程线，即一年内径流随时间的变化过程，是表示径流年内分配的主要形式，一般以逐月平均流量（或水位）表示，多采用按比例缩放代表年径流过程的方法，具体分同倍比法和同频率法两种。另一种是流量（或水位）历时曲线，是将年内逐日平均流量（或水位）按递减次序排列而成，横坐标常用百分数表示，是表示径流年内分配的特殊形式，如图 4-10 所示。

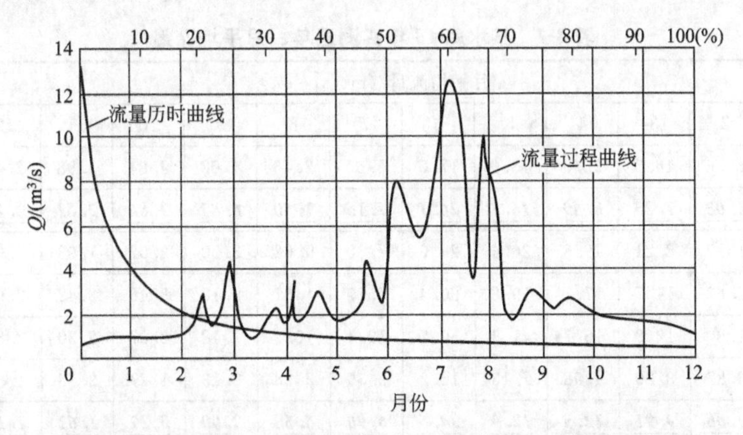

图 4-10 我国某水文站 1977 年流量过程曲线与流量历时曲线

4.3.2 设计年径流量年内分配的推求

根据实测径流资料情况和工程性质，确定设计年径流分配过程的推求方法有：设计代表年法、实际代表年法、虚拟年法、全系列法和水文比拟法。

4.3.2.1 设计代表年法

按一定原则从实测的资料中选取某一年的年内径流分配作模型，对此年内分配模式按一定方法缩放计算，求得设计年径流量的年内分配，即为设计代表年法。此选定的模型年即代表年（Representative Year，也称典型年）。在规划中、小型水电工程时，大多采用代表年法。

代表年应从测验精度较高的实测年份中挑选，首先以流量相近为原则，即选取年径流量与设计年径流量相接近的实际年份作为代表年。因为两者水量相近时，两者年内分配的形成条件相差不大，则用代表年的径流分配情况去代表设计情况的可能性较大。具体做法是根据设计标准，查年径流频率曲线，确定设计年径流量，然后在实测年径流资料中，选出年径流量接近者；其次为对工程不利原则，即当满足第一个原则的代表年不止一个时，应选取其中较为不利的，使工程设计偏于安全的代表年，如汛期流量大、供水期径流较小且需水量大的年份。一般来说，对于水力发电工程应选丰水、枯水、平水三个代表年；对于给水工程或农业灌溉可只选枯水年为代表年。

按上述原则选定代表年后，根据比例缩放形式的不同，又可以分为同倍比法和同频率法两种。

(1) 同倍比法。用设计年径流量与代表年年径流量的比值或设计的供水期水量与代表年的供水期水量的比值，对整个代表年的月径流过程进行缩放，得到设计年内分配。

即先求设计年径流量（Q_p 或 W_p）与代表年的年径流量（Q_d 或 W_d）的比值 K，称其为缩放比，具体见式（4-10）。

$$K=Q_p/Q_d \quad 或 \quad K=W_p/W_d \tag{4-10}$$

然后以缩放比 K 分别乘代表年各月的平均径流量，就得到设计年径流量的年内分配，即

$$Q_p(t)=KQ_d(t) \tag{4-11}$$

该方法因为年内各月均采用同一倍比 K，因此称为同倍比法。

【例 4-4】 接例 4-2，已知该水库坝址处实测 18 年（1958～1975 年）的年、月径流资料，见表 4-7，试求以 $P=90\%$设计枯水年的径流年内分配，并在已求出的设计年径流量年内分配情况下，若用水部门的需水量为常数 5.0m³/s 时，需要调节的水量（损失量略去不计）。

表 4-7 某水库 18 年实测逐年、月平均流量

年份	月平均流量/(m³/s)												年平均流量/(m³/s)
	1	2	3	4	5	6	7	8	9	10	11	12	
1958	1.87	21.6	16.5	22.0	43.0	17.0	4.63	2.46	4.02	4.84	1.98	2.47	11.9
1959	***4.20***	***2.03***	***7.25***	***8.69***	***16.3***	***26.1***	***7.15***	***7.50***	***6.81***	***1.86***	***2.67***	***2.73***	***7.78***
1960	2.35	13.2	8.21	19.5	26.4	24.6	7.35	9.62	3.20	2.07	1.98	1.90	10.0
1961	2.48	1.62	14.7	17.7	19.8	30.4	5.20	4.87	9.10	3.46	3.42	2.92	9.64
1962	1.79	1.80	12.9	15.7	41.6	50.7	19.4	10.4	7.48	2.97	5.30	2.67	14.4
1963	6.45	3.87	3.20	4.98	7.15	16.2	5.55	2.28	2.13	1.27	2.18	1.54	4.73
1964	***0.99***	***3.06***	***9.91***	***12.5***	***12.9***	***34.6***	***6.90***	***5.55***	***2.00***	***3.27***	***1.62***	***1.17***	***7.87***
1965	8.35	8.48	3.90	26.6	15.2	13.6	6.12	13.4	4.27	10.5	8.21	9.03	10.4
1966	1.41	5.30	9.52	29.0	13.5	25.4	25.4	3.58	2.67	2.23	1.93	2.76	10.2
1967	1.21	2.36	13.0	17.9	33.2	43.0	10.5	3.58	1.67	1.57	1.82	1.42	10.9

续表

年份	月平均流量/(m³/s)												年平均流量/(m³/s)
	1	2	3	4	5	6	7	8	9	10	11	12	
1968	4.25	9.00	9.45	15.6	15.5	37.8	42.7	6.55	3.52	2.54	1.84	2.68	12.6
1969	3.88	3.57	12.2	11.5	33.9	25.0	12.7	7.30	3.65	4.96	3.18	2.35	10.3
1970	4.10	3.80	16.3	24.8	41.0	30.7	24.2	8.30	6.50	8.75	4.52	7.96	15.1
1971	***2.23***	***8.76***	***5.08***	***6.10***	***24.3***	***22.8***	***3.40***	***3.45***	***4.92***	***2.79***	***1.76***	***1.30***	***7.24***
1972	8.47	8.89	3.28	11.7	37.1	16.4	10.2	19.2	5.75	4.41	4.53	5.59	11.3
1973	1.76	5.21	15.4	38.5	41.6	57.4	31.7	5.86	6.56	4.55	2.59	1.63	17.7
1974	6.26	11.1	3.28	5.48	11.8	17.1	14.4	14.3	3.84	3.69	4.67	5.16	8.42
1975	3.12	5.56	22.4	37.1	58.0	23.9	10.6	12.4	6.26	8.51	7.30	7.54	16.9

【解】 根据例 4-2 已求出 $P=90\%$ 的设计年平均径流量为 $6.82\text{m}^3/\text{s}$，根据表 4-7 所列的实测资料，选出与之相近的实际枯水年有 1971 年、1964 年和 1959 年。其中 1964 年的径流年内分配更不均匀，其 6 月份的月平均流量为 $34.6\text{m}^3/\text{s}$，而 1 月份仅有 $0.99\text{m}^3/\text{s}$，这种年份的年内分配与用水矛盾更为突出，是最不利年内分配，因此选做枯水年的代表。

① 计算缩放倍比。

$$K=\frac{Q_{年,p}}{Q_{年,d}}=\frac{6.82}{7.87}=0.866$$

② 同倍比缩放法推求设计年径流过程：$Q_p(t)=KQ_d(t)$。结果列于表 4-8 中。

表 4-8 $P=90\%$ 设计代表年的径流年内分配 单位：m³/s

月份	1	2	3	4	5	6	7	8	9	10	11	12	年平均流量
$Q_d(t)$	0.99	3.06	9.91	12.5	12.9	34.6	6.90	5.55	2.00	3.27	1.62	1.17	7.87
$Q_p(t)$	0.86	2.67	8.59	10.8	11.2	29.9	5.97	4.82	1.73	2.83	1.40	1.02	6.82

③ 根据表 4-8 得出的 $P=90\%$ 的设计年径流量的年内分配，计算需要调节的水量如下。

$$V_{调}=[(5-0.86)\times31+(5-2.67)\times28+(5-4.82)\times31+(5-1.73)\times30+(5-2.83)\times31+(5-1.40)\times30+(5-1.02)\times31]\times86400\text{m}^3=0.515\times10^8\text{m}^3$$

多余来水量

$$V_{多}=[(8.59-5)\times31+(10.8-5)\times30+(11.2-5)\times31+(29.9-5)\times30+(5.97-5)\times31]\times86400\text{m}^3=1.084\times10^8\text{m}^3$$

由于 $V_{调}<V_{多}$，表明河流来水经过水库调节后，不仅能够满足 $5.0\text{m}^3/\text{s}$ 的用水要求，还有部分剩余需要弃水，弃水量为：$V_{弃}=V_{多}-V_{调}=0.569\times10^8\text{m}^3$。

（2）同频率法。也称为多倍比法。该方法的基本思想就是分段缩放，即各时段采用不同的放大倍比，放大后使所求的设计年内分配的各个时段径流量都能符合设计频率（设计的时段流量）。

例如若要求设计最小 3 个月、最小 5 个月以及全年 3 个时段的径流量都符合设计频率，具体计算步骤为：首先根据逐月径流量系列分别建立各个时段的径流量系列，做各个时段的流量频率曲线，并求得设计频率的各个时段径流量，如最小 3 个月的设计径流量 $Q_{3,p}$、最小 5 个月的设计径流量 $Q_{5,p}$ 等；其次按选择代表年的原则选定代表年，根据代表年的逐月径流量资料，统计代表年内最小 1 个月的流量 $Q_{1,d}$、最小 3 个月的流量 $Q_{3,d}$ 以及最小 5 个月的流量 $Q_{5,d}$，注意要求短时段的水量包含在长时段的水量之内，即 $Q_{1,d}$ 应包含在 $Q_{3,d}$ 内，如不能包含，则应另选代表年；再次计算各时段的缩放比，公式见式（4-12）～式（4-15）。

最小1个月的倍比 $$K_1=\frac{Q_{1,p}}{Q_{1,d}} \tag{4-12}$$

最小3个月其余2个月的倍比 $$K_{3\text{-}1}=\frac{Q_{3,p}-Q_{1,p}}{Q_{3,d}-Q_{1,d}} \tag{4-13}$$

最小5个月其余2个月的倍比 $$K_{5\text{-}3}=\frac{Q_{5,p}-Q_{3,p}}{Q_{5,d}-Q_{3,d}} \tag{4-14}$$

全年其余7个月的倍比 $$K_{12\text{-}5}=\frac{Q_{12,p}-Q_{5,p}}{Q_{12,d}-Q_{5,d}} \tag{4-15}$$

最后按各个时段不同的倍比缩放代表年的逐月径流，得到设计年径流量过程。

应用同频率求出的设计年径流量的年内分配，其各个时段的流量都符合设计频率的要求，但由于分段采用不同的倍比缩放，求得的设计年内分配结果有可能不同于原代表年的年径流的分配形状，实际工作中，为了使设计年内分配不过多地改变代表年分配形状，计算时段不宜取得过多，一般选取2～3个时段。

【例4-5】 同例4-4，试应用同频率法求以$P=90\%$设计枯水年的径流年内分配。

【解】 步骤如下。

① 根据要求选定三个时段：最小3个月、最小5个月及全年。

② 设计时段径流量的计算：根据18年逐月径流系列分别建立最小3个月、最小5个月径流量系列，通过频率计算，求得枯水年$P=90\%$的最小3个月、最小5个月的设计时段径流量分别为$4.00m^3/s$、$8.45m^3/s$。计算成果见表4-9。

表4-9 某水库时段径流量频率计算成果

时段	均值/(m^3/s)	C_V	C_S/C_V	$P=90\%$设计径流量/(m^3/s)
12个月	131(10.99×12)	0.32	2.0	6.82
最小5个月($Q_{5,p}$)	18.0	0.47	2.0	8.45
最小3个月($Q_{3,p}$)	9.1	0.50	2.0	4.00

③ 选择代表年：按选择代表年的原则选定代表年，同例4-4中1964年枯水期来水量较枯，选做枯水年的代表。统计代表枯水年中最小3个月、最小5个月径流量分别如下。

$$Q_{3,d}=1.62+1.17+0.99=3.78m^3/s$$

$$Q_{5,d}=2+3.27+1.62+1.17+0.99=9.05m^3/s$$

④ 按同频率方法求各时段缩放比K。

最小3个月倍比 $$K_3=\frac{Q_{3,p}}{Q_{3,d}}=\frac{4.00}{3.78}=1.06$$

最小5个月其余2个月的倍比 $$K_{5\text{-}3}=\frac{Q_{5,p}-Q_{3,p}}{Q_{5,d}-Q_{3,d}}=\frac{8.45-4.00}{9.05-3.78}=0.84$$

全年其余7个月的倍比 $$K_{12\text{-}5}=\frac{Q_{12,p}-Q_{5,p}}{Q_{12,d}-Q_{5,d}}=\frac{81.8-8.45}{94.5-9.05}=0.86$$

⑤ 计算设计枯水年年内分配，用各自的缩放比乘对应的代表年的各月径流量，即可得到$P=90\%$设计枯水年的径流年内分配，见表4-10。

设计代表年法的基本依据是把工程所在地点过去发生的年径流系列和工程未来运行期间的年径流系列看成是来自同一总体的两个样本。因此，可用过去的年径流样本去估计总体分布，然后把未来的年径流系列看成是从这一总体中抽出来的样本。该法的特点是对来水资料要求比较高，计算工作量比较小，设计保证率的概念比较明确；但结果是近似的，而且其结果依赖于典型年，适用于中小型水利水电工程。

表 4-10　某水库同频率法 $P=90\%$ 设计枯水年年内分配计算

月份	1	2	3	4	5	6	7	8	9	10	11	12	$\overline{Q}$
$Q_d(t)$	0.99	3.06	9.91	12.5	12.9	34.6	6.90	5.55	2.00	3.27	1.62	1.17	7.87
K	1.06	0.86	0.86	0.86	0.86	0.86	0.86	0.86	***0.84***	***0.84***	1.06	1.06	
$Q_p(t)$	1.05	2.63	8.50	10.73	11.07	29.69	5.93	4.77	1.69	2.76	1.72	1.24	6.68

4.3.2.2　水文比拟法

对缺乏实测径流资料的设计流域，其设计年径流的时程分配，主要采用水文比拟法推求，即将水文相似区内参证站各种代表年的径流分配过程，经修正后移用于设计流域。先求出参证站各月的径流分配比，遍乘设计站的年径流，即得设计年径流的时程分配。

4.4　设计洪峰流量（或水位）的分析与计算

4.4.1　洪水及设计洪水

由短历时大强度降雨、长历时小强度降雨、融雪、垮坝、决堤或这些情况的组合所引发，在短期内使大量径流汇入河槽，河中水位猛涨，流量骤增，这种具有一定危害性的径流称为洪水（Flood Water）。洪水是大气、地质和地貌、植被和土壤以及人类活动相互作用的产物，是一个十分复杂的系统，且会受地震、滑坡、河流封冻或开冻以及风暴潮汐等因素影响而加重。洪水的影响因素主要为天气和下垫面两个方面。

暴雨洪水通过河道的任一断面都有一个过程，可以由流量过程线表达洪水流量逐时变化情况，称为洪水过程线（Flood Hydrograph）。如图 4-11 所示的曲线即为洪水过程线。A 点是本次洪水起涨点，流量从该点开始骤增至洪峰点 B，洪水流量到达最大值称为洪峰流量 Q_m，从 A 到 B 期间历时为 t_1 称为涨水历时；到达 B 点后流量渐减，最终回落至退水点 C，期间历时为 t_2 称为退水历时；到此本次洪水结束总历时 T，即为 t_1 与 t_2 之和；AC 曲线下的面积为本次洪水总量。

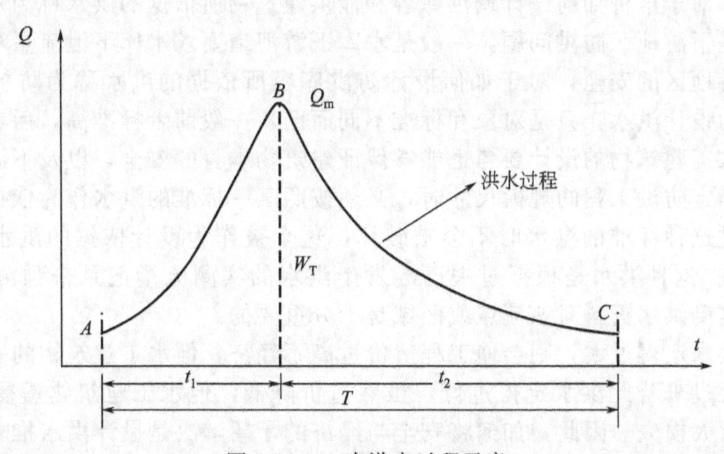

图 4-11　一次洪水过程示意

通常一次洪水过程可用洪峰流量、洪水总量和洪水过程线这 3 个控制性要素加以描述，常称为洪水三要素。从上面的描述可知：洪峰流量 Q_m（m^3/s）为洪水过程线的最大流量，洪水总量 W_T（m^3）为一次洪水的径流总量，一般来说，洪水具有洪峰流量高，洪水总量大，涨水急剧即涨水历时 t_1 短和落水缓慢即退水历时 t_2 长等特点。

每当河流水猛增，超过河网正常的渲泄能力，导致洪水灾害时，都会对工农业生产和人民生命、财产带来巨大的威胁。尤其是我国防洪能力较差，洪涝灾害严重，如图4-12所示，新中国成立后，对于较大洪水，特别是特大洪水还不能抵御，几乎每年都有不少地区遭受洪涝灾害。1981年四川发生特大洪水，1991年安徽、江苏等省发生特大洪水。尤其是1998年的长江特大洪水。1998年长江流域自6月11日进入梅雨期后，各地暴雨频繁。7月份暴雨、大暴雨、特大暴雨出现的次数最多，持续的暴雨或大暴雨造成山洪暴发，江河洪水泛滥给长江流域造成了严重的损失。据湖北、江西、湖南、安徽、浙江、福建、江苏、河南、广西、广东、四川、云南等省（区）的不完全统计，受灾人口超过一亿人，受灾农作物1000多万公顷，死亡1800多人，倒塌房屋430多万间，经济损失1500多亿元。

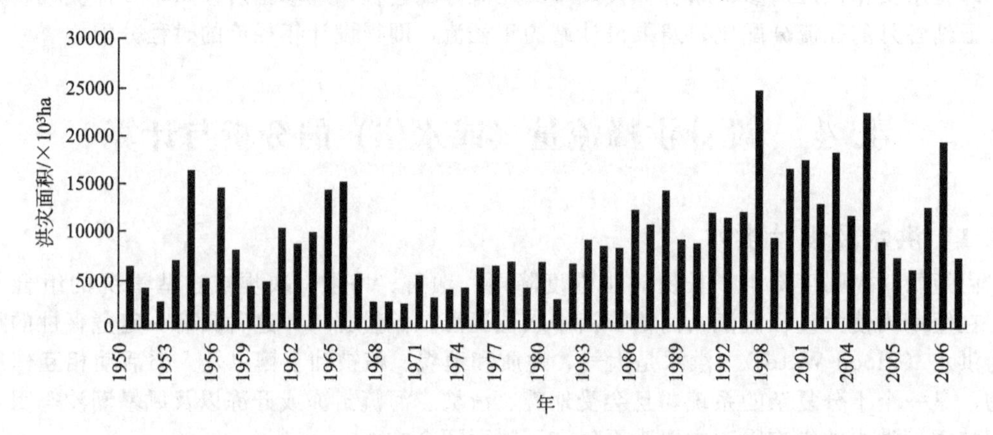

图4-12　我国1950～2006年洪灾面积示意

为防治洪灾，可采取多种防洪措施，如在河流上修建各类水利水电工程，但水利工程本身却直接承受洪水威胁，一旦洪水漫溢或工程溃决，将对下游人民的生命财产安全造成严重威胁。因此，在进行水利水电工程规划设计中，必须选择一个相应的设计洪水作为依据，那么很自然就会提出两个问题：第一是水利水电工程本身安全防洪问题，即如何确定在某一特大Q-t情况下，为了不使洪水漫溢坝顶造成毁坝灾害，所需要的坝顶高程、设计调洪库容等工程规模数据，对于这种如何设计调洪库容和泄洪建筑物所依据的洪水称为水工建筑物的设计洪水；第二是下游地区防洪问题，一般是水库下游河道要求水库下泄流量不超过某一流量值，以保证下游地区的安全，对于如何设计防洪库容所依据的洪水称为防护对象的设计洪水。两者都称为设计洪水，只是对象和标准不同而已，一般前者标准高，后者标准低。在发生大洪水时，水工建筑物的设计要考虑能够保证建筑物本身的安全，以及下游地区和库区防洪的安全，在确定防洪工程的规模尺寸时，必须按照某一标准的洪水作为依据进行设计，使工程遇到不超过这种标准的洪水时不会被破坏，这个被作为设计依据的洪水称为设计洪水(Design Flood)。这种洪水是根据过去已经发生洪水的实测流量记录来预测可能发生的洪水，由此当地实测洪水资料对该流域或区域是十分重要的。

若此设计洪水定得过大，则会使工程造价过高不经济，但水工建筑物的安全性高，被超越的风险低；反过来若此洪水定得过低，虽然造价降低，但水工建筑物遭受破坏风险将增大，可能造成巨大损失。因此，如何将安全与经济的矛盾解决是设计洪水推求中的难点。设计洪水标准的高低一般用频率来衡量，可结合当地的经济实力，工程等级，查有关手册确定。例如设计标准$P=1\%$的洪水，称作标准为百年一遇的设计洪水。目前我国防洪规划和水利水电工程设计中采用先选定标准，后推求与此标准相应的洪水数值，并认为依此方法进行的规划与设计可以达到预期的安全经济要求。

设计洪水要解决的问题包括设计洪水三要素，即设计洪峰流量、设计洪水总量和设计洪水过程线。一般根据工程特点和设计要求计算其全部或部分内容。对于具有防洪、发电和灌溉等综合功能的大、中型水利水电工程有一定的调节功能，它的破坏与否，不仅取决于设计洪水总量，还取决于洪水的过程，其设计洪水的推求包含设计洪水三要素；对于市政工程中所涉及的一般取水工程和防洪工程，如一级取水泵房，城市排洪管渠的尺寸，堤防高程等，设计洪水取决于洪峰流量或洪水位；而对于容量较小的防洪水库，设计洪水只考虑设计洪水总量，设计洪水只计算洪水总量就可以满足工程设计要求。

4.4.2 设计洪水计算的基本方法

如前所述，推求设计洪水一般就是推求符合设计频率的设计洪峰流量、设计洪水总量和设计洪水过程线。按所用资料不同和具体工程设计的要求，推求设计洪水的计算方法主要包括：根据流量资料推求设计洪水、根据暴雨资料推求设计洪水、根据水文气象资料推求设计洪水、地区综合法推求设计洪水以及由可能最大降水（PMP）推求设计洪水等。

4.4.2.1 根据流量资料推求设计洪水

当设计流域具有 $n \geqslant 30$a 的实测洪水资料，而且应该具有历史洪水调查和考证资料时，可以直接根据流量资料推求设计洪水。这种方法与上一节推求设计年径流的方法大致相似，称为洪水频率计算。可以直接应用频率分析方法计算指定频率的设计洪峰流量和各种时段的设计洪量，然后选择典型洪水过程线，按典型过程进行同倍比或同频率放大求得设计洪水过程线。如此种资料系列较短（$n<15$a），可以经过插补展延后应用频率分析法。对于大、中型工程应尽可能根据流量资料来计算设计洪水。

4.4.2.2 根据暴雨资料推求设计洪水

当设计流域缺乏实测洪水流量资料，而具有较长期实测暴雨资料，并具有多次暴雨洪水对应观测资料时，可先由暴雨资料经过频率计算求得设计暴雨，再利用本流域产流和汇流计算推求出设计洪水。此法是建立在一定重现期的暴雨产生相同重现期的洪水这样一个假定基础之上的。

实际上，我国绝大部分地区的洪水是由暴雨造成的，雨量资料的观测年限较流量资料长，观测站点较多，而且流域下垫面变化一般对流域暴雨影响较小，基本不存在暴雨资料不一致的情况，所以利用暴雨资料推求设计洪水的方法应用的相当广泛。本书仅在第 5 章讨论小流域根据暴雨资料推求设计洪水的方法，有关大、中型流域根据暴雨资料推求设计洪水的方法可参阅其他相关书籍。

4.4.2.3 根据水文气象资料推求设计洪水

因频率计算缺乏成因概念，如果资料太短，用于推求稀遇洪水根据就很不足。水文气象法从物理成因入手，通过对设计流域或附近地区的暴雨气象成因分析和洪水分析，求得可能最大降水，经流域产汇流计算，求得可能最大洪水。

4.4.2.4 地区综合法

当设计流域（主要是小流域）既缺乏洪水资料，又缺乏暴雨资料时，可以运用地区综合法来推求设计洪水。如在自然地理条件相似的地区，可以根据相似邻近地区的实测和调查资料进行分析和综合，绘制成洪峰流量模数、暴雨特征值、雨量、产流参数和汇流参数等值线图，供设计流域使用；或者可以建立这些参数与流域自然地理特征等主要影响因素之间的经验关系，供设计地区设计洪水估算之用。

4.4.2.5 由可能最大降水推求设计洪水

为了设计一些高风险的水工建筑物，如大坝溢洪道等，需要采用具有很低超越风险的降水值。理想上，希望能选用无超越风险的设计暴雨，但寻求这样一种暴雨先得确定是否真的存在着降雨量的上限。在 1964 年占尔曼得出这样一个结论：从数学上和物理上讲，降雨量是存在着上限的。降雨量上限在空间和时间方面的考虑包含在可能最大降水的定义中。可能最大降水（Probable Maximum Precipitation，PMP）是“理论上在一年的某个时候，在现代气候及地理条件下，设计流域或地区可能发生的最大降水深度”。由可能最大降水形成的洪水称为可能最大洪水（Probable Maximum Flood，PMF）。

在实际推求设计洪水时，应遵循的计算原则为：多种方法，综合分析，合理选定，上述各种方法相辅相成，有条件时可以同时使用，相互比较，充分论证，合理选定成果。

4.4.3 设计洪水标准

水工建筑物的设计，必须选择一定标准的洪水作为依据，这个标准称为设计标准。

我国水利部于1994年根据防护对象的重要性制订了《防洪标准》（GB 50201—94）作为强制性国家标准，自1995年1月1日起施行，为保障防护对象免除一定洪水危害的防洪设计标准，称为第一类防洪标准，如表4-11所示。

表4-11 保护防洪对象的防洪标准

保护城镇	保护工业区	保护农田面积/($\times10^4$亩)	防洪标准	
			洪水频率/%	重现期/a
重大城镇	重大工业区	>500	1～0.33	100～300
重要城市	重要工业区	100～500	2～1	50～100
中等城市	中等工业区	2～100	5～2	20～50
一般城市	一般工业区	5～10	10～5	10～20

水利部于2000年又根据确保水工建筑物的安全性颁布了编号为SL 252—2000的《水利水电工程等级划分及洪水标准》，为确保水库、大坝等水工建筑物自身安全的防洪标准，按水利水电工程的等级确定设计洪水，称为第二类防洪标准，首先该标准根据工程规模、效益和在国民经济中的重要性，将水利水电枢纽工程分为五等级，如表4-12所示。

表4-12 水利水电枢纽工程的分级指标

工程等级	工程规模	分等指标				
		水库总库容/($\times10^8 m^3$)	防洪		灌溉面积/($\times10^4$亩)	水电站装机容量/($\times10^4$kW)
			保护城镇及工矿区的重要性	保护农田/($\times10^4$亩)		
一	大(1)型	>10	特别重要	≥500	≥150	≥120
二	大(2)型	10～1	重要	500～100	150～50	120～30
三	中型	1～0.1	中等	100～30	50～5	30～5
四	小(1)型	0.1～0.01	一般	30～5	5～0.5	5～1
五	小(2)型	0.01～0.001		≤5	≤0.5	≤1

4.4.4 洪水资料审查

研究断面有比较充分的实测流量资料时，可采用由流量资料推求设计洪水。由流量资料推求设计洪水时，要经过洪水资料审查、洪水资料选样（选取洪峰流量和洪量）、考虑特大洪水的频率计算（推求设计洪峰流量和设计洪量）、设计洪水过程线推求及计算成果合理性分析等几个步骤。

4.4.4.1 洪水资料的审查

过去已发生洪水的实测流量记录为预测未来可能发生洪水提供了最好的信息，是进行洪水频率计算的基础，是计算成果可靠性的关键，所以和年径流量分析一样，在应用资料之前，首先要对原始的水文资料进行审查，即可靠性审查、一致性审查和代表性审查。

(1) 洪水资料可靠性审查。审查洪水资料的可靠性的目的是为了减少观测和整编中存在的误差和错误，保证径流系列真实、可靠。

审查内容包括资料的来源、资料的测验方法、整编方法和成果质量有无问题，特别是审查观测和整编质量较差的年份，以及对设计洪水计算成果影响较大的洪水年份。注意了解水尺位置、零点高程、水准基面的变动情况；汛期是否有水位观测中断的情况；所测断面是否有冲淤变化；水位流量关系曲线的延长是否合理等。审查方法一般通过对历年水位流量关系曲线的对比，上下游干支流的水量平衡及洪水过程线的对比，与临近河流的对比，暴雨资料与洪水径流关系的对比等方面进行检查，必要时做适当修改。

(2) 洪水资料一致性审查。洪水资料的一致性是指资料系列具有同一成因，就是说，组成该系列的流量资料都是在同样的气候条件、同样的下垫面条件和同一测流断面条件下获得的。审查洪水资料的一致性的目的是保证径流系列来自同一总体，即保证在调查观测期中，洪水形成条件相同。

因气候条件变化缓慢，故主要从人类活动影响和下垫面的改变来审查。如因流域上修建了蓄水、引水、分洪、滞洪等工程或发生决口、溃堤、改道等情况，导致流域的洪水形成条件明显改变，而不同形成条件的洪水资料的概率分布亦不同，若把其放在一起进行频率计算，就会破坏资料的“一致性”，此时应将资料改正到同一基础上，力求使样本系列具有同一总体分布规律，即进行径流还原计算，使洪水资料换算到天然状态的基础上。

(3) 洪水资料代表性审查。洪水系列的代表性，是指该洪水样本的频率分布与其总体概率分布的接近程度，如接近程度较高，则系列的代表性较好，频率分析成果的精度较高，反之较低不能很好地反映总体的规律，统计计算结果的实际误差就大，认为缺乏代表性。由于洪水的总体难以获得，一般认为，资料年限较长，并能包括丰水年、平水年和枯水年等各种洪水年份，则代表性较好。实际工作中要求连续实测的洪水年数一般不少于20～30年，并有特大洪水加入。

审查洪水资料的代表性的目的就是为了保证样本的统计参数接近总体的统计参数。样本对总体代表性高低的审查，可通过对二者统计参数的比较加以判断。但总体分布是未知的，无法直接进行对比，一般采用对参证变量长短系列统计参数进行对比分析的方法间接审查。如与本地区水文条件相似的参证站比较，近似地认为参证站长期资料的统计参数接近于总体，若设计站与参证站的统计参数接近，则可以推断设计站的洪水资料具有代表性，反之则不具有代表性。

当实测洪水资料系列较短或实测期内有缺测年份，缺乏代表性时，应插补延长和补充历史特大洪水，以便扩大样本容量，减少抽样误差，使之满足代表性的要求。插补延长主要是采用相关分析的方法。干流插补支流，上游插补下游，暴雨插补径流等，不应使用辗转相关。具体方法如下。

① 利用上、下站或邻近站洪水资料延展。若设计站和参证站流域面积相差不超过3%，且区间未进行天然和人为的分洪、滞洪设施时，直接将具有较长洪水资料的参证站洪峰流量和洪水总量移用到设计站，即

$$Q_{设}=Q_{参} \tag{4-16}$$

若设计站和参证站流域面积相差超过3%，但不超过15%，且流域自然地理条件比较一致，流域内暴雨分布比较均匀，则采用考虑面积修正的水文比拟法计算设计站洪峰流量或洪水总量，即

$$Q_{设}=\left(\frac{F_{设}}{F_{参}}\right)^n Q_{参} \tag{4-17}$$

式中，$Q_{设}$、$Q_{参}$分别为设计站和参证站的洪峰流量，m^3/s；$F_{设}$、$F_{参}$分别为设计站和参证站控制的流域面积，km^2；n为经验指数，一般大、中型河流$n=0.5\sim0.7$，$F<100km^2$的小流域，$n>0.7$。

若设计站的上、下游不远处各有一参证站，并且都有实测资料，一般可假定洪峰及洪量随着集水面积呈线性变化，可以利用面积线性内插，如式（4-18）所示。

$$Q_{设}=Q_{参,上}+(Q_{参,下}-Q_{参,上})\frac{F_{设}-F_{参,上}}{F_{参,下}-F_{参,上}} \tag{4-18}$$

② 利用本站降雨资料延展。在流域内有较长期的暴雨量资料时，可根据洪水缺测年份的流域暴雨量资料，通过建立的流域暴雨量与洪峰流量、时段洪水总量之间的相关关系，由暴雨资料插补洪水资料。或者先通过流域产汇流分析，求出相应的洪水过程，再在洪水过程中摘取洪峰流量和各时段洪水总量。

③ 利用洪峰、洪量关系延展。根据设计站或上下游测站或邻近流域站同次洪水的洪峰-洪量相关关系或洪峰流量相关关系进行插补延长。当洪峰-洪量相关关系不甚密切时，考虑加入一些反映影响因素的参数来改善相关关系，如区间暴雨量、洪峰形状、暴雨中心位置、比降等。

在采用相关关系法插补延长洪水、暴雨资料时，如果相关关系较好，则外延幅度可以稍大些，反之则应小些。一般情况下，相关线外延幅度和展延的系列长度均不宜超过50%。此外对插补的暴雨、洪水资料应进行合理性分析。

4.4.4.2 洪水资料样本的组成

河流一年内往往发生多次洪水，每次洪水具有不同历时的流量变化过程，如何从各年洪水系列资料中选取典型洪水组成洪水样本，是设计洪水分析计算的首要问题。所谓选取样本，是指根据工程设计要求，从每年的全部洪水过程中，选取哪些洪水特征值作为统计对象来组成频率计算的样本系列，以及如何在连续的洪水过程线上选取这些特征值。一般情况下，是根据现有的洪水记录选取若干个洪峰流量或某一历时的洪量组成洪水样本系列，作为频率计算的依据。但是要求选取的洪水特征值形成的条件属于同一类型，即不应把不同成因（暴雨洪水、融雪洪水或溃坝洪水）、不同类型的洪水特征值放在一起作为一个样本系列进行频率计算。

目前一般采用年最大值法。年最大值法是基于水利工程破坏率的基础之上提出的。所谓水利工程被破坏是指它的正常运行遭到损坏，水利工程破坏率可按式（4-19）计算。

$$P=\frac{被破坏的年份}{总运行年份}\times100\% \tag{4-19}$$

按照水利工程破坏率的定义式，如果一年之中水利工程只要受到一次洪水袭击而被破坏，即使该破坏时间很短，则认为该年被破坏了，而因此造成的损失往往在一年中难以恢复。如果一年之中，先后遭受多次洪水只要有一次被破坏，也只认为该年被破坏。按此方法，从安全角度出发，从资料中逐年选取一个最大洪峰流量和各种固定时段的最大洪水总量，组成洪峰流量和洪量系列。如此确定洪水系列的方法称为年最大值法。

对于洪峰流量来说，年最大值法是每年只选一个最大的洪峰流量，若有n年资料，就选n个年最大洪峰流量值组成一个n年样本系列（Q_{m1}，Q_{m2}，…，Q_{mn}），作为洪峰流量频率计算的样本。

对于洪量，采用各种固定时段分别独立地选取其年最大值组成样本系列。所谓独立选样指在同一年中，按不同时段的最大洪量进行选取，各自只选取全年中的一个最大值，可以在同一场洪水中选取，也可以在不同场洪水中选取，短时段可以包含在长时段中，也可以不包含其中，只需遵守“最大”的原则即可。若有 n 年资料，各不同时段分别选出 n 个最大洪量，组成不同时段的洪量样本系列。

固定时段一般采用 1 天、3 天、5 天、7 天、15 天、30 天。大流域、调洪能力大的工程，设计时段可以取得长些；小流域、调洪能力小的工程，可以取得短些。计算之前，首先要确定需要计算几日的最大洪量。就具体的工程而言，不必统计上述全部时段，可以根据洪水特性和工程设计要求，选定 2～3 个计算时段。例如需要计算一日的洪量，就从某年的洪水要素摘录表中寻找连续一日的最大洪量发生时间，并把这一日的洪量计算出来（用求面积的方法计算）；又如计算七日的洪量，则寻找洪水量最大的那七日，并将其洪量计算出来。如图 4-13 所示，可以看出，选样时，年最大洪峰不一定包含在年最大一天洪量内，一天年最大洪量不一定包含在年最大 3 天洪量内，各自是独立的。这充分体现了年最大值法独立性好的优点。

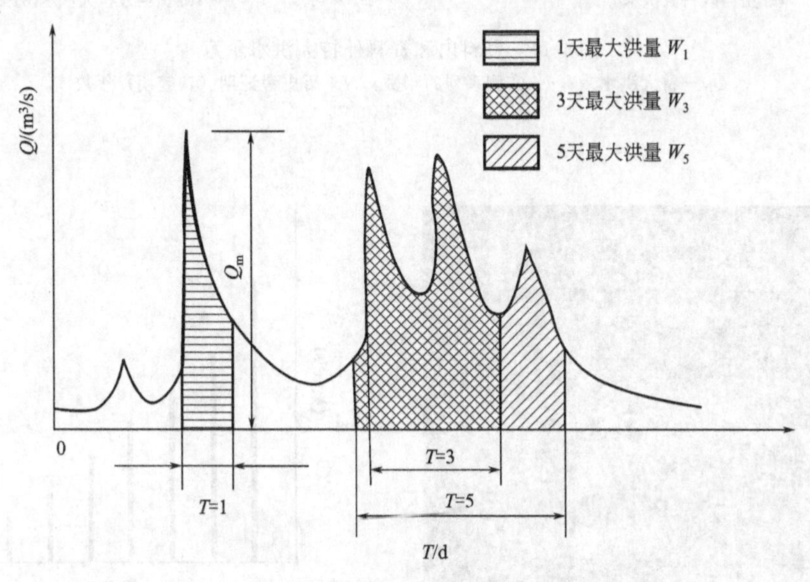

图 4-13　年最大洪量选样示意

Q_m—最大洪峰流量

4.4.4.3　特大洪水

(1) 特大洪水（Catastrophic Flood）的定义。是指历史上曾经发生过的，或近期观测到的，比其他一般洪水大得多的稀遇洪水。特大洪水可以出现在实测系列中，称为资料内特大洪水；也可以发生在实测流量期之外，称为资料外特大洪水或历史特大洪水，如图 4-14 所示。

图 4-14 中，Q_N 为特大洪水量，n 为实测系列的年数，N 为历史考证期（调查期）年数。若 $Q_N/\overline{Q}_n>3$ 时，Q_N 可以考虑作为特大洪水来处理。特大洪水一般为历史洪水，因为历史上的一般洪水都没有文字记载或洪水痕迹，只有特大洪水才有文献记载和洪水痕迹可供查证，如图 4-15 所示为 1998 年特大洪水赤壁干堤段的水位记载，所以经过调查考证到的历史洪水一般就是特大洪水。历史洪水调查可以得到几十年乃至几百年发生的洪水情况，在设计洪水计算中占有非常重要的地位。

(2) 连序样本与不连序样本。n 年实测和插补延长的洪水系列，若系列中没有特大值提出进行单独处理，也没有历史特大洪水加入，无论资料的年份是否连续，只要确认 n 年的各项洪水数值为已知，将其数值直接按大小次序统一排列，各项之间没有空位，序数是连续的，这样的序列称为连序系列或连序样本，参见图 4-16。

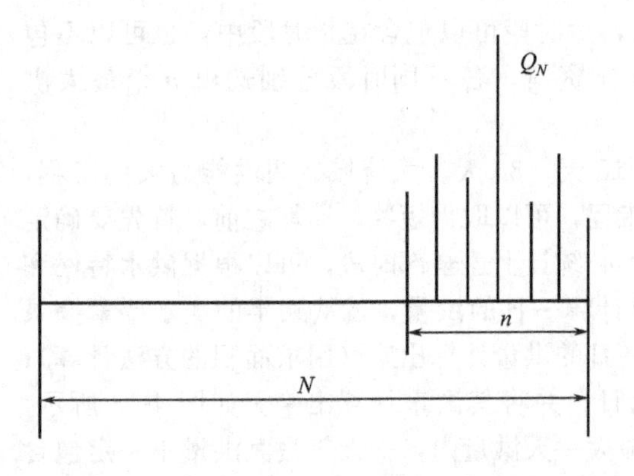

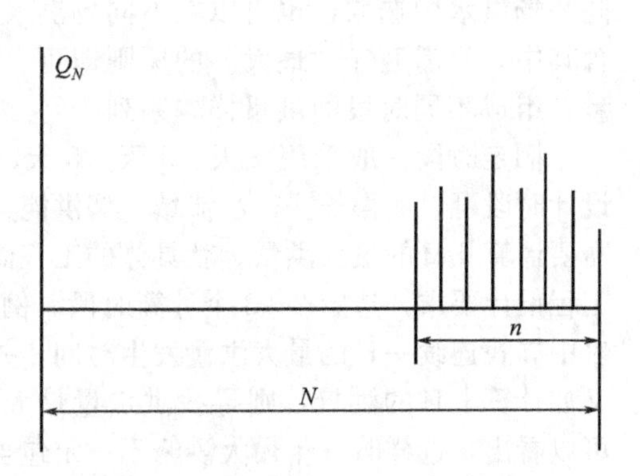

图 4-14　资料内和资料外特大洪水示意

Q_N—特大洪水量；n—实测系列的年数；N—历史考证期（调查期）年数

图 4-15　1998 年特大洪水赤壁干堤段的水位记载

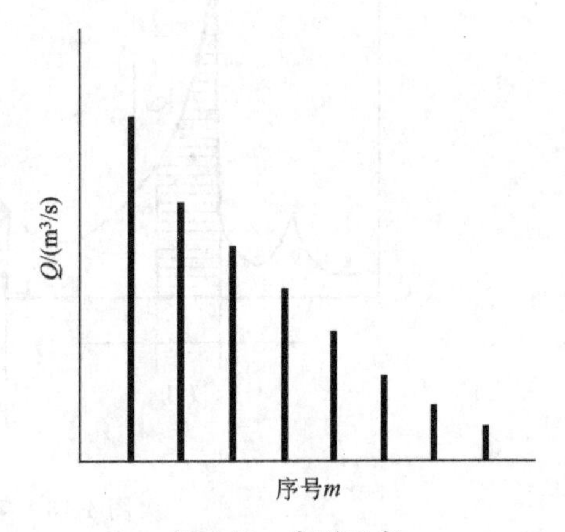

图 4-16　序列示意

通过历史洪水的调查考证，将历史特大洪水值和一般实测洪水值资料加在一起，可以组成一个洪水系列，由于特大洪水值的重现期 N 必然大于实测系列的年数 n，而在 $N-n$ 年内各年的洪水值无法查到，即特大洪水值与实测的洪水值之间有一些缺测项，按大小次序统一排列时，序号不连贯，这样的样本是不连序系列，或称为不连序样本，如图 4-17 所示。

所谓样本系列的连序和不连序，并非指时间上的连序与不连序，两个样本的主要差别仅在于系列内的各项数值按大小次序统一排列时其序号是否有空缺。若无空缺连贯不间断，则为连序系列；若有空缺无法连贯，则为不连序系列。

如某河流有实测系列 33 年（1949～1984 年，其中有三年缺测，但知道该 33 年洪水值由大到小是连序的），经调查确定 1885 年为一次特大历史洪水，为百年来最大者，其重现期为 100 年。但在其余的 67 年中无法取得年最大洪水资料。如图 4-18 所示。

根据以上的概念分析：对于 $n=33$ 年系列应为连序系列；而对于 $N=100$ 年进行按大小次序排列时，除最大项和实测 33 年资料排序已知外，其他 67 年排序未知，所以这种包括特大洪水的 N 年系列为不连序系列。

不连序系列中需要对特大洪水进行处理，如何利用这样的系列做频率计算，关键在于如何确定特大洪水的重现期，这也是提高计算成果精度的关键。

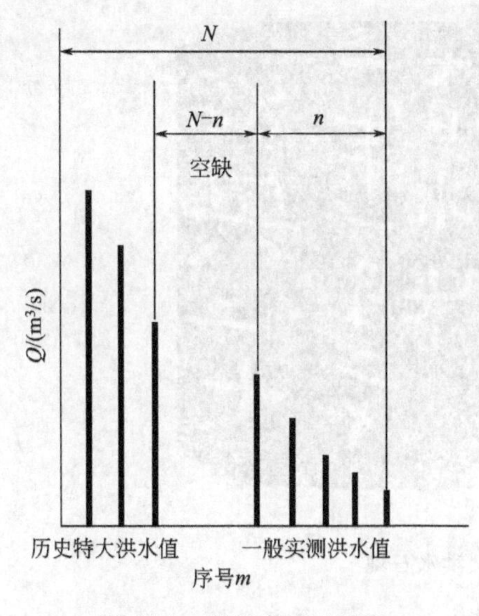

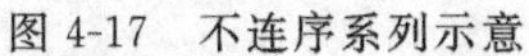

图 4-17　不连序系列示意

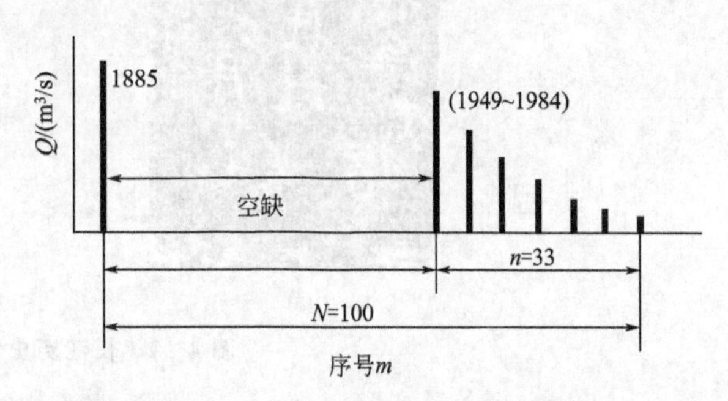

图 4-18　某河流实测洪水资料排序示意

(3) 特大洪水重现期的确定。所谓重现期是指某随机变量的取值在长时期内平均多少年出现一次，又称多少年一遇。历史洪水及实测系列中的特大洪水的数值确定以后，要分析其在某一代表年限内的大小序位，以便确定洪水的重现期。目前我国根据资料来源不同，将与确定特大洪水代表年限有关的年份分为实测期、调查期和文献考证期。

实测期是从有实测洪水资料年份（包括插补延长得到的洪水资料）开始至今的时期。从实测期到具有连续可靠文献记载的历史洪水最远年份的这段时期为调查期。调查期之前到有历史文献可以考证的时期称为文献考证期。文献考证期内的历史洪水，一般只能确定洪水大小等级和发生次数，不能定量。

要准确地定出特大洪水的重现期是相当困难的，目前一般是根据历史洪水发生的年代来大致推估。计算公式如下。

$$N=T_2-T_1+1 \tag{4-20}$$

式中，T_2 为连续 n 年实测洪峰流量最后年代；T_1 为调查、考证所及年代；N 为含连续实测期 n 的洪峰流量考证期。

【例 4-6】 确定特大洪水重现期实例。

经 1992 年长江重庆—宜昌河段的洪水调查发现：同治九年（1870 年）川江发生特大洪水，沿江调查到石刻 91 处，如图 4-19（a）所示，推算得宜昌洪峰流量 $Q_m=110000\text{m}^3/\text{s}$。

如此洪水为 1870 年以来为最大，则 $N=1992-1870+1=123$（年），这么大的洪水平均 130 年就发生一次，可能性不大。

又经调查，在四川忠县长江北岸 2km 处的选溪山洞中调查到两处宋代石刻，记述“绍兴二十三年癸酉六月二十六日水泛涨”。这是长江干流上发现最早的洪水题刻，如图 4-19（b）所示。据洪痕实测，忠县洪峰水位为 155.6m。又据历史洪水调查，宜昌站洪峰水位为 58.06m，推算流量为 92800m³/s，3 天洪量为 232.7 亿立方米。宋绍兴 23 年（南宋赵构年号）即 1153 年。该次洪水是小于 1870 年洪水，通过调查还可以肯定自 1153 年以来 1870 年洪水为最大，则 1870 年洪水的重现期为 $N=1992-1153+1=840$（年）。如图 4-20 所示。如前所述，长江葛洲坝枢纽工程，即以接近千年一遇的 1870 年洪水作为校核洪水。

根据这样确定的特大洪水的重现期具有相当大的不稳定性，要准确地确定重现期就要追溯到更远的年代，但追溯的年代越远，河道情况与当前差别越大，记载越不详尽，计算精度

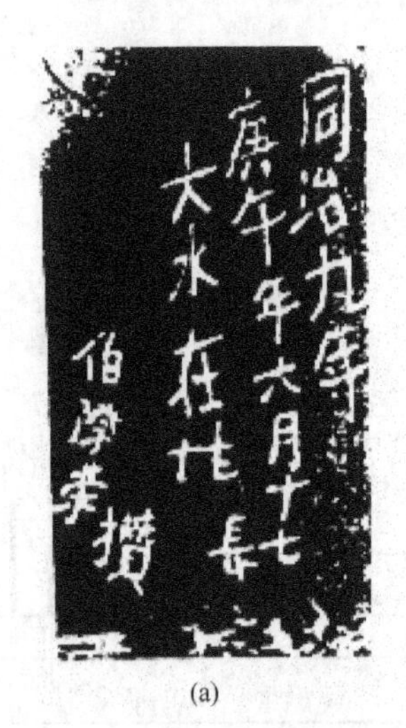

(a)

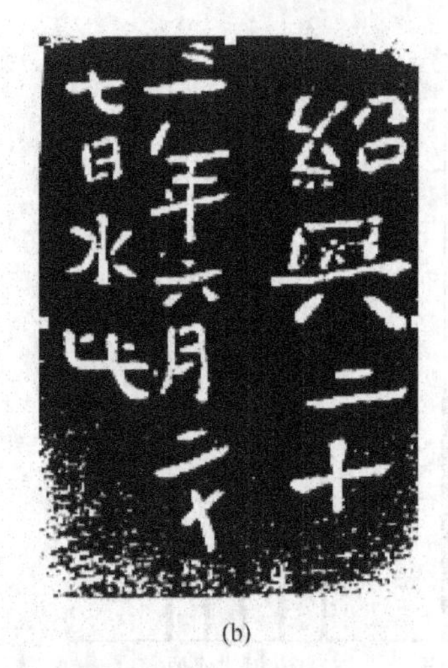

(b)

图 4-19　长江历史特大洪水石刻

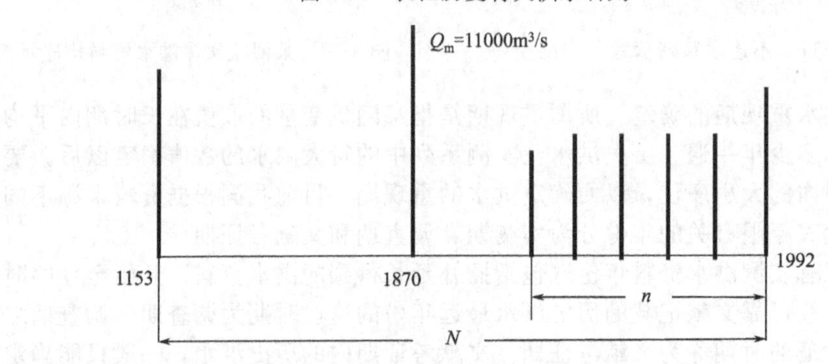

图 4-20　估计三峡 1870 年洪水重现期示意

越差，一般以明、清两代 600 年为宜。

（4）特大洪水处理的意义。所谓特大洪水处理，就是在频率计算中，考虑特大洪水的作用有别于一般洪水，目前我国河流所掌握的实测样本系列一般不长，通过插补延长的系列也有限，若用于推求千年一遇、万年一遇的稀遇洪水，根据不足，难免存在较大的抽样误差。而且当出现一次新的大洪水以后，设计洪水数值就会发生变动，所得成果很不稳定。比如某站有 $n=18$ 年的洪峰系列，假如第 19 年又发生了一场非常大的洪水，其频率为 $1/(19+1)=5\%$，其值远远大于其他洪水，如图 4-21 所示。因此从整个洪水系列来看，第

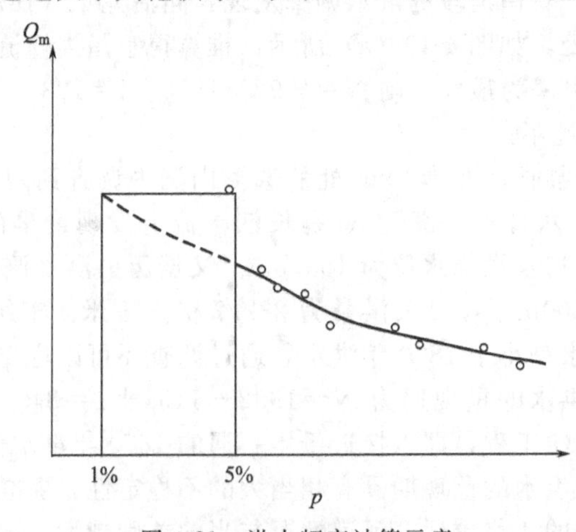

图 4-21　洪水频率计算示意

19 年发生的洪水，其频率是否为 5%呢？对于这种洪水，应该如何确定其频率呢？

如果能够通过历史文献资料的考证和历史洪水调查，得到 N 年（$N \geqslant n$）中特大洪水的信息，将其参与到实测系列中来，等于在频率曲线的上端增加了一个控制点，提高了系列的代表性，从而使得设计洪水的计算成果更加合理、可靠，使工程更安全。

比如将不同样本系列洪峰流量频率计算结果列于表 4-13 中，通过对比分析说明在洪水频率计算中正确利用特大洪水资料，有助于提高资料的代表性，和增大设计洪水计算成果的稳定性及可靠性。因此设计洪水规范明确提出，无论用什么方法推求设计洪水，都必须考虑特大洪水的问题。

表 4-13　不同样本系列洪峰流量频率计算结果

选用的样本数/年	千年一遇的洪峰流量 $Q_m/(m^3/s)$	备　注
18	12.600	1955 年规划计算结果
19	19.700	加入 1956 年实测的特大洪水 $Q=13100m^3/s$ 后的计算结果，比原计算大 56%
	22.600	调查考证后加入若干年历史特大洪水资料后计算结果，比原计算大 80%
	23.300	加入 1963 年实测特大洪水 $Q_m=12000m^3/s$ 后计算结果，与上相比只差 4%，设计值已基本趋于稳定

4.4.5　设计洪峰流量与水位计算

设计洪峰频率计算的目的就是求出指定设计频率的洪峰流量和指定时段的洪量。

4.4.5.1　洪峰流量经验频率的计算

当特大洪水加入实测系列后，样本成为不连序系列，其经验频率和统计参数的计算与连序系列不同，这样就要研究有特大洪水时的经验频率和统计参数的计算方法，称为特大洪水处理。

考虑特大洪水时经验频率的计算基本上是采用将特大洪水的经验频率与一般洪水的经验频率分别计算的方法。目前国内有两种计算特大洪水与一般洪水经验频率的方法有独立样本法和统一样本法。

(1) 独立样本法。把实测 n 年的一般洪水系列与 N 年内的特大洪水系列分别看做是从总体中独立抽取的两个随机独立连序样本，各项洪水可分别在各自系列中进行排位。

实测系列一般洪水的经验频率仍按连序系列经验频率公式计算，即：

$$P_m = m/n+1 \times 100\%$$

式中，P_m 为实测系列第 m 项的经验频率；m 为实测系列由大至小排列的序号；n 为实测系列的年数。

（连序系列中各项经验频率的计算方法，已在第 3 章中论述，不予重复。）

若 N 年内含有 a 项特大洪水，且 a 年期间无空缺时，前 a 项的经验频率计算公式为：

$$P_M = \frac{M}{N+1}(M=1,2,\cdots) \tag{4-21}$$

式中，P_M 为特大洪水第 M 序号的经验频率；M 为特大洪水由大至小排列的序号；N 为自最远的调查考证年份至今的年数。

当实测系列中含有特大洪水时，应抽出放在 N 年系列中与历史洪水一起排序，进行频率计算，以避免特大洪水的后几项和实测系列的前几项洪水的经验频率发生重叠的现象，即出现实测系列的前几项洪水的经验频率比历史洪水经验频率还要小的不合理情况。但需要强调的是：虽然这些特大洪水抽出与历史特大洪水一起排序，但这些特大洪水仍应在实测系列中占序号，即实测系列中一般洪水的序号位不能因特大值的抽去而改变。假设当实测期内有 l 项特大洪水时，实测系列的排序为 $m=l+1$，$l+2$，…，n。例如实测资料为 50 年，其中有一个特大洪水，则实测一般洪水最大项为 $l+1=1+1=2$，即最大项应排在第二位，其经验频率为 $P_2=2/(50-1)=0.0408$。

此外当 a 项特大洪水是不连序时，即 a 年期间有空缺时，应根据调查考证的情况，分别在不同的调查考证期内排序，如图 4-22 所示，a_1 项在 N 年中排序；a_2 项在 N_1 年中排序。

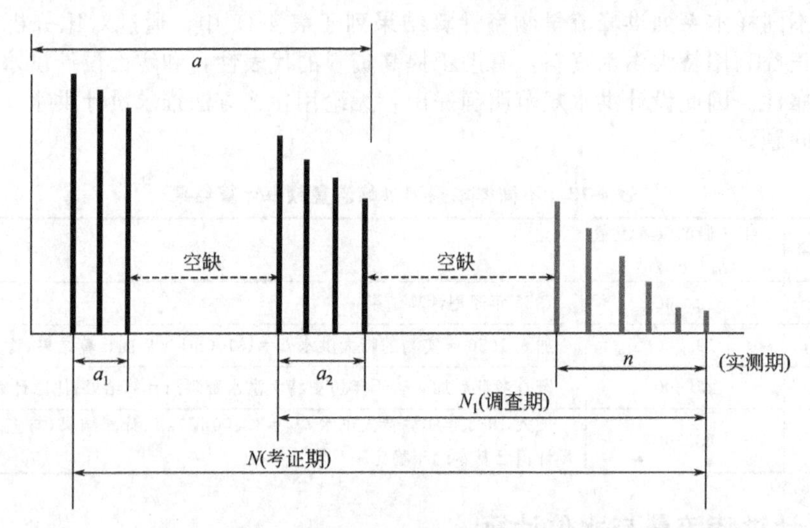

图 4-22　独立样本法洪水排序示意

独立样本法的核心思想就是把不连续系列分成几个连续系列来计算，一般适用于水文站观测资料代表性较好时。

（2）统一样本法。把实测 n 年的一般洪水系列与 N 年内的特大洪水系列都看做是从同一总体中任意抽取的一个随机样本，其共同组成一个不连序系列，作为代表总体的一个样本，不连序系列各项均在 N 年历史调查期内统一排位计算其经验频率。

假定在历史调查期 N 年中有特大洪水 a 项，其中有 l 项发生在 n 年实测系列内，如图 4-23所示。

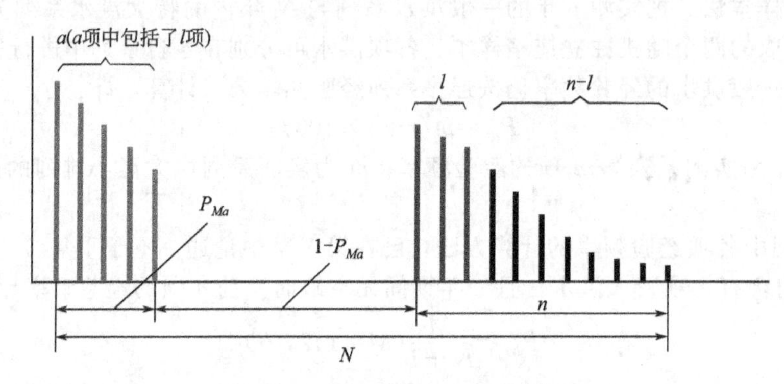

图 4-23　统一样本法洪水排序示意

则 N 年中的 a 项特大洪水（其中包含了实测年中发生的 l 项特大洪水）的经验频率仍用式 (4-21) 计算。实测系列中其余的 $n-l$ 项为一般洪水，其经验频率一定大于 P_{Ma}，应均匀分布在 $1-P_{Ma}$，所以可按式 (4-22) 计算实测系列第 m 项的经验频率，即：

$$P_m=P_{Ma}+(1-P_{Ma})\frac{m-l}{n-l+1} \tag{4-22}$$

$$P_{Ma}=\frac{a}{N+1}$$

式中，P_m 为 n 年实测洪水系列中第 m 项的经验频率；l 为实测洪水系列中抽出作为特大洪水处理的项数；m 为实测系列由大至小排列的序号，$m=l+1$，$l+2$，$\cdots n$；a 为 N 年内能确定排位的特大洪水项数；N 为调查考证期年数；P_{Ma} 为特大洪水第末项 $M=a$ 的经验频率。

统一样本法的核心思想就是将资料当做一个整体看待。适用于调查及考证的历史洪水资料较可靠时。

【例 4-7】 已知在某河某站 1953～1986 年（有二年资料缺测且无法插补）共 32 年实测资料中 1982 年为特大洪水，其余为一般洪水，1964 年洪水排序第二，1978 年排序最小。

经调查考证，1905 年与 1931 年为历史特大洪水，1905 年洪水大于 1931 年的洪水，但都没有 1982 年的大，且已查清在 1905～1986 年的 82 年中没有漏掉比 1931 年更大的洪水。

另经文献考证 1764 年曾发生过一次比 1982 年还要大的洪水，是 1764 年以来 223 年中最大洪水，但因年代久远（1764～1905 年间）其他洪水未能查清。

试分别按独立样本法和统一样本法求经验频率。

【解】 分析如下。

① 在实测期 1953～1986 年 $n=32$ 年中，洪水排序是：1982（1）＞1964（2）＞…＞1978（32）。

② 在含调查期（1905～1986 年）$N=82$ 的系列中，只知道前三位的特大洪水 1982(1)＞1905(2)＞1931(3)，因查清没有比 1931 年更大的洪水，故在调查期 $N=82$ 年中，只知道三个特大洪水，但无法排出第四位洪水（因小于 1931 年的洪水无法查清）。

③ 在含调查文献考证期（1764～1986 年）$N=223$ 系列中，只知道 1764 年洪水排序为第一位。因 1764 到 1905 年间其他洪水情况不明，故在 223 年中排位第二，以下的不清楚，如图 4-24 所示。

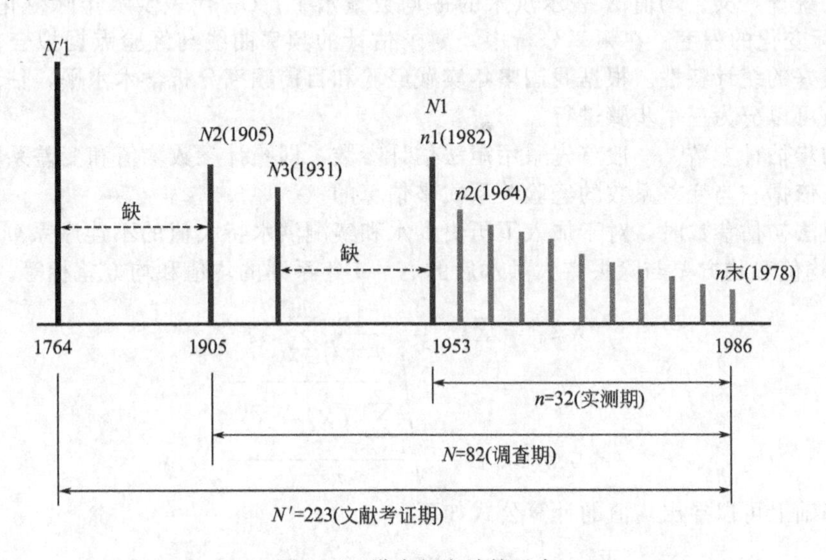

图 4-24　洪水频率计算示意

两种方法的频率计算结果列于表 4-14 中。

上述两种方法我国目前都在使用。一般来说，独立样本法把特大洪水与实测一般洪水视为相互独立，这在理论上有些不合理，但比较简单，是常用的方法。在特大洪水排位可能有错漏时，因不互相影响，这方面讲则是比较合适的。当特大洪水排位比较准确时，理论上说，用统一样本法更好一些。

表 4-14　独立样本法和统一样本法频率计算

系列年数	洪水序位		洪水年份	经验频率	
	m(实测)	m(调/考)		独立样本法	统一样本法
$N'=223$ 1764～1986		1	1764	$P_m=1/(223+1)=0.004$	$P_m=1/(223+1)=0.004$
$N=82$ 1905～1986		1	1982	$P_m=1/(82+1)=0.012$	$P_m=0.004+(1-0.004)\times(1-0)/(82-0+1)=0.016$
		2	1905	$P_m=2/(82+1)=0.024$	$P_m=0.004+(1-0.004)\times(2-0)/(82-0+1)=0.028$
		3	1931	$P_m=3/(82+1)=0.036$	$P_m=0.004+(1-0.004)\times(3-0)/(82-0+1)=0.04$
$n=32$ 1953～1986	1		1982		
	2		1964	$P_m=2/(32+1)=0.06$	$P_m=0.04+(1-0.04)\times(2-1)/(32-1+1)=0.07$
	⋮		⋮	⋮	⋮
	32		1978	$P_m=32/(32+1)=0.97$	$P_m=0.04+(1-0.04)\times(32-1)/(32-1+1)=0.97$

注：1982 年洪水已经作为历史特大洪水在 223 年系列中计算，但在实测系列中仍要保留其序位。

4.4.5.2　洪水统计参数的确定

洪水总体的频率曲线线型是未知的。目前只能选用能较好地拟合大多数较长洪水系列的线型来分析洪水统计规律。20 世纪 60 年代以来，根据我国洪水资料的验证，认为皮尔逊Ⅲ型能适合我国大多数洪水系列。此后，我国洪水频率分析一直采用皮尔逊Ⅲ型曲线。但从皮尔逊Ⅲ型曲线的特性来看，其上端随频率的减小迅速递增以致趋向无穷，曲线下端在 $C_S>2$ 时趋于平坦，而实测值又往往很小，对于很多干旱半干旱的中小河流，即使调整参数，也很难得出满意的成果，对于这种特殊情况，经分析研究，也可采用其他线型。

皮尔逊Ⅲ型曲线的三个参数可用均值 $\overline{X}$、变差系数 C_V 和偏态系数 C_S 来表示，它们分别有一定的统计意义。均值 $\overline{X}$ 表示洪水的平均数量水平；C_V 代表洪水年际变化剧烈程度；C_S 表示年际变化的程度。在频率分析中，要求估计的频率曲线与经验点据拟合良好，并希望它具有良好的统计特性。根据我国多年实践经验和目前频率分析学术水平，估计频率曲线的统计参数可以分为三个步骤进行。

(1) 初步估计参数。一般首先采用矩法估计参数，即统计参数均值和变差系数，而偏态系数常常是依据它与变差系数的经验关系式来估算的。

在用矩法初估参数时，对于加入了历史洪水和实测洪水特大值的不连序系列，假定 $n-l$ 年系列的均值和均方差与除去特大洪水后的 $N-a$ 年系列的均值和均方差相等。

$$\overline{X}_{n-l}=\overline{X}_{N-a}=\frac{1}{n-l}\sum_{i=l+1}^{n}X_i \tag{4-23}$$

$$\sigma_{n-l}=\sigma_{N-a}=\sqrt{\frac{\sum\limits_{i=l+1}^{n}(X_i-\overline{X})^2}{n-l}} \tag{4-24}$$

在此基础上可以导出均值的计算公式如下。

$$\overline{X}=\frac{1}{N}\left(\sum_{j=1}^{a}X_{N_j}+\frac{N-a}{n-l}\sum_{i=l+1}^{n}X_i\right) \tag{4-25}$$

变差系数的计算公式如下。

$$C_V=\frac{\sigma_N}{\overline{X}}=\frac{1}{\overline{X}}\sqrt{\frac{1}{N-1}\left[\sum_{j=1}^{a}(X_{N_j}-\overline{X})^2+\frac{N-a}{n-l}\sum_{i=l+1}^{n}(X_i-\overline{X})^2\right]} \tag{4-26}$$

式中，X_{N_j} 为特大洪水，$j=1,2,\cdots,a$；$\sum\limits_{j=1}^{a}X_{N_j}$ 为 N 年系列中特大洪水洪峰流量之

和；X_i 为一般洪水，$i=l+1$，$l+2$，…，n。

偏态系数属于高阶矩，一般不用矩法计算，而是参考附近地区资料选择一个 C_S/C_V 值。一般对于 $C_V\leqslant 0.5$ 的地区，可以采用 $C_S/C_V=3\sim4$ 进行取值；对于 $0.5<C_V\leqslant1$ 的地区，可以采用 $C_S/C_V=2.5\sim3.5$ 进行取值；对于 $C_V>1$ 的地区，可采用 $C_S/C_V=2\sim3$ 进行取值。

由于含有系统的计算误差，这样得到的频率曲线常与经验点据拟合较差，并且在大多数情况下都是偏小的。但是可将这些参数值作为下一步适线调整的初始值。选择初始值是采用适线法估计参数的重要环节。由于矩法简单易行，因此使用最广。但有时经验点据规律性差，矩法估计参数值与参数最优解相差过大，可采用其他方法。

(2) 采用适线法来调整初步估计的参数，以期获得一条与经验点据拟合良好的频率曲线。一般采用经验适线法（或称目估适线法），试凑统计参数，对于不连序的系列，均值可不调整，变差系数 C_V 可在 $\pm\sigma C_V$ 范围内调整，偏态系数 C_S 一般选用 2～5 倍的 C_V，然后通过目估使得理论曲线与经验点据呈最佳拟合状态，通常情况下此时的统计参数即为所求，相应的设计值就可以计算出来。适线的一般原则首先包括应尽量照顾点群的趋势，使曲线通过点群中心，当经验点据与曲线线型不能全面拟合时，可侧重考虑上中部分的较大洪水点据；其次由于洪水样本中各个数值的可靠性存在差异，则相应经验频率的精度就存在差异，配线时要区别对待，即曲线尽量靠近精度较高的点据；再次对调查考证期内为首的几次特大洪水做具体分析。一般来说，年代越久的历史特大洪水加入系列进行适线，对合理选定参数的作用越大，但这些资料本身的误差可能较大。因此，在适线时不宜机械地使频率通过特大洪水点据，而是在估计它们误差范围的基础上，在其误差范围内进行调整，取得整体上的较好配合；最后适线时应注意统计参数在地区上的变化规律，使之与地区上的变化相协调，否则要分析检查原因。

(3) 为了避免由个别系列可能引起的任意性，扩大使用信息，应对计算成果进行合理性检查。应与本站长短历史洪量和邻近地区测站统计参数和设计值进行对比分析，即主要从水文比拟方面考虑成果的合理性，并最后确定参数。分析中应注意各站洪水系列的可靠性、代表性及计算结果的精度。一般从以下 3 个方面进行，当然在实际工程中，综合该 3 种方法进行对比分析的同时，应注重从实际出发，避免仅就水文现象某些不甚严密的规律性而生搬硬套。

① 本站各种成果间的分析对比。从各种历时的洪量频率曲线对比分析，要求各理论频率曲线在使用范围内不应有相交现象，当出现相交时，应复查原始资料和计算过程有无错误，统计参数是否选择得当。检查洪峰、各时段洪量的统计参数与历时之间的关系。一般说来计算成果应有如下规律：同一频率下，随着历时的增加，洪量的均值和设计值也逐渐增加，而时段平均流量的均值则随历时的增加而减小；一般情况下，历时 T 越大，相应系列的 C_V 和 C_S 越小，不过有些河流受暴雨特性及河槽调蓄作用的影响，其洪量系列的 C_V 值也可能随历时的增长而增大，达到最高值后又随历时的加长而减小，如图 4-25 所示。

② 与上下游及邻近地区河流的分析成果进行对比。若同一河流上下游的气象、地形、地质等条件相似，应呈现洪峰流量的均值从上游到下游递增，大河比小河的要大；C_V 值自上游向下游递减，大流域向小流域递减，即小流域的较大。若上下游的气象、地形、地质等条件不一致，应根据流域的实际情况，检查分析各统计参数变化规律的合理性。

与暴雨形成条件较为一致的邻近地区河流的洪水分析成果相比较时，常用洪峰流量系列均值与流域面积之间的关系对比分析，即

$$\overline{Q}_m=KF^n \tag{4-27}$$

式中，K 为地区参数，由地区实测洪水资料求得；n 为指数，小流域取 0.80～0.85，

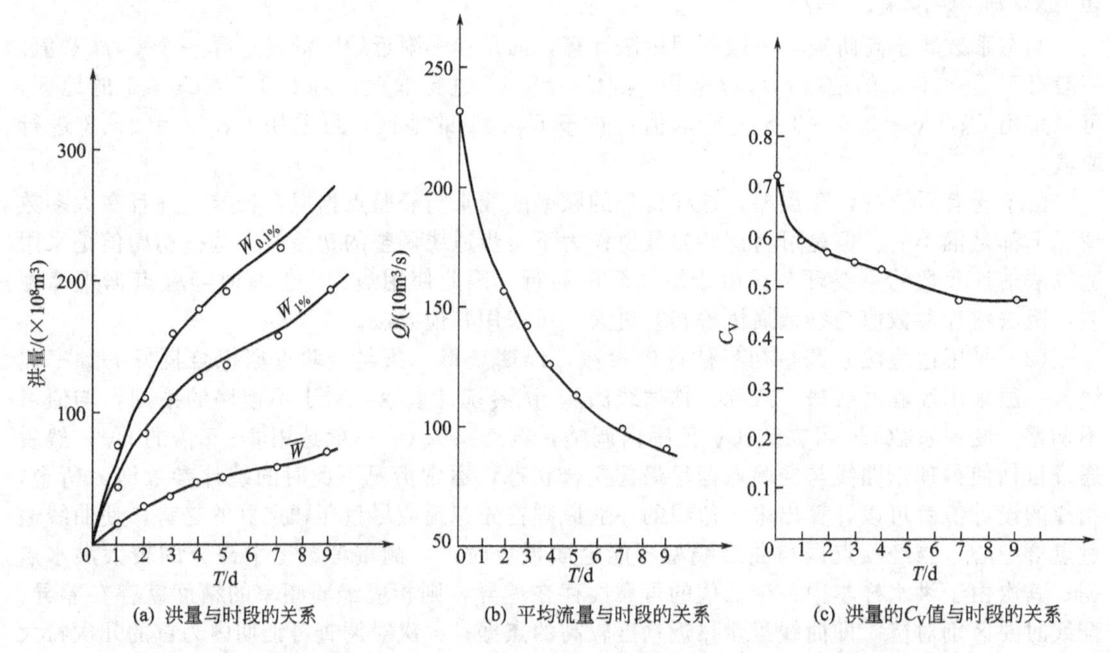

(a) 洪量与时段的关系　(b) 平均流量与时段的关系　(c) 洪量的C_V值与时段的关系

图 4-25　某站各时段均值及设计流量值与 T 的关系（源自：王晓华．水文学，2006）

中等流域取 0.67，大型流域取 0.5。

对于稀遇的设计值，应将其与国内河流大洪水记录进行比较。若千年、万年一遇的洪水小于国内相应流域面积的大洪水记录的下限很多，或超过其上限很多，则有可能是设计值的取值不合理了，就需要对计算成果做深入检查与分析。表 4-15 提供了我国不同流域面积实测最大洪峰流量的记录，以供查用。

表 4-15　实测或调查我国最大洪峰流量值与流域面积关系

年份	流域面积/km²	最大流量/(m³/s)	河名	站名	所属水系
1972	148	2400	母花沟	贵平	黄河
1986	275	6950	缝河	孤石滩	淮河
1940	494	4800	左江	那那板	珠江
1958	555	4420	亳清河	垣曲	黄河
1896	658	4470	浠河	英山	长江
1972	762	6430	汝河	板桥	淮河
1919	820	8000	湍河	青山	江汉
1931	963	6500	灌河	鲇鱼山	淮河
1922	1930	15400	飞云河	堂口	飞云河
1822	2100	10750	史河	梅山	淮河
1919	3832	10000	白河	鸭河口	汉江
1730	4350	16500	新沭河	大官庄	沂沭河
1853	5781	15800	南河	谷城	汉江
1960	6175	16900	太子河	参窝	辽河
1964	7699	10200	东江	龙川	珠江
1946	8645	18200	窟野河	温家川	黄河
1935	14810	29000	澧水	三江口	长江
1794	23400	25000	滹沱河	黄壁庄	海河
1595	31300	29000	富春江	芦茨埠	钱塘江
1867	41400	36000	汉江	安康	汉江

③ 根据暴雨频率分析成果进行比较。暴雨统计参数与相应洪水统计参数有一定的关系。一般来说，洪水径流深应小于同频率、相应天数的暴雨。而由于洪水除了受到暴雨影响之外，还受到流域下垫面因素的影响，因而洪水的C_V值大于相应暴雨量的C_V值。

成果合理性分析是一项非常重要而复杂的工作，上述只是一些常见的主要方法，实际工作中，应尽量利用一切可能利用的资料和水文变化规律，对成果进行分析，得到比较合理的、能满足水利水电工程设计要求的洪水频率曲线，即理论频率曲线。

4.4.5.3 推求设计洪峰、洪量

根据上述方法选定配合最佳的理论频率曲线及其参数，然后在频率曲线上或利用式（4-28）求出相应于设计频率的设计洪峰流量和各个统计时段的设计洪量。

$$Q_p=(1+C_V\Phi_p)\overline{Q} \quad 或 \quad Q_p=K_p\overline{Q}_m \tag{4-28}$$

式中，Q_p为设计洪峰流量，m^3/s；$\overline{Q}_m$为洪峰流量均值，m^3/s；Φ_p为指定频率p所对应的皮尔逊Ⅲ型曲线的离均系数；C_V为变差系数；K_p为指定频率p所对应的皮尔逊Ⅲ型曲线的模比系数。

【例 4-8】 某流域拟建中型水库一座。经分析确定水库枢纽本身永久水工建筑物正常运用洪水标准（设计标准）$p=1\%$，非常运用洪水标准（校核标准）$p=0.1\%$，该工程坝址位置有 25 年实测洪水资料（1958～1982 年），经选样审查后洪峰流量资料列入表 4-16 的第②栏，为了提高资料代表性，曾多次进行洪水调查，得知 1900 年发生特大洪水，洪峰流量为 3750m^3/s，考证期为 80 年，试推求$p=1\%$、$p=0.1\%$的设计洪峰流量。

【解】 分析如下。

① 根据已知资料表得知，1975 年洪水为 3300m^3/s，与 1900 年洪水属于同一量级，仅次于 1900 年居于第二位，而且与实测洪水资料相比洪峰流量值明显偏大，因此可从实测系列中抽出作为特大值处理，所以$l=1$，$a=2$，$N=80$，$n=25$。

② 采用独立样本法计算经验频率，结果见表 4-16。

表 4-16 经验频率曲线计算成果

年份	洪峰流量 Q_m/(m^3/s)	序号 M、m	Q_m 由大到小排序/(m^3/s)	经验频率 p/%
①	②	③	④	⑤
1900	3750	一	3750	1.23
1958	639	二	3300	2.46
1959	1475	2	2510	7.70
1960	984	3	2300	11.5
1961	1100	4	2050	15.4
1962	661	5	1800	19.2
1963	1560	6	1560	23.1
1964	815	7	1475	26.9
1965	2510	8	1450	30.8
1966	705	9	1380	34.6
1967	1000	10	1100	38.5
1968	479	11	1000	42.3
1969	1450	12	984	46.2
1970	510	13	926	50.0
1971	2300	14	875	53.8
1972	720	15	850	57.7

续表

年份	洪峰流量 Q_m/(m^3/s)	序号 M、m	Q_m 由大到小排序/(m^3/s)	经验频率 p/%
1973	850	16	815	61.5
1974	1380	17	780	65.4
1975	3300	18	720	69.2
1976	406	19	705	73.1
1977	926	20	661	76.9
1978	1800	21	639	80.8
1979	780	22	615	84.6
1980	615	23	510	88.5
1981	2050	24	479	92.3
1982	875	25	406	96.2
合计	33640		7050 26590	

③ 用矩法公式计算统计参数初始值。

$$\overline{Q_m}=\frac{1}{N}\left(\sum_{j=1}^{a}Q_{N_j}+\frac{N-a}{n-l}\sum_{i=l+1}^{n}Q_i\right)=\frac{1}{80}\left(7050+\frac{80-2}{25-1}\times 26590\right)=1168(m^3/s)$$

$$C_V=\frac{1}{\overline{Q}_m}\sqrt{\frac{1}{N-1}\left[\sum_{j=1}^{a}(Q_{N_j}-\overline{Q}_m)^2+\frac{N-a}{n-l}\sum_{i=l+1}^{n}(Q_i-\overline{Q}_m)^2\right]}$$

$$=\frac{1}{1168}\sqrt{\frac{1}{80-1}\left(\sum_{j=1}^{2}(Q_{N_j}-1168)^2+\frac{80-2}{25-1}\sum_{i=2}^{25}(Q_i-1168)^2\right)}=0.58$$

选取 $C_S=3.0$，$C_V=3.0\times0.58=1.74$。

④ 理论频率曲线推求时，先以样本统计参数 $\overline{Q}_m=1168m^3/s$，$C_V=0.58$，$C_S=3.0C_V$ 作为初始值查表并绘制皮尔逊Ⅲ型曲线，具体做法参见前面章节的内容。图 4-26 中第一次适线为初试结果，可以看出曲线上半部系统偏低，应重新调整统计参数，调整结果见表 4-17。

表 4-17　理论频率曲线适线计算成果

频率 p/%		0.1	0.5	1	2	3	10	20	50	75	90	95
第一次适线 $\overline{Q}_m=1168m^3/s$	K_p	4.32	3.38	3.01	2.64	2.14	1.77	1.38	0.84	0.58	0.45	0.40
$C_V=0.58$ $C_S=3.0C_V$	Q_p	4940	3948	3516	3084	2500	2067	1612	981	677	526	467
第二次适线 $\overline{Q}_m=1168m^3/s$	K_p	5.08	3.92	3.44	2.94	2.30	1.83	1.36	0.78	0.55	0.46	0.44
$C_V=0.65$ $C_S=3.5C_V$	Q_p	5933	4578	4018	3434	2686	2137	1588	911	642	537	514

当 $C_V=0.65$、$C_S=3.5C_V$ 时，所得理论频率曲线与中、高水点据配合较好，如图 4-26 中第二次适线的曲线，此即为所求的频率曲线，相应的统计参数为 $\overline{Q}_m=1168m^3/s$，$C_V=0.65$，$C_S=3.5C_V$。

⑤ 可从图 4-26 中第二次适线的曲线上查出洪峰流量的设计值分别为 $p=1\%$时，$Q_{mp}=4080m^3/s$；$p=0.1\%$时，$Q_{mp}=5933m^3/s$。

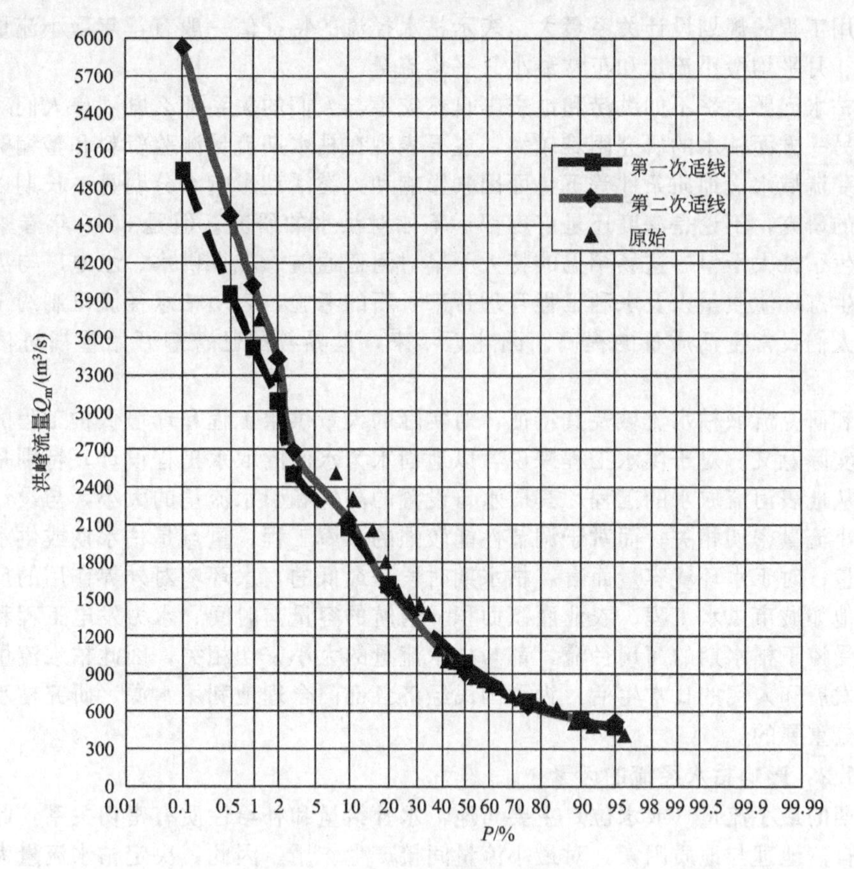

图 4-26 某站洪峰流量频率曲线

4.5 设计枯水流量（或水位）的分析与计算

4.5.1 概述

4.5.1.1 枯水径流概念

当地面径流减少，流域的水源主要依靠地下水补给时的河川径流，统称为枯水径流，它是河川径流特殊情势的一种。枯水经历的时间为枯水期，当月平均水量占全年水量的比例小于5%时，就属于枯水期。枯水期的起讫时间完全取决于河流的补给情况。我国南方河流，枯水径流一年内经历一次，一般是在每年秋末（10月）到次年春初（3~4 月）的冬季枯水；而北方河流每年可能经历两次枯水季，除雨少的冬季枯水期以外，另一次发生在每年春末夏初的积雪融水后至夏季雨季到来之前。枯水期持续时间有时可长达半年。一旦流域前期蓄水量耗尽或地下水位降低至不能再补给河流时，就会引起严重干旱，甚至河道断流。据我国各大江河资料统计显示，枯水期 6 个月径流量占全年径流量的 15%~35%。各河流的枯水径流具体经历时间决定于河流流域的气候条件和补给方式。

枯水径流可以用枯水流量或枯水位为来分析。枯水流量亦称最小流量，是指在给定时段内，通过河流某一指定断面枯水量的大小。枯水流量的大小和历时的长短与河道通航、城乡供水、水电厂与火电厂设计（运行）、生态环境质量以及水利工程管理密切相关。按设计时段的长短，枯水流量又可分为瞬时、日、旬、月最小流量，其中又以日、旬、月最小流量对水资源利用工程的规划设计关系最大。表示枯水径流的特征值一般有：年最小流量、年正常最小流量、月平均最小流量和正常最小月平均流量。

由于枯水问题似乎不如洪涝和地震等自然灾害与人们的关系那么剧烈，人们对它也就不够重视；另一方面枯水的研究困难较大，主要表现在枯水期流量测验资料和整编资料的精确度较低，受流域水文地质条件等下垫面因素影响和人类活动影响十分明显。长期以来人们对枯水径流的研究，不论是深度还是广度都远不如对洪水的研究。但是2010年春季，我国西南地区发生了特大干旱。这场罕见的特大干旱对河道通航、城乡供水、水电厂与火电厂设计(运行)、生态环境质量以及水利工程管理带来了新的考验，表明枯水径流可制约工农业生产的发展和人们日常生活质量的提高。因此近年来，世界各国已普遍开始重视对枯水径流的研究。

认识和研究流域枯水流域及其特征，对实际的大量供水工程和环境保护工程的规划设计具有重大实际意义。对于供水工程来说，以地面水为水源的取水工程设计，特别是对于无调节而直接从地表河流取水的工程，其取水口设置的高低和引水流量的大小，与设计最低水位及相应最小流量密切相关；而对于调节性能较强的水库工程，重点是枯水期或供水期调节的设计径流量；对于水环境容量而言，枯水期时段是最低的，水环境对外界作用的反应是最敏感的。其他如城市供水工程、农业灌溉面积、通航的容量与时间、水力发电工程和水质监测等都主要受控于枯水期的河川径流，都与枯水流量的大小密切相关，因此枯水流量制约工农业生产的发展和人们的日常生活，为了国民经济各部门合理地利用水源，研究枯水径流及其特性是十分重要的。

4.5.1.2 影响枯水径流的因素

枯水期的最小流量（或水位）主要与地下水补给量和补给性质有密切关系，此时的气候因素通过自然地理与地质因素，对最小流量间接产生作用。因此，决定枯水流量大小及变化的主要因素是非分区性的自然地理因素（包括流域的水文地质条件、流域面积大小、河槽下切深度及河网密度等)，而决定枯水期长短的主要因素是气候因素中的降水和气温。

此外人类的活动也会影响到枯水径流量的大小。如水土保持、修建水库调节径流等经济活动都削减了地表径流，而增加了对地下水的补给量，引起枯水径流量增加；上游的引水灌溉、过量开采地下水，则会减少下游的枯水径流量，甚至使得地下水位降低至河水位以下，而导致河水断流。

4.5.2 枯水资料审查

采用枯水样本系列分析计算枯水径流时，对于具有调节性能的水库，样本系列需由水库供水期数个月的枯水流量组成；对于无调节性能而直接从河流中取水的一级泵房，则需用每年的最小日平均流量组成样本系列。一般随着分析时段的缩短，枯水流量受人为影响程度增大，枯水径流系列的不稳定性将增加，因此非常容易受到人为影响的年最小瞬时流量（或水位）系列将不被作为分析对象。而常取全年（或几个月）的最小连续几天平均流量作为样本，如最小1日、3日、5日、7日或14日平均流量等。

枯水径流的实测资料精度一般比较低，因为低水时期流速本身比较小，难于精确测定，另外一些偶然因素的影响较大，同时受人类活动影响也较大，因此在分析计算时更应注重对原始资料的可靠性、一致性和代表性审查。枯水资料的审查方法与对年径流资料和洪水径流资料的审查方法类似。通过本站历年的资料比较、上游或下游站的资料比较，若上下游站间具有良好的径流相关条件时，可从相关分析中修正存在的问题；同时应尽可能获得枯水径流的调查成果，包括历史枯水水位、流量及其出现与持续时间，特枯径流的重现期等；有些缺测年份，经分析并非为特枯水年时，该系列可当做连序系列处理；当大规模的人类活动影响枯水径流时，必须进行还原计算。

4.5.3 设计枯水流量与水位计算

流域设计枯水流量分析计算主要包括：枯水调查与资料收集、枯水流量资料的审查与处理、具有长期实测资料时设计枯水流量的计算、资料不足时设计枯水流量的估算、缺乏资料时设计枯水流量的确定，以及设计枯水流量成果的分析论证等内容。

具有长期资料时设计枯水流量的推求，枯水径流可以用枯水流量或枯水水位进行分析。具有 20 年以上连续实测资料时，可对最小流量系列进行频率分析计算，推求出各种设计频率的设计枯水流量（或水位），工程实际中还可以运用历时曲线法推求大于或等于该设计值的持续时间情况。

4.5.3.1 频率分析法

枯水径流的频率计算与年径流相似，也采用适线法进行频率计算，统计参数均值、变差系数以及偏态系数仍可用前述的方法进行估算、调整。但有一些比较特殊的问题必须做必要的说明。

（1）选择频率曲线线型。在 C_S/C_V 的比值接近 2 时，采用皮尔逊Ⅲ型曲线作为理论曲线线型，进行枯水流量的频率计算。经过对枯水径流资料的论证，也可以采用其他线型，如皮尔逊Ⅰ型曲线对数正态分布等，对于干旱半干旱地区的中小河流，可能出现时段径流量为零的现象，对于这种含零系列的频率分析可采用Ⅱ型乘法分布等。

（2）确定经验频率。在枯水径流 n 项连序系列中，按大小次序排列的第 n 项的经验频率 P_m 用上节所述数学期望公式 $P_m=\frac{m}{n+1}\times100\%$ 计算；调查历史枯水年或需按特小值处理的实测枯水年，经分析考证确定其重现期为：$N=T_2-T_1+1$，确定其重现期后，仍可采用上述的数学期望公式计算经验频率 P_m。

（3）特殊资料系列的频率分析

① $C_S<2C_V$ 的情况。在某些河流，尤其是干旱地区含径流量为零的资料系列，其经验频率点据与皮尔逊Ⅲ型曲线不可能有比较好的拟合，经过配线常有可能出现 C_S 小于 $2C_V$ 的情况，使得在设计频率较大时（$P=97\%$，$P=98\%$），所推求的设计枯水流量有可能会出现小于零的负值，这对于最小流量来说，显然是不符合水文现象规律的，如图 4-27 所示。

实际工作中，可把负值部分当做来处理，即相当于出现干涸或连底冰冻现象，如图 4-28 所示。在用适线法估算含零系列的统计参数时，较为简单的处理办法是其初值用不等于零的数值来计算。但是由于放弃了负值部分，往往就不能直接按适线法得出较好的理论频率曲线的统计参数。可以用图解法或三点法来推求合理的理论频率曲线的统计参数，具体含零系列的频率分析方法可以参阅有关书籍。

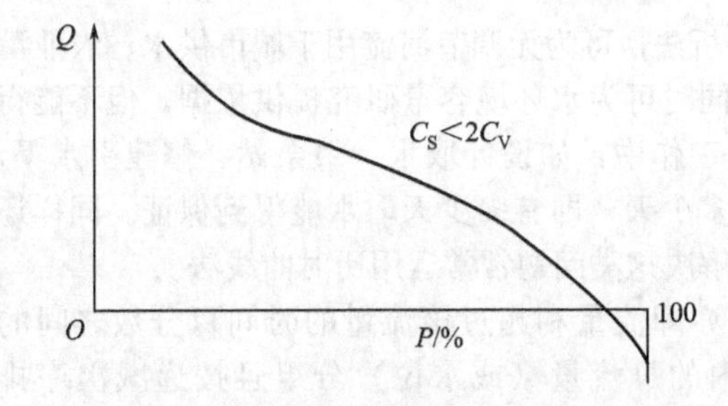

图 4-27 某站最小流量理论频率曲线

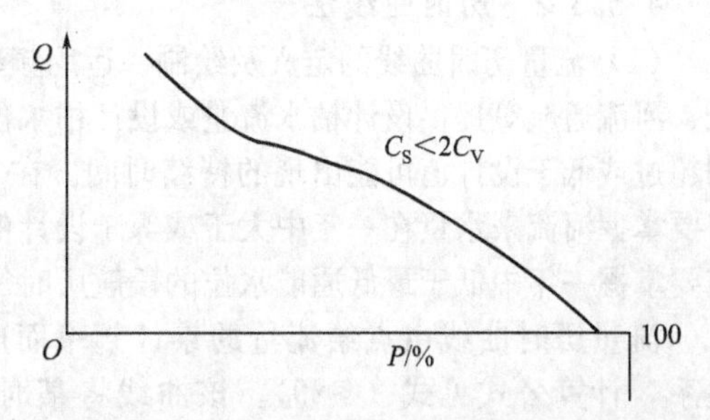

图 4-28 放弃了负值部分后的理论频率曲线

② $C_S<0$ 的情况。通过第 3 章的学习，了解到水文特征值的频率曲线在一般情况下都是呈凹下的形状，即河流的水文现象大多属于正偏，也就是说 $C_S>0$。当其他参数不变时，C_S 值越大，则概率曲线的凹度越大，即两端都在正态直线以上，中间部分向下。但枯水流量（或枯水位）的经验分布，有时会出现上凸的负偏曲线，即 $C_S<0$，如图 4-29 所示。此时必须采用负偏频率曲线对经验点据进行配线。而现有的由表查得的皮尔逊Ⅲ型曲线参数值均属于正偏情况，因此不能直接应用于负偏分布的配线，需要做一定的处理。

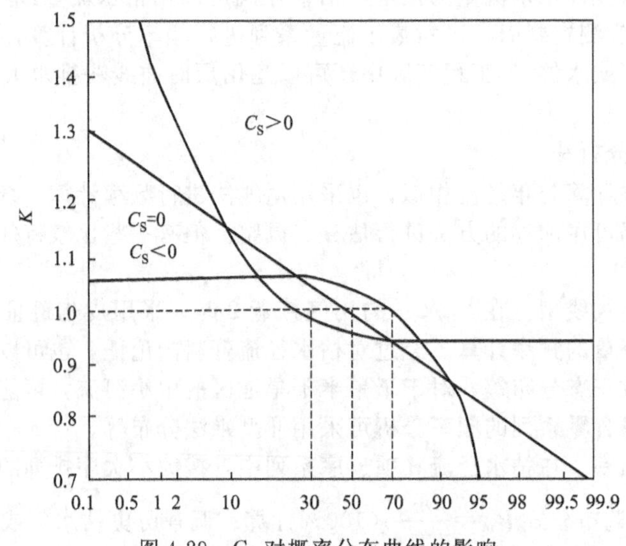

图 4-29　C_S 对概率分布曲线的影响

必须指出，在设计枯水径流频率计算过程中，当遇到 $C_S<2C_V$ 或 $C_S<0$ 的情况时，应特别谨慎。此时必须对样本做进一步的审查，注意曲线下部（$P=20\%$以下）流量偏小的一些点据，可能是由于受人为的抽水影响而造成的，并且对特枯年的流量，即特小值的重现期要做仔细认真的考证，合理地确定其经验频率，再进行配线。总之，要避免因特枯年流量人为偏小，或其经验频率确定的不当，而错误地将频率曲线定为 $C_S<2C_V$ 或 $C_S<0$ 的情况。但如果资料经一再审查或对特小值进行处理后，频率曲线分布确属 $C_S<2C_V$ 或 $C_S<0$ 的情况，即可按上述方法确定。

（4）水位资料的一致性。用频率分析法推求设计枯水位时，要注意保证水位资料的一致性。在设计断面附近不仅要有较长的枯水位观测资料，保证所取的基面一致，而且要满足该河道变化不大，未受水工建筑物的影响。

（5）计算成果的合理性分析。用上述方法推求出的设计枯水流量和枯水水位应与上下游、干支流及临近流域的计算成果比较分析检查其合理性。

4.5.3.2　历时曲线法

（1）流量历时曲线的定义及绘制。运用频率分析法，可为无调节河流用于城市供水、农业灌溉、河流通航等提供设计枯水流量或设计枯水位，同时可为水环境容量研究提供依据，但不能得到超过或低于设计值可能出现的持续时间。在实际工作中，如设计取水一级泵站、修建引水渠，需要掌握河流来水量在一年中大于或等于设计值有多少天，即有多少天取水能得到保证。同样还需要掌握一年中低于最低通航水位的段航历时等。解决这类问题常常运用历时曲线法。

流量历时曲线由点绘流量的累计频率而成，亦即流量和超过该流量的时间百分数之间的关系，计算公式见式（4-29）。该曲线将某时段内的日流量（或水位）分组且按递减次序排列，统计各组下限值出现的累积天数占整个时段的百分比，然后将各组下限值及其相应百分比点绘于坐标系中，据点群分布趋势绘成一条曲线，即为日流量历时曲线。

$$P(Q \geqslant Q_i)=\frac{t_1+t_2+L+t_i}{365}\times 100\%=\frac{\sum t}{365}\times 100\% \tag{4-29}$$

流量历时曲线不是一条概率曲线，因为流量是从连续观测的过程线上取得的，而流量过程的特性与年内的季节有关，因此超过某一天流量特定值的频率与前一天的流量以及年内出现的时间有关。它向人们提供了表达流量变化简明的综合图；它可以说明河流对枯水流量（以百分数表示）调节的结果；它表示了枯水流量的保证率，可以从该曲线上求得时段内大于或等于某一流量值出现的天数占整个时段的百分比，从而确定等于或大于此数值在该时段内出现的天数。因此，流量历时曲线在工程界习惯称为保证率曲线。

以代表年日平均流量历时曲线为例，说明历时曲线的绘制方法和步骤。将代表年 365 个日平均流量分为 n 级（$n=20\sim50$），取每组资料的平均值，从大到小排序，与累积时间百分数对应点绘，即得代表年的日平均流量历时曲线，对应于某一流量，可以从曲线上查得年内出现等于或大于该值历时的百分数。

【例 4-9】 某水文站设计频率 95%的枯水年日流量实测数据经整理后如表 4-18 所示，试求保证率为 90%的日流量值和大于或等于该流量在全年出现的天数。

表 4-18 某测站 $P=95\%$枯水年日流量历时曲线计算

流量分组/(m^3/s)	历时		相对历时 P_t
	天数	累积天数	
1200-1100	2	2	0.55
1100-1000	3	5	1.37
1000-900	9	14	3.84
900-800	14	28	7.67
800-700	21	49	13.42
700-600	19	68	18.63
600-500	28	96	26.30
500-400	93	189	51.78
400-300	117	306	83.83
300-50	59	365	100

【解】 首先如前所述将代表年的日流量资料划分为若干组，并按递减次序排列，统计各组流量出现的天数和 $Q\geqslant Q_i$ 的累积天数即历时；其次利用式（4-29）计算大于或等于各组下限流量的累积天数占全年天数的百分比即相对历时 P_i，结果见表 4-18 中的第四列，然后以各组流量下限值为纵坐标，相应的百分比 P_i 为横坐标，点绘于坐标系中，根据点群分布趋势绘制一条曲线，即为所求的日流量历时曲线，如图 4-30 所示。有了日流量历时曲线，就很容易地求出超过某一流量的持续天数，在横坐标上保证率为 90%处做垂线，此垂线与曲线相交处的纵坐标值为保证率为 90%的日流量值（从图上可以看出是 $Q=85m^3/s$）；最后流量 $Q\geqslant 85m^3/s$ 在全年出现的天数应为：365×0.90＝328.5 天，即全年中有 328.5 天能保证取水，而其余 36.5 天流量低于设计值，不能保证取水。

日平均流量历时曲线也可以不取年为时段，而取某一时期如枯水期灌溉期等，此时总历时就是所指定时期的总天数。若有需要，也可直接用水位资料绘制日平均水位历时曲线，方法同上。

(2) 应用历时曲线推求设计枯水流量。应用上述绘制历时曲线的方法，根据多年日平均流量（或水位）资料可以绘出多条历时曲线，从中求出每年历时曲线上相应于设计频率标准

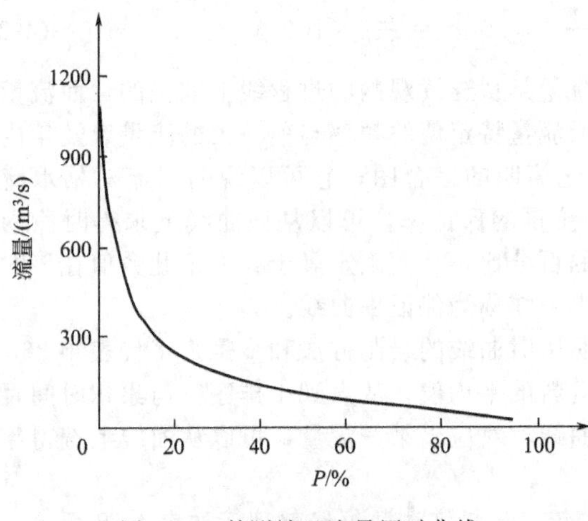

图 4-30　某测站日流量历时曲线

下的流量（或水位），n 年资料可得 n 个保证率的流量（或水位），然后以此 n 个流量（或水位）作为随机变量进行频率分析，选配合适的理论频率曲线，从中推求设计枯水流量（或水位）。

【例 4-10】 某站有 20 年（1982～2001 年）实测并经还原法修正后的可靠逐日平均水位记录（资料从略），试求 10 年一遇、保证率为 95%的设计枯水位。

【解】 首先可由多年实测逐日平均水位资料绘制各年的历时曲线，从中求出每年保证率为 95%的枯水位 $Z_{95\%}$，具体方法同例 4-9 一样，不再详述。以历年最枯水位为始点水位，从表 4-19 中可知 1988 年为历年最枯水位，其值为 8.70m，求出各年枯水位 $Z_{95\%}$ 相对始点水位的数值，计入表 4-19 中的第 4 列和第 8 列。

表 4-19　某站历年枯水位统计表（$Z_{min}=8.70$m）

年份	年最枯水位 Z/m	$Z_{95\%}$ /m	$Z_{95\%}-Z_{min}$ /m	年份	年最枯水位 Z/m	$Z_{95\%}$ /m	$Z_{95\%}-Z_{min}$ /m
1982	8.90	8.91	0.21	1992	9.05	9.09	0.39
1983	8.96	8.99	0.29	1993	9.01	9.06	0.36
1984	8.96	8.97	0.27	1994	9.08	9.12	0.41
1985	9.05	9.08	0.38	1995	9.10	9.20	0.50
1986	8.91	8.93	0.23	1996	8.91	8.94	0.24
1987	8.88	8.91	0.21	1997	9.03	9.07	0.37
1988	8.70	8.72	0.02	1998	9.11	9.16	0.46
1989	9.01	9.04	0.34	1999	9.01	9.04	0.34
1990	8.88	8.91	0.21	2000	8.86	8.90	0.20
1991	8.98	9.00	0.30	2001	8.86	8.89	0.91

然后令 $x_i=Z_{95\%}-Z_{min}$，将表中的第 4 列和第 8 列作为随机变量系列，即将 x_i 作为随机变量，然后用前面所学的知识，对该系列进行频率分析。第一步将 x_i 系列从大到小进行排列，然后用数学期望公式 $P=\dfrac{m}{n+1}\times100\%$，计算 P_i，并把结果计入表 4-20 中。第二步把表中的经验点据（P_i，x_i）绘在频率格纸上，如图 4-31 所示。第三步通过矩法计算相应的统计参数，结果为：$\overline{x}=0.2965m$，$C_V=0.4$，初估 $C_S/C_V=2$，将该统计参数作为初始值查表并绘制皮尔逊Ⅲ型曲线，具体做法参见前面章节的内容，由此可得到一系列对应的（P_i，K_i）。第四步根据表 4-21 中一系列对应的（P_i，x_i）点据，绘制频率曲线，适线结果如图 4-31 所示。可见该频率曲线与经验点据配合较好，即为所求的理论频率曲线。

表 4-20　某站保证率为 95%的水位频率计算

x_i 从大到小排列的序号	x_i	P_i/%	x_i 从大到小排列的序号	x_i	P_i/%
1	0.50	4.8	11	0.29	52.3
2	0.46	9.5	12	0.27	57.1
3	0.42	14.3	13	0.24	61.8
4	0.39	19.1	14	0.23	66.6
5	0.38	23.8	15	0.21	81.0
6	0.37	28.6	16	0.21	81.0
7	0.36	33.3	17	0.21	81.0
8	0.34	42.8	18	0.20	85.7
9	0.34	42.8	19	0.19	90.5
10	0.30	47.6	20	0.02	95.3

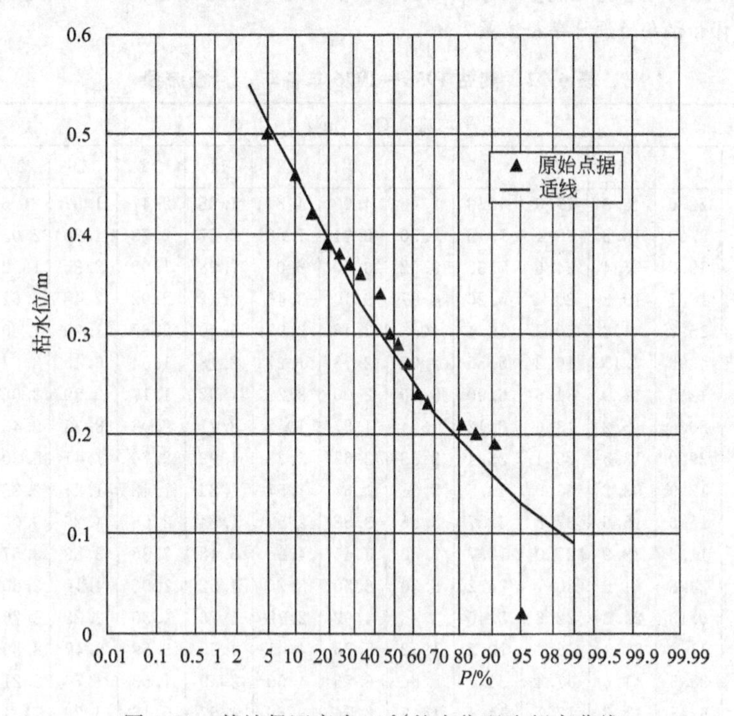

图 4-31　某站保证率为 95%的水位理论频率曲线

表 4-21　某站保证率为 95%的水位理论频率曲线计算成果

P/%	3.33	5	10	33.33	50	70	90	95	99
K_i	1.847	1.736	1.535	1.124	0.947	0.758	0.534	0.445	0.307
x_i/m	0.55	0.51	0.46	0.33	0.28	0.22	0.16	0.13	0.09

最后根据题目要求 10 年一遇的设计枯水位，即 $T=10$，而 $P=1-\frac{1}{T}=90\%$，根据表 4-21 可得：$x_i=Z_{95\%}-Z_{\min}=0.16$，所以

$$Z_P=Z_{\min}+x_i=Z_{\min}+x_{90\%}=8.70+0.16=8.86\text{m}$$

【任务解决】 在本章任务中，我们提出了一个计算水库设计和校核标准下的洪峰流量的问题，通过本章的学习，得知该类问题都是按工程等级和大坝建筑物级别选定设计洪水频率。因为该水库属中型水库，根据水利部2000年颁发的《水利水电工程等级划分及洪水标准》(SL 252—2000)，水库工程为Ⅲ等，大坝为3级建筑物，设计标准为100～50年一遇；校核标准为1000～500年一遇。从工程的重要性考虑，最后选定按100年一遇洪水设计，1000年一遇洪水校核。设计洪峰流量如下。

$$Q_{m,p=1\%}=K_p\overline{Q}=3.20\times1650=5280m^3/s$$

$$Q_{m,p=0.1\%}=K_p\overline{Q}=4.62\times1650=7623m^3/s$$

【知识拓展】 3S和数字高程模型(DEM)技术运用遥感(RS)分析做地理背景，采用全球定位系统(GPS)做定位数据测定，同时基于地理信息系统(GIS)的综合体系，能对洪水、枯水径流预报的影响因子数据做实时获取，是河流洪水、枯水径流分析与预测研究的先进方法和有效途径。目前水文模拟技术趋向于将水文模型与GIS的集成，以便充分利用GIS在数据管理、空间分析及可视性方面的功能。而数字高程模型(DEM)是构成GIS的基础数据，利用DEM可以提取流域的许多重要水文特征参数。因此，今后洪水、枯水预测的研究重点应该集中于如何充分利用3S技术获取有资料地区及无资料地区的可靠的径流信息，以及提高洪水枯水预测的精确性。

【思考与练习题】

1. 某站1958～1976年各月径流量列于表4-22中，试求$P=10\%$的设计丰水年、$P=50\%$的设计平水年、$P=90\%$的设计枯水年的设计年径流量。

表4-22 某站1958～1976年各年、月径流量

年份	月平均流量$Q_月/(m^3/s)$												年平均流量$Q_年/(m^3/s)$
	3	4	5	6	7	8	9	10	11	12	1	2	
1958～1959	16.5	22.0	43.0	17.0	4.63	2.46	4.02	4.84	1.98	2.47	1.87	21.6	11.9
1959～1960	7.25	8.69	16.3	26.1	7.15	7.50	6.81	1.86	2.67	2.73	4.20	2.03	7.78
1960～1961	8.21	19.5	26.4	24.6	7.35	9.62	3.20	2.07	1.98	1.90	2.35	13.2	10.0
1961～1962	14.7	17.7	19.8	30.4	5.20	4.87	9.10	3.46	3.42	2.92	2.48	1.62	9.64
1962～1963	12.9	15.7	41.6	50.7	19.4	10.4	7.48	2.97	5.30	2.67	1.79	1.80	14.4
1963～1964	3.20	4.98	7.15	16.2	5.55	2.28	2.13	1.27	2.18	1.54	6.45	3.87	4.73
1964～1965	9.91	12.5	12.9	34.6	6.90	5.55	2.00	3.27	1.62	1.17	0.99	3.06	7.87
1965～1966	3.90	26.6	15.2	13.6	6.12	13.4	4.27	10.5	8.21	9.03	8.35	8.48	10.4
1966～1967	9.52	29.0	13.5	25.4	25.4	3.58	2.67	2.23	1.93	2.76	1.41	5.30	10.2
1967～1968	13.0	17.9	33.2	43.0	10.5	3.58	1.67	1.57	1.82	1.42	1.21	2.36	10.9
1968～1969	9.45	15.6	15.5	37.8	42.7	6.55	3.52	2.54	1.84	2.68	4.25	9.00	12.6
1969～1970	12.2	11.5	33.9	25.0	12.7	7.30	3.65	4.96	3.18	2.35	3.88	3.57	10.3
1970～1971	16.3	24.8	41.0	30.7	24.2	8.30	6.50	8.75	4.52	7.96	4.10	3.80	15.1
1971～1972	5.08	6.10	24.3	22.8	3.40	3.45	4.92	2.79	1.76	1.30	2.23	8.76	7.24
1972～1973	3.28	11.7	37.1	16.4	10.2	19.2	5.75	4.41	4.53	5.59	8.47	8.89	11.3
1973～1974	15.4	38.5	41.6	57.4	31.7	5.86	6.56	4.55	2.59	1.63	1.76	5.21	17.7
1974～1975	3.28	5.48	11.8	17.1	14.4	14.3	3.84	3.69	4.67	5.16	6.26	11.1	8.42
1975～1976	22.4	37.1	58.0	23.9	10.6	12.4	6.26	8.51	7.30	7.54	3.12	5.56	16.9

2. 根据练习题1所列资料和计算成果，按水量接近、分配不利(即汛期水量较丰)的原则，选1975～1976年为丰水代表年，$Q_{丰年,典}=16.9m^3/s$；按水量接近、选能反映汛期、枯季的起讫月份和汛、枯期水量百分比满足平均情况的年份1960～1961年作为平水代表年$Q_{平年,典}=10.0m^3/s$；按水量接近、分配不利(即枯水期水量较枯)的原则，选取1964～1965年作为枯水代表年$Q_{枯年,典}=7.87m^3/s$。试求设计丰水年、设计平水年及设计枯水年的设计年径流的年内分配。

3. 设某站只有1998年一年的实测径流资料，其年平均流量$\overline{Q}=128m^3/s$。而邻近参证站(各种条件和本站都很类似)则有长期径流资料，并知其$C_V=0.30$，$C_S=0.60$，它的1998年的年径流量在频率曲线上所对应的频率恰为$P=90\%$。试采用水文比拟法约估本站的多年平均流量$\overline{Q}$。

4. 某水库坝址断面处有1958～1995年的年最大洪峰流量资料，其中最大的三年洪峰流量分别为

$7500m^3/s$、$4900m^3/s$和$3800m^3/s$。由洪水调查知道，自1835年到1957年间，发生过一次特大洪水，洪峰流量为$9700m^3/s$，并且可以肯定，调查期内没有漏掉$6000m^3/s$以上的洪水，试计算各次洪水的经验频率，并说明理由。

5. 某水库坝址处有1960～1992年实测洪水资料，其中最大的两年洪峰流量为$1480m^3/s$、$1250m^3/s$。此外洪水资料如下。(1) 经实地洪水调查，1935年曾发生过流量为$5100m^3/s$的大洪水，1896年曾发生过流量为$4800m^3/s$的大洪水，依次为近150年以来的两次最大的洪水。(2) 经文献考证，1802年曾发生过流量为$6500m^3/s$的大洪水，为近200年以来的最大一次洪水。试用统一样本法推求上述5项洪峰流量的经验频率。

6. 某水文站有1960～1995年的连续实测流量记录，系列年最大洪峰流量之和为$310098m^3/s$，另外调查考证至1890年，得三个最大流量为$Q_{1895}=30000m^3/s$、$Q_{1921}=35000m^3/s$、$Q_{1991}=40000m^3/s$，求此不连续系列的平均值。

7. 某水文站有1950～2001年的实测洪水资料，其中1998年的洪峰流量为$2680m^3/s$，为实测期内的特大洪水。另根据洪水调查，1870年发生的洪峰流量为$3500m^3/s$和1932年发生的洪峰流量为$2400m^3/s$的洪水，是1850年以来仅有的两次历史特大洪水。现已根据1950～2001年的实测洪水资料序列（不包括1998年洪峰）求得实测洪峰流量系列的均值为$560m^3/s$，变差系数为0.95。试用矩法公式推求1850年以来的不连续洪峰流量序列的均值及其变差系数为多少？

8. 某水库坝址处有1954年至1984年实测年最大洪峰流量资料，其中最大的四年洪峰流量依次为：$15080m^3/s$，$9670m^3/s$，$8320m^3/s$和$7780m^3/s$。此外调查到1924年发生过一次洪峰流量为$16500m^3/s$的大洪水，是1883年以来最大的一次洪水，且1883年至1953年间其余大洪水的洪峰流量均在$10000m^3/s$以下，试考虑特大洪水处理，用独立样本法和统一样本法分别推求上述五项洪峰流量的经验频率。

第5章 小流域暴雨洪峰流量的计算

【学习目的】 了解降水的有关概念，明确降水观测及点雨量资料整理过程，熟悉暴雨强度公式在排水工程中的应用，掌握根据暴雨资料推求设计洪水的方法。

【学习重点】 降水的特征、三要素；点雨量资料整理过程；重现期、暴雨强度、降雨历时的关系；用最小二乘法推求暴雨强度公式。

【学习难点】 重现期、暴雨强度、降雨历时的关系；用最小二乘法推求暴雨强度公式。

【本章任务】 根据多年平均雨量、降雨历时等，全国大体上可分为哪几个气候带。

【学习情景】 由于强降水或连续性降水超过城市排水能力致使城市内产生积水灾害。造成内涝的客观原因是降雨强度大，范围集中。降雨特别急的地方可能形成积水，降雨强度比较大、时间比较长也有可能形成积水。城市内涝在中国比较普遍，住房和城乡建设部2010年对国内351个城市排涝能力的专项调研显示，2008～2010年有62%的城市发生过不同程度的内涝，其中内涝灾害超过3次以上的城市有137个，在发生过内涝的城市中，57个城市的最大积水时间超过12h。其中2012年7月21日61年来最大的暴雨袭击北京，共有79人在大雨中遇难。

5.1 概　　述

小流域面积的范围，一般在300km²以下。具体范围大小需要根据计算公式在推求过程中的实际条件来确定。地形平坦时，大致在300～500km²；地形复杂时，有时限制在10～30km²以内。在城市建设中，排水构筑物主要包括市政排水系统、厂矿排（泄）洪渠道、铁路与公路的桥涵等，所排泄的雨水大部分是在较短时间内降落的，形成的径流量大，属于暴雨性质，都涉及要求计算一定排水面积上暴雨洪峰流量问题，也就是以小流域暴雨所产生的洪水作为设计标准。小流域暴雨洪峰流量计算是水文学应用的重要方面，也是水文学知识综合运用的体现。

小流域设计洪水计算与大、中流域有所不同，主要特点如下。(1) 绝大多数小流域都没有水文站，即缺乏实测径流资料，甚至也没有降雨资料。所需的设计流量常常是用暴雨资料间接推算，并认为暴雨与其所形成的洪水流量频率相同。考虑到流域面积较小，集流时间较短，洪水在几个小时甚至几十分钟就能到达建筑物所在的地方，因此一般只推求洪峰流量。(2) 小流域面积小，自然地理条件趋于单一，流域内各部分的地貌情况比较接近，拟定计算方法时，允许做适当的简化，即允许做出一些假定。例如假定短历时的设计暴雨时空分布均匀，(3) 地面上的降水，经植物截留、填洼并达到土壤持水量后入渗率是接近稳定的。(4) 地表汇流、形成洪峰的历时较短，小流域上的小型水利工程对洪水的调节能力一般较小，工程规模主要受洪峰流量控制，因而对设计洪峰流量的要求高于对设计洪水过程的要求。(5) 因小流域上修建的工程数量通常很多，而水文站很少，往往缺乏实测流量资料，故实际计算时概化程度较高。

我国各地区对小流域暴雨洪水计算采用的方法有：推理公式法、地区经验公式法、综合单位线法及历史洪水调查分析法等。其中推理公式法是广泛采用的一种方法，它是一种由暴雨资料推求洪峰流量的简化计算方法。它以暴雨形成洪水的成因分析为基础，考虑影响洪峰流量的主要因素，建立理论模式，并利用实测资料求得公式中的参数，其计算成果具有较好的精度。计算小流域暴雨洪峰流量，还可以采用地区经验公式法。此法根据本地区的实测洪水或调查资料，直接建立洪峰流量与有关主要因素之间的相关关系，探求地区暴雨洪水经验性的规律。由于是根据特定地区资料分析的成果，地区性很强，所以称为地区经验公式，使用时有一定的局限性。地区经验公式的特点是公式比较简单，使用方便，大部分省（区）都有本省（区）的经验公式。在具体应用中采用哪种方法更合适，应根据工程规模与当地条件决定。可以同时使用几种方法计算，通过综合分析比较，最后确定出设计洪峰流量。

5.1.1 降水的观测

水以各种形式从大气到达地面统称为降水（Precipitation）。将水主要是指降雨（Rain）和降雪（Snow），其他形式的降水还有露（Dew）、霜（Frost）、雹（Hail）、霰（Graupel）等。降水是水文循环的重要环节，也是人类用水的基本来源。我国大部分地区属季风区，夏季风从太平洋和印度洋带来暖湿的气团，使降雨成为主要的降水形式，北方地区在冬季则以降雪为主。在城市及厂矿的雨水排除系统和防洪工程设计中，都需要收集降水资料，据以推算设计流量和设计洪水，并探索降水量在地区和时间上的分布规律。

为了掌握各地降水的变化，水文气象部门设立了大量的雨量站、气象站、水文站观测降水，每年汇总、整编、刊印或存入水文数据库，供各部门应用。降水观测有多种方法。

(1) 器测法

① 雨量器（Rain Gauge Receiver）。雨量器（图 5-1）上部的漏斗口呈圆形，内径为 20cm，其下部放储水瓶，用以收集雨水。量测降水量则用特制的雨量杯进行，每一小格的水量相当于降雨 0.1mm，每一大格的水量相当于降雨 1.0mm。雨量器安置在观测场内固定架子上，器口保持水平，口沿离地面高度为 70cm，仪器四周不受障碍物影响，以保证准确收集降水。在冬季积雪较深地区，应在其附近装一备份架子。当雨量器安在此架子上时，口沿距地面高度为 1.0～1.2m，在雪深超过 30mm 时，就应把仪器移至备份架子上进行观测。冬季降雪时，需将漏斗从承水器内取下，并同时取出储水瓶，直接用外筒接纳降水。使用雨

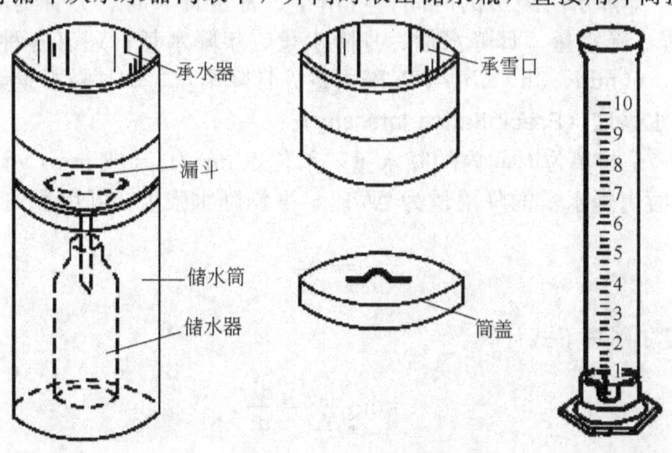

图 5-1 雨量器示意

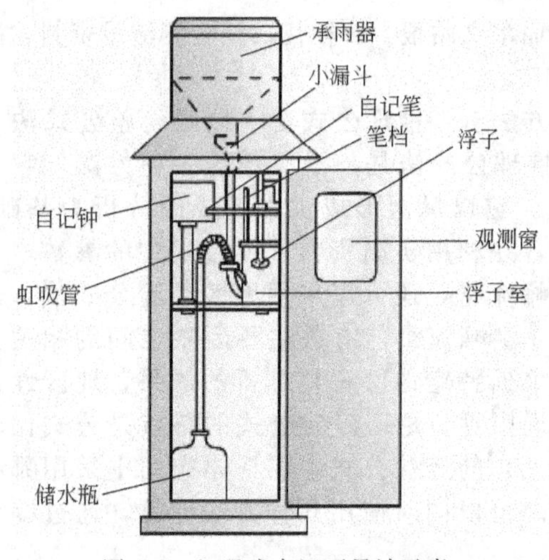

图 5-2　虹吸式自记雨量计示意

量器的测站一般采用定时分段观测制，把一天分成几个时段进行，并按北京标准时间以 8 时作为日分界点。

② 虹吸式自记雨量计（Siphon Rainfall Recorder）。虹吸式自记雨量计能自动把降雨过程记录下来，如图 5-2 所示。承雨器将雨量导入浮子室，浮子随注入的雨水增加而上升，带动自记笔在附有时钟的转筒上的记录纸上连续记录随时间累积增加的雨量。从自记雨量计记录纸上，可以确定出降雨的起讫时间、雨量大小、降雨强度等变化过程，同时是推求降雨强度和确定暴雨公式的重要资料。使用时应和雨量器同时进行观测，便于校核。当累积雨量达 10mm 时，自行进行虹吸，使自记笔立即垂直下落到记录纸上纵坐标的零点，以后又开始记录。

(2) 雷达探测（Radar Observation of Precipitation）。气象雷达利用云、雨、雪等对无线电波的反射现象，根据探测到的降水回波位置、移动方向、移动速度和变化趋势，预报探测范围内的降水、强度及开始和终止时刻；有效探测范围 40～200km。

(3) 气象卫星云图（Satellite Cloud Picture）。利用气象卫星随时发回探测到的云图资料，对降雨等进行预测。云图资料有两种。①可见光云图（Visible Cloud Atlas）：反映云的反照率，反照率强的云，云图上亮度大，颜色白；反照率弱的云，亮度弱，颜色暗。②红外云图（Infrared Cloud Atlas）：反映云顶的高度和温度，云层温度越高，高度越低，红外辐射越强。

5.1.2　降水的特征

降水量、降水历时和降水强度，可以定量地描述降水的特性，称为降水三要素。

5.1.2.1　降水量（Precipitation Amount）

降水量（h）是指在一定时间段内降落在不透水平面上的雨水（或融化后的雪水）的深度，单位以 mm 计。

5.1.2.2　降水历时（Precipitation Duration）

降水历时（t）即降水所经历的时间，可用年、月、日、时、分钟为单位，视不同需要而定。如次（过程）降水量、日降水量、月降水量、年降水量；还有各种短历时的降雨量，如 10min、30min、60min、3h、6h、12h 降雨量、日降雨量、24h 降雨量等。

5.1.2.3　降水强度（Precipitation Intensity）

降水强度（i）是指单位时间内的降水量，单位以 mm/min 或 mm/h 计。

在 Δt 降水历时内降水量的降雨量为 Δh 时，平均降水强度 $\bar{i}$ 可用下式计算。

$$\bar{i}=\frac{\Delta h}{\Delta t} \tag{5-1}$$

瞬时降雨强度 i 则按下式计算。

$$i=\lim_{\Delta t\to 0}\frac{\Delta h}{\Delta t}=\frac{\mathrm{d}h}{\mathrm{d}t} \tag{5-2}$$

国家气象局颁布的降水强度等级划分标准如表 5-1 所示。

表 5-1 降水强度等级划分标准

等级	24h 降水总量/mm	12h 降水总量/mm
小雨、阵雨	0.1～9.9	≤4.9
小雨～中雨	5.0～16.9	3.0～9.9
中雨	10.0～24.9	5.0～14.9
中雨～大雨	17.0～37.9	10.0～22.9
大雨	25.0～49.9	15.0～29.9
大雨～暴雨	33.0～74.9	23.0～49.9
暴雨	50.0～99.9	30.0～69.9
暴雨～大暴雨	75.0～174.9	50.0～104.9
大暴雨	100.0～249.9	70.0～139.9
大暴雨～特大暴雨	175.0～299.9	105.0～169.9
特大暴雨	≥250.0	≥140.0

5.2 暴雨强度公式

5.2.1 点雨量资料的整理

小流域所负担的地面排水区域一般不大，同时雨水排除系统所要排除的雨水，绝大部分属短历时暴雨形成的，雨水径流量大，由此忽略点雨量与排水区域面雨量的差异，所以排水部门根据自记雨量资料，选出每场暴雨进行分析，雨量采用以点代面的方式推算暴雨强度历时关系曲线，作为排水工程设计的依据。

整理点雨量资料的主要工作内容是：首先，在自记雨量计记录纸上，筛选出每场暴雨进行分析，绘制出它们的暴雨强度历时关系曲线；在此基础上，整理出暴雨强度 i-降雨历时 t-重现期 T 的关系。

暴雨强度与暴雨历时关系曲线的规律表现为平均暴雨强度 i 随历时 t 的增加而递减，这是推求短历时暴雨强度公式的基础。例如图 5-3 所示为某一雨量站用自记雨量计记录到的一场暴雨，根据此图可以整理出表 5-2 所示的 i-t 关系计算表，将表 5-2 所列数据分别在普通坐标和双对数坐标中绘制出暴雨强度历时关系曲线，如图 5-4 所示，即为相应历时内最大平均暴雨强度历时曲线。

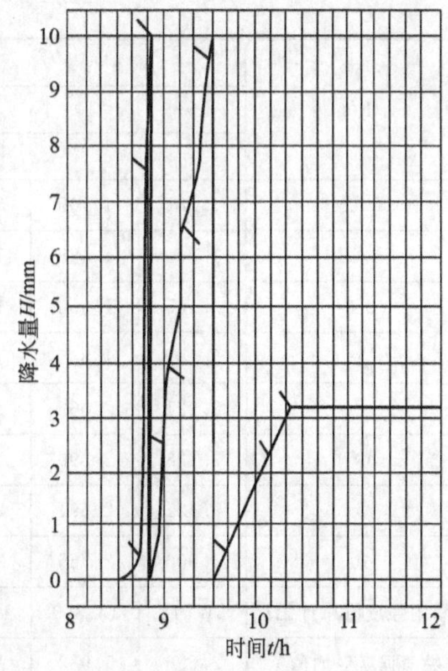

图 5-3 自记雨量计记录

根据该水文站自记雨量计的记录，选出每场暴雨；规定的降雨历时 5min、10min、15min、20min、30min、45min、60min、90min、120min 共 9 种历时（当集水面积较小时，可以不统计 90min、120min）。按这一标准摘录和统计雨量资料。一次降雨的中途，强度小于 0.1mm/min 的持续时间超过 120mm 时，应作为两场降雨来统计。在历年整理出的各场暴雨 i-t 计算表基础上，整理出 i-t-T 关系表，具体步骤：①按不同历时，

将 i 从大到小排列，各历时 i 的个数 $s=(3\sim5)n>40$ 个；②对各历时的 i 系列做频率计算次频率 $P'=\text{m/s}$（%）；③t 为参数，在同一张概率格纸上绘制各历时的 i-P' 曲线；④做转换次频率 $P'\rightarrow$ 年次频率 T，取 $T=$0.25a、0.33a、0.5a、1a、2a、3a、5a、10a 等所对应不同历时的 i 值，制成 i-t-T 关系表（表 5-3），绘制出图 5-5。

表 5-2　i-t 关系计算表

历时 t/min	雨量 h/mm	雨强 i/(mm/min)	历时 t/min	雨量 h/mm	雨强 i/(mm/min)
5	7.0	1.40	45	19.1	0.42
10	9.8	0.98	60	20.4	0.34
15	12.1	0.81	90	22.4	0.25
20	13.7	0.68	120	23.1	0.19
30	16.0	0.53			

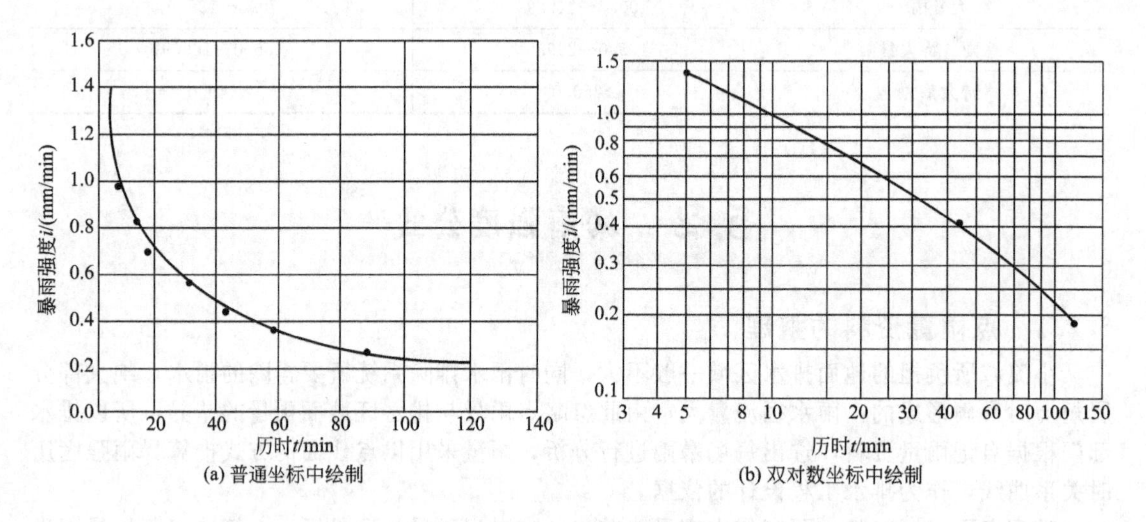

图 5-4　i-t 关系曲线

表 5-3　i-t-T 关系表

T/a	t/min 5	10	15	20	30	45	60	90	120
	i/(mm/min)								
0.25	1.581	1.109	0.886	0.800	0.648	0.500	0.438	0.373	0.245
0.33	1.869	1.428	1.086	0.935	0.763	0.609	0.526	0.438	0.302
0.5	2.155	1.656	1.315	1.074	0.859	0.700	0.650	0.526	0.341
1	2.442	1.856	1.485	1.307	1.074	0.864	0.786	0.652	0.442
2	2.921	2.065	1.761	1.556	1.303	1.045	0.920	0.715	0.546
3	3.128	2.390	1.913	1.735	1.455	1.167	1.008	0.818	0.546
5	3.421	2.591	2.065	1.848	1.578	1.284	1.085	0.894	0.600
10	4.000	2.765	2.335	2.000	1.719	1.438	1.245	1.000	0.688
暴雨强度值总计 $\sum i$	21.518	15.860	12.846	11.255	9.399	7.607	6.658	5.416	3.710
暴雨强度平均值 $\bar{i}$	2.690	1.983	1.606	1.407	1.175	0.951	0.832	0.677	0.464

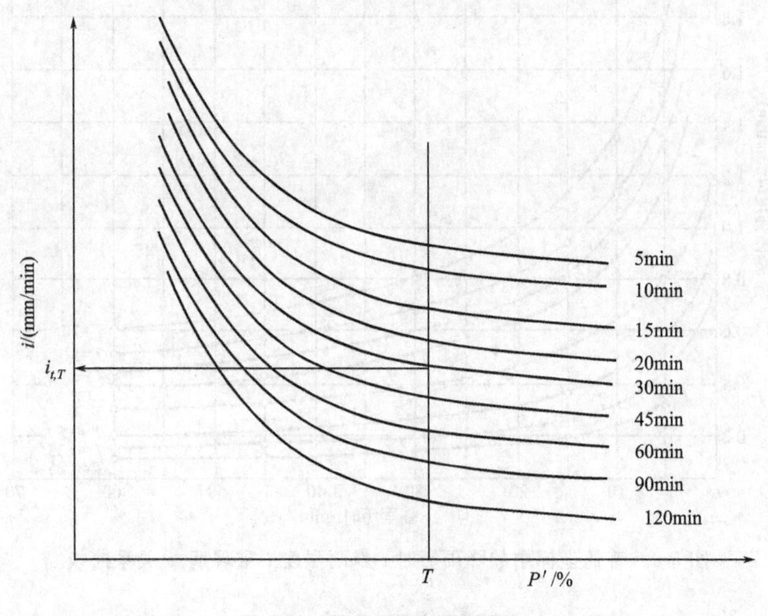

图 5-5 i-t-T 关系曲线

当设计重现期 $T_{设}$ 大于暴雨资料记录的年限 n 时，前三步骤同上；然后依据经验点据，用第 3 章学过的适线法求出不同历时 t 的暴雨强度 i 和次频率 P' 的理论频率曲线；在该理论曲线上 T=0.25a、0.33a、0.5a、1a、2a、3a、5a、10a 等所对应不同历时的 i 值，同样可制成 i-t-T 关系表。

设有 n 年实测雨强资料，每年选择 6～8 场暴雨数据，样本容量 S=(3～5)n，则次频率 $P'=\dfrac{m}{S}$（m=1,2,…，S）和次重现期 $T'=\dfrac{1}{P'}$。次重现期和年重现期的换算关系如下。

$$T(\mathrm{a})=\frac{n}{S}T' \tag{5-3}$$

【例 5-1】 设有 20 年实测雨强资料，共取得 100 个最大雨强数据组成一个样本，求 m=2 和 m=50 雨强的频率和重现期。

【解】 n=20a，S=5n=100a。

(1) m=2 次频率：$P'=\dfrac{m}{S}=\dfrac{2}{100}=2\%$；$m$=2 次重现期：$T'=\dfrac{1}{P'}=\dfrac{1}{0.02}=50$ 次

m=2 年重现期：$T=\dfrac{n}{S}T'=\dfrac{20}{100}\times 50=10\mathrm{a}$

(2) m=50 次频率：$P'=\dfrac{m}{S}=\dfrac{50}{100}=50\%$；$m$=50 次重现期：$T'=\dfrac{1}{P'}=\dfrac{1}{0.5}=2$ 次

m=50 年重现期：$T=\dfrac{n}{S}T'=\dfrac{20}{100}\times 2=0.4\mathrm{a}$

5.2.2 暴雨强度公式

用曲线形式表示应用时不很方便，所以工程中一般将 i-t-T 曲线族配一个函数形式。采用表 5-3 所列的数据，以重现期 T 为参数，在普通坐标上可绘出不同降雨历时 t-暴雨强度 i 的关系曲线（图 5-6）。图 5-5 和图 5-6 都显示出 i 随着 t 增加而递减的规律性。由于此种曲线基本上属于幂函数（Power Function），通常用以下公式表示。

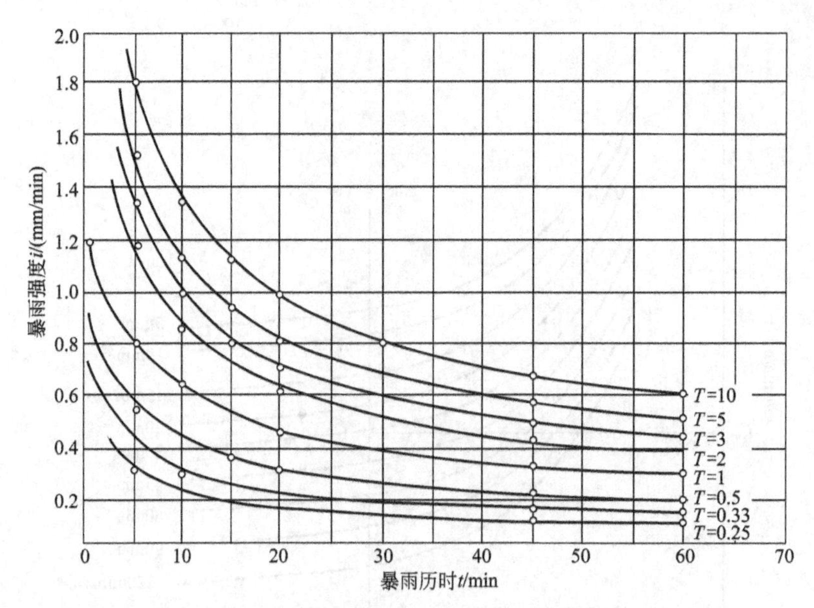

图 5-6　普通坐标中的降雨历时 t-暴雨强度 i-重现期 T 关系曲线

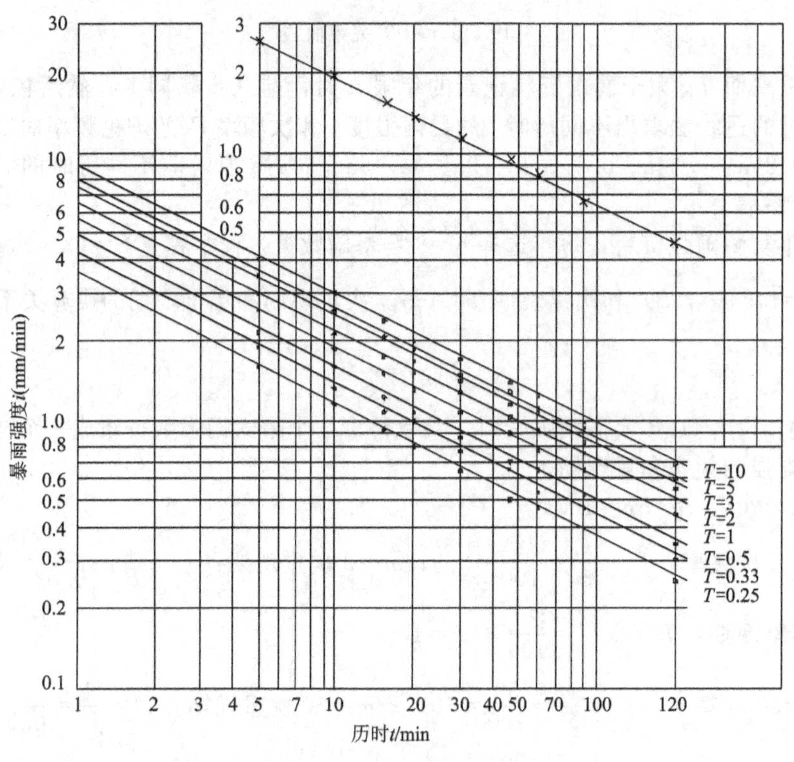

图 5-7　双对数坐标中的降雨历时 t-暴雨强度 i-重现期 T 关系曲线

（1）在双对数坐标系中，以 T 为参数，取 t 为横坐标，i 为纵坐标，若 i-t 呈直线，如图 5-7所示，则

$$i=\frac{A}{t^{n}} \tag{5-4}$$

（2）在双对数坐标系中，以 T 为参数，取 t 为横坐标，i 为纵坐标，若 i-t 呈曲线，则

$$i=\frac{A}{(t+b)^{n}} \tag{5-5}$$

由整理点雨量资料的要求可知，上述公式算得的强度 i 应是任意时段 t 内的最大平均暴雨强度值，式(5-5) 为式(5-4) 中 $b=0$ 时的特殊情况。式中 i 为时段 t 内的最大平均暴雨强度（mm/min）；t 为降雨历时（min）；n 为暴雨衰减指数，b 为时间参数，A 为一次暴雨过程中最大 1h 暴雨的平均强度，称其为雨力（mm/min 或 mm/h）。

雨力 A 与重现期 T 的关系有下列表达式。

$$A=A_1(1+C\lg T) \tag{5-6}$$

式中 A_1、C 为地方性参数。

于是式(5-4) 和式(5-5) 可分别写为：$i=\frac{A_1\ (1+C\lg T)}{t^n}$和 $i=\frac{A_1\ (1+C\lg T)}{(t+b)^n}$

5.2.3 求解暴雨强度公式中的参数

5.2.3.1 求解公式 $i=\frac{A}{t^n}$中的参数

（1）基本原理。对公式 $i=\frac{A}{t^n}$两边取对数有

$$\lg i=\lg A-n\lg t \tag{5-7}$$

式(5-7) 表明在双对数坐标中 $\lg i-\lg t$ 呈直线，n 为直线的斜率，A 为 $t=1$ 时在纵轴上的截距。对公式 $A=A_1(1+C\lg T)$ 有如下公式。

$$A=A_1+A_1C\lg T=A_1+B\lg T \tag{5-8}$$

式(5-8) 表明在取纵坐标 A 为普通分格，横坐标 T 为对数分格的单对数坐标系中，A-$\lg T$ 呈直线，B 为该直线的斜率，A_1为 $T=1$ 时在纵轴上的截距。

利用式(5-7) 和式(5-8) 的直线关系性，依据从历年自记雨量记录中整理获得的 i-t-T 相互关系的资料（见表 5-3），常用图解法或最小二乘法求解式(5-4) 和式(5-8) 中的参数 n、A_1、C。

（2）图解法。以表 5-3 所列 i-t-T 关系数据为例，求解参数的具体步骤如下（见图 5-7）。

① 绘制$\bar{i}$-t 参考线。在双对数坐标内点绘历时相同的各组 i 值的平均值$\bar{i}$与降雨历时 t 关系曲线，此条线不具有重现期的意义，只作为参考线。

② 绘制 i-t 关系线。以 T 为参数，在双对数坐标内，点绘 i-t 关系点，共有 9 组数据，对每组点据绘出一条与其呈最佳拟合的直线，且均与参考线相平行。

③ 求解参数 n 值。求出相互平行的直线斜率 n，即 $n=0.52$。

④ 求解 A_T值。当 $t=1$ 时，即可得到各条直线在纵轴截距 A，有 T-A 关系，见表 5-4。

表 5-4 T-A 的关系

T/a	0.25	0.33	0.5	1	2	3	5	10
A/(mm/min)	3.62	4.1	4.91	5.75	6.52	7.35	8	9.05

⑤ 绘制 A-$\lg T$ 关系线。取半对数坐标，据表 5.4 数值点绘 A-$\lg T$ 直线，如图 5-8 所示。

⑥ 绘求解参数 A_1、B、C 值。当 $T=1$a 时，$A=A_1$，即为该直线在纵轴上的截距，得 $A_1=5.75$mm/min。

当 $T=10$a 时，$A_{10}=A_1+B$ 有 $B=A_{10}-A_1=9.05-5.75=3.3$mm/min，则 $C=\frac{B}{A_1}=\frac{3.3}{5.75}=0.57$。

故有 $A=5.75\times(1+0.571\lg T)$。

所以由上述图解法求得的该地区暴雨强度公式如下。

$$i=\frac{5.75\times(1+0.571\lg T)}{t^{0.52}}$$

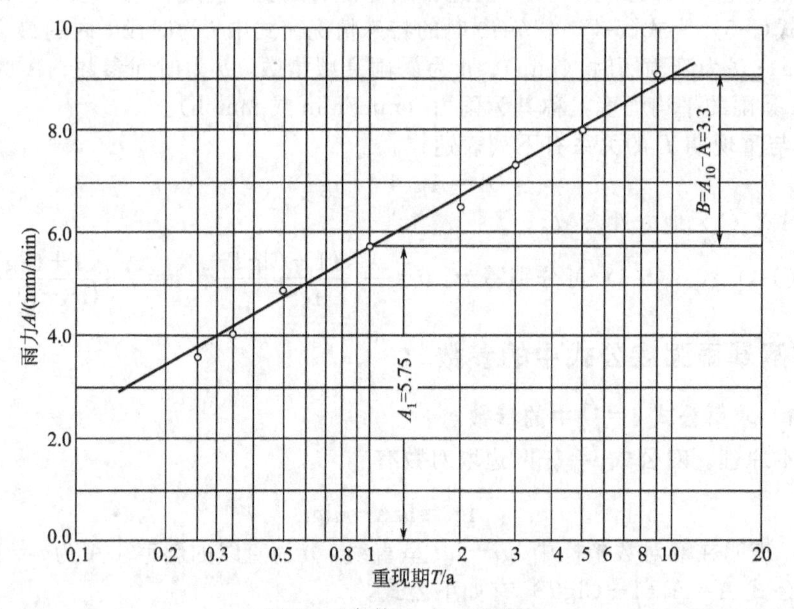

图 5-8 参数 A_1 与 B 图解

图解法简单易行，但因完全由目估定线求参数，个人的经验对计算结果起着一定的作用，因而适用于点据分布趋势明显的情况。当点据分布规律性不强时，可依据最小二乘法原理求公式中的参数。

(3) 最小二乘法。以表 5-3 所列 i-t-T 关系数据为例，说明运用最小二乘法求解参数的具体步骤。

① 求解 n_T、A 的公式。对某种重现期 T 而言，可将 i 与 t 看做一组实际观测数据，设每组有 m_1 对（i，t）值。

设直线回归方程为

$$\lg I=\lg A-n\lg t$$

取回归线自变量 t 与实际观测值 t 相等，倚变量即为实际观测值 $\lg i$，它并不一定等于回归线上值 $\lg I$，有：$\lg i-\lg I=\lg i-(\lg A-n\lg t)\neq 0$。

由最小二乘法可知，若使求得参数 A、n 为最佳值，实测值与其匹配的回归直线之间的误差平方和应为最小，令：$\sum_{1}^{m_1}(\lg i-\lg A+n\lg t)^2=Y$

则有：$\frac{\partial Y}{\partial n}=2\frac{\partial Y}{\partial n}=2\sum_{1}^{m_1}(\lg i-\lg A+n\lg t)\lg t=0$

由于就某一 T 而言，$\lg A$ 为定值，于是有

$$\sum_{1}^{m_1}(\lg i\lg t)-\lg A\sum_{1}^{m_1}\lg t+n\sum_{1}^{m_1}(\lg t)^2=0 \tag{5-9}$$

又有

$$\frac{\partial Y}{\partial \lg A}=-2\sum_{1}^{m_1}(\lg i-\lg A+n\lg t)=-2\left(\sum_{1}^{m_2}\lg i-m_1\lg A+n\sum_{1}^{m_1}t\right)=0 \tag{5-10}$$

联立式(5-9) 和式(5-10)，消去 $\lg A$，得

$$n = n_T = \frac{\sum_1^{m_1} \lg i \times \sum_1^{m_1} \lg t - m_1 \sum_1^{m_1} (\lg i \times \lg t)}{m_1 \sum_1^{m} \lg^2 t - \left(\sum_1^{m_1} \lg t\right)^2} \tag{5-11}$$

式(5-11) 所得的 n 仅与某一重现期 T 相对应，因而记作 n_T；对于不同的重现期，可得到多个略有差异的 n_T 值。

现以表 5-3 中的 $T=5$ 时的 i-t 对应值为例，此时 $m_1=9$，依据式(5-11) 计算，数据整理如表 5-5 所示。

表 5-5　n、A 值计算用表

序号	t/min	$\lg t$	$\lg t^2$	i/mm/min	$\lg i$	$\lg i \times \lg t$
1	5	0.699	0.489	3.421	0.534	0.373
2	10	1.000	1.000	2.591	0.413	0.413
3	15	1.176	1.383	2.065	0.315	0.370
4	20	1.301	1.693	1.848	0.267	0.347
5	30	1.477	2.182	1.578	0.198	0.292
6	45	1.653	2.733	1.284	0.109	0.180
7	60	1.778	3.162	1.058	0.035	0.062
8	90	1.954	3.818	0.894	−0.049	−0.096
9	120	2.079	4.322	0.600	−0.222	−0.462
总计	—	13.117	20.780	—	1.600	1.482

将表 5-5 中的相应数据代入式(5-11) 中，得 $T=5\text{a}$ 时的暴雨衰减指数如下。

$$n_{10} = \frac{1.6 \times 13.117 - 9 \times 1.482}{9 \times 20.780 - (13.117)^2} = 0.511$$

② 求解 n 值。设重现期 T 的总个数为 m_2 个，由式(5-11) 得 m_2 个 n_T 值，在一个暴雨公式中，取其平均值 $\overline{n}$ 作为最终的计算值，有：

$$\overline{n} = \frac{\sum_1^{m_2} n_T}{m_2} \tag{5-12}$$

式(5-10) 中的 n 即取此值 $\overline{n}$。

对表 5-3 中其他不同的重现期 n_T 值同样用式(5-11) 求解，依次求得的结果如表 5-6 所示。

表 5-6　n_T 计算结果

T/a	0.25	0.33	0.50	1	2	3	5	10
n_T	0.543	0.552	0.548	0.511	0.510	0.514	0.511	0.508

根据式 $\overline{n} = \dfrac{\sum_1^{m_2} n_T}{m_2}$ 得：

$$\overline{n} = \frac{1}{8}(0.543 + 0.552 + 0.548 + 0.511 + 0.510 + 0.514 + 0.511 + 0.508) = 0.525$$

③ 求解 A 值。根据式(5-12) 所得的 $\overline{n}$ 代入式(5-10)，即得到与某一重现期对应的 A 值，则：

$$\lg A=\frac{1}{m_1}\left(\sum_{1}^{m_1}\lg i+\bar{n}\sum_{1}^{m_1}\lg t\right) \tag{5-13}$$

将表5-3数据代入式(5-13)，此时具体计算式为：

$$\lg A=\frac{1}{9}\left(\sum_{1}^{9}\lg i+0.525\sum_{1}^{9}\lg t\right)$$

则 m_2 个 T 值可得 m_2 个 A_T 值，其结果列入表5-7中。

表5-7　A_T计算表

T/a	0.25	0.33	0.50	1	2	3	5	10
A_T/(mm/min)	3.69	4.44	5.19	6.30	7.34	8.07	8.77	9.81

④ 求解参数 A_1、B、C 值。同理为求解参数 A_1、B、C 值，对式 $A=A_1+A_1C\lg T=A_1+B\lg T$ 运用最小二乘法，可得如下公式。

$$A_1=\frac{\sum_{1}^{m_2}\lg^2 T\times\sum_{1}^{m_2}A-\sum_{1}^{m_2}\lg T\times\sum_{1}^{m_2}A\times\lg T}{m_2\sum_{1}^{m_2}\lg^2 T-\left(\sum_{1}^{m_2}T\right)^2} \tag{5-14}$$

$$B=\frac{\sum_{1}^{m_2}A-m_2A_1}{\sum_{1}^{m_2}\lg T} \tag{5-15}$$

则
$$C=\frac{B}{A_1} \tag{5-16}$$

对表5-3所列的相关数据做处理，其结果如表5-8所示，然后分别代入式(5-14)～式(5-16)，其计算结果为 $A_1=6.19$，$B=3.736$，$C=0.60$，于是有 $A=6.19\times(1+0.6\lg T)$。

表5-8　A、B值计算用表

序号	T/a	$\lg T$	$\lg^2 T$	A/(mm/min)	$A\lg T$
1	0.25	−0.6012	0.3625	3.69	−2.2214
2	0.33	−0.4815	0.2318	4.44	−2.1401
3	0.5	−0.3010	0.0906	5.19	−1.5622
4	1	0.0000	0.0000	6.30	0.0000
5	2	0.3010	0.0906	7.34	2.2093
6	3	0.4771	0.2276	8.07	3.8494
7	5	0.6990	0.4889	8.77	6.1302
8	10	1.0000	1.0000	9.81	9.8100
总计		1.0925	2.4920	53.61	16.0753

⑤ 求出暴雨强度公式。总结以上计算，根据表5-3数据，最终求得某地的暴雨强度公式如下。

$$i=\frac{6.19\times(1+0.61\lg T)}{t^{0.525}}$$

将此计算结果与运用图解法计算的结果相比较，由于表5-3的点据分布趋势明显，且规律性强，因而两种方法的计算结果比较接近。

5.2.3.2 求解式(5-5)中的参数

(1) 基本原理。式(5-5)（$A=A_1+A_1 C\lg T$）中的参数包括 n、b、A_1 和 C。

对式(5-5)两边取对数有：

$$\lg i=\lg A-n\lg(t+b) \tag{5-17}$$

式(5-17)表明在双对数坐标中，若 $\lg i-\lg(t+b)$ 呈直线，n 为直线的斜率，A 为当 $t+b=1$时在纵轴上的截距。问题是在双对数坐标内，当横坐标取 $\lg t$ 的时候，i-t 关系线是呈曲线状的。但是可寻求用一种称为试摆法的方法，将曲线变为直线，接下来就可以应用与求解式(5-4)相同的方法来求解式(5-5)中的参数。

(2) 参数求解。具体求解参数的步骤如下。

① 用试摆法求解参数初值 b_T、n_T、A_T。试摆法就是将某一重现期 T 的呈曲线状 i-t 关系线变成直线。具体做法是：对于 $\lg i-\lg t$ 曲线，保持其纵坐标 $\lg i$ 不变，而在各个历时 t 上试加某一相同的 b 值，使横坐标 $\lg t$ 变成 $\lg(t+b)$，若各点连线呈直线，该试加的 b 值就是所求得的初值 b_T。

A_T 为此条直线当 $t+b=1$ 时在纵轴上的截距，直线斜率为 n_T，且有如下公式。

$$n=n_T=\frac{\lg A-\lg i}{\lg(t+b)} \tag{5-18}$$

设重现期 T 总个数为 m_2 个。于是可求得 m_2 个 b_T、n_T 和 A_T 值，从中求出 n 的初次平均 $\bar{n}$值，将其代入式(5-5)，为再次调整 b 值所用。

② 再次调整参数，确定 b 值。将 $\bar{n}$ 代入式(5-5)后，可变形为：

$$\frac{1}{i}=\frac{(t+b)^{\bar{n}}}{A} \tag{5-19}$$

两边同开 $\bar{n}$ 次方，有如下公式。

$$\left(\frac{1}{i}\right)^{1/\bar{n}}=\frac{t}{A^{1/\bar{n}}}+\frac{b}{A^{1/\bar{n}}} \tag{5-20}$$

由此式可知，在普通坐标中，取 $\left(\frac{1}{i}\right)^{1/\bar{n}}$ 为纵坐标，t 为横坐标，点绘出的 $\left(\frac{1}{i}\right)^{1/\bar{n}}$-$t$ 为直线。于是在经过资料整理已获得 i-t-T 关系表的基础上，计算 $\left(\frac{1}{i}\right)^{1/\bar{n}}$，可获得 $\left(\frac{1}{i}\right)^{1/\bar{n}}$-$t$-$T$ 关系表，据此表数据可绘制 $\left(\frac{1}{i}\right)^{1/\bar{n}}$-$t$ 关系直线。对某重现期 T 而言，当 $\left(\frac{1}{i}\right)^{1/\bar{n}}=0$ 时，$b=-t$。

T 总个数为 m_2 个，由 $\left(\frac{1}{i}\right)^{1/\bar{n}}$-$t$ 关系直线可得 m_2 个 b_T 值，其平均值即为所求得的 b 值，有

$$b=\bar{b}=\frac{1}{m_2}\sum_{1}^{m_2} b_T \tag{5-21}$$

③ 求解参数 n、A_1、B、C 值。运用式(5-11)、式(5-12)、式(5-14)～式(5-16)，可分

别求得 n_T、n、A_1、B、C 值，这些公式中的 t 项改为 $(t+b)$ 代入即可。

由上述介绍求解暴雨强度公式(5-5) 中的参数的方法可知，其运算工作量大，步骤繁杂，使之计算速度及其计算精度受到了限制。目前对于式(5-5) 这类非线性求参问题，可用非线性最小二乘估计法，应用计算机编程进行求解。有关详情可查阅相关书籍。

5.2.3.3 缺乏自记雨量计资料情况下求解参数

在无自记雨量计的地区，或自记雨量计记录年限少于 5 年的地区，其暴雨强度公式的推求仍可采用水文比拟法，即参照有长时期自记雨量计记录并且气象条件相似地区的暴雨强度公式，同时依据本地区非自记雨量计记录及气象资料，求出本地区的暴雨强度公式中的参数。以下介绍的两种方法是在缺乏自记雨量计资料情况下常用的推求参数方法。

(1) 等值线图法。利用等值线图法求解暴雨公式，就是用 n、A 等值线图求解暴雨公式中的参数。暴雨衰减指数 n 值反应地区暴雨特征，在不同气候区域内具有不同的数值。雨力 A 值不仅随着重现期而发生变化，还随着区域的不同而变化，重现期 T 越长，A 值也就越大。具体方法如下。

① 在双对数坐标中，若 i-t 呈现直线，对于式(5-4) 中参数的求解，可查阅各地的《水文手册》。手册中一般都附有暴雨公式参数 A、n 的等值线图。已知工程所在地点，就可以在包含此地点的相应的等值线图上查到 A 和 n 值，其中雨力 A 值与暴雨频率或重现期有关，故常记作 A_P（或 A_T）等值线图。

② 在双对数坐标中，若 i-t 呈曲线形式，在小流域暴雨计算时，根据对大量长期自记雨量计资料的分析结果说明，暴雨衰减指数 n 与降雨历时长短有关，大多数地区的 n 值通常在降雨历时 $t=1\text{h}$ 前后发生变化，于是将 n 值分属长、短两个历时来赋值，即将 i-t 关系曲线转变为 i-t 关系直线。若降雨历时 $t<1\text{h}$，取 $n=n_1$，若降雨历时 $t>1\text{h}$，取 $n=n_2$，计算时所需的 n_1 和 n_2 数值，可查阅各地方编制的 n_1、n_2 等值线图，且一般 $n_2>n_1$。我国水利水电科学研究院水文研究所对全国 8 个城市的较长时期的暴雨实测资料进行了分析研究，结果认为各地可采用统一形式的暴雨强度公式，即式(5-4)。

参数 A_P 值的获取，一是查阅当地绘制的 A_P 等值线图；二是用与 A_P 设计频率相同的年最大 24h 暴雨量（$H_{24,P}$）计算。

$$A_P=\frac{H_{24,P}}{24^{1-n}}=\frac{K_P\cdot\overline{H_{24}}}{24^{1-n}} \tag{5-22}$$

对式(5-22) 推导如下。设水文样本资料由年最大 24h 暴雨量组成，该样本的均值记作 $\overline{H}_{24}$（据当地多年平均最大 24h 暴雨量等值线图可查阅此值），其模比系数记作 $K_P=\frac{H_{24,P}}{\overline{H}_{24}}$，则

$$H_{24,P}=K_P\overline{H}_{24} \tag{5-23}$$

若已知设计频率 P、样本的变差系数 C_V（据当地多年平均最大 24h 暴雨量变差系数等值线图可查阅此值）及经验值 $C_S=3.5C_V$，又因为 $K_P=1+C_V\phi_P$，查附录 4，即可求出 K_P 值。

又设 24h 的暴雨强度为 i_P，有如下公式。

$$H_{24,P}=i_P t=\frac{A_P}{t^n}t=A_P t^{1-n}=A_P 24^{1-n}$$

$$A_P=\frac{H_{24,P}}{24^{1-n}} \tag{5-24}$$

于是将式(5-23) 代入式(5-24)，即得式(5-22)。

(2) 最大日降雨量法。我国《室外排水设计规范》推荐的暴雨强度 $q[\mathrm{L/(s \cdot hm^2)}]$ 公式为：

$$q=\frac{(20+b)^n q_{20}(1+C\lg T)}{(t+b)^n} \tag{5-25}$$

式中，t 为降雨历时，min；T 为设计重现期，a；C、n、b 为地方性参数，可参照邻近有自记雨量计资料且气象条件相似的地区进行推算，或依据实践经验推求；q_{20} 为当 $T=1\mathrm{a}$，$t=20\mathrm{min}$ 时的本地区暴雨强度，$\mathrm{L/(s \cdot hm^2)}$。

$$q_{20}=\alpha h_{\mathrm{d}}^{\beta} \tag{5-26}$$

式中，α、β 为地区参数，见表 5-9；h_{d} 为多年平均最大日降雨量，mm。

表 5-9　**α、β 数值**

分区	范围	α	β
Ⅰ	东北及河北省东北部	4.47	0.294
Ⅱ	西北地区	7.51	0.627
Ⅲ	山西、河南、山东北部、河北西北部	3.66	0.867
Ⅳ、Ⅴ	东南沿海、江西、湖南、湖北及广西	16.8	0.525
Ⅵ	西南地区	24.8	0.442

采用公式 $q_{20}=\alpha h_d^{\beta}$ 求解，计算简便，要求的资料简单，仅需有多年平均最大日降雨量一项即可。但是为保证计算结果的可靠性，资料年数不应短于 10a。

5.2.4　暴雨强度公式在排水工程的应用

5.2.4.1　暴雨强度的换算

《室外排水设计规范》(GB 50014—2006) 中，式(5-5) 被推荐为雨水量计算的标准公式。该规范要求最后将 i(mm/min) 换算为 $q\,[\mathrm{L/(s \cdot hm^2)}]$，有

$$\begin{aligned}1\mathrm{L(s \cdot hm^2)} &= 10^{-3}\mathrm{m^3/[s \cdot (10^4 m^2)]}\\ &= 1\mathrm{m/(s \cdot 10^7)}\\ &= 1\mathrm{mm/(s \cdot 10^4)}\\ &= 60\mathrm{mm/(min \cdot 10^4)}\\ &= 6\times 10^{-3}\mathrm{mm/min}\end{aligned}$$

所以 $q=\frac{1000}{6}i=167i$，有

$$q=\frac{167A_1(1+C\lg T)}{(t+b)^n} \tag{5-27}$$

式中，q 为设计暴雨强度，$\mathrm{L/(s \cdot hm^2)}$；$i$ 为设计暴雨强度，mm/min；t 为暴雨历时，min；T 为设计重现期，a。

式(5-27) 中若地方性参数 A_1、C、b、n 已知，就可计算暴雨历时为 t、设计重现期 T 的暴雨强度 q。《室外排水设计规范》(GB 50014—2006) 中确定的要求如下。

(1) 本方法适用于具有10年以上自动雨量记录的地区。

(2) 计算降雨历时采用5min、10min、15min、20min、30min、45min、60min、90min、120min共9个历时。计算降雨重现期宜按0.25年、0.33年、0.5年、1年、2年、3年、5年、10年统计。资料条件较好时（资料年数≥20年、子样点的排列比较规律），也可统计高于10年的重现期。

(3) 取样方法宜采用多个样法，每年每个历时选择6～8个最大值，然后不论年次，将每个历时子样按大小次序排列，再从中选择资料年数的3～4倍的最大值，作为统计的基础资料。

(4) 选取的各历时降雨资料，一般应用频率曲线加以调整。当精度要求不太高时，可采用经验频率曲线；当精度要求较高时，可采用皮尔逊Ⅲ型分布曲线或指数分布曲线等理论频率曲线。根据确定的频率曲线，得出重现期、降雨强度和降雨历时三者的关系，即P、i、t关系值。

(5) 根据P、i、t关系值求得b、n、A_1、C各个参数，可用解析法、图解与计算结合法或图解法等方法进行。将求得的各参数代入式(5-27)，即得当地暴雨强度公式。

(6) 计算抽样误差和暴雨公式均方差。一般按绝对均方差计算，也可辅以相对均方差计算。计算重现期在0.25～10年，在一般强度的地方，平均绝对方差不宜大于0.05mm/min。在较大强度的地方，平均相对方差不宜大于5%。

5.2.4.2 暴雨强度公式在排水工程的应用

我国若干城市的暴雨强度公式可以参考《给水排水设计手册》（第5册城镇排水）1.10中表1-38和表1-39提供的编制公式。其中公式的地方性参数A_1、C、b、n为已知值，就可以计算降雨历时为t、设计重现期T的暴雨强度q。将其用于排水工程中雨水设计流量的计算过程中。

$$Q_s = q\Psi F \tag{5-28}$$

式中，Q_s为雨水设计流量，L/s；q为设计暴雨强度，L/(s·hm²)；Ψ为径流系数；F为汇水面积，hm²。

利用式(5-27)应用到式(5-28)时设计重现期T、降雨历时为t的选择和计算要注意以下问题。

(1) 雨水管渠设计重现期T，应根据汇水地区性质、地形特点和气候特征等因素确定。同一排水系统可采用同一重现期或不同重现期。重现期一般采用0.5～3年，重要干道、重要地区或短期积水即能引起较严重后果的地区，一般采用3～5年，并应与道路设计协调。特别重要地区和次要地区可酌情增减。

(2) 雨水管渠的降雨历时，应按下式计算。

$$t = t_1 + mt_2 \tag{5-29}$$

式中，t为降雨历时，min；t_1为地面集水时间，min，视距离长短、地形坡度和地面铺盖情况而定，一般采用5～15min；m为折减系数，暗管折减系数$m=2$，明渠折减系数$m=1.2$，在陡坡地区，暗管折减系数$m=1.2～2$；t_2为管渠内雨水流行时间，min。

5.3 暴雨洪峰流量的推理公式

小流域上暴雨洪峰流量的计算是设计雨水管渠的基础，推理公式从产流、汇流的基本理论出发，假定降雨强度、下渗强度在流域面积内均匀分布，通过等流时线原理，从而推求净雨产生后流域出口断面的洪峰流量。

5.3.1 流域出口断面流量的组成

流域汇流是指在流域各点产生的净雨，经过坡地和河网汇集到流域出口断面，形成径流的全过程。

同一时刻在流域各处形成的净雨距流域出口断面远近、流速不相同，所以不可能全部在同一时刻到达流域出口断面。但是不同时刻在流域内不同地点产生的净雨，却可以在同一时刻流达流域的出口断面，如图 5-9 所示。

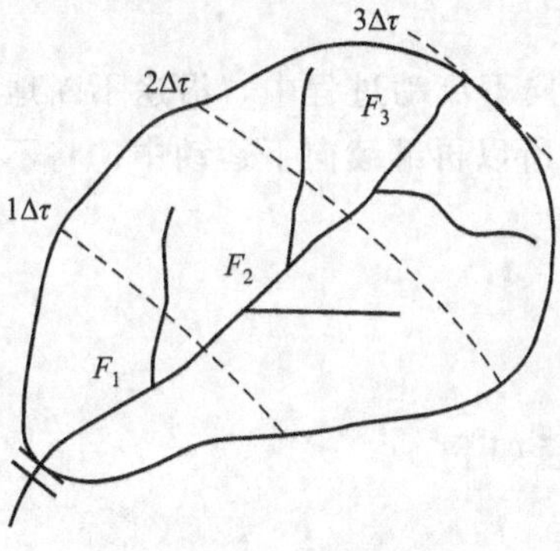

图 5-9 某流域等流时线示意
F_1、F_2、F_3—等流时面积；
$\Delta\tau$—单位汇流时段

5.3.1.1 基本概念及含义

流域汇流时间 τ_m：流域上最远点的净雨流到出口的历时。

汇流时间 τ：流域各点的地面净雨流达出口断面所经历的时间。

等流时面积 $dF(\tau)$：同一时刻产生且汇流时间相同的净雨，所组成的面积。

5.3.1.2 流量成因公式及汇流曲线

流域出口断面 t 时刻的流量 $Q(t)$，是各种不同的等流时面积上在 t 时刻到达出口断面的流量之和

$$Q(t)=\int_0^t dQ(t)=\int_0^t i(t-\tau)dF(\tau) \tag{5-30}$$

又因为等流时面积是汇流时间 τ 的函数，因此有 $dF(\tau)=\frac{\partial F(\tau)}{\partial \tau}d\tau$，则有流量成因公式

$$Q(t)=\int_0^t i(t-\tau)\frac{\partial F(\tau)}{\partial \tau}d\tau \tag{5-31}$$

式中，$\frac{\partial F(\tau)}{\partial \tau}=u(\tau)$ 称为流域的汇流曲线，则有

$$Q(t)=\int_0^t i(t-\tau)\frac{\partial F(\tau)}{\partial \tau}d\tau=\int_0^t i(t-\tau)u(\tau)d\tau=\int_0^t i(\tau)u(t-\tau)d\tau \tag{5-32}$$

式(5-31) 称为卷积公式。由此式可知，流域出口断面的流量过程取决于流域内的产流过程和汇流曲线。当已知流域内降雨形成的净雨过程，则汇流计算的关键就是确定流域的汇流曲线。

5.3.2 等流时线原理

等流时线：流域上汇流时间 τ 相等点子的连线，如图 5-9 中标有 $1\Delta\tau$、$2\Delta\tau$、…的虚线（$\Delta\tau$ 为单位汇流时段长）。

等流时面积：两条相邻等流时线间的面积。

5.3.3 不同净雨历时情况下的径流过程

利用等流时线概念，分析图 5-9 流域上不同净雨情况下所形成的出口断面地面径流过程。为计算上的方便，取计算时段 Δt 等于汇流时段 $\Delta\tau$，分两种情况进行讨论。

5.3.3.1 地面净雨历时等于一个汇流时段（$T_s=\Delta t=\Delta\tau$）

流域上一次均匀净雨，历时 $T_s=\Delta t=\Delta\tau$，净雨深 R_s，雨强 $i_s=R_s/\Delta t$。

净雨开始 $t=0$ 时，雨水尚未汇集到出口，此时流量为零，即 $Q_0=0$。

第 1 时段末 $t=1\Delta\tau$ 时，最初降落在 $1\Delta\tau$ 线上的净雨在向下流动过程中，沿途不断地汇集 F_1 上持续的净雨，当它到达出口时（$t=1\Delta\tau$），正好汇集了 F_1 上沿途产生的地面净雨。此时的流量如下。

$$Q_1=\frac{R_s}{\Delta t}F_1=i_sF_1$$

第 2 时段末 $t=2\Delta\tau$ 时，最初降落在 $2\Delta\tau$ 线上的净雨在向下流动过程中，沿途不断地汇集 F_2 上持续的净雨，当它到达 $1\Delta\tau$ 线位置时，净雨停止，所以再继续向下运动中，将不继续汇集雨水。在第 2 时段末流量如下。

$$Q_2=\frac{R_s}{\Delta t}F_2=i_sF_2$$

第 3 时段末 $t=3\Delta\tau$ 时，与上面同样的道理，此时的流量如下。

$$Q_3=\frac{R_s}{\Delta t}F_3=i_sF_3$$

第 4 时段末 $t=4\Delta\tau$ 时，净雨最末时刻（$t=1\Delta t$）降落在流域最远点的净雨，正好流过出口，故此时流量为零。

$$Q_4=0$$

5.3.3.2 地面净雨历时多于一个汇流时段（$T_s\geqslant 2\Delta t$）

流域上净雨历时 $T_s=3\Delta t$，雨强 $i_{s1}=\frac{R_{s1}}{\Delta t}$，$i_{s2}=\frac{R_{s2}}{\Delta t}$，$i_{s3}=\frac{R_{s3}}{\Delta t}$，它们各自在流域出口形成的地面径流流量过程，可用与上面完全相同的方法求得，如表 5-10 所列和图 5-10、图 5-11 所示。

表 5-10 按等流时线原理计算地面径流过程示例 $T_s=\tau_m$

时间 $t\Delta t$	净雨 $R_{s,j}$	净雨强度 $i_{s,j}$	各时段净雨的地面径流过程 $R_{s,1}$	$R_{s,2}$	$R_{s,3}$	整个净雨在流域出口的地面径流过程 Q_t
(1)	(2)	(3)	(4)	(5)	(6)	(7)
0			0			$Q_0=0$
1	$R_{s,1}$	$i_{s,1}$	$i_{s,1}F_1$	0		$Q_1=i_{s,1}F_1$
2	$R_{s,2}$	$i_{s,2}$	$i_{s,1}F_2$	$i_{s,2}F_1$	0	$Q_2=i_{s,1}F_2+i_{s,1}F_1$
3	$R_{s,3}$	$i_{s,3}$	$i_{s,1}F_3$	$i_{s,2}F_2$	$i_{s,3}F_1$	$Q_3=i_{s,1}F_3+i_{s,1}F_1+i_{s,3}F_1$
4			0	$i_{s,2}F_3$	$i_{s,3}F_2$	$Q_4=i_{s,1}F_3+i_{s,1}F_2$
5				0	$i_{s,3}F_3$	$Q_5=i_{s,1}F_3$
6					0	$Q_6=0$

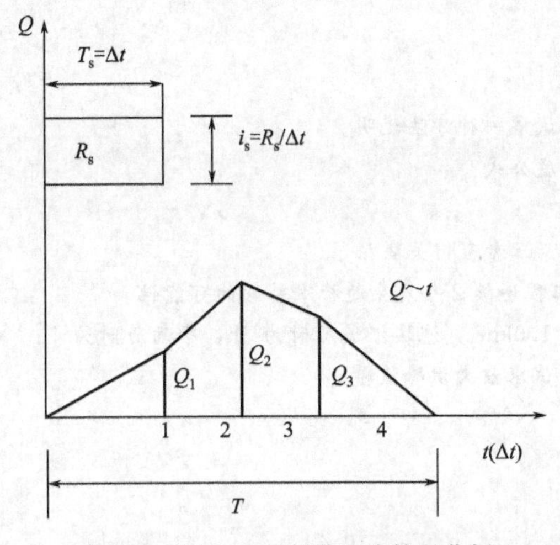

图 5-10　$T_s < \tau_m$的部分汇流情况分析

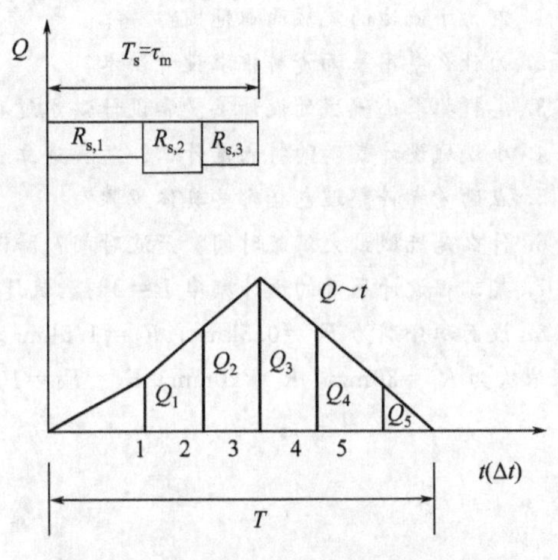

图 5-11　$T_s = \tau_m$的全面汇流情况分析

5.3.4　暴雨洪峰流量公式

从以上分析中，可以归纳出以下几个重要结论。

(1) 一个时段的净雨在流域出口断面形成的地面径流过程，等于该净雨强度与各块等流时面积的乘积，即 $Q_i = i_s F_i$。

(2) 多时段净雨在流域出口形成的地面径流过程，等于它们各自在出口形成的地面径流过程叠加。

(3) 当净雨历时 T_s小于流域汇流时间 τ_m时，称为流域部分面积汇流造峰（部分汇流造峰）；当净雨历时 T_s大于或等于 τ_m时，称为流域全面积汇流造峰（全面汇流造峰）。

(4) 地面径流总历时 T 等于净雨历时 T_s与流域汇流时间 τ_m之和。

$$T = T_s + \tau_m \tag{5-33}$$

【任务解决】 根据多年平均雨量$\bar{h}$、降雨历时$\bar{t}$等，我国大体上可分为 5 个气候带。①十分湿润带：$\bar{h}>$1600mm、$\bar{t}>$160 天，分布在广东、海南、福建、台湾、浙江大部、广西东部、云南西南部、西藏东南部、江西和湖南山区、四川西部山区。②湿润带：$\bar{h}$= 800～1600mm、$\bar{t}$= 120～160 天，分布在秦岭淮河以南的长江中下游地区、云、贵、川和广西的大部分地区。③半湿润带：$\bar{h}$= 400～800mm、$\bar{t}$= 80～100 天，分布在华北平原、东北、山西、陕西大部、甘肃、青海东南部、新疆北部、四川西北和西藏东部。④半干旱带：$\bar{h}$= 200～400mm、$\bar{t}$= 60～80 天，分布在东北西部、内蒙、宁夏、甘肃大部、新疆西部。⑤干旱带：$\bar{h}<$200mm、$\bar{t}\leqslant$60 天，分布在内蒙古、宁夏、甘肃沙漠区、青海柴达木盆地、新疆塔里木盆地和准噶尔盆地藏北羌塘地区。

【知识拓展】 在德国慕尼黑，城市有容量很大的地下调蓄库，在洪水期有很强的调度水量能力。在 2434km 的排水管网中，布置着 13 个地下储存水库，这些地下储存水库就像是 13 个缓冲用的阀门，充当暴雨进入地下管道的中转站。当暴雨不期而至，地下的储水库用 70.6 万立方米的容量，暂时存储暴雨的雨水。这种大规模的城市地下蓄水，既保证汛期排水通畅，又实现了雨水的合理利用。德国同时推广的新型雨水处理系统即洼地渗渠系统，是包括各个就地设置的洼地、渗渠等组成的设施。这些设施与带有孔洞的排水管道连接，形成一个分散的雨水处理系统。通过雨水在低洼草地中短期储存和在渗渠中的长期储存，保证尽可能多的雨水得以下渗，不仅大大减少了雨洪暴雨径流，同时由于及时补充了地下水，可以防止地面沉降，从而使城市水文生态系统形成良性循环。

【思考与练习题】

1. 何为小流域的流域面积范围？
2. 为什么要用暴雨资料推求设计洪水？
3. 怎样推求小流域的设计洪量和设计洪水过程线？试举一种方法说明。
4. 小流域设计暴雨的特点是什么？怎样建立暴雨强度公式？
5. 点雨量资料整理包括哪些具体步骤？
6. 什么是流域最大汇流时间？产流时间？降雨历时？三者有何关联？
7. 某工程设计暴雨的设计频率 $P=2\%$，试计算该工程连续2年发生超标准暴雨的可能性。
8. 设面积分别为 $F_1=0.5\text{km}^2$，$F_2=1.5\text{km}^2$，$F_3=1.0\text{km}^2$，流域汇流历时为3h，净雨历时为4h，净雨深依次为 $R_1=30\text{mm}$，$R_2=20\text{mm}$，$R_3=R_4=10\text{mm}$，试求最大洪峰流量。

第6章 水文学在土木工程中的应用

【学习目的】 熟悉水文基本原理以及河川径流推求对桥涵设计的重要意义；掌握不同水文资料条件下，推求设计洪峰流量的基本方法，并运用河川径流量的地区规律、因果关系对计算成果进行合理分析，为预估建造桥涵后可能遭遇的水文情势提供水文数据；熟悉根据桥位断面的设计流量和设计水位，推算桥孔有关参数，为确定桥孔设计方案提供设计依据。

【学习重点】 具有或缺乏实测资料时推算设计洪峰流量；河川设计流量推求桥孔的最小长度和桥面中心最低标高。

【学习难点】 缺乏实测资料时推算设计洪峰流量。

【本章任务】 某桥跨越次稳定性河段，设计流量Q_p为 8470m^3/s，河槽流量Q_c为8060m^3/s，河床全宽B为 370m，河槽宽度B_c为 300m，设计水位下河槽平均水深为 6.4m，河滩平均水深为 3.5m，则设计桥孔净长为多少？

【学习情景】 2012 年 8 月 3 日起，辽宁省大连的瓦房店市普降特大暴雨，局部地区降雨量达到 289.1 毫米，为 70 年不遇。由于雨量过大过急，激发山洪暴发招致河水改道，将位于辽宁大连的瓦房店市驼山乡的万家河大桥桥头与路途交接处的路基掏空，大桥被洪水冲垮，致 1 人死亡 5 人失踪。同时持续暴雨招致辽宁境内多条公路遭到不同程度的损毁。

公路桥涵是跨越河渠，宣泄，沟通两侧灌溉水路及保证道路运行安全的泄水建筑物。桥涵水文主要依靠数理统计分析方法，分析实地调查勘测的河川水文资料，预示桥涵工程可能遭遇到未来水文情势，为桥涵设计提供必不可少的设计依据。

水文现象的数值变化及其变化过程受到许多复杂因素的影响，难以获得其物理关系的简单数学模型，也不可能从水文现象的实测记录中找到确定的物理关系，只能从实测记录中透过现象看预估建造桥涵后可能遭遇的水文情势本质，寻找其发生的统计规律，并用概率大小来预示各类水文现象的再现可能性，以预估建造桥涵后可能遭遇的水文情势。所以桥涵水文必须做实地调查，收集长期实测资料，寻找水文现象的统计规律，为桥涵设计提供决策依据。

6.1 大桥中设计流量及水位推算

桥涵设计流量的推算，应按《公路工程水文勘测设计规范》(JTG C30—2002) 的要求，根据所掌握的资料情况，选择适当的方法。对于交通土建及市政建设工程，例如桥、涵、堤防，一级泵房及城市，厂矿排洪工程等，它们所面临的洪水威胁因不存在调蓄功能，故工程破坏的主要因素是设计洪峰流量，即所谓以“峰”控制。对于设计洪峰流有关设计频率标准实际上是一种容许破坏率，例如 $[P]=1\%$，即容许破坏率为 1%。设计洪峰流量简称设计流量，它是确定桥涵孔径的基本依据。

设计洪峰流量是桥涵孔径及桥梁墩台冲刷计算的基本依据，设计洪水位则是桥面标高、桥头路堤堤顶标高等的设计依据。当有实测资料时，设计洪峰流量及水位的推算方法可按水文统计的频率分析方法确定设计洪峰流量及设计洪水位。其选样方法有年最大值法和超大值法。其频率分析方法有错适线法及三点适线法。

6.1.1 具有实测资料时的推算

6.1.1.1 水文资料的收集

(1) 水文资料的来源。一是水文站的观测资料，绘制沿线水系图。核实低洼内涝区、分(滞)洪区的分布及主要水利工程位置和形式；从地形图上量绘沿线各汇水区面积、长度、宽度、坡度等特征值及主要水利工程控制的汇水面积；调查岩溶、泉水、泥石流等的分布和规模，以及土壤类型、地形、地貌、植被情况等特征资料；调查各汇水区内对工程设计有影响的水利规划、编制单位及实施时间；收集河段历年变迁的图纸和资料，调查河弯发展及滩槽稳定情况；调查支流、分流、急滩、卡口、滑坡、塌岸和自然壅水等现象；调查水流泛滥宽度、河岸稳定程度；调查河床冲淤变化，上游泥沙来源，历史上淤积高度和下切深度；调查河堤设计标准、河道安全泄洪量及相应水位；调查河道整治方案及实施时间；调查航道等级，最高和最低通航水位，通航孔数，高、中、低水位的上、下行航线位置；调查筏运、漂浮物类型及尺寸；根据河床形态、泥沙组成、岸壁及植被情况，确定河床各部分洪水糙率。

二是形态资料调查，即结合所收集的历史洪水资料，在河段两岸调查各次洪水发生的时间、洪痕位置、洪水来源、涨落过程、主流方向，调查有无漫流、分流及受人工建筑物的影响，确定洪水重现期，调查河床断面冲淤变化情况；洪水调查的河段宜选择两岸有较多洪痕点，水流顺直稳定，无回流、分洪及人工建筑物影响，并宜靠近水文断面；同一次洪水应调查3个以上较可靠的洪痕点，做出标志，记录洪痕指定人的姓名、职业、年龄和叙述内容。根据指定的洪痕标志物情况，指定人对洪水记忆程度，综合分析、判断洪痕点的可靠性，再按水力学推算出历史洪峰流量。

三是历史文献考证资料，包括地方志、档案或碑文中有关洪水灾害的记载，洪水位和淹没范围，以及有关的规划设计中所收集的水文资料。

(2) 累计频率与重现期的确定。在桥涵堰闸等工程设计中，国家按各类工程的重要性，给定了各种等级建筑物的容许破坏率和安全率。工程设计只是通过对大量水文资料进行频率及累积频率的计算，从中选用符合国家规定容许破坏率或满足安全率要求时的水位或流量作为设计水位或流量，此种方法也称为频率分析法。所谓设计水位和设计流量，即符合规律标准的水位或流量。

频率只能预示单个水文特征值未来出现的可能性，而累积频率则更概括性地预示桥涵工程在运用中的可能破坏率或安全率，关于设计频率标准，《公路工程水文勘测设计规范》(JTG C30—2002) 中规定如表6-1所示。

表6-1 桥涵设计洪水频率

构造物名称	公路等级				
	高速公路	一级公路	二级公路	三级公路	四级公路
特大桥	1/300	1/300	1/100	1/100	1/100
大、中桥	1/100	1/100	1/100	1/50	1/50
小桥	1/100	1/100	1/50	1/25	1/25
涵洞及小型排水构造物	1/100	1/100	1/50	1/25	按具体情况确定
路基	1/100	1/100	1/50	1/25	按具体情况确定

注：二级公路的特大桥及三、四级公路的大桥，在水势猛击、河床易于冲刷的情况下，可提高一级洪水频率验算基础冲刷深度。

一般情况下，容许破坏率越小，则所选的水位或流量值越大：容许破坏率越大，则设计水位越低，桥的高度也越低，其工程投资可减少，但运用中遭破坏的风险越大。

(3) 选样方法。对于设计洪峰流量或水位，可有年最大值法和超大值法两种选样方法。

① 年最大值法。即每年选取一个瞬时最大值组成样本系列。此法独立性好，但要求有长期的实测记录。由此所得的累积频率为年频率 $P=m/n\times100\%$，其重现期如下。

$$T=\frac{1}{P} \tag{6-1}$$

式中，P 为累积频率，%；m 为等量或超量值的累积频数；n 为系列总容量；T 为重现期年，$T\geqslant1$ 年。

② 超大值法。此法将 n 年实测洪水位或洪峰流量按大到小排列，并从大到小顺序取 S 个实测系列组成样本。一般取 $S=(3\sim5)n$。若平均每年得 a 个样本，则 $S=an$。由此所得累积频率为次频率 $P'=\frac{m}{s}$，其重现期的单位为次。

$$T'=\frac{1}{P} \tag{6-2}$$

此重现期与年重现期可按下式计算。

$$T=\frac{n}{S}T' \tag{6-3}$$

超大值法选样每年取了多个样本，独立性较差，多用于资料不足的情况。

【例 6-1】 年最大值选样，设累积频率 $P(Q\geqslant Q_i)=5\%$，求重现期 $T(Q\geqslant Q_i)$。

【解】 由公式 $T(Q\geqslant Q_i)=\frac{1}{P}=\frac{1}{0.05}=20$ 年（$T>1$ 年），即 20 年一遇。

【例 6-2】 年最小值选样，设累积频率 $P(Q\geqslant Q_i)=95\%$，求重现期 $T(Q\leqslant Q_i)$。

【解】 由公式 $T(Q\leqslant Q_i)=\frac{1}{1-P}=\frac{1}{1-0.95}=20$ 年

(4) 资料的分类。当水文站实测资料系列较短或有缺测年份时，首先考虑用相关分析方法，利用上游，下游或临近河流的水文站有关资料，对该站资料系列进行插补延长。经相关分析插补延长后，具有 20 年以上观测资料时，按连续系列推算规定频率的流量，可采用适线法进行；具有连续或不连续 20 年以上观测资料时，同时具有洪水调查或文献考证资料时，按不连续系列推算规定频率流量；无观测资料或较少观测资料时，可通过形态调查并根据调查的历史洪水推算设计流量；也可根据地区水文要素的分布规律，制定经验公式和等值线图计算设计流量。

6.1.1.2 经验频率曲线确定

(1) 连续系列。根据水文资料的分类情况，对于连续系列资料，在工程实际中，多采用威布尔（Weihull）公式计算其经验累积频率。

(2) 不连续系列。根据水文资料的分类情况，对于不连续系列水文资料，可采用以下方法进行估算。

① 调查期 N 年中的特大洪峰流量和实测流量分别在各自系列中排位，实测洪峰流量的经验频率按 $P_m=\frac{m}{n+1}\times100\%$计算，特大洪峰流量的经验频率按式(4-21) 计算。

② 将调查期 N 年中的特大洪峰流量和实测洪峰流量组成一个不连续系列，特大洪峰流量的经验频率按式(4-21) 估算。其余实测洪峰流量经验频率按式(4-22) 计算。

(3) 频率曲线统计参数确定。在水文频率计算中，我国一般选用皮尔逊Ⅲ型曲线，经验表明，该线型能与我国大多数地区水文变量的频率分布配合良好。通常情况下，描述皮尔逊

Ⅲ型曲线，应确定其统计的参数，即均值、变差系数和偏态系数。具体计算方法见第3章相关内容。

6.1.1.3　**设计流量或水位计算**

根据已得到的统计参数，可按照适线法的步骤进行设计流量或水位推算，具体步骤如下。

(1) 计算经验累积频率，绘制经验累积频率曲线。将流量资料按从大到小的递减顺序排列，利用威布尔公式计算经验累积频率，并在海森几率格纸上以累计频率为横坐标，以流量资料为纵坐标，逐一描点，然后根据点群的大致分布趋势，目估连线，勾绘出匀滑的曲线，即经验累积频率曲线。

(2) 为理论频率曲线初选统计参数。通常情况下，水文资料实测记录的年代都不是很长，经验累积频率曲线做延长应用。但因曲线两端图形陡峭，曲率变化很大，徒手目估延长任意性很大，而且难以规范化。水文计算中常用海森几率格纸，虽可使曲线两端变化有所展平，但仍难解决方法的规范化问题。因此还需要寻找能反映经验累积频率曲线几何特性的数学模型。运用数学方法确定经验累积频率曲线以解决其外延问题，由此所得的累积频率曲线，称为理论累积频率曲线。

利用上述公式计算$\overline{Q}$、C_V，一般C_S的取值采用经验公式，即$C_S=(2\sim4)C_V$。此三参数作为理论累积频率曲线参数的初选值。

(3) 适线选定三参数。应用适线法选配合适的理论累积频率曲线，实际上就是试算三个适合的统计参数。为了把握整条理论累积频率曲线，便于与经验累积频率曲线相比较，在资料实测范围内尽可能选若干个频率点，根据Q、C_V、C_S的初选值，在海森几率格纸上点绘出理论累积频率曲线，

并与经验累积频率曲线相比较。

(4) 根据确定的三参数推算规定频率流量。当理论频率曲线与经验频率曲线相符时，可以将此时的三个统计参数（即经过调整后的三参数）作为理论累积频率曲线的三参数，并利用式(3-19) 进行计算。

$$Q_P=\overline{Q}(C_V\Phi_p+1) \tag{6-4}$$

式中，Q_P为频率为$P\%$的设计流量；Φ_p 频率为$P\%$的离均系数；其他符号意义同前。

6.1.2　缺乏实测资料时的推算

当收集的水文资料较少，不能达到相关规定时，或者当无观测资料时，可按以下方法来确定设计流量或设计水位。

6.1.2.1　**稳定均匀河流段**

当调查的历史洪水位处于比降均匀，河道顺直，河床断面较规整的稳定均匀河流段时，洪峰流量可按下列公式计算。

$$Q=A_cV_c+A_tV_t \tag{6-5}$$

$$V_c=(1/n_c)R_c^{2/3}I^{1/2} \tag{6-6}$$

$$V_t=(1/n_t)R_t^{2/3}I^{1/2} \tag{6-7}$$

式中，Q为历史洪水流量，m^3/s；A_c、A_t分别为河槽、河滩过水面积，m^2；V_c、V_t分别为河槽、河滩流速，m/s；n_c、n_t分别为河槽、河滩糙率；R_c、R_t分别为河槽、河滩水力半径，m，当宽深比大于10时，可用平均水深代替；I为水面比降。

6.1.2.2　**稳定非均匀河流段**

在《公路工程水文勘测设计规范》(JTG C30—2002) 中规定，根据工程实际情况，对非棱柱形河段稳定非均匀流洪峰流量提出如下计算方法。

（1）当调查的历史洪水位处于河段内各断面的形状和面积相差较大，各段面通过的流量虽相同，但各段面的水深和流速却不同时，可按下列公式计算。

$$Q=\overline{K}\sqrt{\frac{\Delta H}{L-\left(\frac{1-\xi}{2g}\right)\left(\frac{\overline{K}^2}{A_1^2}-\frac{\overline{K}^2}{A_2^2}\right)}} \tag{6-8}$$

$$\Delta H=H_1-H_2 \tag{6-9}$$

$$\overline{K}=\frac{1}{2}(K_1+K_2) \tag{6-10}$$

$$K_1=\frac{1}{n_{c1}}A_{c1}R_{c1}{}^{2/3}+\frac{1}{n_{t1}}A_{t1}R_{t1}{}^{2/3} \tag{6-11}$$

$$K_2=\frac{1}{n_{c2}}A_{c2}R_{c2}{}^{2/3}+\frac{1}{n_{t2}}A_{t2}R_{t2}{}^{2/3} \tag{6-12}$$

式中，H_1、H_2 分别为上、下游断面的水位，m；ΔH 为上、下游断面的水位差，m；L 为上、下游两断面间距离，m；A_1、A_2 分别为上、下游断面总过水面积，m^2；A_{c1}、A_{t1} 分别为上游断面河槽、河滩过水面积，m^2；A_{c2}、A_{t2}分别为下游断面河槽、河滩过水面积，m^2；R_{c1}、R_{t1}分别为上游断面河槽、河滩水力半径，m；R_{c2}、R_{t2}分别为下游断面河槽、河滩水力半径，m；n_{c1}、n_{t1}分别为上游断面河槽、河滩糙率；n_{c2}、n_{t2}分别为下游断面河槽、河滩糙率；K_1、K_2 分别为上、下游断面输水系数，m^3/s；$\overline{K}$为上、下游断面输水系数的平均值，m^3/s；g 为取用 $9.80m/s^2$；ξ 为局部水头损失系数，向下游收缩时，取－0.1～0；向下游逐渐扩散时，取 0.3～0.5；向下游突然扩散时，取 0.5～1.0。

（2）当调查的历史洪水位处于洪水水面线有明显曲折的稳定非均匀流河段时，可按下式试计算水面线，推求历史洪水流量。

$$H_1=H_2+\frac{Q^2}{2}\left[\left(\frac{1}{K_1^2}+\frac{1}{K_2^2}\right)L-\frac{(1-\xi)}{g}\left(\frac{1}{A_1^2}-\frac{1}{A_2^2}\right)\right] \tag{6-13}$$

$$A_1=A_{c1}+A_{t1} \tag{6-14}$$

$$A_2=A_{c2}+A_{t2} \tag{6-15}$$

（3）当调查的历史洪水位处于卡口，且河底无冲刷时，可按下式计算。

$$Q=A_2\sqrt{\frac{2g(H_1-H_2)}{\left(1-\frac{A_2^2}{A_1^2}\right)+\frac{2gLA_2^2}{K_1K_2}}} \tag{6-16}$$

式中，H_1、A_1 分别为卡口上游断面的水位（m）、过水面积（m^2）；H_2、A_2 分别为卡口断面的水位（m）、过水面积（m^2）；K_1、K_2 分别为卡口上游断面、卡口断面的输水系数，m^3/s。

（4）对于无资料地区，可按地区经验公式及水文参数求算设计流量，求算的设计流量应有历史洪水流量的验证。

（5）汇水面积小于 $100km^2$ 的河流，可按小桥涵流量推理公式计算，可按推理公式计算，式中参数和指数，采用各地区编制的暴雨径流图表值。

6.2 桥孔设计

大中桥的孔径计算，主要是根据桥位断面的设计流量和设计水位，推算桥孔的最小长度和桥面中心最低标高，为确定桥孔设计方案，提供设计依据。

建桥以后，河流受到桥头引道的压缩和墩台阻水的影响，改变了水流和泥沙运动的天然状态，引起河床的冲淤变形，导致水流对桥梁墩台基础的冲刷，危及桥梁的安全。因此孔径的计算和布置，应以建桥前后桥位河段内水流和泥沙运动的客观规律为依据。由于对这种客观规律的认识还很不够，目前所用的孔径计算方法，都是建立在某种假定和试验的基础之上，带有一定的经验性，尚待改进，但生产实践表明，这些方法目前仍有实用价值。

桥位选定后，桥孔设计的主要任务是根据设计洪水、结合河段特性、河床断面形态和地质资料、桥头引线设计，确定桥孔净长、桥面高程和墩台最小埋置深度。桥孔设计必须保证设计洪水以内的各级洪水和泥沙安全通过，并满足通航、流冰、流木及其他漂浮物通过的要求。桥孔布设应适应各类河段的特性及演变特点，避免河床产生不利变形，且做到经济合理。建桥后引起的桥前壅水高度、流势变化和河床变形，应在安全允许范围之内。桥孔设计应考虑桥位上下游已建或拟建的水利工程、航道码头和管线等引起的河床演变对桥孔的影响。跨越河口、海湾及海岛之间的桥梁，必须保证在潮汐、海浪、风暴潮、海流及海底泥沙运动等各种海洋水文条件影响下，正常使用和满足通航的要求。

6.2.1 桥孔长度

（1）峡谷河段可按河床地形布孔，不宜压缩河槽，可不做桥孔最小净长度计算。

（2）开阔、顺直微弯、分汊、弯曲河段及滩、槽可分的不稳定河段，宜按下式计算桥孔最小净长度。

$$L_j=K_q\left(\frac{Q_p}{Q_c}\right)^{n_3}B_c \tag{6-17}$$

式中，L_j为桥孔最小净长度，m；Q_p为设计流量，m^3/s；Q_c为河槽流量，m^3/s；B_c为河槽宽度，m；K_q、n_3为系数和指数，应按表6-1采用。

表6-2 K_q、n_3值

河段类型	K_q	n_3
开阔、顺直微弯河段	0.84	0.90
分汊、弯曲河段	0.95	0.87
滩、槽可分的不稳定河段	0.69	1.59

（3）宽滩河段，宜按下式计算桥孔最小净长度。

$$L_j=\frac{Q_p}{\beta q_c} \tag{6-18}$$

$$\beta=1.19\left(\frac{Q_c}{Q_t}\right)^{0.10} \tag{6-19}$$

式中，β为水流压缩系数；q_c为河槽平均单宽流量，$m^3/(s \cdot m)$；Q_t为河滩流量，m^3/s。

（4）滩、槽难分的不稳定河段，宜按下式计算桥孔最小净长度。

$$L_j=C_pB_0 \tag{6-20}$$

$$B_0=16.07\left(\frac{\overline{Q}^{0.24}}{\overline{d}^{0.3}}\right) \tag{6-21}$$

$$C_p=\left(\frac{Q_p}{Q_{2\%}}\right)^{0.33} \tag{6-22}$$

式中，B_0为基本河槽宽度，m；$\overline{Q}$为年最大流量平均值，m^3/s；$\overline{d}$为河床泥沙平均粒径，m；C_p为洪水频率系数；$Q_{2\%}$为频率为2%的洪水流量，m^3/s。

除应满足以上计算的最小净长度外，尚应结合桥位地形、桥前壅水、冲刷深度、河床地质等情况，做出不同桥长的技术经济比较，综合论证后确定。

6.2.2 桥面设计高程

不通航河流的桥面设计高程宜按下列规定计算。

(1) 按设计水位计算桥面最低高程时，应按下式计算。

$$H_{min}=H_s+\sum\Delta h+\Delta h_j+\Delta h_0 \tag{6-23}$$

式中，H_{min}为桥面最底高程，m；H_s为设计水位，m；$\sum\Delta h$为考虑壅水、浪高、波浪壅高、河湾超高、水拱、局部股流壅高（水拱与局部股流壅高只取其大者）、床面淤高、漂浮物高度等诸因素的总和，m；Δh_j为桥下净空安全值，m，应符合表6-3的规定；Δh_0为桥梁上部构造建筑高度，m，应包括桥面铺装高度。

表 6-3 不通航河流桥下净空安全值 Δh_j

桥梁部位	按设计水位计算的桥下净空安全值/m	按最高流冰水位计算的桥下净空安全值/m
梁底	0.50	0.75
支座垫石顶面	0.25	0.5
拱脚	按注1.要求办理	0.25

注：1. 无铰拱的拱脚，可被洪水淹没，淹没高度不宜超过拱圈矢高的三分之二；拱顶底面至设计水位的净高不应小于1m。

2. 山区河流水位变化大，桥下净空安全值可适当加大。

(2) 按设计最高流冰水位计算桥面最低高程时，应按下式计算。

$$H_{min}=H_{SB}+\Delta h_j+\Delta h_0 \tag{6-24}$$

式中，H_{SB}为设计最高流冰水位，m，应考虑床面淤高。

(3) 桥面设计高程不应低于式(6-23)或式(6-24)的计算值。

通航河流的桥面设计高程除应满足不通航河流的要求外，同时还应满足下式要求：

$$H_{min}=H_{tn}+H_M+\Delta h_0 \tag{6-25}$$

式中，H_{tn}为设计最高通航水位，m；H_M为通航净空高度，m。

6.3 小桥涵水文勘测设计

当公路需要跨越沟谷、河流、人工渠道以及排除路基内侧边沟水流时，常需要修建各种横向排水构造物，使沟谷、河流、人工渠道穿过路基，保持路基连续并确保路基不受水流冲刷以及侵蚀，从而保证路基稳定，小桥涵是公路上最常见的小型排水构造物，有时为了跨越其他路线或障碍，也需修建小桥涵，它的布设有时还与农田水利有着密切关系。小桥涵就其单个工程而言，其工程量比较小，费用也低，但它分布于公路的全线，故其工程总量比较大，所占的投资额也相当大，在平原，每公里1～3道；在山区，每公里3～5道，约占公路总投资的20%，为中、大桥的2～4倍左右。由此可见，小桥涵的设计与布置是否合理，对于公路沿线排水、路基的稳定与安全、行车安全、公路投资以及沿线农田水利灌溉及防洪排涝有着很大的关系，应引起公路设计者的重视。

在孔径计算中，小桥涵与大中桥有着不同的特点。大中桥允许河床发生一定的冲刷，一般采用天然河槽平均流速作为设计流速。小桥涵一般不允许桥下和涵内的河底发生冲刷，但允许有较大的壅水高度，通常都采用人工加固河床的方法，来提高河床的容许（不冲刷）流速，以达到适当缩减孔径的目的。

小桥和涵洞按其多孔跨径总长和单孔跨径两项指标来划分，在交通部发布的《公路工程技术标准》(JTGB 01—2003) 中有规定，如表 6-4 所示。

表 6-4　桥涵分类

桥涵分类	多孔跨径总长 L/m	单孔跨径 L_x/m
特大桥	$L>1000$	$L_x>150$
大桥	$100\leqslant L\leqslant 1000$	$40\leqslant L_x<150$
中桥	$30<L<100$	$20\leqslant L_x<40$
小桥	$8\leqslant L\leqslant 30$	$5\leqslant L_x<20$
涵洞	—	$L_x<5$

注：1. 单孔跨径系指标准跨径。

2. 梁式桥、板式桥的多孔跨径总长为多孔标准跨径的总长；拱式桥为两岸桥台内起拱线间的距离；其他形式桥梁为桥面系车道长度。

3. 管涵及箱涵不论管径或跨径大小、孔数多少，均称为涵洞。

4. 标准跨径：梁式桥、板式桥以两桥墩中线间距离或桥墩中线与台背前缘间距为准；涵洞以净跨径为准。

6.3.1　小桥涵水文调查与勘察设计内容

6.3.1.1　目的

小桥涵水文调查与勘察的目的是通过桥涵的外业调查与勘察，收集与初步整理出小桥涵设计所需要的水文、水力、地形、地质、气象、环境及农田水利设施等的数据及其他资料，为桥涵设计以及水力计算提供必需的资料与依据。

6.3.1.2　布设原则

(1) 应根据沿线地形、地质、水文等条件，结合全线排水系统，适应农田排灌，经济合理地布设小桥涵，达到规范规定的设计洪水频率（见表 6-1）的排水能力。

(2) 小桥涵位置应符合沿线线形布设要求，当不受线形布设限制时，宜将小桥涵位置选择在地形有利、地质条件良好、地基承载力较高、河床稳定的河（沟）段上。

(3) 在每个汇水区或每条排水河沟，都应设置小桥涵。当地形条件许可，技术、经济合理，可并沟设置。

(4) 当小桥涵距下游汇入河道较近，应考虑下游河道的设计水位及冲淤变化对桥涵净高和基础埋深的影响。

(5) 在山口冲积扇地区，应分散设置小桥涵，不宜强行改沟引至低洼处。两冲积扇间洼地，亦应布设小桥涵。

(6) 在漫流无明显沟槽地带，宜采取分片泄洪，在主要水流处布设小桥涵，但不宜过分集中布设。

(7) 在农灌区应与农田排灌系统相配合。当需局部改变原有排灌系统时，不应降低原有排灌功能。

(8) 排灌渠上小桥涵的孔径，可按排灌渠的设计过水断面拟定。天然河沟上的小桥涵，可按河沟断面形态，初拟孔径。所拟孔径不宜过多压缩设计洪水标准下河沟的天然排水面积，也不宜压缩河槽排水面积。

(9) 寒冷地区的小桥涵孔径及高度应考虑涎流冰的影响。

(10) 进出洞口的布设，应有利于水流的排泄，必要时可配合进出洞口设置引水或排水工程。

(11) 三、四级公路，可布设漫水小桥涵或过水路面。三级公路上的漫水小桥涵或过水路面应满足在 1/25 洪水频率时，车辆能安全通行。车辆通行的桥（路）面水深不应大于 0.3m；四级公路上的漫水小桥涵或过水路面，在 1/25 洪水频率时，允许有限度中断交通，其中断时间可按具体情况决定。

6.3.1.3　**水文调查与勘测内容**

（1）应收集以下资料：沿线地形图、设计流量计算所需要的资料。如多年平均年降雨量，与设计洪水频率对应的24h降雨量及雨力等；地区性洪水计算方法、历史洪水资料、各河沟已有洪水计算成果；现有排灌系统及规划方案图、各排灌渠的设计断面、流量、水位等。

（2）主要内容：各汇水区内土壤类别、植被情况、蓄水工程分布及现状；根据河沟两岸土壤类别、河床质，选定河沟糙率；当桥（涵）位处于村庄附近，应调查历史洪水位、常水位、河床冲淤及漂浮物等情况；调查涎流冰及原有桥涵的现状、结构类型、基础埋深、冲刷变化、运用情况等；测河沟比降。施测范围应以能求得桥（涵）区段河沟的坡度为准。平原区为水文断面上游不少于200m，下游不少于100m；山区为水文断面上游不少于100m，下游不少于50m；测水文断面。当路线与河沟斜交时，应在桥（涵）位附近布测水文断面；当历史洪水位距桥（涵）位比较远，河沟断面有较大变化时，在历史洪水位附近，亦应布测水文断面，测量范围以满足水位、流量计算为准。

6.3.2　小桥涵水文计算

（1）山区、丘陵区小流域设计流量，可按暴雨径流公式或地区性流量经验公式计算。

（2）平原区小流域设计流量，宜采用地区性经验公式或按6.1.2的“利用历史洪水位推算设计流量”的方法计算。当历史洪水位只能调查到一次时，其重现期的确定应符合地区历史洪水的情况。

（3）在同一水文分区内，如相似汇水区或同一汇水区中有较可靠的设计流量成果，或有洪水资料能较可靠地求得设计流量时，可按下式推求桥涵处的设计流量。

$$Q_{p1}=\left(\frac{F_1}{F_2}\right)^{n_1}Q_{p2} \tag{6-26}$$

式中，Q_{p1}、F_1分别为桥（涵）位处的设计流量（m^3/s）、汇水面积（km^2）；Q_{p2}、F_2分别为相似汇水区的设计流量（m^3/s）、汇水面积（km^2）；n_1为按地区经验取用指数，一般为0.5～0.8。

（4）凡能调查到历史洪水位的河沟，都应对暴雨径流公式或地区流量计算公式推算的设计流量，用历史洪水流量相验证。

（5）与设计流量对应的设计水位，可采用式(6-5)计算，用试算法或点绘水位流量关系线求得。

6.3.3　孔径设计

（1）小桥涵孔径设计必须保证设计洪水、漂浮物等的安全通过，满足排灌需要，避免对上、下游农田房舍的不利影响，并考虑工程造价的经济合理。

（2）小桥宜设计为非自由出流状态，涵洞应设计为无压力式。桥下净空安全值应符合表6-3的规定。无压力式涵洞内顶点至最高流水面的净空，应符合表6-5的规定。涵前水深应小于或等于涵洞净高的1.15倍。

表6-5　无压力式涵洞净空高度　　单位：m

涵洞进口净高 h_d	涵洞类型		
	管涵	拱涵	矩形涵
≤3	$\geq h_d/4$	$\geq h_d/4$	$\geq h_d/6$
>3	≥0.75	≥0.75	≥0.50

（3）在小桥涵孔径计算中，可不计桥涵前积水对设计流量的影响。

（4）桥下有铺砌的小桥孔径的验算可根据河沟断面形态，初拟孔径，验算桥下流速、桥下水深及桥前壅水位。

（5）无压力式涵洞的孔径的验算可根据河沟断面形态初拟孔径后，验算涵内流速、水深和涵前壅水位。

【任务解决】 针对任务可知，此桥跨越的是滩、槽可分的不稳定河段，桥孔最小净长度应通过式(6-17) 计算，并通过查表 6-2 得$K_q=0.69$，$n_3=1.59$，所以桥孔最小净长度为

$$L_j=K_q\left(\frac{Q_p}{Q_c}\right)^{n_3}B_c=0.69\left(\frac{8470}{8060}\right)^{1.59}\times300=224\text{m}$$

【知识拓展】 赵州桥坐落在石家庄东南 45km 赵县城南的洨河之上，建于隋代开皇至大业年间(595～605 年)，由匠师李春建造。是当今世界上跨径最大、建造最早的单孔敞肩型石拱桥。因桥两端肩部各有两个小孔，不是实的，故称敞肩型。李春在主拱券的上边两端又各加设了两个小拱，在节省材料和减少桥身自重（减少自重 15%）的同时，能增加桥下河水的泄洪流量，减轻洪水季节由于水量增加而产生的洪水对桥的冲击力。古代洨河每逢汛期，水势较大，对桥的泄洪能力是个考验，四个小拱就可以分担部分洪流，据计算四个小拱可增加过水面积 16%左右，大大降低洪水对大桥的影响，提高大桥的安全性。

【思考与练习题】

1. 设计洪峰流量在桥涵设计中有何重要意义？
2. 缺乏流量观测资料时，对于大中型河流，怎样推算设计流量？
3. 在计算桥涵设计洪峰流量时，水文资料需要收集哪些方面内容？
4. 桥位断面的设计流量和设计水位在孔径计算的作用。

第7章 地质基本知识

【学习目的】 本章主要介绍了地球的构造，地壳运动及地球演化历史，矿物的特性和岩石的分类，地质构造以及一般地质图的阅读等基本内容，通过学习本章内容，可掌握一定的地学基础理论与基本知识。

【学习重点】 地球的圈层结构、矿物的主要物理性质、三大岩石分类及各自特性、地壳运动及常见的地质构造。

【学习难点】 地球的圈层结构。

【本章任务】 由于地球是人类社会赖以生存和发展的物质来源和环境，认识了解地球组成、运动、演化发展历史是现代科学发展的必然。中国地质学会对世界地学形势分析中指出地学研究的热点领域：全球“大地质计划”；地球早期生命演化及生物多样性；气候变化中的人为因素；全球地质灾害态势及防治趋势；水、人类健康与环境的关系；非能源固体矿床研究；世界能源多元化及其竞争趋势；比较行星学及撞击构造研究。我国“十二五”期间更是将行星地球环境演化与生命过程、大陆形成演化与地球动力学、矿产资源与化石能源的形成机制与探测理论、全球环境变化与地球圈层相互作用、人类活动对环境影响的机理、陆地表层系统变化过程与机理、水土资源演变与调控以及我国典型地区区域圈层相互作用与资源环境效应等列入地学基础研究优先发展的方向。对地球科学系统的各项基础研究成果，都会给人类带来巨大的社会效益和经济利益。如研究地壳运动和地质构造，可以探测石油、天然气、地下水、地热、煤炭及各种金属矿藏分布状况，发现潜在的地震与火山活动区域；了解地质构造存在的不稳定因素，避免地质灾害，减少对工程构筑物破坏等。

【学习情景】 2008年5月12日14时28分4秒，我国四川汶川发生里氏8.0级地震，震中位于四川省汶川县映秀镇，震源深度14km，这是新中国成立以来破坏性最强、波及范围最大的一次地震。此次地震重创约50万平方公里的中国大地，其中以川陕甘三省震情最为严重。截至2008年5月22日19时，汶川大地震已造成55239人遇难，281066人受伤，累计失踪24949人，可谓山河移位，满目疮痍。

7.1 地球概述

7.1.1 地球的形状与表面形态特征

7.1.1.1 地球的大小与形状

人类认识地球的形状有一个过程。从天圆地方到不规则的椭球体是人类对地球系统认知的科学进步。通常所说的地球形状就是大地水准面所圈闭的形状。所谓大地水准面（geoid)，是指平均海平面构成的平滑封闭曲面。赤道半径为6378 km，两极半径为6354km，比赤道半径小24km，近几十年来，通过卫星观测及大地水准面的精确研究，北极凸出，南极凹进；地球表面积为$5.101\times10^8 km^2$，体积为$1.083\times10^{12} km^3$，地球质量为5.97×10^{24}

kg，地球的平均密度为 5.52g/cm³，而地球表面岩石的平均密度为 2.85.52g/cm³。

由此看出，地球是一个南北极不对称的非均质扁球体，其中心密度比地表岩石的密度大得多。

7.1.1.2 地球的表面形态特征

地球表面可分为陆地与海洋两大地形单元，陆地与海洋面积之比为 1∶2.5，约 65%的陆地集中在北半球，仅有 35%的陆地分布在南半球，故北半球有陆半球之称，南半球有水半球之称，显然大陆与海洋在地球表面分布不均匀。

大陆的最高点在珠穆朗玛峰，海拔 8848.13m，最低点是约旦境内的死海，海拔 −392m，海洋最深处位于西太平洋的马里亚纳海沟，深度在海平面以下 11033m；陆地平均海拔高度约 875m，海洋平均深度约 3729m。

此外，大陆的轮廓具有一定的相似性，除南极洲外，陆块之间具有可拼性，如美洲板块东岸与欧亚板块、非洲板块西部的海岸线形态相似，可以拼合，这种现象被解释为大陆漂移的结果，见图 7-1。

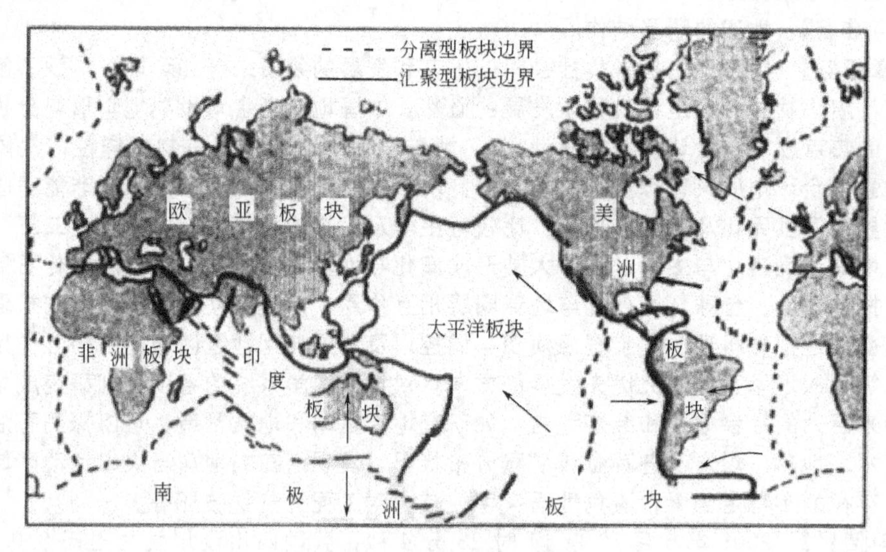

图 7-1 六大板块划分示意

(1) 陆地地形特征。根据陆地地形起伏特征和高程变化，陆地地形可分为山地、丘陵、高原、平原、盆地等地形单元，如表 7-1 所示。

表 7-1 陆地地形单元划分

地形单元	海拔高程	地形特征	示例
山地	>500m	隆起地形，有明显的山峰、山坡和山麓，可组成山脉、山系	阿尔卑斯山脉、喜马拉雅山脉环太平洋山系等
高原	>600m	面积较广、地面起伏较小	非洲高原、青藏高原(>4000m)
丘陵	<500m，或相对高差 200m 以下	顶部浑圆、坡度平缓、坡脚不明显的低矮山丘群	我国丘陵分布较广，如东南丘陵、山东丘陵、辽东丘陵
平原	<200m	面积宽广、地势平坦或略有起伏	亚马逊平原、长江中下游平原
盆地		中间低、四周高的盆状地形	塔里木盆地、四川盆地

(2) 海底地形特征。根据海底地形起伏多变的特征，可以分为大陆边缘、大洋盆地及大洋中脊三大单元，同时针对不同单元，还可以划分出次一级地形单元。如图 7-2 所示。

① 大陆边缘。大陆边缘（Continental Margin）是指大陆与海洋连接的边缘地带，包括

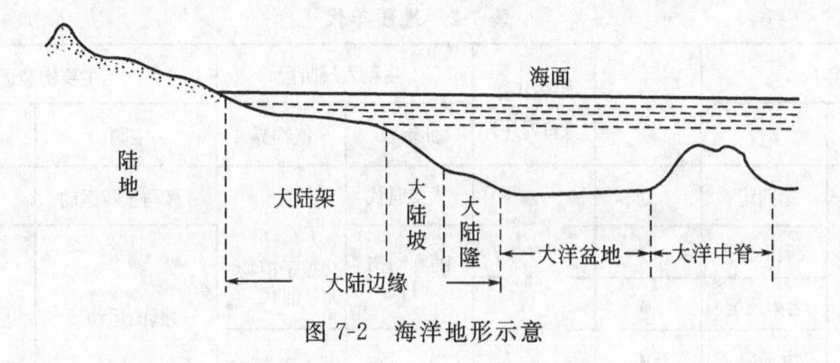

图 7-2　海洋地形示意

大陆架、大陆坡、大陆基、岛弧与海沟。

大陆架（Continental Shelf）：陆海直接接壤的浅海平台，坡度平缓，一般小于0.1°，海水深浅不一，平均水深133m，平均宽度75km，大陆架地壳结构与大陆相同，也可视为海水淹没的陆地部分。

大陆坡（Continental Slope）：大陆架外缘海底地形突然变陡的地带，坡度较大，平均4.3°，最大可达20°以上，大陆坡的宽度一般为20～100km，水深从200m到3000m不等。

大陆基（Continental Base）：大陆坡与大洋盆地之间的缓倾斜坡地带，平均水深3700m，主要由沉积物堆积而成，并向大洋盆地的方向倾斜、逐渐变薄。大陆基在太平洋不发育，但岛弧与海沟发育，阿留申群岛、千岛群岛、日本群岛、琉球群岛、菲律宾群岛呈弧形分布于太平洋北部、西部，称为岛弧（Island Arc）；海沟为岛弧靠大洋一侧狭长而深渊的洼地，可绵延几百到几千千米。大洋板块向下俯冲，形成岛弧与海沟，这是地壳活动最为剧烈的地区，常伴有强烈的火山与地震活动，也可视为陆壳与洋壳的分界面。

② 大洋盆地。大洋中脊两则较为平坦地带，是海洋的主体部分，约占海洋面积的44.9%，一般水深5000～40000m，其地势平坦区域为深海平原，在大洋中脊附近发育深海丘陵。

③ 洋中脊（大洋中脊）。海底山脉统称海岭，其中具有一种线状分布，延伸于大洋盆地的海底“山脉”为洋中脊。洋中脊由火山岩组成，被系列横向断裂错开，轴部发育巨大中央裂谷，谷深可达1000～2000km，谷宽甚至数百千米，一般认为是地球地幔物质上涌通道，上涌熔岩遇水冷却凝固，形成新的地壳，又被后来涌出的岩浆挤向两边，逐渐缓慢地向大陆边缘或大洋边缘移动或运动，并且在大陆边缘处重新俯冲回到地幔中，故火山、地震活动频繁。

7.1.2　地质年代

根据科学的测算，地壳的年龄约为46亿年，地球自形成以来，经历了长期的发展演化，发生了许多地质事件。地学上表示地质年代有两种方法：其一是相对地质年代，其二是绝对地质年龄。

相对地质年代主要依据岩层的沉积顺序、生物发展演化，借以展示地质历史不同发展阶段岩石的先后顺序和新老关系，不表示各时代单位的长短。绝对年龄也称同位素地质年龄，即利用岩石中放射性元素的蜕变速度，以“年”为单位测算岩石的形成年龄。

经世界范围内，对重要地区地层剖面划分、对比研究，以及对各时代岩石进行同位素年龄的测定，建立了统一的地质年代表（表7-2），揭示地球的发展演化历史。

表 7-2　地质年代

相对年代 宙	代	纪	符号	距今年数(百万年)	生物发展阶段 动物界	植物界	主要构造运动 中国	西欧
显生宙	新生代	第四纪	Q	2～3	人类时代		喜马拉雅运动	阿尔卑斯运动
		新第三纪	N	26	哺乳动物时代	被子植物时代		
		老第三纪	E	70			燕山运动	
	中生代	白垩纪	K	138		—		
		侏罗纪	J	190	爬行动物时代	裸子植物时代	印支运动	
		三迭纪	T	230			海西运动	海西运动
	上古生代	二迭纪	P	275	两栖动物时代	—		
		石炭纪	C	330		陆生孢子植物时代		
		泥盆纪	D	385	鱼类时代			加里东运动
	下古生代	志留纪	S	435		半陆生孢子植物时代		
		奥陶纪	O	500	海生无脊椎动物时代			
		寒武纪	∈	600		海生藻类时代	蓟县运动	
隐生宙	元古代	震旦纪	Z	1500?	低级原始动物		吕梁运动	
		前震旦纪	Ar		原始菌藻类时代		五台运动	
	太古代			4600?	基本上无生物			
	地球最初发展阶段							

7.1.3　地球的圈层结构

7.1.3.1　地球的外部圈层结构

地球表面以上的部分，根据组成物质成分、物态及其运动规律的不同，可划分为大气圈、水圈、生物圈。它们包围着地球外部空间，构成连续完整的外部圈层结构。

(1) 大气圈。大气圈（Atmosphere）是地球上大气分布的范围，即地球的最外圈。成分以干洁空气为主，含有大量水分、固体悬浮物和有机体。其下界为地球的表面，其上界由于受地心引力较小，逐渐过渡到外层空间，或为宇宙气体。一般认为大气圈的原始起源是火山喷发，据推测主要是二氧化碳（CO_2）、氨（NH_3）、氮（N_2）、二氧化硫（SO_2）、甲烷（CH_4）、氢（H_2）和水蒸气（H_2O），这些气体在地球冷却前飞向空中，等到地球冷却，逃出的气体因重力而覆盖地球形成最原始的大气。随着地球的演化，大气层成分也相应地发生着变化，主要成分转为氮、氧（O_2）、氩（Ar）、二氧化碳，以及氢（H_2）、氦（He）、氖（Ne）等微量气体组成的混合气体，即空气。大约在距今 40 亿年前后，出现了游离态的氧，为生命的出现与演化准备了条件。

(2) 水圈。地球上的各类水体（海洋、湖泊、河流、冰川、地下水、大气水）分布的范围称为水圈（Hydrosphere），主要分布于地表，地表 70%的面积被海洋占据。与大气层的成因一样，水圈的形成也与火山喷发有关，地球表面冷却后形成的原始海洋，由于大气富含二氧化碳，可能呈酸性，而且溶解了大气层中有毒有害的成分。大约在 40 亿年前后，才有了溶解氧，并且出现了简单的有机生命分子，海洋中首次出现了原始生命活动。

(3) 生物圈。地球上生物分布及其生命活动范围称为生物圈 (Ecosphere)。原始生命在大气圈和水圈的滋养庇护下绿色植物的出现，为生命最终登上陆地创造了前提条件。它们在陆地开始了伟大的演化，从陆生孢子植物，进一步演化为陆生裸子植物，直至被子植物；动物也从简单的水生动物，向两栖动物、爬行动物、哺乳动物的进化，形成不断演变发展的生物圈。生物圈的活动范围主要在地表，以及深度 200m 以内的浅海地区。钻井资料表明，在地表以下 3000m 左右深度的岩石中仍然有生物活动，只不过生物活动在各个层次上均与地表显著不同。最早的生物化石出现在距今 38 亿年的岩石中，说明 38 亿年以前生命活动就已开始。

7.1.3.2 地球的内部圈层结构

我们无法直接观察地表以下的物质及其属性，但通过地球物理学的方法却能获得地球内部更为详细的信息。即通过分析地震波在地球内部传播速度的变化，来划分地球内部的圈层结构，因为地震波传播速度的急剧变化，说明传播区域的物质及其属性也不同。

地球内部有两个主要的波速突变界面，第一界面为莫霍面，该界面在大洋处分布较浅，平均 8km，最浅也不足 5km，在大陆下分布较深，平均 33km，最深处可达 60km 以上，由前南斯拉夫学者莫洛霍维奇于 1909 年发现。第二界面为古登堡面，位于地下约 2900km，由美国学者古登堡于 1914 年发现。这两个著名界面将地球内部圈层分为地壳、地幔、地核三大圈层，如图 7-3 所示。

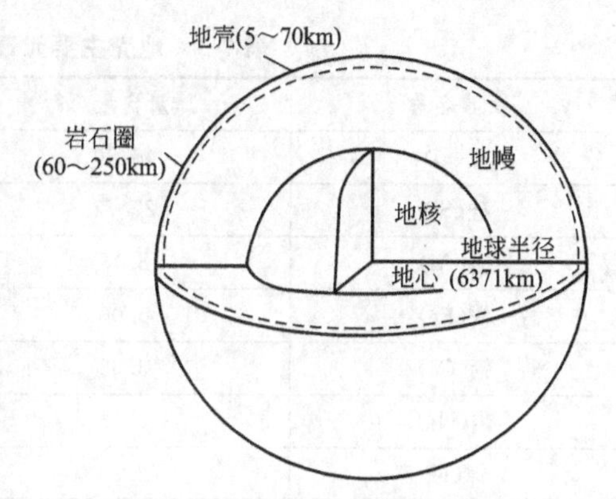

图 7-3 地球的内部圈层结构

(1) 地壳。地壳 (Crust) 指莫霍面以上至地表的固体地球部分。地壳由固体岩石组成，其下界 (莫霍面) 起伏较大，地壳的厚度变化也很大，大陆地壳 (地壳的陆地部分) 较厚，平均厚度为 40km 左右，最厚超过 70km (青藏高原)；大洋地壳 (海洋下的地壳部分) 较薄，平均厚度 6km，最薄不足 5km，地壳的平均厚度为 16km。

大陆地壳有两层组成，上层为硅铝层，下层为硅镁层，此次一级分层界面称为康拉德面。硅铝层平均密度在 $2.7g/cm^3$ 左右，硅镁层平均密度在 $3.1g/cm^3$ 左右；大洋地壳只有硅镁层，没有硅铝层，不具有双层结构。地壳的双层结构如图 7-4 所示。

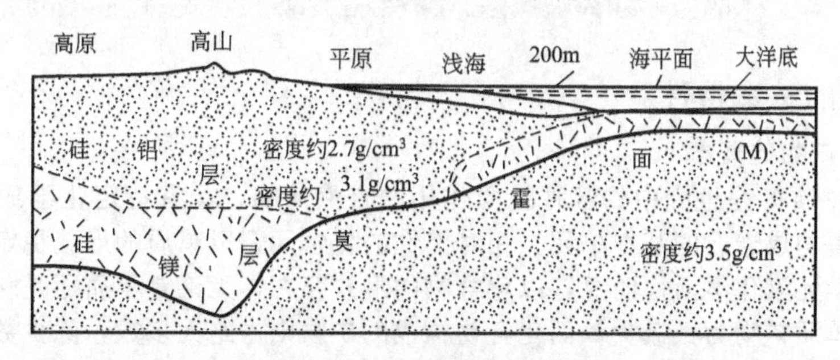

图 7-4 地壳的双层结构

(2) 地幔。地幔 (Earth's Mantle) 是介于莫霍面以下古登堡面之上的熔融态部分。以硅镁铁为主，平均密度在 $5.5g/cm^3$ 左右，厚度达 2865km，是地球的主要组成部分。可以分为上地幔 (Upper Mantle) 和下地幔 (Lower Mantle)。上地幔与地壳的接触层是固体的，其下为软流圈 (Asthenosphere)。软流圈是地壳运动、板块漂移、地质构造等的根由。

(3) 地核。地核（Earth's Core）系古登堡面以下至地心的部分，主要为铁、钴、镍等元素，平均密度大于10g/cm^3 以上。按地震波波速又可以分为内核（Inner Core）、过渡带（Transition Zone）和外核（Outer Core）。由于巨大的压力和温度，推测地核的物质为已经汽化或电离了的液态和气态的物质，一般认为外地核呈熔融态，而内核为固态。

7.1.3.3 地壳的物质组成

组成地壳的化学元素很多，几乎囊括了元素周期表中的所有元素，但是各种元素在地壳中的分布和分配很不均匀，如地壳上部以氧、硅、铝为主，其次是钙、钠、钾，而地壳下部虽然仍以氧、硅为主，但镁、铁相应增多。地壳中元素的分布规律不仅与元素本身的特点有关，而且与它们在地壳所处的物理、化学条件有关。分布最大的元素有十几种，它们的总质量占地壳总质量的99.96%，其余众多元素的质量总和不及地壳总质量的0.04%。通常我们将元素在地壳中的相对平均重量的百分比含量称为“克拉克值”。地壳主要元素的克拉克值，见表7-3。

表7-3 地壳主要元素的克拉克值（重量的百分比）

元素名称	质量含量/%	元素名称	质量含量/%
氧(O)	46.60	镁(Mg)	2.09
硅(Si)	27.72	钛(Ti)	0.44
铝(Al)	8.13	氢(H)	0.14
铁(Fe)	5.00	磷(P)	0.12
钙(Ca)	3.63	锰(Mn)	0.10
钠(Na)	2.83	硫(S)	0.05
钾(K)	2.59	碳(C)	0.03

化学元素在地壳中的分布，除个别元素（如自然金）外、绝大多数是以各种化合物的形式出现的，尤其以氧化物最多，如地壳的主要成分硅、铝氧化物，就占总质量的74.5%。元素是组成地壳的物质基础，元素组成矿物，矿物组成岩石，在地壳的演化过程中，进行长途迁移、不断循环，从而使地壳组成物质不断发生变化。

7.2 矿物与岩石

7.2.1 矿物的基本特性

7.2.1.1 矿物的概念

矿物（Mineral）是地壳中的各种地质作用的自然产物，具有特定化学成分、物理性质和内部结构，是构成岩石的基本单元。相对惰性的化学元素以单质的形式稳定地存在于自然界，大部分化学元素化学活性明显，以化合物的形式存在，无论是单质还是化合物，都是矿物。自然界中单质矿物为数极少，而化合物构成的矿物则占绝大多数，除少数矿物呈气体或液体外，绝大多数矿物均呈固态。如自然金（Au)、石英（SiO_2)、黄铜矿（$CuFeS_2$）就呈固态，自然汞（Hg)、石油等呈液态，而硫化氢（H_2S）呈气态。

矿物在地壳中分布极为广泛，目前在自然界中发现的矿物有3000多种，而且经常有发现新矿物的报导。但新矿物发现的数量和速度都在明显地减少，说明自然界的矿物是有限的。

7.2.1.2 矿物的形成

自然界的地质作用根据作用的性质和能量来源分为内生作用、外生作用和变质作用三种。内生作用的能量源自地球内部，如火山作用、岩浆作用；外生作用为太阳能、水、大气和生物所产生的作用（包括风化、沉积作用）；变质作用指已形成的矿物在一定的温度、压力下发生改变的作用。在这三方面作用条件下，矿物形成的方式有四个方面。

（1）气体升华作用。一种由气态变为固态形成方式。如火山喷发时喷出的大量硫蒸汽或 H_2S 气体，硫蒸汽因温度骤降可直接升华成自然硫；H_2S 气体与大气中的 O_2 发生化学反应形成自然硫。我国台湾大屯火山群和龟山岛就有这种方式形成的自然硫。

（2）液体或熔融体直接结晶作用。它是一种由液态变为固态形成方式，可分两种形式。

① 从溶液中蒸发结晶。我国青海柴达木盆地，由于盐湖水长期蒸发，使盐湖水不断浓缩而达到饱和，从中结晶出石盐等许多盐类矿物，就是这种形成方式。

② 从溶液中降温结晶。地壳下面的岩浆熔体是一种成分极其复杂的高温硅酸盐熔融体，岩浆在上升过程中温度不断降低，当温度低于某种矿物的熔点时，就会结晶形成该种矿物。

（3）胶体凝固作用。由胶体凝聚作用形成的矿物称为胶体矿物。例如河水能携带大量胶体，在出口处与海水相遇，由于海水中含有大量电解质，使河水中的胶体产生胶凝作用，形成胶体矿物，滨海地区的鲕状赤铁矿就是这样形成的。

（4）固体再结晶作用。它是一种由固态变为固态的形式。主要是由非晶质体变成晶质体。火山喷发出的熔岩流迅速冷却，来不及形成结晶态的矿物，却固结成非晶质的火山玻璃，经过长时间后，这些非晶质体可逐渐转变成各种结晶态的矿物。

总之，矿物只能在与其形成环境相近的条件下才能保持其稳定性，当外界条件变化后，如从形成环境转移到地表环境时，原来的矿物可变化形成另一种新矿物，形成相应的次生矿物。如黄铁矿在地表经过水和大气的作用后，可形成褐铁矿。

7.2.2 矿物的化学成分

大多数矿物都具有一定的化学成分，矿物根据化学元素相互结合的基本形式可分为单质和化合物两种类型。

（1）单质。同种元素自相结合的自然元素形成的自然元素矿物称为单质矿物（Single Substance Mineral）。如自然金（Au）、自然铜（Cu）、金刚石（C）等。一种单质元素还可以组成不同的单质矿物，如碳（C）元素可组成石墨和金刚石两种单质矿物。

（2）化合物。由两种或两种以上不同元素的离子或络阴离子等组成的矿物，称为化合物矿物（Compound Mineral），化合物按其组成特点又分为如下。

① 简单化合物。由一种阳离子和一种阴离子化合而成，如方铅矿（PbS）、磁铁矿（Fe_3O_4）、食盐（NaCl）、黄铁矿（FeS）等。

② 络合物。由一种阳离子和一种络阴离子（酸根）组成的化合物，这种类型的矿物最多。各种含氧盐一般都是络合物，如方解石（$CaCO_3$）、重晶石（$BaSO_4$）等。

③ 复化合物。由两种或两种以上的阳离子与阴离子或络阴离子组成的化合物。如黄铜矿（$CuFeS_2$）、白云石［$CaMg(CO_3)_2$］、绿柱石（$BeAlSi_6O_{18}$）、等。

7.2.3 矿物的物理性质

矿物的物理性质主要决定于它的内部结构和化学成分。其物理性质包括矿物的形态、光学性质、力学性质及其他方面性质，掌握矿物的物理性质是鉴别矿物的主要依据。

7.2.3.1 矿物的形态

矿物的形态是指矿物的外貌特征，其外表形态决定于矿物的化学组成和内部结构，同时也受生成环境的影响。同种矿物在不同的条件下，可以形成不同的外表形态。因此矿物的形态不仅是鉴定矿物的重要标志，而且具有成因意义。

自然界中的矿物可分为结晶质矿物和非结晶质矿物，其中结晶质矿物占多数。结晶质矿物（Crystalline Mineral）由于内部质点（原子、离子或分子）做有规律的排列（格子状构造），外表常呈一定形态。而非结晶质矿物（Amorphous Mineral）由于内部质点不具有格子状构造，一般无一定的集合外形，如沥青、琥珀、火山玻璃等。

矿物的形态一般分为单体和集合体两类。

单体（Monomer）是指单个晶型的外形。矿物的单体形态有一向的柱状或针状，两向延伸的板状和片状，三向等长的立方体、八面体等。如磁铁矿为八面体，钠盐是立方体，石榴子石则是菱形十二面体，云母则呈薄片状。

集合体（Aggregation）是指矿物群体形状。自然界的矿物大多数以集合体形式产出。矿物的集合体形态有纤维状和毛发状、鳞片状、粒状和块状。坚实集合体称为致密块状，疏松的则称为土状。放射状、簇状、鲕状和豆状、钟乳状、葡萄状、肾状和结核状等都是特殊形态的集合体。如若干晶体丛生在一起的石英晶簇，大小略等不具备一定规律的晶粒集合在一起的粒状橄榄石，细小粉末状集合的土状高岭土，若干柱状或针状矿物排列成自中心向四面放射状的红柱石等。

7.2.3.2 矿物的光学性质

矿物的光学性质是指矿物对自然光的吸收、反射和折射所表现的各种性质。它包括颜色、条痕、透明度和光泽。

（1）颜色。颜色（Color）指矿物对可见光中不同波长选择性吸收和反射后映入人眼的现象。对自然界各种光波选择性吸收和反射，使矿物呈现出各种各样的颜色。它是矿物最明显、最直观的物理性质，在鉴定矿物方面，具有重要的实际意义。观察颜色时，应选择矿物的新鲜面。

由矿物成分中所含有色素离子引起的颜色对矿物具有重要的鉴定意义，见表7-4。

表7-4　色素离子与矿物颜色示例

离子	Pb^{2+}	Cu^{2+}	Ni^{2+}	Fe^{3+}	Fe^{2+}、Fe^{3+}	Mn^{2+}
颜色	灰	绿	绿	红	黑	玫瑰
矿物	方铅矿	孔雀石	镍华	赤铁矿	磁铁矿	菱锰矿
化学成分	PbS	$Cu_2(CO_3)(OH)$	$Ni_3(AsO_4)_n(OH)$	Fe_2O_3	Fe_3O_4	$MnCO_3$

（2）条痕。条痕（Striation）是矿物粉末的颜色，一般指矿物在白色无釉瓷板（简称为条痕板）上擦划时所留下的矿物粉末痕迹。有些矿物能有几种颜色，但条痕色比其他表面颜色更为固定，据此认识矿物更为可靠。如黄铁矿为绿黑色的细条痕；黄铜矿为绿黑色中显铜粉末的粗条痕；赤铁矿不论外观何色，条痕均为樱红色。

（3）光泽。光泽（Lustre）是矿物新鲜表面反射光线的能力。根据矿物表面对光反射能力的强弱，可分为四级：金属光泽、半金属光泽、非金属光泽以及其他光泽，绝大多数矿物呈非金属光泽，常见的种类有金刚光泽和玻璃光泽，还有一些特殊的光泽如油脂光泽、珍珠光泽、丝绢光泽、蜡状光泽、土状光泽等。矿物遭风化后，光泽强度就会有不同程度的降低，如玻璃光泽变成油脂光泽等。

如黄铁矿因其浅黄铜的颜色和明亮的金属光泽，常被误认为是黄金，故又称为“愚人金”；金刚石反射光的能力较强，呈现灿烂的金刚光泽；像石英、萤石等由于反射光的能力较弱，呈现出如同玻璃表面的光泽；石棉、纤维石膏是具有平行纤维状的矿物，由于反射光互相干涉产生绢丝一样的光泽。

(4) 透明度。透明度（Transparency）是指矿物透过可见光的能力，即光线透过矿物的程度，在矿物学中，一般以1cm厚的矿物的透光度为标准，将矿物的透明度分为三级。

透明：可以透过绝大部分光线，隔着矿物能清楚地见到另一侧物体的轮廓。一般为非金属矿物所有，如水晶、冰洲石、云母片等。

半透明：只能透过部分光线，隔着矿物能见到另一侧物体的模糊阴影，如蛋白石、辰砂等。

不透明：基本上不透光，隔着矿物完全不能见到另一侧的任何形象，一般为金属矿物所有。如磁铁矿、方铅矿等。

7.2.3.3 矿物的力学性质

矿物的力学性质是指矿物在受力后所表现的物理性质。包括硬度、解理、断口及其他力学性质。

(1) 硬度。硬度（Hardness）是矿物抵抗刻划、压入、研磨的能力。一般测试硬度的方法有以下两种。

① 用两种矿物互相刻划（摩氏硬度计）。根据硬度大的矿物能划动硬度小的矿物的原理。一般用肉眼鉴定时，通常以已知硬度的矿物去刻划被测定的矿物，以此鉴定其相对硬度。通常选用10种硬度不同的已知矿物作为标准，国际上称为摩氏硬度计［1824年德国矿物学家腓特列·摩斯（Frederich Mohs）首先提出］。摩氏硬度计从低到高可分为10级，摩氏矿物硬度表（Mohs Scale of Mineral Hardness）见表7-5。

表7-5 摩氏矿物硬度表

摩氏硬度计			矿物硬度简易鉴定方法		
硬度等级	矿物	化学成分	代用硬度	相对硬度测定	硬度等级
1	滑石	$Mg_3[Si_4O_{10}](OH)_2$	指甲(2.5)	指甲容易刻出	低硬度
2	石膏	$CaSO_4 \cdot 2H_2O$		指甲能刻出	
3	方解石	$CaCO_3$	铁刀(5～5.5)	小刀很容易刻划	中硬度
4	萤石	CaF_2		小刀能刻出	
5	磷灰石	$Ca_5[PO_4]_3(F,Cl,OH)$		铅笔刀刻有明显划痕	
6	正长石	$K(AlSi_3O_8)$	玻璃(5.5～6)	小刀玻璃不易刻划，钢刀可留划痕	
7	石英	SiO_2	钢刀(6～7)	钢刀不易刻划	高硬度
8	黄玉	$Al_2[SiO_4](F,OH)$		能在玻璃上刻下明显划痕	
9	刚玉	Al_2O_3		能刻划石英	极高硬度
10	金刚石	C		能刻划石英	

② 用小刀、指甲等刻划（简易鉴定方法）。一般指甲可以刻动硬度2.5以下的矿物，小刀可以刻动硬度2.5～5.5的矿物。野外鉴别矿物硬度时，常采用此简易鉴定方法来测试其相对硬度。利用指甲、铁刀（铅笔刀）、玻璃刀和钢刀刻划矿物，一般不标明具体数值，只判断低、中、高三个硬度等级（见表7-5）。

应当注意，试硬度时，应在矿物单体新鲜表面刻划，如在松散或粒状集合体以及在风化面上刻划，硬度则会降低。

(2) 解理与断口。矿物受外力作用后，矿物晶体沿一定方向裂开，形成的光滑平面称为解理（Cleavage）。解理是造岩矿物的另一个鉴定特性。解理的产生主要与矿物的晶体结构有关，非晶质矿物因不具有晶体结构，则不具有这种性质。根据解理发生的难易及完全程度，可将解理分为：极完全解理、完全解理、中等解理、不完全解理、极不完全解理（此时已经发育为断口）。

矿物受外力作用后裂开，形成不具方向性的不规则破裂面，称为断口（Fracture）。矿物的断口形状往往具有一定的特点，可作为鉴定矿物的辅助标志。根据形状，断口又可分为五种类型：贝壳状断口，如不具解理只显示贝壳状断口的石英；参差状断口，如磷灰石；锯齿状断口，如自然铜；平坦状断口，如块状高岭土；阶梯状断口，如长石。

矿物解理的完全程度和断口是相互消长的，解理完全时则不显示断口；反之解理不完全或无解理时，则断口发育。

(3) 其他力学性质。如脆性、延展性、挠性、弹性等，这些力学性质在矿物鉴别上具有次要意义，但对于某些矿物而言，却是显著特征。如方铅矿受力易碎（脆性），自然金可锤击成薄片（延展性），云母受力可变形除去外力，又可恢复原状（弹性），绿泥石受力弯曲而不折断，除去外力却无法恢复原状（挠性）。

7.2.3.4 矿物的其他性质

有些矿物还具有独特的性质如磁性、电性、发光性、放射性等。这些性质是矿物在外界电流、磁场、热源及其他形式作用下所表现出来的性质，仅为部分矿物所有，大部分需要特定的仪器才能得到可靠数据，在此不做介绍。

7.2.3.5 主要的造岩矿物

矿物是构成岩石的基本单元，虽说目前自然界已发现的矿物约有 3000 多种，但构成岩石的矿物仅有 30 余种。我们常把构成岩石的主要矿物称之为造岩矿物。

(1) 石英（SiO_2）。白色透明，含杂质时呈其他颜色。石英硬度大，化学性质稳定，不易风化，风化后形成砂粒，石英是最主要的造岩矿物，分布最广，为酸性岩浆的主要成分，在沉积岩和变质岩中也常见。

(2) 正长石（$KAlSi_3O_8$）。正长石在岩石中呈晶粒，长方形的小板状，板面具有玻璃光泽。易于风化，完全风化后形成高岭石、绢云母、铝土矿等次生矿物，可为土壤提供含钾养分。

(3) 斜长石 [$Na(AlSi_3O_8)\cdot Ca(Al_2Si_2O_8)$]。在岩石中多呈晶粒，长方形板状，白色或灰白色，玻璃光泽。斜长石比正长石容易风化，风化产物主要是黏土矿物，能为土壤提供钾、钠、钙等矿物养分。斜长石是构成岩浆岩最主要的矿物。

(4) 黑云母 [$KH_2(Mg, Fe)_3AlSi_3O_{12}$]。黑云母主要分布在花岗岩、片麻岩和结晶片岩中，伴生矿物是石英、正长石等。黑云母较白云母易于风化，风化物为碎片状。广泛分布于岩浆岩和变质岩中。

(5) 白云母（$KH_2Al_3Si_3O_{12}$）。无色透明或浅色（浅黄、浅绿）透明，极完全解理，薄片具有弹性，珍珠光泽，较难风化，风化产物为细小的鳞片状，强烈风化后能形成高岭石等黏土矿物。

(6) 普通角闪石 [$Ca(Mg, Fe)_3Si_4O_{12}$]。呈长柱状、针状，暗绿至黑色，玻璃光泽，硬度高，半透明，中等解理，较易风化，风化后可形成黏土矿物、碳酸盐及褐铁矿等。多产于中性岩浆岩和某些变质岩中。

(7) 辉石 [$Ca(Mg, Fe)Si_2O_6$]。呈短柱状、致密块状，棕至暗黑色，条痕为灰色，中等解理。较易风化，风化物为黏土矿物，富含铁。多产于基性或超基性岩浆岩中。

(8) 橄榄石 [$(Mg, Fe)_2SiO_4$]。呈粒状集合体，橄榄绿色，玻璃光泽，透明，高硬度，断口贝壳状。易风化，风化产物有蛇纹石、滑石等。为超基性岩的主要组成矿物。

(9) 方解石（$CaCO_3$）。无色或乳白色，含杂质时呈灰色、黄色、红色等，玻璃光泽，与稀盐酸一起有起泡反应。方解石是大理岩、石灰岩的主要矿物。方解石的风化主要是受二氧化碳的溶解作用，形成重碳酸盐随水流失，石灰岩地区的溶洞就是这样形成的。

(10) 白云石（$CaCO_3 \cdot MgCO_3$）。菱面体，集合体呈块状，性质与方解石相似，但较稳定，遇热稀盐酸时微弱起泡，这是与方解石的主要区别。风化物是土壤钙、镁养分的主要来源。

(11) 石膏（$CaSO_4 \cdot 2H_2O_8$）。石膏呈板状、块状、无色或白色，有玻璃光泽或丝绢光泽，是干旱炎热气候条件下的盐湖沉积。常作为土壤改良剂。

(12) 石榴子石（一种宝石）。晶体菱形十二面体或粒状，颜色随成分而异，有玻璃光泽，硬度高，半透明，无条痕，无解理，主要用于研磨材料。

(13) 绿泥石。集合体为隐晶质土状或片状，浅绿到深绿色，玻璃光泽，半透明，硬度低，强度较低，在变质岩中分布最多。

(14) 蛇纹石。集合体呈致密块状，颜色黄绿，蜡状光泽，硬度适中，半透明，断口平坦，可作为室内装饰材料。为富镁质超基性岩变质后形成的主要变质矿物，常与石棉共生。

(15) 黏土矿物

① 高岭石。常呈致密块状、土状，白色，土状光泽，硬度低，平坦状断口。透水性差，干燥时粘舌，易捏成粉末，湿润且具有可塑性。

② 蒙脱石。呈土状、块状，白色，土状光泽，透明，硬度低，平坦状断口。吸水性很强，透水性差，吸水后体积可膨胀几倍至十几倍，具有很强的吸附力和阳离子交换性能。

7.2.4 岩石

7.2.4.1 岩石的概念、种类及其分布

岩石（Rock）是在各种地质作用下产生的、具有一定结构构造的矿物天然集合体。岩石是构成地壳岩石圈的最基本物质，由一种或多种矿物组成。如纯净的大理岩就是由方解石单一矿物组成，花岗岩则是由石英、斜长石、正长石、云母等多种矿物组成。

自然界岩石种类繁多，但按其成因可将地壳的岩石分为岩浆岩、沉积岩、变质岩三大类。沉积岩（Igneous Rock）在地球表面分布广泛，据统计，地表约75%的面积被沉积岩覆盖；岩浆岩（Sedimentary Rock）约占地壳总质量的80%，整个大洋壳几乎全部有岩浆岩组成；变质岩（Metamorphic Rock）在世界各地分布较为广泛，前寒武纪的地层绝大多数是由变质岩组成。就体积而论，在地壳16km厚度范围内，95%以上为岩浆岩和变质岩，沉积岩仅占5%。

地壳中的三大类岩石具有不同的形成环境和条件，一旦这些形成环境和条件，由于地质作用发生改变，三大类岩石之间可以相互转化。因此在地质历史中，由于地质作用的复杂性、多期性与漫长性，总有一些岩石消亡，一些岩石形成。如岩浆岩通过风化、剥蚀，其产物经过搬运、堆积形成沉积岩；沉积岩或变质岩受到高温作用熔融，冷凝后转变为岩浆岩；岩浆岩和沉积岩在遭受变质作用后，转而形成变质岩。

7.2.4.2 岩浆岩

(1) 岩浆岩的形成。岩浆岩（Igneous Rock）是地球内部岩浆侵入地壳或喷出地表冷凝结晶后形成的岩石，也称火成岩。岩浆岩按其生成环境可分为喷出岩和侵入岩。岩浆喷出地表，在常压下迅速冷凝而成的岩石称为喷出岩，也称火山岩（Volcanic Rock），常见的喷出岩有玄武岩、安山岩等。岩浆侵入地壳以下不同部位冷凝而成的岩石称为侵入岩，侵入地壳深处冷凝而成的岩石称为深成岩（Plutonic Rock），如橄榄岩、花岗岩等；侵入地壳较浅处冷凝而成的岩石称为浅成岩，如花岗斑岩等。

(2) 岩浆岩的化学成分。岩浆岩的化学成分十分复杂，几乎囊括了地壳中所有的元素，以O、Si、Al、Fe、Ca、Na、K、Mg元素为主，其次是Ti、P、Mn、Ba元素，通常把这

13种元素称为“主要造岩元素”。若以氧化物计，主要是SiO_2、Al_2O_3、MgO、FeO、CaO、K_2O等。其中SiO_2的含量最多，因此岩浆岩实际上是一种硅酸盐岩石。根据SiO_2的含量，可将岩浆岩分为以下几类（表7-6）。

表7-6 岩浆岩按SiO_2含量分类

岩类	超基性岩	基性岩	中性岩	酸性岩
SiO_2含量	<45%	45～52%	52～65%	>65%
颜色	深→浅			
主要矿物	橄榄石、辉石	辉石、钙斜长石	角闪石、长石	长石、石英、云母
代表岩石	橄榄岩	辉长岩、玄武岩	闪长岩、安山岩	花岗岩、流纹岩

(3) 岩浆岩的矿物成分。岩浆岩中的矿物成分繁多，常见矿物的有20多种，其中橄榄石、辉石、角闪石、黑云母、斜长石、钾长石、石英7种矿物最为重要。

这些矿物可分为两类：一类是颜色较浅、比重较轻的浅色矿物，如长石、石英等硅酸盐类矿物；另一类则是颜色较深、密度较大的暗色矿物，如橄榄石、辉石、角闪石、黑云母等含铁、镁硅酸盐类。两类岩石在岩石中所占比例的多少，决定着岩石颜色的深浅，同时也反映出化学成分的变化，一般而言，从超基性岩到酸性岩，颜色由深到浅；基性岩暗色矿物多而SiO_2含量较低，酸性岩浅色矿物多而SiO_2含量较较高。

(4) 岩浆岩的结构与构造

① 岩浆岩的结构。岩浆岩的结构，是指组成矿物的结晶程度、晶粒大小、结晶程度与结合方式。按照结晶程度、晶粒的大小，常见的结构如下。

a. 全晶等粒结构。岩石中矿物晶粒在肉眼或放大镜下可见，且晶粒大小一致，如花岗岩。

b. 隐晶质结构。岩石中矿物全为结晶质，但晶粒很小，肉眼或放大镜看不出晶粒。

c. 非晶质结构（玻璃质结构）。组成岩石的所有物质均为非结晶的玻璃物质，无论肉眼或显微镜都难于辨别。

d. 斑状结构。岩石中矿物颗粒大小不等，有粗大的晶粒和细小的晶粒或隐晶质甚至玻璃质（非晶质）者称斑状结构。大晶粒为斑晶，其余的称石基，如花岗斑岩。

② 岩浆岩的构造。指岩石各组成矿物的排列方式和填充方式所赋予岩石的外貌特征。构造特征决定于岩浆性质，产出条件，凝固过程度中物质成分的空间运行状态等。岩浆岩常见的构造如下。

a. 气孔构造。当熔岩喷出时，由于温度和压力骤然降低，岩浆中大量挥发性气体被包裹于冷凝的玻璃质中，气体逐渐溢出，形成各种大小和数量不同的圆形或椭圆形、个别呈管状的孔洞，称为气孔构造。

b. 杏仁构造。岩石上的气孔被外来的矿物部分或全部填充，形如杏仁，则称为杏仁构造，如玄武岩、安山岩、浮岩等。

c. 流纹状构造。岩石中有拉长的条纹和拉长气孔，表现出熔岩流动的状态，如流纹岩。

d. 块状构造。矿物在岩石中排列无一定次序，无一定方向，不具任何特殊形象的均匀块体。大部分侵入岩都具有这种构造，如花岗岩、辉长岩、闪长岩等。

(5) 常见岩浆岩

① 深成岩

a. 橄榄岩。主要矿物为橄榄石和辉石，暗绿色或黑色，中粗粒结构、块状构造。

b. 花岗岩。主要组成矿物有石英、正长石、角闪石，全晶质等粒结构，块状构造。多呈肉红色、灰白色，花岗岩分布广泛，抗压强度大，质地均匀坚实，颜色美观，是优质的建材。

c. 正长岩。主要组成矿物为正长石、角闪石；全晶质等粒结构，块状构造。呈肉红色、浅灰色，较易风化，极少单独产出，主要与花岗岩等共生。

d. 闪长岩。主要组成矿物为斜长石、角闪石；全晶质等粒结构，块状构造。呈灰色或浅绿灰色，闪长岩结构致密强度高，具有较高的韧性和抗风化能力，是优质建筑地基。

② 浅成岩

a. 花岗斑岩。主要矿物成分与花岗岩相似，斑状结构，斑晶主要有钾长石、石英或斜长石，块状构造。多棕红色、黄色。

b. 闪长玢岩。主要矿物成分为斜长石、角闪石，斑状结构，斑晶为中性斜长石，有时为角闪石，块状构造。常为灰色，如有次生变化，则多为灰绿色，工程性质较好。

③ 喷出岩

a. 玄武岩。主要矿物为辉石和斜长石，呈灰黑色、黑色，隐晶质结构或斑状结构，斑晶为橄榄石、辉石或斜长石，常见气孔状构造、杏仁状构造。玄武岩致密坚硬，性脆，强度较高，但是多孔时强度较低，较易风化。

b. 流纹岩。呈灰白色、紫红色，以斑状结构为主，斑晶多为斜长石或石英，流纹状构造，抗压强度略低于花岗岩。工程性质较好，也是良好的建筑物地基。

c. 安山岩。呈灰绿色、灰紫色，斑状结构，斑晶为角闪石或基性斜长石，块状构造，有时为气孔构造或杏仁构造，是分布较广的中性喷出岩，岩块致密，强度稍低于闪长石。

7.2.4.3 沉积岩

(1) 沉积岩的形成。沉积岩（Sedimentary Rock）是由地壳表面早期形成的岩石，经风化、剥蚀、溶蚀等外动力地质作用，岩石遭到破坏，将其松散、碎屑、浮悬物、溶解物搬运到适宜的地带沉积下来，再经压固、胶结形成的层状岩石。沉积岩广泛分布于地壳表层，占陆地面积的75%，沉积岩各处的厚度不一，最厚可达10km，薄者只有数十米。沉积岩是地表常见的岩石，在沉积岩中蕴藏着大量的沉积岩矿产，比如煤、石油、天然气等。

(2) 沉积岩的化学成分。沉积岩和火成岩的化学成分十分接近，因为沉积岩的物质成分主要来自火成岩，但也存在不同点：沉积岩中 $Fe_2O_3>FeO$，而火成岩中则相反；沉积岩中 $K_2O>Na_2O$，而火成岩两者含量近似；沉积岩中常富含大量的 H_2O 和 CO_2 和有机质；而这些物质在火成岩中几乎没有；除此之外，沉积岩 Al、K、Na、Ca 是相互分离的，且 $Al>(K+Na+Ca)$，而火成岩恰与其相反，且 Al、K、Na、Ca 与 SiO_2 组成铝硅酸盐矿物。

(3) 沉积岩的矿物成分。沉积岩的矿物成分十分复杂，与产生碎屑物的母岩有直接的关系。沉积岩中已知矿物大约160多种，比较常见的矿物近20种，约占沉积岩矿物组成的99%，这些常见矿物多为氧化物、硅酸盐、碳酸盐和硫酸盐类矿物，如石英、斜长石、白云母、黏土矿物、白云石、方解石等。

总的来说，沉积岩的矿物成分可分为五种类型，即碎屑矿物、黏土矿物、化学沉积矿物、胶结物（其强度取决于胶结物成分，如硅质、铁质、钙质、泥质）、有机质及生物残骸。其中由生物作用形成的有机物质是沉积岩特有的物质。

(4) 沉积岩的结构与构造

① 结构。沉积岩的结构是指沉积物颗粒（碎屑、晶粒）的大小、形状及结晶程度。常见的结构类型有碎屑结构、泥质结构、化学结晶结构、生物结构。

a. 碎屑结构。碎屑物被胶结物胶结而成的结构，即岩石或矿物碎屑被硅质、钙质、粘土质等胶结在一起。沉积碎屑岩类如砾岩、砂岩等都具有这种结构。

b. 泥质结构。又称黏土结构，由泥质物质形成，它是泥岩和页岩的主要结构。

c. 化学结晶结构。由化学作用形成的结晶岩石所具有的结晶结构，如石灰岩、白云岩等。

d. 生物结构。岩石是以大部或全部生物遗体或生物碎片所组成的结构。岩石中所含的生物遗体或碎屑含量达30%以上，为灰岩和硅质岩的常见结构。

② 构造。沉积岩的构造是指岩石各组成部分的空间分布及其相互间的排列方式所呈现的宏观特征。沉积岩最主要的构造有层理构造、层间构造、层面构造、化石和结核等。

a. 层理构造。沉积岩的成层性，即沉积岩的成分、颜色、颗粒大小等沿垂直于岩层的方向变化、交替。这种构造是在沉积过程中形成的。

b. 层间构造。不同厚度，不同岩性的层状岩石之间层位上的变化现象。性质不同的岩石之间的接触面，称为层面（Bedding Plane）。上、下两层面间，成分基本一致的岩石，称岩层（Terrane）。岩层厚度是指上、下岩层之间的垂直距离。

c. 层面构造。在沉积面上保留的自然作用产生的痕迹。如动物的遗迹、雨、波浪、泥裂、虫痕等，在成岩过程中保留下来。这种情况比较少见，层面就是一个层的顶面。

d. 化石和结核。化石和结核也是沉积岩所特有的构造现象，化石是岩层中，保存着经石化了的各种古生物遗骸和遗迹，有化石存在是沉积岩最大的特性。结核是与岩层主要成分有区别的胶体物，经凝聚呈团块状散布于岩层中的块体。

大部分沉积岩形成于广阔平坦的沉积盆地中，其原始状态多呈水平或近水平，并且老的岩层先形成在下面，新的岩层后形成在上部，这种老的在下面，新的在上部的层位，称为正常层位，但由于构造运动常使岩层层位发生改变，形成倾斜、直立岩层，甚至倒转。

（5）沉积岩的类型及常见的沉积岩。沉积岩的形成过程比较复杂，目前对沉积岩的分类方法尚不统一。但通常主要是依据岩石的成因、成分、结构、构造等方面的特征，将沉积岩分为三类。

① 碎屑岩类。本类岩石主要由母岩机械破碎形成的碎屑物质组成。

a. 砾岩、角砾岩。这类岩石具有一种砾状结构，主要由砾石级碎屑基质充填胶结而成，基质较粗，胶结物多为硅质、钙质、铁质等化学物质。

b. 砂岩。具有砂状结构的碎屑岩。砂岩的分类复杂，一般根据粒径的大小，可以进一步分为粗砂岩、中砂岩、细砂岩等，砂岩是良好的储油气岩层，在目前世界上发现的油气田中，半数以上的聚集层是砂岩。

② 黏土岩类。本类岩石主要是由母岩化学风化作用形成的黏土矿物组成。

黏土岩指具有黏土结构，主要由高岭石、蒙皂石、绿泥石、水云母等黏土矿物组成的一类岩石，黏土岩在强氧化环境应含 Fe^{3+} 而呈红色；应富含有机质及低价硫而呈黑色、灰色等。这类岩石固结微弱、质地疏松的称为黏土；固结成岩的具有块状结构的为泥岩；呈现出页状层理构造的为页岩。

③ 化学岩和生物化学岩类。本类岩石是由母岩化学分解所形成的溶解物质或胶体溶液经过搬运后，通过化学作用及生物直接或间接作用沉积下来的岩石。

a. 石灰岩。简称灰岩，主要是由方解石组成的碳酸岩类，岩石为白色、灰色或灰黑色，含有机质及杂质则色深。化学结晶或生物化学结晶结构，块状构造；石灰岩致密、性脆，遇盐酸起泡，是一种可溶性岩石，在地下水的作用下，易形成裂痕和溶洞。

b. 白云岩。主要由白云石和方解石组成，遇冷盐酸不起泡，颜色灰白，略带淡黄、淡红色，岩石风化面上有刀砍状沟纹。化学结晶结构，块状构造，可作为高级耐火材料和建筑石料。

④ 松散岩石。沉积岩中还有一类近代形成的未经压固、胶结的碎屑堆积物，称为松散

岩石（Loose Rock）或第四纪松散堆积物（Quaternary Loose Deposits），如漂石、卵石、砾石、砂、粉土、黏土，及其混合堆积物砂砾石等。第四纪松散堆积物广泛覆盖于地壳的表面，对地下水的形成、储存有着直接的关系。

7.2.4.4 变质岩

（1）变质岩的形成。变质岩（Metamorphic Rock）是由于地壳运动，岩浆活动的地质作用，使早期形成的原岩（岩浆岩、沉积岩和早期的变质岩）因物理化学条件（温度、压力、化学活动性流体化学反应等），岩石的矿物成分、结构、构造发生变化而形成的岩石。

由岩浆岩变质而成的岩石叫正变质岩。由沉积岩变质而成的岩石叫副变质岩。变质岩就是原岩经变质作用后所形成的新岩石。

它们的岩性特征一方面受原岩的控制，具有一定的继承性，仍残留有原岩的某些矿物，如石英、长石类等，另一方面由于受到变质作用的改造又具有自身的特点，出现某些具有自身特性的变质矿物和独特的定向构造等。

（2）变质矿物。原岩成分与变质作用的复杂性，决定了变质岩的矿物成分较岩浆岩、沉积岩复杂得多。一类是在变质作用中保存下来的矿物，如石英、长石、云母、角闪石和辉石等；另一类是在变质作用中形成新变质矿物，如石墨、滑石、红柱石、石榴石、蛇纹石、绿泥石、硅灰石等。

这些变质矿物是变质岩中独有的矿物，它们的大量出现是岩石发生变质作用的有力证据，也是区别于岩浆岩、沉积岩的主要标志。

（3）变质岩的结构与构造

① 变质岩结构。根据岩石特点和结构成因，可将变质岩结构分为变晶结构、变余结构、碎裂结构。

a. 变晶结构（Metacryst Texture）。原岩在固态条件下，岩石中的各种矿物同时重结晶作用形成的结晶质结构，如白云母石英片岩、花岗片麻岩等都属于这种结构。这是变质岩中最常见的结构。

b. 变余结构（Palimpsest Texture）。又称残留结构，由于重结晶作用不彻底，原岩的矿物成分和结构特征仍被保留下来。如黑色板岩、千枚岩等属变余砾状、变余砂状、变余粉砂状及变质泥质状等结构。

c. 碎裂结构（Cataclastic Texture）。岩石受定向压力后，岩石中矿物颗粒发生破裂、断开、移动甚至研磨等现象。部分矿物保留原形，但出现裂痕；部分矿物被研磨成细小的碎屑或岩粉，出现定向排列的重结晶现象，此时成糜棱结构。

② 变质岩的构造。变质岩的构造是指在岩石中矿物在空间排列关系上的外貌特征。变质岩的构造特征常见的有如下。

a. 片状构造（Sheet Structure）。它是变质类区别于沉积岩和岩浆岩的重要特征。岩石中的片状、针状、柱状或板状矿物受定向压力作用后，重新组合平行排列、呈叶片状的片理现象。顺着矿物定向排列方向裂开面，称为片理。如云母、角闪石、绿泥石等。

b. 板状构造（Platy Structure）。黏土岩等柔性岩石在温度不高而以压力为主的变质作用下，沿一定方向裂成平整板状，如黑色板岩。

c. 千枚状构造（Phyllitic Structure）。是一种薄片状片理，片理面上因有绢云母、绿泥石而呈丝绢光泽，如千枚岩。

d. 片麻状构造（Gneissic Structure）。岩石中暗色矿物和浅色矿物相间，且平行排列呈条带状，如花岗片麻岩。

e. 块状构造（Massive Structure）。岩石中的矿物成分和结构都很均匀，不具定向排列的称为块状构造。如大理岩、石英岩。

f. 变余构造（Palimpsest Structure）。一般变质作用不彻底，岩石中残留原岩结构特征。由沉积岩变质岩保留有变余层理、斜层理、泥裂、波痕等构造，岩浆岩变余气孔、杏仁、流纹构造等。

（4）常见的变质岩

① 片理状岩类

a. 片麻岩。岩石中的柱状和粒状矿物分别呈定向排列，具有片麻构造，等粒状变晶结构。矿物种类有石英、正长石、云母、角闪石。

b. 片岩。可由各种岩石变质形成，片状构造，鳞片状变晶结构。主要由片状或柱状矿物如云母、滑石、角闪石定向排列而成。片岩强度低，抗风化能力差，极易风化剥落，甚至沿片理面发生滑塌。

c. 板岩。变质程度低，由页岩、粉砂岩等变质而来，板状构造或变余构造，有微弱光泽。较一般黏土岩致密、坚硬，且易开成薄石状，是较好的建筑材料。

d. 千枚岩。常由黏土岩变质而成，具有千枚结构，千枚岩质地松软，强度低，易风化剥落，沿节理面发生滑塌。

② 块状岩类

a. 大理岩。由云南的大理而得名。由石灰岩和白云岩等碳酸盐类变质而来，粒状变晶结构，块状构造，大理岩强度中等，易于开采，是良好的建筑装饰材料。

b. 石英岩。由石英砂岩变质而来，块状构造，等粒状变晶结构，矿物组成为石英，纯石英岩多为乳白色，具脂肪光泽。石英岩强度高，抗风化能力强，工程性质好，可作为良好的路基材料，在山区可形成较陡的边坡。

7.3 地质构造

7.3.1 地壳运动简介

7.3.1.1 地壳运动的概念

地壳运动（Crustal Movement 或 Diastrophism）是指地壳或岩石圈在地球的内能作用下，引起的地壳的变形、变位以及洋底的增生、消亡过程。地壳运动形成了山脉、盆地，岩层发生变形、断裂甚至破碎，形成褶皱、断裂等各种地质构造。所以地壳运动又称为构造运动（Tectogenesis，Tectonic Movement）。

地壳运动可以引起海啸、地震、岩浆活动、变质作用、海陆轮廓的变化、地壳的隆起与凹陷、山脉与海沟的形成，决定地壳外貌（地貌）的总体特征。

人们常常把晚第三纪以来发生的地壳运动称为新构造运动；晚第三纪以前发生的地壳运动称为古构造运动；将人类历史时期到现在所发生的新构造运动称为现代构造运动。

7.3.1.2 地壳运动的基本方式

按照地壳运动的特点，可简单归纳为两种类型：垂直运动和水平运动。

（1）垂直运动（Vertical Motion）。指地壳或岩石圈垂直于地表，即沿地球半径方向的运动。表现为大面积的上升运动和下降运动，故又称为升降运动。垂直运动常形成大型的隆起和凹陷，造成地壳上地势高低起伏和海陆变迁，产生海侵和海退现象。

如新疆吐鲁番盆地与相邻的博格达山，就是一个地区下降凹陷，相邻地块上升隆起。在对珠峰的科学考察中，发现珠峰地层中含有丰富的浅海古生物化石，如三叶虫、海百合、珊瑚等，表明珠峰在较长的地质时期被海水淹没，直到第三纪后期（距今 3000 万年）才从海底隆起，1000万年前才跃出水面，成为世界第一高峰。

(2) 水平运动 (Horizontal Motion)。指地壳或岩石圈大致沿地球表面切线方向的运动。简言之，这是一种大致平行于地球表面的运动。水平运动表现为岩石圈的水平挤压或水平拉张，因而引起岩层的褶皱和断裂，以及形成巨大的褶皱山系或巨大的地堑、裂谷。因此水平运动又称造山运动。我国的昆仑山、祁连山、秦岭、喜马拉雅山等山脉，都是遭受水平方向的挤压而褶皱隆起的。

相对地壳垂直运动而言，水平运动难于观察，现代地质和地壳物理资料表明：大规模的水平运动普遍存在，经大地水准测量或卫星监测，美国西海岸旧金山附近的圣安德列斯断层，水平错开达480km，仅在1906年旧金山7.8级大地震前的16年中位移就达7m；我国东部的郯城—庐江（郯庐）大断裂，断层的东西两侧平错了740km。

7.3.2 岩层的产状

7.3.2.1 岩层产状、要素

岩层 (Rock Formation) 是指具有平行或接近平行的顶底面的层状岩石。岩层的产状则是指成层岩体（层）的空间产出状态。它们的几何状态是以其空间的延伸方位、倾斜程度来确定的，即取决于岩石层面的走向、倾向、倾角，通常它们为产状要素，如图7-5所示。

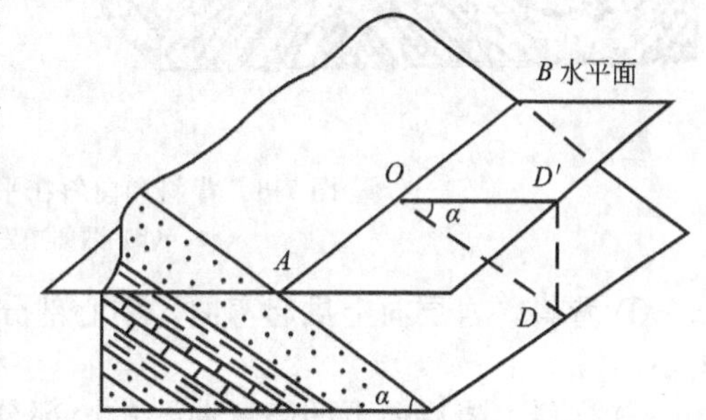

图7-5 岩层产状要素示意

(1) 走向 (Strike)。岩层的层面与水平面的交线称为走向线，图7-5中线段 AOB，走向线两端的延伸方向即为走向，表示岩层在水平面上的延展方向。岩层的走向用走向线的方位角表示，在方位角上有两个方向，两者相差180°。

(2) 倾向 (Dip)。岩层层面上与走向垂直并指向下方的直线为倾斜线，图7-5中线段 OD。倾斜线在水平面上的投影所指的方向称倾向，图7-5中线段 OD'，岩层的倾向只有一个方向，用方位角表示，与走向垂直。

(3) 倾角 (Dip Angle)。倾角是岩层层面上的倾斜线与其在水平面上的投影线之间的夹角，图7-5中 α 角表示岩层层面与水平面之间的最大夹角。

野外常用地质罗盘测量岩层的产状，并用规定的文字记录或符号标注在图上。如某岩层的产状为：SE120°∠40°，表示倾向为南东方向120°，倾角为40°。

7.3.2.2 岩层的分类

根据岩层的倾斜程度，可以将岩层分为水平岩层、倾斜岩层、直立岩层。

(1) 水平岩层 (Horizontal Stratum)。岩层未发生明显的变形，常出现于受构造运动影响比较轻微的地区，或大范围内均匀抬升或下降的地区。水平岩层特征是：在正常的地层层序下，较新的岩层总是位于较老的岩层之上。平坦地区，地表仅能观察到水平岩层最上部岩层的顶面；在岩层受侵蚀切割、地形起伏的地区，构成水平岩层的不同岩层会出露在斜坡上。老岩层出露在河谷低洼地区，新岩层出露于较高的地方。

(2) 倾斜岩层 (Inclined Stratum)。岩层层面与水平面之间存在一定夹角时称为倾斜岩层。构造运动改变了岩层的原始状态，形成的倾斜岩层分布广泛，是一种基本的构造类型。如倾斜岩层常常是褶皱的一翼或断层的一盘；也可以是大区域内不均匀抬升或下降所形成的。不论在平坦地区，还是在岩层受侵蚀切割、地形起伏的地区，在地表均能观察到构造倾斜构造的各个岩层。地层层序正常时，延岩层的倾斜方向，地层由老到新排列。

(3) 直立岩层（Vertical Stratum）。岩层面与水平面相互垂直，倾角近 90°的岩层称为直立岩层。直立岩层是强烈的构造变形的结果。它的地表出露宽度就是岩层的厚度。

7.3.3 褶皱构造

褶皱构造是地壳上最常见的最基本的地质构造形态，是地壳运动最引人注目的地质现象，在层理发育的沉积岩中表现尤为明显。在地壳水平方向挤压力的作用下，岩层受力变形产生的一系列连续的弯曲称为褶皱（Drape），岩层若只发生一个弯曲时称为褶曲（Fold）。

7.3.3.1 褶曲与褶曲要素

(1) 褶曲。褶曲是褶皱的基本单位，按其形态可分为背斜和向斜两种类型，如图 7-6 所示。

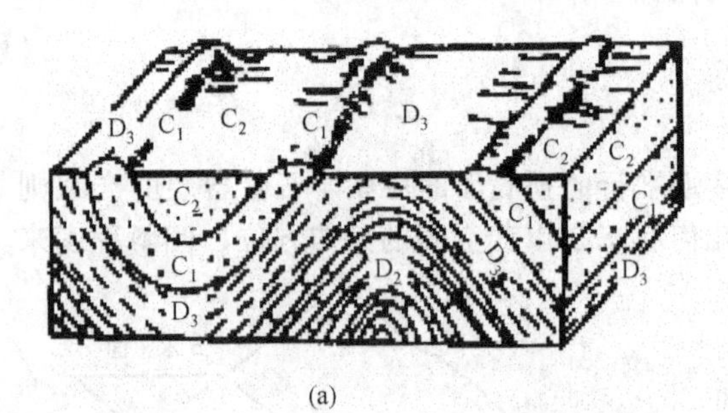

(a)

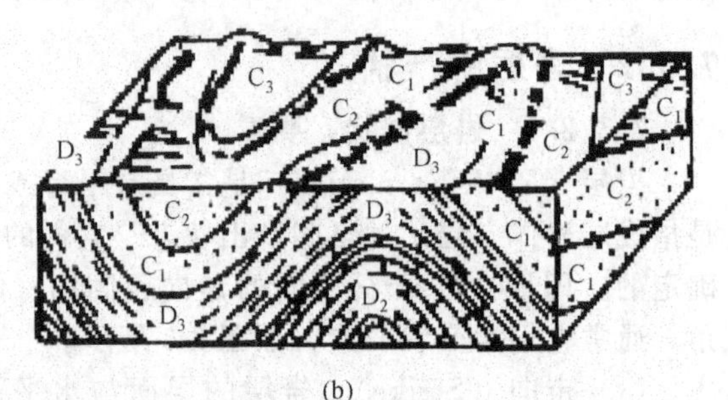

(b)

图 7-6 背斜和向斜在平面、剖面上的出露形态示意

(a)、(b) 两图中左侧是向斜，右侧是背斜

① 背斜。岩层向上拱起弯曲，中心部分（核部）的岩层较老（D_3），两侧岩层依次变新（C_2）。

② 向斜。岩层向下凹陷弯曲，中心部分（核部）的岩层较新（C_1），两侧岩层依次变老（D_2）。

岩层变形后，向斜成谷、背斜成山是地形构造变动的直观反映；但经过较长时间的风化剥蚀，地形也可能出现背斜成谷，向斜成山的地形倒置现象；见图 7-7。因此，判别背斜、向斜不能仅仅靠岩层下凹或上拱形态，更要根据自核心向两翼岩层年龄的新老以及地表出露情况。

(2) 褶皱要素。褶曲的几何形态千姿百态，习惯上将确定褶曲空间位置的几何要素称为褶曲要素，即核、翼、轴、轴面、转折端等，如图 7-8 所示。

核：泛指褶皱的中心部分的岩层（A）。

翼：褶皱核部两侧对称出露的岩层（E）。

轴面：指平分褶皱的一个假想面（*ABCD* 面）。

轴：指轴面与岩层面的交线（*BC*）。

轴线：轴面与地面的交线（*AD*）。

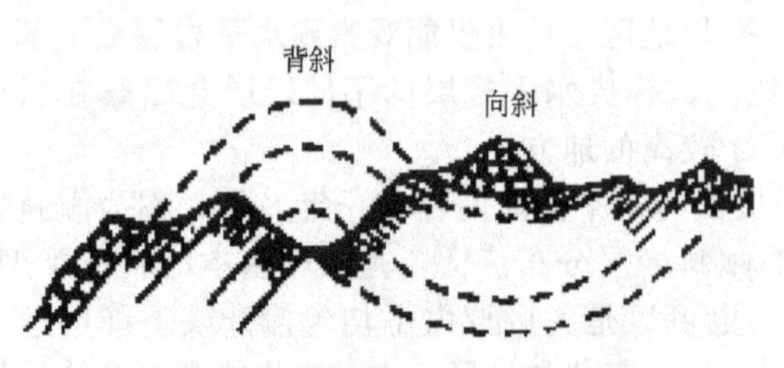

图 7-7 背斜成谷、向斜成山示意

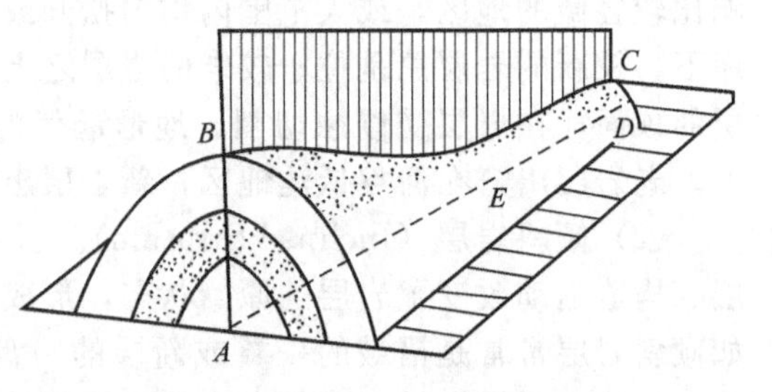

图 7-8 褶曲要素示意

7.3.3.2 **褶皱的主要类型**

褶皱的类型多种多样，划分的方法也各不相同，根据褶皱轴面产状可分为直立褶皱倾斜褶皱、倒转褶皱、平卧褶皱四种，见图 7-9。

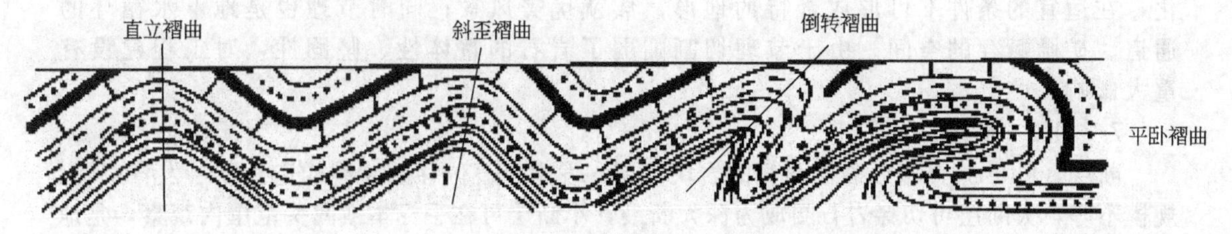

图 7-9　根据轴面产状划分的褶皱类型

此外，可根据褶曲在平面图上长宽比（枢纽方向与垂直枢纽方向的长度比）将褶皱划分为线状褶皱、短轴褶皱、穹隆和盆地构造。

褶皱作为构造运动的产物，褶皱规模有大有小，小的需在显微镜下才可以观测到，大的可形成一系列高大的山系，世界上大部分山系是由褶皱造山运动形成的，如天山、乌拉尔山、阿尔卑斯山、喜马拉雅山等。从矿藏角度出发，褶皱是探矿工作的重点。褶皱构造与油气的储藏密切相关，特别是在背斜构造中常储藏丰富的石油和天然气资源；而向斜多为储存地下水的良好构造。

7.3.4　断裂构造

地壳中的岩石或受力后发生变形，当所受的力超过岩石本身强度极限时，岩石的连续性和完整性就会破坏，产生破裂面，形成断裂构造。如果断裂面两侧的岩石或岩体沿断裂面没有发生明显的位移，称为节理；若沿断裂面产生了明显的相对位移，此时称为断层。节理和断层是断裂构造的两种基本形式。

7.3.4.1 **节理**

节理（Joint）是指岩块（层）受力后没有发生显著位移的断裂，即岩石中的裂隙。节理的规模大小不一，疏密不等，在岩石中往往成群出现。节理的两壁（断裂面）称为节理面，节理面可以是平面，也可以是曲面或参差不齐。一般来说，在脆性岩层里，节理裂缝较大、发育较疏；在软弱岩层里，节理裂缝较小，发育致密。在构造复杂区，岩层强烈变形，岩石破碎，节理发育较好，相反在构造简单区域，岩层变形程度浅，节理发育较差。

按成因不同可将节理分为原生节理和次生节理两类。

原生节理是在岩石形成过程中产生的节理，如玄武岩中的柱状节理、细粒沉积岩中的泥裂等。

次生节理是岩石形成后，经次生变化才形成的节理，可分为构造节理、非构造节理。构造节理主要是由构造运动产生的节理，分布具有一定的规律，往往与褶皱、断层相伴，发育范围和深度较大；非构造节理是由风化作用、滑坡等形成的节理，由于和构造运动无规律性联系，其发育范围和深度均有限。

构造节理中根据力学成因不同，可分为张节理、剪节理。

（1）张节理（Tension Joint）。岩石受（拉）张应力作用，形成的节理，节理走向平行于挤压力方向，节理面粗糙、凹凸不平，节理中常有矿脉填充；产状不稳定，大多延伸不远，常出现在褶曲的核部和脆性岩石中，见图 7-10。

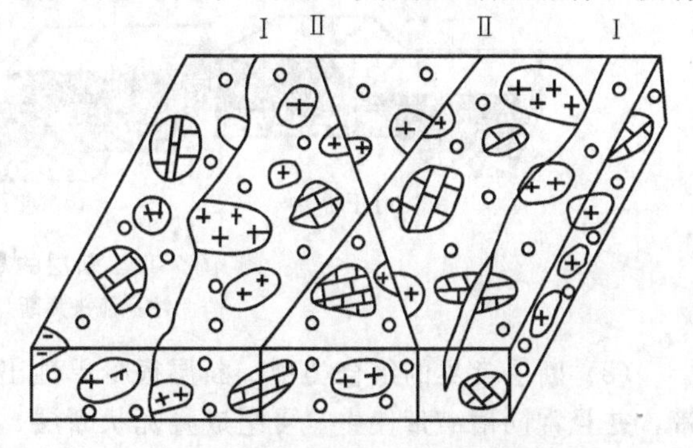

图 7-10　砾岩中的张节理、剪节理

Ⅰ：张节理　Ⅱ：剪节理

(2) 剪节理 (Shear Joint)。岩石受由挤压或剪切力作用形成的节理，常呈“X”形。节理面多光滑且呈闭合状，常有擦痕；分布叫平直，延伸较远。如图 7-10 所示。

此外，节理对岩石的风化、剥蚀有着重要的控制意义，节理发育密集的岩石易于风化，在适宜的条件下可形成奇特的地形，成就优美风景；同时节理也是地下水循环的通道、矿脉赋存的空间。由于节理切割削弱了岩石的整体性、坚固性，对工程建设有重大影响。

7.3.4.2 断层

断层 (Fault) 是指断裂面两侧的岩块 (层) 发生显著位移的断裂构造。断层发育广泛、规模不等，大断层可切穿岩石圈成为深大断裂，小断层可在手标本或露头范围内观察，是地壳中重要的地质构造之一。断层活动是地震发生的起源，对各种工程建设影响极大，断层研究对找矿和寻找地下水等具有指导意义。

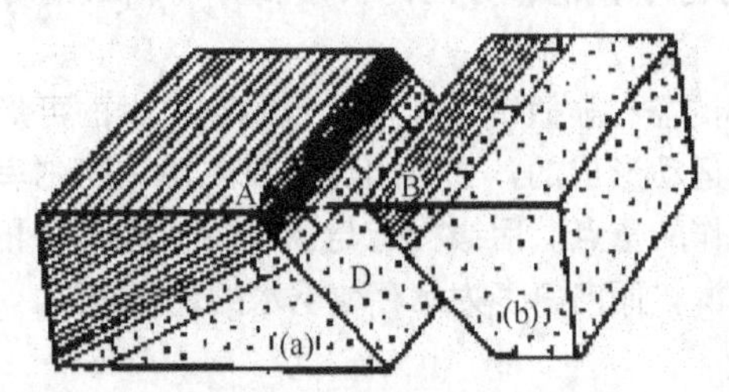

图 7-11 断层要素示意 (正断层)
A—断盘-下盘；B—断盘-上盘；
D—断层面；AB—断距

(1) 断层要素。断层的几何要素包括断层面以及被它分隔的两个断块 (图 7-11)。

① 断层面 (Fault Plane)。指断裂两侧的岩层 (块) 沿之滑动的破裂 (断裂) 面。断层面可以是产状稳定的平直面，也可以是产状发生变化的曲面。断裂面可以是一个面，也可以是有许多断裂面构成断裂带。

② 断盘 (Fault Wall)。指断裂带 (面) 两侧的岩层 (块)。位于断层面上面的一盘称为上盘，位于断层面下面的一盘称为下盘。

③ 断距。断层面两侧岩块相对滑动的距离。

(2) 断层的主要类型。断层的分类方法较多，根据断层两盘相对运动的方向，分为正断层、逆断层、及平移断层三种。

① 正断层 (Normal Fault)。上盘相对下降，下盘相对上升的断层。断层面倾角较陡，通常在 45°以上；主要由张应力和重力作用形成。如图 7-12 (a) 所示。

② 逆断层 (Reverse Fault)。上盘相对上升，下盘相对下降的断层，主要由水平挤压作用形成。断层面倾角小于 45°的逆断层称为逆掩断层。如果断层面的倾角非常平缓，规模十分巨大，则称为碾掩构造。如图 7-12 (b) 所示。

③ 平移断层 (Translational Fault)。断盘沿断层面走向方向相对错动的断层，断层面近于直立，主要由水平剪切作用形成。如图 7-12 (c) 所示。

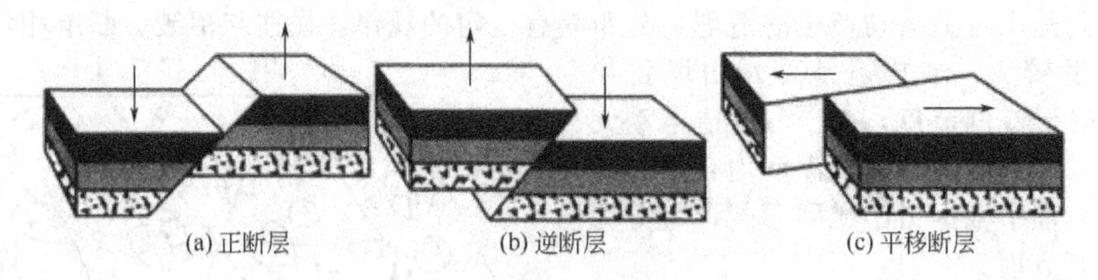

图 7-12 断层的基本类型示意
注：箭头为断盘运动方向

(3) 断层常见的组合类型。断层很少单独出现，常由多条成带状组合在一起，形成断层带，并且常同褶皱带伴生，可组成叠瓦状断层、阶梯状断层，地堑和地垒。如图 7-13 所示。

① 叠瓦状构造。成群出现的逆断层或逆冲断层平行排列组合成倾向一致的构造。其上盘依次向上逆冲，断层面呈叠瓦式组合。

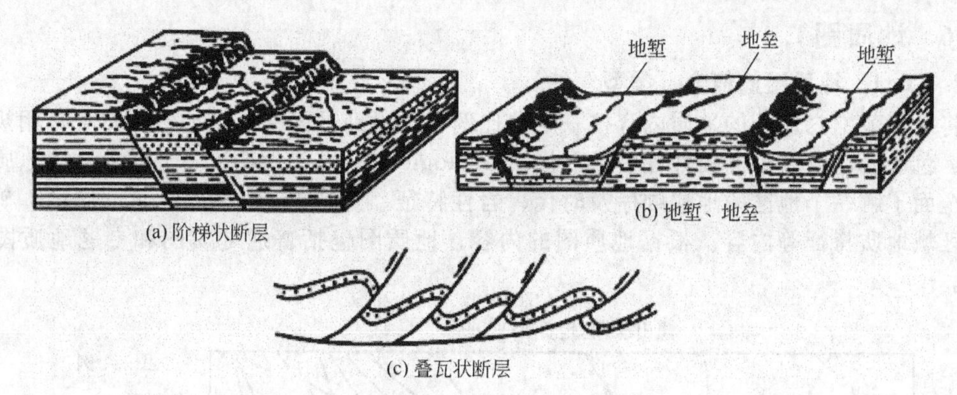

(a) 阶梯状断层　(b) 地堑、地垒　(c) 叠瓦状断层

图 7-13　常见的断层组合类型

② 阶状断层。由两条或两条以上的倾向相同、相互平行的正断层组合而成，其上盘依次下降呈阶梯状排列组合。

③ 地堑。是由两条走向大致平行、性质相同的断层组合而成的中间断块下降、两侧断块相对上升的构造。

④ 地垒。是由两条走向大致平行、性质相同的断层组合而成的中间断块上升、两侧断块相对下降的构造。

7.3.5　地层的接触关系

地层之间的沉积接触关系，是古构造运动和地质历史的记录，基本上可以分为整合接触关系和不整合接触关系两大类型。

7.3.5.1　整合接触

整合接触（Conformable Contact）指相邻新老地层产状一致且相互平行，时代连续，没有沉积间断，表明上下新老地层是在构造运动持续下降或上升而未中断沉积的情况下形成的。沉积物的连续堆积而无地层缺失，反映出一个地区长期处于构造运动相对稳定均衡的环境。如图 7-14（a）所示。

7.3.5.2　不整合接触

不整合接触（Unconformable Contact）指上下两套地层时代不连续，存在明显的地层缺失的接触关系，包括平行不整合（Disconformity）和角度不整合（Angular Unconformity）两种。

(1) 平行不整合。又称假整合，指两相邻地层产状平行，但时代不连续。它表明某地区曾发生上升运动，致使沉积作用一度中断，缺失的地层或者根本没有沉积过，或者形成后又被剥蚀。而后地壳下沉，堆积了上覆新地层。见图 7-14（b）。平行不整合代表地壳运动的下降堆积，上升剥蚀，再下降堆积的一个总过程。

(2) 角度不整合。指上下两地层产状既不一致，时代也不连续，其间有地层缺失。表明老地层沉积后曾发生褶皱与隆升，沉积一度中断而后再下沉接受新沉积。这样两者间就具有了斜交接触关系，有几个角度不整合，就代表有过几次构造运动。如图 7-14（c）所示。

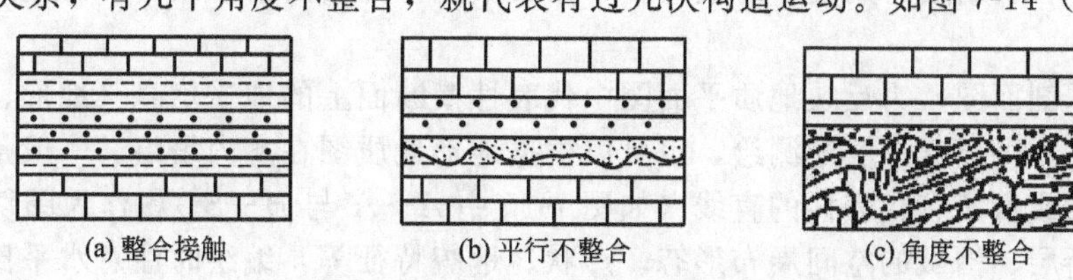
(a) 整合接触　(b) 平行不整合　(c) 角度不整合

图 7-14　地层整合、不整合接触剖面示意

7.3.6 地质图

7.3.6.1 地质图的概念、类型

将一定范围内地壳的地质内容按一定的比例，投影到平面图（及地形图）上，用规定的符号、色谱、花纹表示的图件称为地质图（Geological Map），如图 7-15 所示。从地质图上可以全面了解一个地区的地层顺序及时代、岩性特征、地质构造（褶皱、断层等）、矿产分布、区域地质特征等内容。根据地质图的内容，地质图包括普通地质图和专题地质图两种类型。

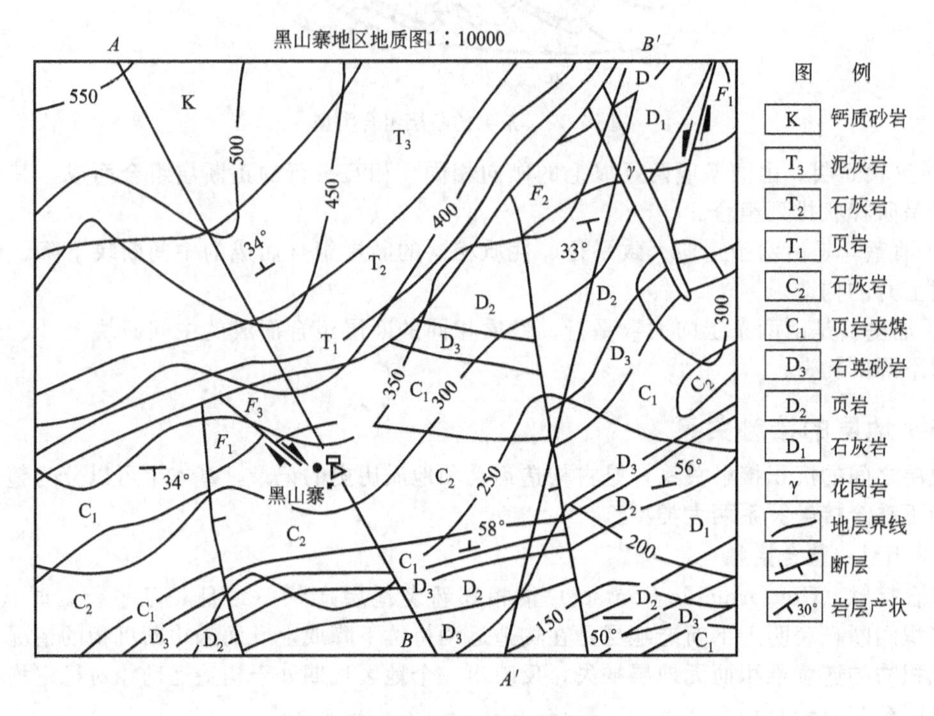

图 7-15　黑山地区地质图

普通地质图是以一定比例尺的地形图为底图，反映一个地区的地形、地层岩性、地质构造、地壳运动及地质发展历史的基本图件，简称地质图。此外在普通地质图的基础上，可根据生产或研究的需要，制成专题的地质图，如水文地质图、工程地质图、第四纪地质图、矿产分布图、构造纲要图、大地构造图等。

7.3.6.2 地质图的内容

一幅完整的地质图，通常包括四部分内容：平面图、剖面图、柱状图及图例。

(1) 平面图。平面图为地质图的主体，通过实地勘测，直接将各种地质信息填绘在地形图（底图）中编制而成。平面地质图又称为主图，是地质图的主体部分，主要包括地理概况及地质现象，如地理位置、主要居民点、地形、地貌特征等地理概况。地质现象则包括地层、岩性、产状、断层、崩塌、滑坡等。平面图中应标记出图名、图例、比例尺、编制单位与编制日期。

(2) 地质剖面图。为反映地质平面图中代表性横断面上的地质信息（地形、岩层、地质构造）的图件。可以通过实地测绘，也可以根据地形地质图在室内编绘。一般是在地质平面图上选择一条或数条有代表性的直线（如图 7-15 中 $A—A'$ 与 $B—B'$），作为图切剖面，以此表示岩性、断层、褶皱的空间展布形态、产状、地貌特征等，编绘时注意水平比例尺与平面图要相同，垂直比例尺可比平面图的适当大些。如图 7-16 所示。

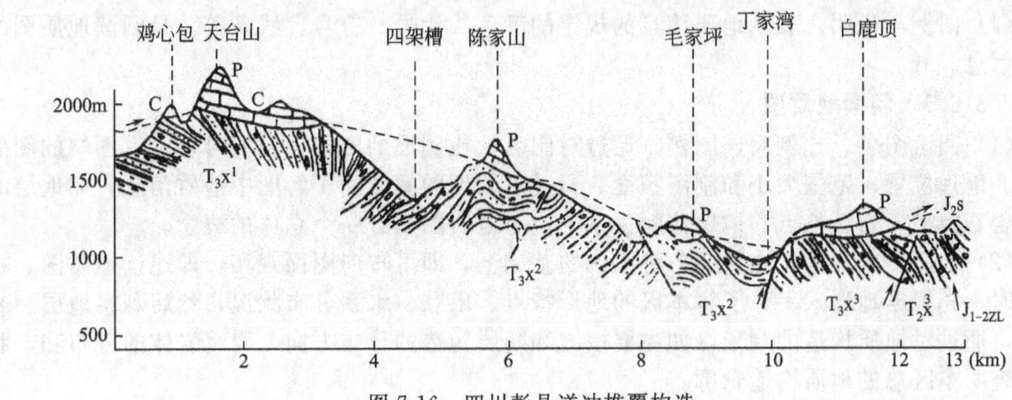

图 7-16 四川彭县逆冲推覆构造

(3) 地层柱状图。地层柱状图也称综合地层柱状剖面图。它是以柱状剖面的形式，将一个地区全部出露的地层，按照时代顺序、接触关系、厚度、岩性、化石以及其他地质特征编绘而成。其比例尺可以根据实际情况制定。黑山寨地区综合地层柱状图如图 7-17 所示。

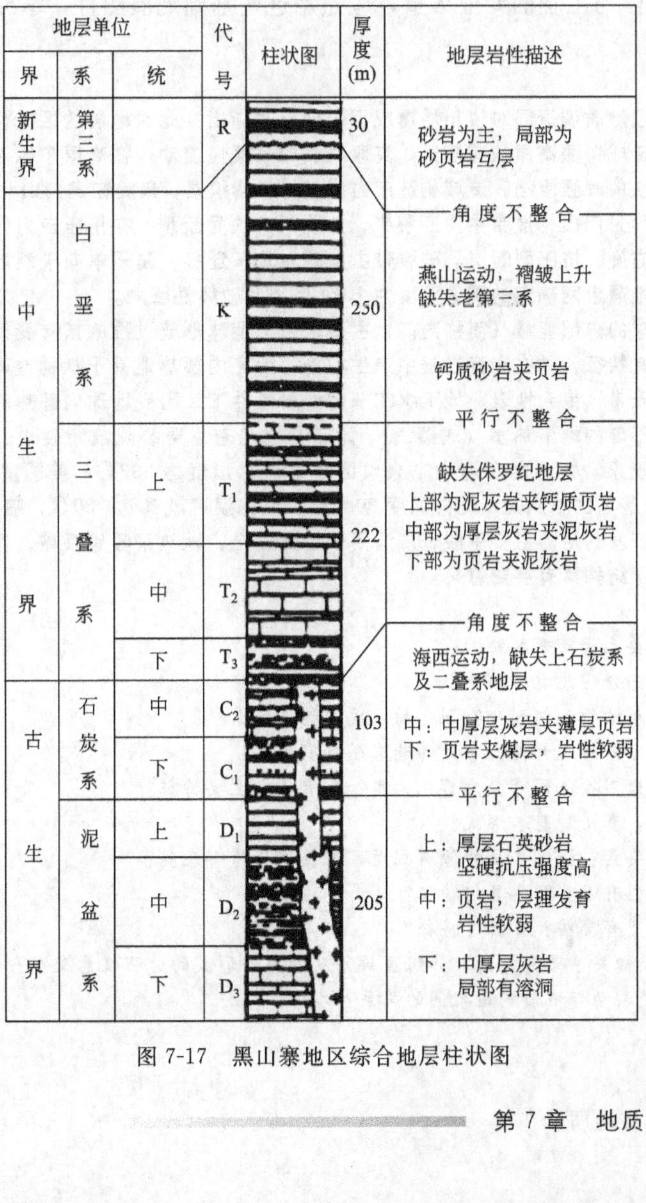

地层单位			代号	柱状图	厚度(m)	地层岩性描述
界	系	统				
新生界	第三系		R		30	砂岩为主，局部为砂页岩互层
						角度不整合
中生界	白垩系		K		250	燕山运动，褶皱上升 缺失老第三系 钙质砂岩夹页岩
						平行不整合
	三叠系	上	T_1		222	缺失侏罗纪地层 上部为泥灰岩夹钙质页岩 中部为厚层灰岩夹泥灰岩 下部为页岩夹泥灰岩
		中	T_2			
		下	T_3			
						角度不整合 海西运动，缺失上石炭系及二叠系地层
古生界	石炭系	中	C_2		103	中：中厚层灰岩夹薄层页岩 下：页岩夹煤层，岩性软弱
		下	C_1			
						平行不整合
	泥盆系	上	D_1		205	上：厚层石英砂岩 坚硬抗压强度高 中：页岩，层理发育 岩性软弱 下：中厚层灰岩 局部有溶洞
		中	D_2			
		下	D_3			

图 7-17 黑山寨地区综合地层柱状图

(4) 图例与说明。表示地质信息的规定的颜色、代号、符号、线条等。是阅读地质图的重要信息。

7.3.6.3 **阅读地质图**

(1) 阅读图名、比例尺、图例。通过对图名、比例尺的阅读，我们可以了解图幅的图的类型、地理位置、范围大小和制图精度。通过对图例的阅读，了解图中地质信息，如地层时代、岩石类型、岩性特点、地层接触关系等，对地质图幅有一个总体的概念。

(2) 地质图的通读。在熟悉各种图例的基础上，即可转向图面观察，即通读地质图。在通读时，先根据地形入手，了解本区的地形特点、山脉、水系分布状况，然后观察地层、岩性等，通过对地质构造的判读，如主要褶皱和断层构造的分布方向，岩浆岩体的分布和产状等，查明本区总的地质构造轮廓。

(3) 综合归纳。地质图中的地质构造不是孤立的东西。这些地质现象是这个地区历史演变发展的结果，实质上说是这个地区所经受的各种地质作用的结果。因此它们之间是有着密切联系的。通过对地质现象逐一分析之后。应该进一步找出这些地质现象之间的内在联系。根据地层和构造之间的关心，分析它们演变发展历史，关注地质构造与地貌发育之间的关系等。

作为给排水科学与工程的专业人员，应熟悉这些基础地质图件，掌握一定的地学基础理论基本知识。

【任务解决】 中国地质调查局对汶川地震成因的分析时指出：此次地震的区域构造背景是由于印度板块向亚洲板块俯冲，造成青藏高原快速隆升。高原物质向东缓慢流动，在高原东缘沿龙门山构造带向东挤压，遇到四川盆地地块的顽强阻挡，造成构造应力能量的长期积累，最终在龙门山北川映秀地区突然释放。

汶川的强震构造为龙门山构造带中央断裂带，即北川—映秀断裂，在挤压应力作用下，由南西向北东逆冲运动，为逆冲、右旋、挤压型断层。破裂带由南西向北东迁移，属于单向破裂地震。此次强震为浅源地震，中国国家数字地震台网确定的震源深度为10km，因此破坏性巨大。

【知识拓展】 地球的内部能量（简称内能）主要来源于地球形成过程的核转变能，地球内能具有随时间的推移的半衰期衰减特征，并在衰变过程中产生热能，地壳内部热能易于从构造薄弱地带（如环太平洋带、地中海至喜马拉雅带）传到地表，地下水在一定地质条件下，因受地球内部热能影响，可形成温度从摄氏几十度到几百度不等的地下热水（或蒸汽）。地下热水沿着岩层裂隙或断裂构造上涌溢出地表，便形成温泉、喷泉或间歇喷泉。如中国台湾大屯火山区地下热水温度达293℃，美国塞罗普里埃托温度高达388℃，西藏拉萨西北著名的羊八井，钻井深度30m处，热水温度就高达130℃，喷出高度30多米。地下热水已经作为地热能开发利用的主要手段，广泛用于地热发电、地热采暖等领域，作为一种清洁能源，它的开发利用对改变能源结构具有重要意义。

【思考与练习题】

1. 组成地壳的主要元素有哪些？
2. 地球的表面形态分哪几类特征？
3. 地球的内部圈层结构如何划分？划分的主要依据是什么？
4. 什么是矿物？可分为几大类？常见的造岩矿物有哪些？
5. 组成岩石圈的岩石按成因可分为哪几大类？各有什么主要特征？
6. 何谓地壳运动，有几种基本形式？
7. 何谓岩层产状要素？根据岩层的倾斜程度，岩层可分为哪几类？
8. 褶皱的基本类型有哪些？各具何特征？
9. 断层的基本类型有哪些？各具何特征？
10. 地层之间的接触关系是怎样的？如何理解角度不整合形成的过程及意义？
11. 如何理解地壳运动与地质构造之间的关系？

第8章
地下水的储存与循环

【学习目的】 通过本章的学习，熟悉和掌握地下水的形成、储存条件和常见类型地下水的特征及运移规律等。

【学习重点】 地下水的储存条件及分类；含水层、隔水层概念的理解；泉的研究意义。

【学习难点】 潜水、承压水的埋藏特征及对于水文地质的意义；地下水补给与排泄方式。

【本章任务】 调查我国近年来在地下水利用过程中出现的灾难性事件，并分别分析这些事件发生地的地下水储存情况和发生灾难性事件的起因，并提出有效的预防和解决方案。

【学习情景】 由于过量开采地下水，河北省目前已形成23个地下水降落漏斗，已基本上连成一个特大的地下水降落区。地下水面下降导致产生地面沉降。目前河北地面沉降面积正以每年1800km^2的速度在增加，这个数字是惊人的，且地下水漏斗与地面沉降造成地下水污染。目前河北地下水污染面积占该省平原总面积的41%。

地球上水以气、液、固三种形态存在于大气圈、水圈和岩石圈中。大气圈中的水降落至地面称为大气降水；地表上的江、河、湖、海中的称为地表水；埋藏在地表以下岩石孔隙、裂隙及溶隙中的水称为地下水。显然地下水与地表水在性质上与动力学条件上存在显著差异，其主要原因不仅在于两者在地球上空间位置的不同，更重要的是两者的储存条件、流动通道的重大差异性。地壳中的岩石是地下水储存、运动的重要介质，而构成地壳岩石的三大类型：沉积岩、岩浆岩和变质岩，程度不同地存在有一定的空隙，这就为地下水的形成、储存与循环提供了必要的空间条件。因此，研究地下水储存空间的分布及其特征就成为研究地下水行为特征的重要基础。

8.1 地下水的储存与岩石的水理性质

8.1.1 岩石的空隙特征和地下水储存

8.1.1.1 岩石中的空隙

按矿物学家维尔纳茨基的形象说法，“地壳表层就好像是饱含着水的海绵”。岩石（Rock）是在水文地质学中包括坚硬的岩石（基岩）及松散的土层。空隙（Void）是指岩石中未被固体颗粒占据的空间。自然界中构成地壳的岩石都具有多少不等、大小不一、形状各异的空隙，没有空隙的岩石是不存在的，即使十分致密坚硬的花岗岩，其裂隙率也达0.02%～1.9%。

岩石空隙是地下水的储存场所（Places）和运移通道（Conduits），即地下水得以储存和运动的空间所在。空隙的多少、大小、形状、连通情况及分布规律对地下水的分布和运移具有重要影响。

根据岩石性质及其所受作用力的不同，其空隙的形状、多少及其连通与分布情况存在很大的差别，如图 8-1 所示。另外我们在将岩石空隙作为地下水储存场所和运移通道研究时，一般将空隙分为三类：松散岩石中的孔隙、坚硬岩石中的裂隙和可溶岩石中溶隙（又称溶穴）。

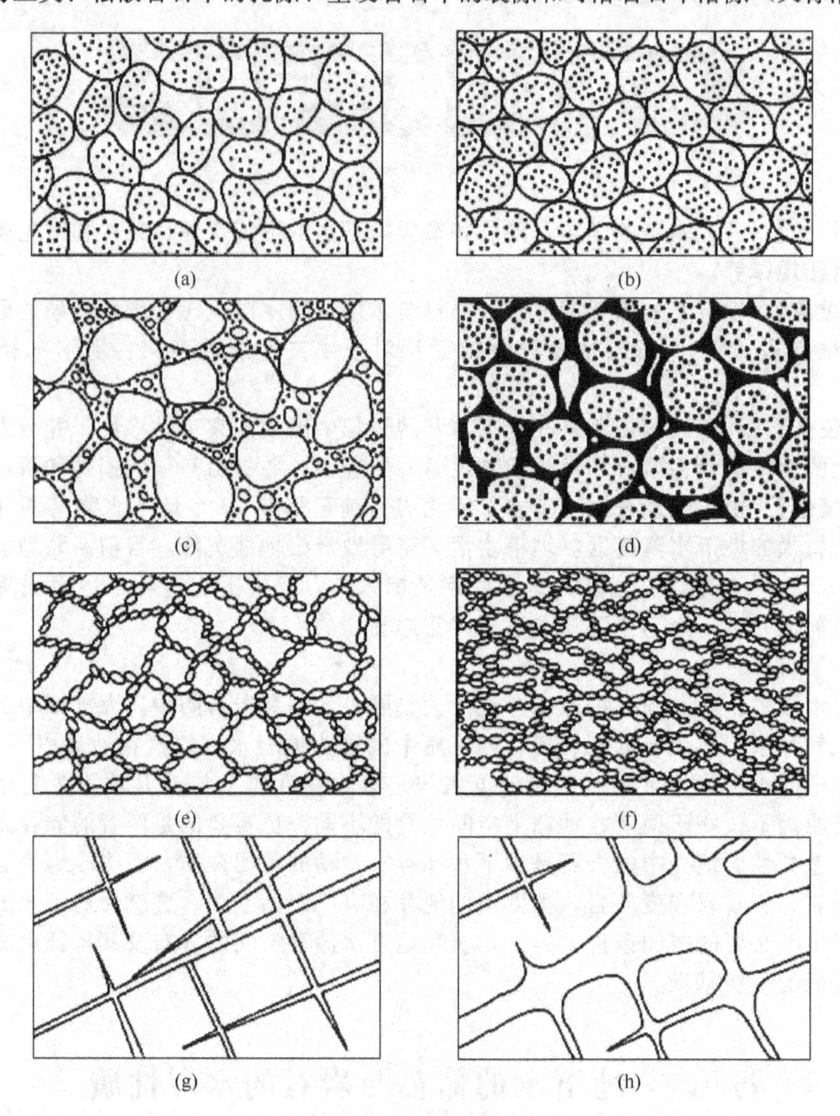

图 8-1　岩石中的各种空隙

(a) 分选良好、排列疏松的砂；(b) 分选良好、排列紧密的砂；(c) 分选较差，含泥、砂的砾石；(d) 经过部分胶结的砂岩；(e) 具有结构性孔隙的黏土；(f) 经过压缩的黏土；(g) 具有裂隙的基岩；(h) 具有溶隙的可溶岩

(1) 孔隙。组成松散岩石的物质颗粒或其集合体之间的空间，称为孔隙（Pore），如图 8-1(a)～(f) 所示。岩石孔隙的多少是影响储容地下水能力大小的重要因素，孔隙体积的多少可以用孔隙度来表示。孔隙度（Porosity）是指某一体积岩石（包括孔隙在内）中孔隙体积所占总体积的比例。用 n 表示岩石的孔隙度，用 V_n 表示岩石孔隙的体积，用 V 表示包括孔隙在内的岩石的体积，则：

$$n=\frac{V_n}{V}\times 100\% \tag{8-1}$$

例如图 8-2（a）所示的立方体排列的孔隙度 $n=\frac{2^3-\frac{4}{3}\times\pi\times1^3}{2^3}\times100\%=47.64\%$。

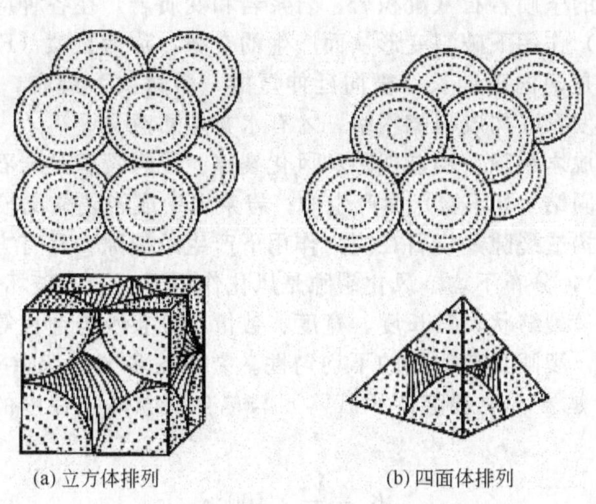

图 8-2　颗粒的排列形式(参照格雷通)

孔隙度 n 的大小与下列几个因素有关。

① 岩石的密实程度。岩石越松散孔隙度越大。但松散与密实只是表面现象，其实质是组成岩石的颗粒的排列方式不同，如图 8-2 所示，当等粒圆球状的颗粒呈立方体排列时，其孔隙度最大，为 47.64%；呈四面体排列时孔隙度最小，为 25.95%（因此四面体排列又称最密实排列）；自然界中均匀颗粒的普遍排列方式是介于二者之间，其孔隙度介于两者之间，大都在 30%～35%。

② 颗粒的均匀性。自然界中并不存在完全等粒的松散岩石，分选程度越差，颗粒大小越悬殊，孔隙度便越小，这是由于大的孔隙被小的颗粒所填充的结果，参见图 8-1（c）。颗粒的均匀性常常是影响孔隙度的主要因素。比如较均匀的砾石孔隙度可达 35%～40%，而砾石和砂混合后，其孔隙度减少至 25%～30%，当砂砾中还混有黏土时，其孔隙度尚不足 20%。

③ 颗粒的形状。一般松散岩石颗粒的浑圆度越好，其孔隙度越小。如黏土颗粒多为棱角状，其孔隙度可达 40%～50%，而颗粒接近圆形的砂，其孔隙度一般为 30%～35%。

④ 颗粒的胶结程度。当松散岩石被泥质或其他物质胶结时，其孔隙度就大大降低。

综上所述，松散岩石的孔隙度是受多种因素影响的，只有当岩石越松散、分选越好、浑圆度及胶结程度越差时，孔隙度才越大；反之孔隙度则越小。

黏性土通常是指土体粒径＜0.005mm 的颗粒含量较高的土。黏性土的沉积特征：由于颗粒细小，比表面积大，连结力强，黏土沉积时互相接触而连接起来构成黏粒团（也称集合体），黏粒是以集合体形式沉积形成黏性土。可形成直径比颗粒还大的结构孔隙（Structural Pore）。黏土的孔隙度往往可以超过上述理论上最大孔隙度值。另外，黏性土中往往还发育有虫孔、根孔、干裂缝等次生空隙（Secondary Void），使孔隙度增大。显然对于黏性土，决定其孔隙度大小的不仅是颗粒大小、形状及排列方式，结构孔隙及次生空隙的影响也是不容忽视的。

表 8-1 中列出自然界中主要松散岩石孔隙度的参考数值。

表 8-1　松散岩石孔隙度参考数值（据 R. A. Freeze）

岩石类型	砾石	砂	粉砂	黏土
孔隙度范围	0.2～0.4	0.2～0.5	0.3～0.5	0.3～0.7

对地下水运动而言，影响最大的并不是孔隙度的大小，而是空隙的大小，尤其是空隙通道中最细小的部分。

（2）裂隙。固结的坚硬岩石（沉积岩、岩浆岩和变质岩）在各种应力（主要是地壳运动及其他内外地质应力）作用下破裂变形从而产生的空隙，称为裂隙（Fracture）。

裂隙的空间形态是两向延伸长，横向延伸短的“薄饼式”展布，单个裂隙往往是孤立的。裂隙必须是多组发育，构成裂隙网络，才有水文地质意义。

裂隙按成因分为成岩裂隙、构造裂隙和风化裂隙。成岩裂隙是岩石在成岩过程中由于冷凝收缩（岩浆岩）或固结（沉积岩）而产生的；岩浆岩中成岩裂隙比较发育，尤以玄武岩中柱状节理最有意义；构造裂隙是岩石在应力作用下产生的裂隙，具有方向性，大小悬殊（由隐蔽的节理到大断层），分布不均。风化裂隙是风化作用下，岩石破坏产生的裂隙。

岩石的裂隙一般呈裂缝状，其长度、宽度、数量、分布及连通性等在空间上的分布有很大差异；与孔隙相比，裂隙具有明显的不均匀性。裂隙的多少用裂隙率（Cranny Ratio）来表示。裂隙率（K_r）是岩石中裂隙体积（V_r）与包含裂隙体积在内的岩石体积（V）的比值，即：

$$K_r=\frac{V_r}{V}\times 100\% \tag{8-2}$$

K_r为体积裂隙率，也可用面积裂隙率或线裂隙率来表示。一定面积或长度的裂隙岩层中裂隙面积或长度与所测岩层总面积或长度之比，分别称为面裂隙率和线裂隙率。

（3）溶隙。可溶的沉积岩（如岩盐、石膏、石灰岩、白云岩等）中的各种裂隙在地下水溶蚀作用下所产生的各种形态的空隙（空洞），称为溶隙（Solution Crack），又称溶穴（Cavity）。这种现象称为岩溶或喀斯特（Karst）。溶隙的空隙性在数量上用岩溶率（Karst Ratio）来表示。溶穴的体积（V_k）与包含溶穴在内的岩石体积（V）的比值即为岩溶率（K_k），即：

$$K_k=\frac{V_k}{V}\times 100\% \tag{8-3}$$

在地下水的长期作用下，溶蚀裂隙可发展为溶洞、暗河、落水洞等多种形式。因此，溶隙与裂隙相比在形状、大小等方面显得更加千变万化。细小的溶蚀裂隙常与体积达数百，乃至数十万立方米的巨大地下水库或暗河纵横交错在一起，它们有的相互穿插，连通性好；有的相互隔离，各自“孤立”。溶隙的另一个特点是岩溶率的变化范围很大，由小于1%到百分之几十，有时在相邻很近处岩溶的发育程度却完全不同，而且在同一地点的不同深度上也有极大变化。

自然界中的岩石空隙的发育远比上面所描述的复杂得多。松散岩石以孔隙为主，但某些黏性土干缩固结也可产生裂隙；固结程度不高的沉积岩往往既有孔隙又有裂隙；可溶性岩石由于溶蚀不均一，有的部分发育成溶穴，而有的部分发育成裂隙，甚至还保留有原生的孔隙和裂隙。因此在研究岩石空隙的过程中，必须加强观察，多收集实际资料，在事实的基础上分析空隙形成的原因及其控制因素，并查明其发育规律，确切掌握岩石空隙的发育与空间分布规律。

岩石中的空隙必须以一定的方式连接起来构成空隙网络，才能成为地下水有效的储容空间和运移通道。自然界中，松散岩石、坚硬岩石和可溶岩中的空隙网络具有不同的特点。赋存于不同岩层中的地下水，即孔隙水（Pore Water）、裂隙水（Fissure Water）和岩溶水（Karst Water），具有不同的分布与运动特点。

松散岩石中的孔隙分布于颗粒之间，连通良好，分布均匀；在不同方向上，孔隙通道的大小和多少均较接近，赋存于其中的地下水分布与流动均较均匀。

坚硬岩石的裂隙宽窄不等，长度有限的线状裂隙，往往具有一定的方向性，只有当不同方向的裂隙相互穿插、相互切割、相互连通时，才在某一范围内构成彼此连通的裂隙网络。相比较而言，裂隙的连通性远比孔隙差。因此储存在裂隙基岩中的地下水相互联系较差，分布和流动往往是不均匀的。

可溶岩石的溶隙是一部分原有裂隙与原生孔缝溶蚀扩大而成的，空隙大小悬殊，分布极不均匀。因此，赋存于可溶岩石中的地下水分布与流动也极不均匀。

在研究岩石空隙时，必须注意观察，收集实际资料，在事实的基础上分析空隙的形成原因及控制因素，查明其发育规律。

8.1.1.2 岩石中水的存在形式

如果把岩石与空隙分开来看，则地壳岩石中的水可分为两大类：作为岩石组成成分之一存在于岩石矿物结晶内部及其间的水，也就是岩石“骨架”中的水和存在于岩石与岩石之间的空隙中的水。

岩石“骨架”中的水，又称为矿物结合水，其主要形式有沸石水、结晶水和结构水。结构水（化合水）又称为化学结合水，是以 H^+ 和 OH^- 的形式存在于矿物结晶格架某一位置上的水；结晶水是矿物结晶构造中的水，以 H_2O 分子形式存在于矿物结晶格架固定位置上的水；方沸石（$Na_2Al_2Si_4O_{12} \cdot nH_2O$）中含有沸石水，这种水加热时可以从矿物中分离出去。

岩石空隙中的水又有结合水（吸着水、薄膜水）、重力水、毛细水、固态水和气态水等形式。

从供水的角度出发，岩石“骨架”中的水是不能被有效利用的，而岩石空隙中的水才是供水水文地质的重点研究内容。下面我们对岩石空隙中各种形式的地下水进行一个详细的分析。

（1）结合水。结合水（Hydration Water）是指受固相表面的引力大于水分子自身重力的那部分水，即被岩土颗粒的分子引力和静电引力吸附在颗粒表面的水。只要有固相表面就存在结合水，结合水存在范围广，但其量很小，结合水膜很薄，当孔隙直径小于2倍结合水厚度时，孔隙中只存在不能运动的结合水（此时的孔隙被视为无效空间）。根据结合水与颗粒间的引力强弱，又可分为吸着水和薄膜水。

① 吸着水。由于分子引力及静电引力的作用，使岩石的颗粒表面具有表面能，而水分子是偶极体，因而水分子能被牢固地吸附在颗粒表面，并在颗粒周围形成极薄的一层水膜，称为吸着水（Hygroscopic Water）。这种水在颗粒表面结合得非常紧密，其所受引力相当于一万个大气压，因此也称它为强结合水，见图8-3。在一般情况下很难用机械方法把它与颗粒分开，只有当空气中的饱和差很大或温度高达105℃时，蒸发时的分子扩散力才可使吸着水离开颗粒表面。其含量，在黏性土中为48%，在砂土中为0.5%。

由于吸着水在颗粒表面吸附得非常牢固，使它不同于一般的液态水而近似于固态水，因此具有以下特点：不受重力支配，只有当其变为水气时才可移动；冰点低（−78℃以下）；密度大（平均值为2.0g/L）；无溶解能力、无导电性、不能传递静水压力；具有极大的黏滞性和弹性。吸着水水量很小，不能取出也不能被植物吸收。

② 薄膜水。在吸着水层的外面，还有很多水分子也受到颗粒静电引力的影响，吸附着第二层水膜，这层水膜称为薄膜水（Pellicular Water）。随着吸附水层的加厚，水分子距离颗粒表面渐远，使吸引力大大减弱，因而薄膜水又称为弱结合水，见图8-3所示。其含量，在黏性土中为48%，在砂土中为0.2%。

薄膜水可以在空气的相对湿度达到饱和状态时形成，也可以由滴状液态水退去以后形成。其特点是：黏滞性仍然较大；有较低的溶解盐的能力；不受重力影响；有一定的运动能

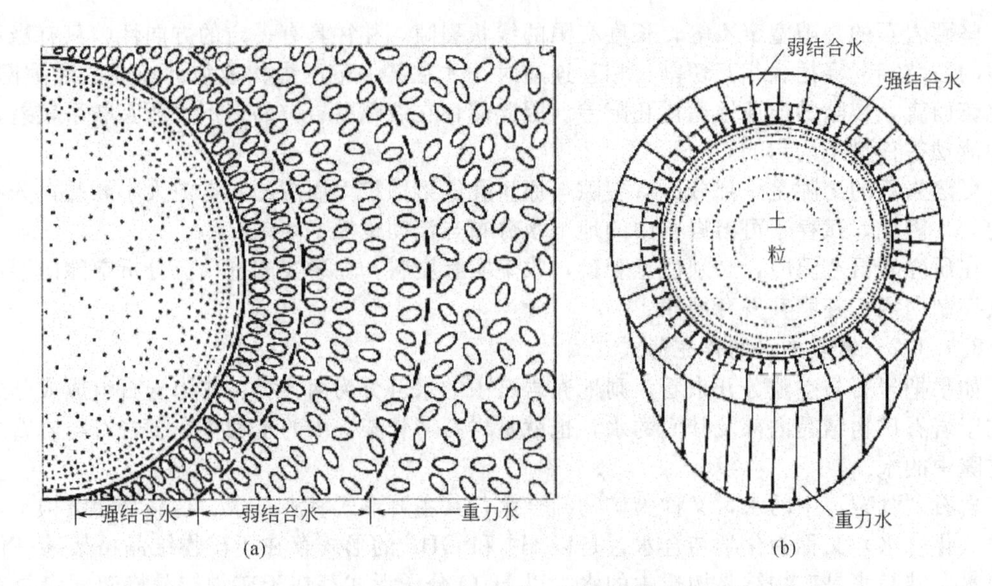

图 8-3 结合水与重力水（参照列别捷夫）

图（a）中椭圆形小粒代表水分子，结合水部分的水分子带正电荷一端朝向颗粒；

图（b）中箭头代表水分子所受合力方向

力可以由薄膜厚的地方向薄处转移；在饱水带中能传递静水压力。薄膜水的厚度可达几千个水分子直径，其外层可被植物吸收。

（2）重力水。距离固体表面更远的那部分水分子，重力对它的影响大于固体表面对它的吸引力，因而能在自身重力影响下在包气带的非毛细管孔隙中形成的能自由向下流动的水运动，这部分水就是重力水（Gravitational Water），见图 8-3。靠近固体表面的那一部分，仍然受到固体引力的影响，水分子的排列较为整齐。这部分水在流动时呈层流状态，而不做紊流运动。远离固体表面的重力水，不受固体引力的影响，只受重力控制。这部分水在流速较大时容易转为紊流运动。重力水只受重力作用的影响，可以传递静水压力，有冲刷、侵蚀作用，能溶解岩石；井、泉所取的均为重力水，因此重力水是水文地质学和地下水水文学的主要研究对象。

（3）毛细水。毛细水（Capillary Water）是储存于岩石的毛细管孔隙和细小裂隙之中，基本上不受颗粒静电引力场作用的水。这种水同时受表面张力和重力作用，因此也称为半自由水，当两力作用达到平衡时，便按一定高度停留在毛细管孔隙或小裂隙中。这种水只能垂直运动，可以传递静水压力。如图 8-4 所示，毛细水有三种存在形式：支持毛细水（Sustained Capillary Water），是在地下水面以上由毛细作用所形成的毛细带中的水；悬挂毛细水（Suspended Capillary Water），是细粒层次与粗粒层次交互成层时，在一定条件下，由于上下弯液面毛细力的作用，在细粒层中会保留与地下水面不连接的毛细水；孔角毛细水（Corner Water，Contiguity Water），是在包气带中颗粒接触点上或许多孔角的狭窄处，水是个别的点滴状态，在重力作用下也不移动，因为它与孔壁形成弯液面，结合紧密，将水滞留在孔角上。

（4）气态水。气态水储存和运动于未饱和的岩石空隙之中，可以随空气的流动而运动，即便是空气不运动时，气态水本身也可以发生迁移，由绝对湿度大的地方向绝对湿度小的地方迁移。当岩石空隙内水汽增多而达饱和时，或是当周围温度降低而达露点时，水汽将凝结成液态水而补给地下水。由于气态水的凝结不一定发生在蒸发地点，因此会影响地下水的重新分布，但气态水本身不能直接开发利用，也不能被植物吸收。

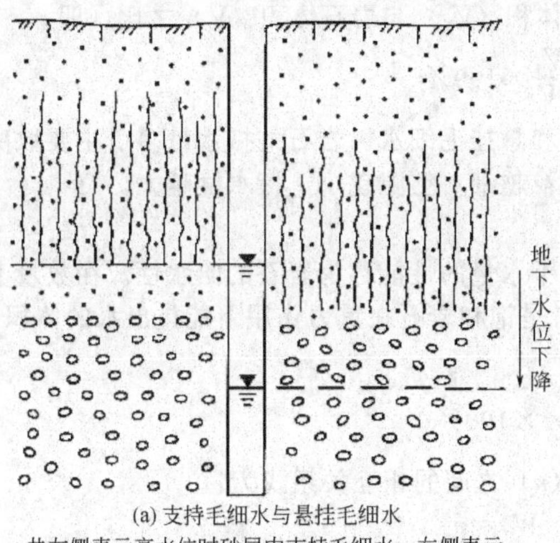

(a) 支持毛细水与悬挂毛细水
井左侧表示高水位时砂层中支持毛细水；右侧表示水位降低后砂层中的悬挂毛细水；砾石层中孔隙直径已经超过了毛细管，故不存在支持毛细水

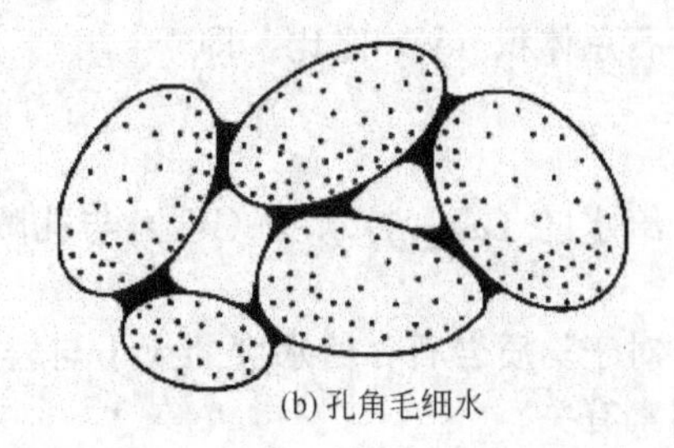

(b) 孔角毛细水

图 8-4 毛细水

(5) 固态水。当岩石的温度低于 0℃时，储存于岩石空隙中的液态水会冻结成冰，而成为固态水。在高纬度地区和中低纬度的高海拔地区，由于气候寒冷，地下都存在着多年冻土，其冻结层上部有地下冰，冰层厚度由几十厘米到三五米不等。有一部分岩石赋存其中的地下水多年中保持固态，这就是所谓的多年冻土。如我国北方常形成的冻土现象；但在我国黑龙江及青藏高原的某些地区，地下水终年以固态的形式存在。

以上各种形态的水在地壳中的分布是有一定规律的。比如在挖井时，我们会发现最上部的岩石比较干燥，但实际上已有气态水和结合水存在；再往下挖，会发现岩石颜色变暗，并有潮湿感，不过井内并无水滴，说明已到毛细管带；继续下挖就会出现渗水现象，并逐渐在井内形成一个水面，这就是重力水带。在重力水面以上，岩石的空隙未被水饱和，通常称为包气带（Aerated Zone，Unsaturated Zone），以下则称为饱水带（Saturation Zone），毛细管带（Capillary Zone）实际上为两者的过渡带。

8.1.2 岩石的水理性质

空隙大小和数量不同的岩石与水接触后所表现出的有关性质，即与水分贮容和运移有关的性质称作岩石的水理性质。它包括岩石的容水性、给水性、持水性和透水性。

8.1.2.1 容水性

容水性是岩石空隙中能够容纳若干水量的性能，在数量上以容水度（Water Capacity）来衡量。容水度（W_n）为岩石空隙能够容纳水量的体积（V_n）与岩石体积（V）之比，即：

$$W_n = \frac{V_n}{V} \times 100\% \tag{8-4}$$

从定义可知，如果岩石的全部空隙被水所充满，则容水度在数值上与空隙度相等。但实际上由于岩石中可能存在一些密闭空隙，或当岩石充水时，有的空气不能逸出，形成气泡，所以一般容水度的值小于空隙度。但是对于具有膨胀性的黏土来说，因充水后体积扩大，容水度会大于空隙度。

8.1.2.2 持水性

饱和岩土在重力排水后，岩土依靠分子力和毛细力在岩石空隙中能保持一定水分的能力，称为岩石的持水性。持水性在数量上用持水度（Specific Retention）来衡量。持水度

(W_r)为饱和岩石经重力排水后所保持水的体积(V_r)与岩石体积(V)之比，即：

$$W_r = \frac{V_r}{V} \times 100\% \tag{8-5}$$

所保持的水不受重力支配，多为结合水和悬挂毛细水。岩石的持水量多少主要取决于岩石的颗粒直径和空隙直径的大小，即岩石颗粒越细，空隙越小，持水度越大。

8.1.2.3 给水性

饱和岩土在重力作用下能够自由排出若干水量的性能称为岩石的给水性。在数量上用给水度(Specific Yield)来衡量。给水度(μ)是饱和岩石在重力作用下能排出水的体积(V_g)与岩石总体积(V)之比，即

$$\mu = \frac{V_g}{V} \times 100\% \tag{8-6}$$

给水度(μ)、持水度(W_r)与孔隙度(n)之间的相互关系式为：

$$\mu + W_r = n \tag{8-7}$$

对于均质岩石，给水度的大小与岩性、初始地下水位埋藏深度以及地下水位下降的速度等因素有关。

岩性对给水度的影响主要表现为空隙的大小和多少。对于颗粒粗大的松散岩石、裂隙比较宽大的坚硬岩石以及具有溶穴的可溶性岩石，若空隙宽大，重力释水时滞留于岩石空隙中的结合水与孔角毛细水较少，理想条件下给水度的值接近于孔隙度、裂隙率或岩溶率；若空隙细小，重力释水时大部分以结合水与悬挂毛细水形式滞留于空隙中，给水度往往较小。地下水位埋深小于最大毛细上升高度时，地下水位下降后，一部分重力水将转化为支持毛细水保留于地下水面以上，从而使给水度偏小，见图 8-4。

有试验表明，当地下水位下降速率较大时，给水度偏小。其可能的原因是重力释水并非瞬间完成，而往往滞后于水位下降；此外，迅速释水时大小孔道释水不同步，大的通道优先释水，小孔道中形成悬挂毛细水而不能释出，因此，抽水降速过大时给水度偏小，降速较小时给水度较稳定。

给水度是水文地质计算和水资源评价中很重要的参数，表 8-2 给出了几种常见松散岩石的给水度。

表 8-2 常见松散岩石的给水度

岩石名称	给水度/%	岩石名称	给水度/%
黏土	0	中砂	20～25
粉质黏土	接近 0	粗砂	25～30
粉土	8～14	砾石	20～35
粉砂	10～15	砂砾石	20～30
细砂	15～20	卵砾石	20～30

8.1.2.4 透水性

岩石的透水性(Hydraulic Permeability)是指岩石允许重力水透过的能力。岩石能透水是因为具有相互连通的空隙网络，自然界中各种不同的岩石具有不同的透水性能，卵砾石的透水性较好，而黏性土的透水性则很弱。

影响岩石透水性强弱最重要的因素是岩石的空隙直径大小，空隙直径越小，水流在流动过程中所受的阻力越大，结合水占据的无效空间越大，透水性就越小，甚至可以完全不透水；相反，空隙直径越大，水流所受阻力越小，岩石就表现出较强的透水性。例如黏土的孔隙率可达 50%，但其具有的微细孔隙均被结合水多所充滞，稍大的孔隙也被毛细水占据，因此水在黏土中运动时受到的阻力非常大，一般均认为黏土是不透水的隔水层；砾石、砂的

孔隙率虽然只有30%左右，但由于其孔隙直径较大，通常都是良好的透水层。其次，松散岩石的透水性也与颗粒的分选程度有关，颗粒越大、分选性越好、透水性就越强。此外，孔隙通道的曲折变化程度也会影响岩石的透水性，通道越曲折，水质点实际流程就越长，需要消耗的能量也越多，渗透性也越差。

衡量岩石透水性能强弱的参数是渗透系数 K，它是含水层最重要的水文地质参数之一。渗透系数越大，岩石的透水能力越强；反之，渗透系数越小，岩石的透水能力越弱。具体确定其值将在第9章详述。

8.2 含水层与隔水层

8.2.1 包气带与饱水带

如图8-5所示，地下一定深度岩石中的空隙被重力水所充满，形成一个自由水面，称为地下水面（Groundwater Table），以海拔高度表示称之地下水位（Groundwater Level）。地下水面以上部分，包括毛细水带（Capillary Zone）、中间带（Intermediate Zone）和土壤水带（Soil Water Zone），岩石中的空隙未被水充满，称为包气带（Aerated Zone, Unsaturated Zone）。地下水面以下部分，岩石中的空隙被水充满，称为饱水带（Saturation Zone）。

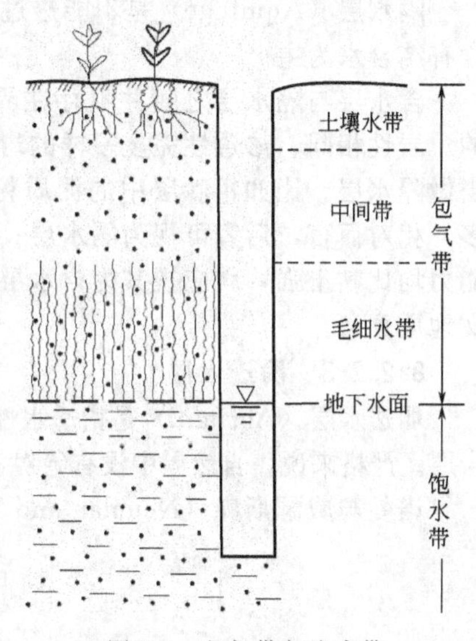

图8-5 包气带与饱水带

包气带（又称非饱和带或充气带）含有空气和以各种形式存在的水，其赋存和运移受毛细作用和重力的共同影响，确切说是受土壤水分势能的影响；包气带含水量及其水盐运移受气象因素的影响极其显著；包气带是饱水带中地下水参与水文循环的一个重要通道；重力水通过包气带获得降水、地表水的入渗补给（补充），部分水又通过包气带将水分传输、蒸发，消耗出去。研究包气带水盐的形成及其运动规律对阐明饱水带水的形成具有重要意义。

包气带下面是饱水带，其中所有互相连通的空间充满了水。在饱水带中储存的水就是我们所讲的地下水。地下水在饱水带中分布连续，可传递静水压力，在水头差作用下可连续运动，其中的重力水是开发利用或者排除的主要对象，是水文地质学研究的重点。

8.2.2 含水层、隔水层与弱透水层

根据岩层渗透性的强弱和透水能力的大小，岩层通常可划分为含水层、隔水层和弱透水层。

8.2.2.1 含水层

含水层（Aquifer）是指能够透过并给出相当数量水的岩层。含水层的构成由以下3种因素所决定。

(1) 岩层需具有储存重力水的空隙。岩层要构成含水层，首先要有能储存地下水的空间，也就是说应当具有空隙、裂隙或溶隙等空间。当有这些空隙存在时，外部的水才有可能进入岩层形成含水层。然而有空隙存在并不一定就能构成含水层，如前所述的黏土层，虽其孔隙率达50%以上，但其空隙几乎全被结合水或毛细水所占据，重力水非常少，所以黏土

层仍然是不透水的隔水层。也就是说岩石的空隙性是构成含水层的必要而不充分条件。

(2) 有储存和聚集地下水的地质条件。含水层的构成还必须具有一定的地质条件，才能使具有空隙的岩层含水，并将其储存起来。有利于储存和聚集地下水的地质条件包括：空隙岩层下伏有隔水层，使水不能向下漏失；水平方向有隔水层阻挡，以免水全部流空。只有这样才能使运移在岩层空隙中的地下水长期储存下来。如果岩层只具有空隙而无有利于储存的构造条件，这样的岩层就只能作为过水通道，而构成透水层。

(3) 具有充足的补给来源。当岩层空隙性好，且具有有利于储存的地质条件时，还必须要有充足的补给，才能使岩层充满重力水而构成含水层。地下水补给量的变化，可使含水层与透水层之间相互转化。在补给不足且消耗量大的枯水季，地下水在含水层中可能被疏干，含水层就变为了透水层；而在补给充足的丰水季，岩层的空隙又被地下水充满，重新构成含水层。

以上三个条件对于含水层来说是缺一不可的，但有利于储水的地质构造是主要的。

8.2.2.2 隔水层

隔水层 (Aquifuge) 是不能透过并给出水或者透过与给出水的水量微不足道的岩层，以含有结合水为主。

含水层与隔水层之间并不存在界限或绝对的定量指标，从某种意义上讲，二者是相对的。岩性相同、渗透性完全一样的岩层，很可能在有些地方被当做含水层，在另一些地方被当做隔水层。比如粗砂层中的泥质粉砂夹层，由于粗砂的透水和给水能力比泥质粉砂强得多，相对而言，后者可视为隔水层；若同样的泥质粉砂岩夹在黏土层中，由于其透水和给水能力均比黏土强，就应视其为含水层了。由此可见，同一岩层在不同的条件下具有不同的水文地质意义。

8.2.2.3 弱透水层

弱透水层 (Aquitard) 是指透水性相当差，但在水头差作用下通过越流可交换较大水量的岩层。严格来说，自然界中没有绝对不发生渗透的岩层，只不过某些岩层渗透性特别低而已。

诺曼与威瑟斯庞 (Neuman and Witherspoon) 曾经指出：如图 8-6 所示，有 5 个含水层

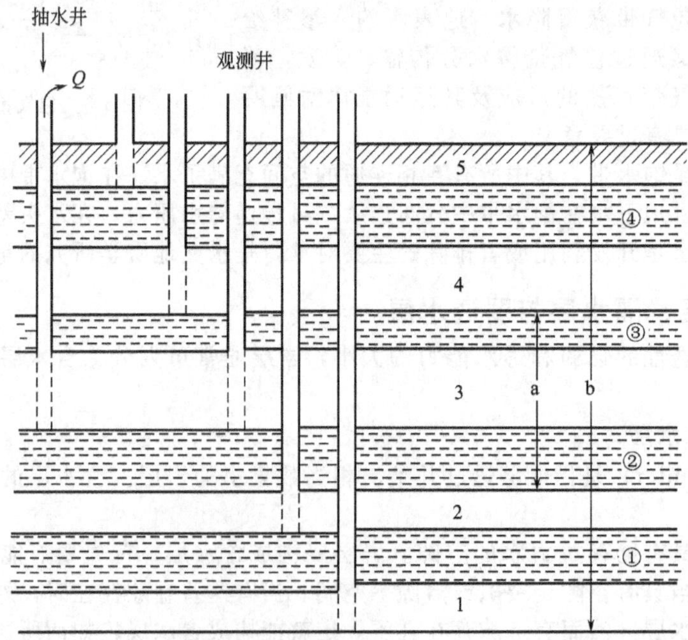

图 8-6 岩层渗透性与时间尺度的关系 (Neuman and Witherspoon)

被 4 个弱透水层所阻隔。当在含水层 3 中抽水时，短期内相邻的含水层 2 与 4 的水位均未变动，图中所示 a 的范围构成一个有水力联系的单元。但当抽水持续时，最终影响将波及图中 b 所示范围，这时 5 个含水层与 4 个弱透水层构成一个发生统一水力联系的单元。这个例子虽然涉及的是弱透水层，但对典型的隔水层同样适用。

8.3 地下水分类

地下水存在于各种自然条件下，其聚集、运移的过程各不相同，因此在埋藏条件、分布规律、水动力特征等方面均具有不同的特点，其中对其影响最大的是埋藏条件和含水介质类型。

所谓埋藏条件是指含水岩层在地质剖面中所处的部位及受隔水层（弱透水层）限制的情况。据此可以把地下水划分为包气带水（包括土壤水、上层滞水、毛细水及过路重力水）、潜水和承压水三类（图 8-7），其中潜水和承压水是供水水文地质的主要研究对象。根据含水层空隙性质，即含水介质的不同，可将地下水划分为孔隙水、裂隙水和岩溶水三类。按这两种分类方式，可以组合成九种不同类型的地下水，见表 8-3。

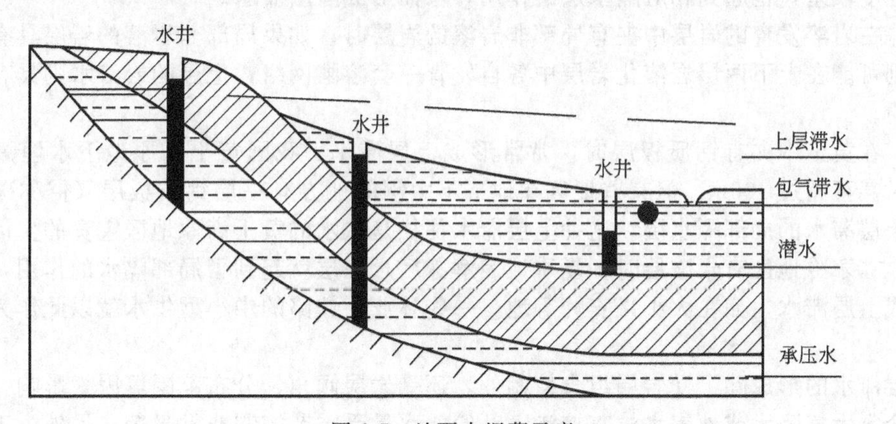

图 8-7　地下水埋藏示意

表 8-3　地下水分类

按埋藏条件 按含水介质类型	孔隙水	裂隙水	岩溶水
包气带水	土壤水：土壤中悬浮未饱和的水；上层滞水：局部隔水层以上的饱和水	出露地表的裂隙岩石中季节性存在的水	垂直渗入带中的水
潜水	各种松散堆积物中的水	基岩上部裂隙中的水，沉积岩层间裂隙水	裸露岩融化岩层中的水
承压水	松散堆积物构成的承压盆地和承压斜地中的水	构造盆地、向斜及单斜中裂隙岩层中的水	构造盆地、向斜及单斜中岩溶化岩层中的水

松散岩石中的孔隙连通性好，分布均匀，其中地下水分布与流动比较均匀，赋存于其中的地下水称为孔隙水；坚硬基岩中的裂隙，宽窄不等，多具有方向性，连通性较差，分布不均匀，其中的地下水相互关联性差，分布流动不均匀，称为裂隙水；可溶岩石中的溶穴是一部分原有裂隙与原生孔隙溶蚀而成，大小悬殊，分布不均，其中的地下水分布与流动极不均匀，称为岩溶水。

8.3.1 包气带水

包气带（Aerated Zone）是指位于地球表面以下、潜水面以上的地质介质，也称非饱和带（Uunsaturated Zone），是大气水和地表水同地下水发生联系并进行水分交换的地带，它是岩土颗粒、水、空气三者同时存在的一个复杂系统。包气带水（Suspended Water）是指埋藏于包气带中的地下水，主要包括土壤水、上层滞水、沼泽水、沙漠及滨海沙丘中的水及基岩风化壳（黏土裂隙）中季节性存在的水等。一般水量较小，且易受污染，故一般不作为工农业生产的供水水源。但对于缺水地区，水量有限的上层滞水也会成为该地区不可或缺的小型的或暂时性的供水水源。

上层滞水（Perched Aquifer）是包气带中局部隔水层之上具有自由水面的重力水，它是大气降水或地表水下渗时受包气带中局部隔水层的阻托滞留聚集而成。上层滞水埋藏的共同特点是透水性较好的岩层中夹有不透水岩层。在下列条件下常形成上层滞水。

(1) 在较厚的砂层或砂砾石层中夹有黏土或粉质黏土透镜体时，降水或其他方式补给的地下水向深处渗透过程中，因受相对隔水层的阻挡而滞留和聚集于隔水层之上，便形成上层滞水。

(2) 在裂隙发育、透水性好的基岩中有顺层侵入的岩床、岩盘时，由于岩床、岩盘的裂隙发育程度较差，也起到相对隔水层的作用，从而形成上层滞水。

(3) 在岩溶发育的岩层中夹有局部非岩溶的岩层时，如果局部非岩溶的岩层具有相当的厚度，则可能在上下两层岩溶化岩层中各自发育一套溶隙网络，上层的岩溶水则具有上层滞水的性质。

(4) 在黄土中夹有钙质板层时，常常形成上层滞水。我国黄土高原地下水埋藏一般较深，有时甚至超过100m，但有些地区在地下不太深的地方有一层钙质板层（俗称礓石层），可成为上层滞水的局部隔水层。这种上层滞水往往是缺水的黄土高原地区宝贵的生活水源。

(5) 在寒冷地区有永冻层时，夏季地表解冻后永冻层就起到了局部隔水的作用，从而在上部形成上层滞水。如在大小兴安岭等地，一些林业、铁路的中小型供水就以此作为季节性水源。

上层滞水的形成除了受岩层组合控制外，还受岩层倾角、分布范围等因素影响。上层滞水因完全靠大气降水或地表水体直接渗入补给，水量受季节控制非常显著；另外由于接近地表，上层滞水水质极易被污染，因此作为饮用水水源时必须加以注意。

8.3.2 潜水

潜水（Unconfined Aquifer）是指饱水带中第一个具有自由表面的含水层中的水，即地表以下第一个稳定隔水层以上具有自由水面的地下水。其上部没有连续完整的隔水顶板，潜水的液面为自由液面，称为潜水面（Water Table）；从潜水面到隔水底板的距离称为含水层厚度；潜水面到地面的距离称为潜水埋藏深度；潜水含水层的厚度与潜水层埋藏深度随着潜水面的变化而发生相应的变化；含水层底部的隔水层被称为隔水底板，潜水面上任意一点的高程是潜水位（Water Level）。如图8-8所示。

8.3.2.1 潜水的埋藏条件决定潜水具有的特征

(1) 由于潜水面之上一般不存在稳定的隔水层，因此具有自由表面。有时潜水面上有局部的隔水顶板，且潜水充满在隔水顶板与隔水底板之间，在此范围内的地下水将承受静水压力，而呈现局部的承压现象。

(2) 潜水在重力作用下，由潜水位较高处向潜水位较低处流动，其流动的快慢取决于含水层的渗透性和水力坡度。潜水向排泄处流动时，其水位逐渐下降，形成曲线形自由表面。

(3) 潜水通过包气带与地表相连通，大气降水、凝结水、地表水通过包气带的空隙通道

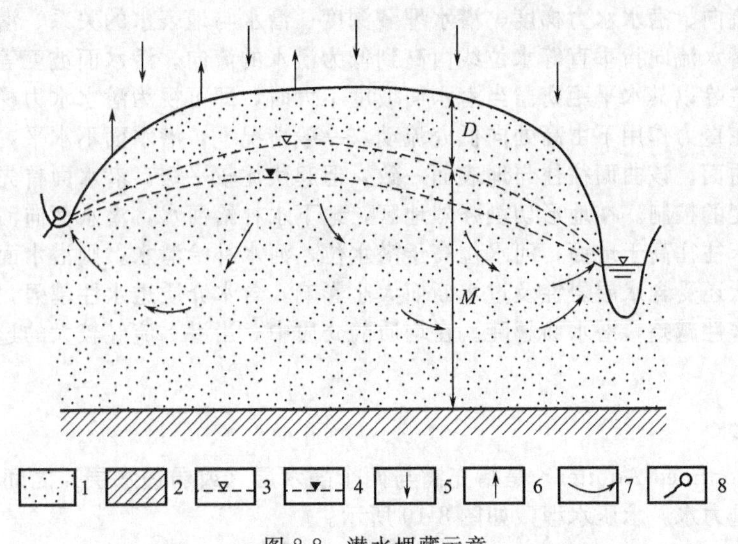

图 8-8 潜水埋藏示意

1—潜水含水层；2—隔水层；3,4—潜水面；5—大气降水入渗；6—蒸发；
7—流向；8—泉；D—潜水埋藏深度；M—含水层厚度

直接渗入补给潜水，所以在一般情况下，潜水的分布区与补给区是一致的。

(4) 潜水的水位、流量和化学成分都随着地区和时间的不同而变化。

潜水在自然界中分布非常广泛，由于受到大气降水和地形起伏的影响，其埋藏深度和含水层厚度的变化范围也较大。山区地形强烈切割，潜水埋藏深度较大，一般可达几十米甚至百余米；平原地区地形平坦，其埋深一般仅有几米，有些地区甚至出露地表形成沼泽。潜水含水层的埋深及厚度不仅因地而异，即使同一地区也会因时而变。在雨季降水较多，潜水补给水量增大，潜水面抬高，因而含水层厚度加大，埋藏深度变小；旱季则相反。

8.3.2.2 潜水研究基本方法

潜水等水位线图是由某时刻潜水位相等的各点连线组成的图（某时刻潜水面的等高线图），如图 8-9 所示。潜水等水位线图可以揭示出一个地区的许多水文地质信息，如潜水面

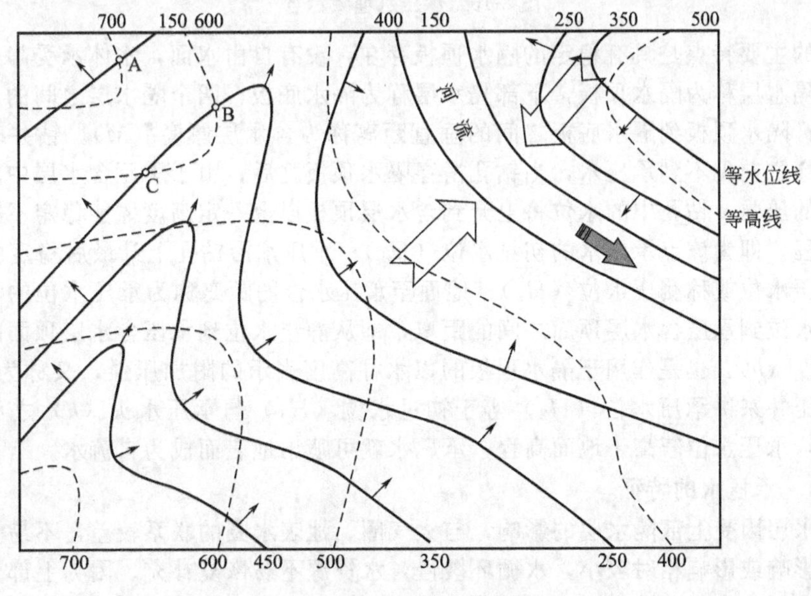

图 8-9 潜水等水位线图

的形状、潜水流向、潜水水力梯度、潜水埋藏深度、潜水与地表水的关系、潜水含水层厚度与渗透性等。潜水流向指垂直等水位线由高到低为潜水的流向。潜水面坡度等于相邻两条等水位线的水位差除以其水平距离。当潜水面坡度不大时，即可视为潜水水力梯度。

由于潜水在重力作用下由高处向低处流动，一般情况下，潜水面不水平，是一个向排泄区微微倾斜的曲面。该曲面往往与地表面一致，但起伏比较平缓。潜水面首先受地表水文网密度和切割深度的控制。在地形切割强烈地区，地下水补给河水，潜水面向河道倾斜；在河流的下游，河床往往高于地面，河水位高于潜水位，河水补给潜水，则潜水面向河流外侧倾斜。潜水面形状还受含水层岩性及过水断面大小影响。含水介质透水性越强，其中潜水水面越缓；介质透水性越差，潜水面越陡。在均质的介质中，当潜水流经较大的过水断面时，其水力坡度变缓。

8.3.3 承压水

承压水（Confined Aquifer）是指充满与两个隔水层（或弱透水层）之间的含水层中具有承压性质的重力水。承压水埋藏如图 8-10 所示。

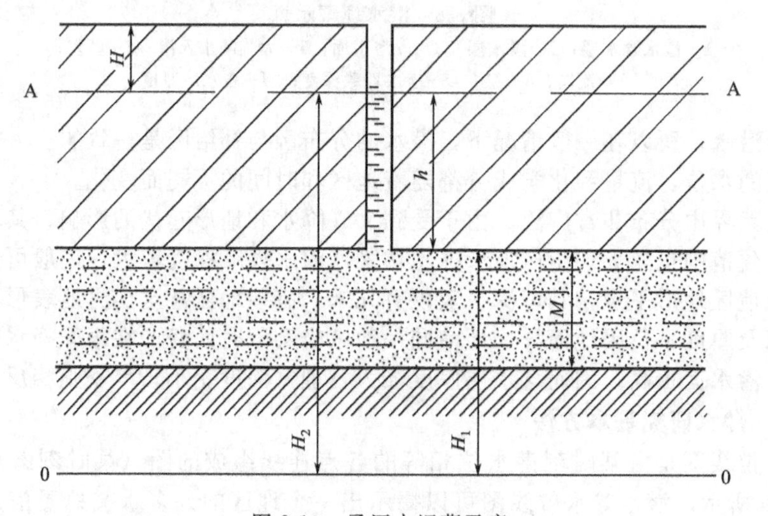

图 8-10　承压水埋藏示意

承压水的主要特点是具有稳定的隔水顶板存在，没有自由水面，水体承受静水压力。承压水的上部隔水层称为隔水顶板，下部隔水层称为隔水底板；两个隔水层之间的含水层称为承压含水层；隔水顶板到隔水底板之间的垂直距离称为含水层厚度（M）。钻井时，在隔水顶板未被凿穿之前见不到承压水，当钻孔凿穿隔水顶板之后，由于承压含水层中的水承受大气压强以外的压强，钻孔中的水位将上升到含水层顶板以上一定高度才能稳定下来。隔水顶板底面的高程，即为该点承压水的初见水位（H_1）；承压水沿钻孔上升最后稳定的高程，即为该点的承压水位或称测压水位（H_2）；地面至承压水位的距离称为承压水位的埋深（H）；钻孔中承压水位到承压含水层顶面之间的距离，即从静止水位到承压含水层顶面的垂直距离称为承压高度（h），也是作用于隔水顶板的以水柱高度表示的附加压强，又称为承压水头。显然对于承压井来讲承压水位（H_2）等于初见水位（H_1）与承压水头（h）之和。在地形条件适合时，承压水位若高于地面高程，承压水就可喷出地表而成为自流水。

8.3.3.1　承压水的特征

承压含水层因受上部隔水层的影响，与大气圈、地表水圈的联系较差，不易受水文、气象等因素的影响或影响相对较小，水循环缓慢，水资源不易恢复补充。因为上部分布有完整的隔水层，承压水水质不易受污染，如一旦污染便很难治理。原生水质取决于埋藏条件及其与外界联系的程度，与外界联系好，水中含盐量就少，承压水参与水循环越积极，水质就越接近入渗的大气降水；与外界联系差，由于大量保留沉积物沉积时的水而导致水中的含盐量会相对较大。

8.3.3.2 承压含水层补给与排泄特点

承压水由于埋深较大，且具有稳定的隔水顶板和隔水底板，因而与外界的联系较差，与地表的直接联系大部分被隔绝，所以其分布区与补给区不一致。承压水可以接受降水入渗补给、地表水的入渗补给等。当顶板的隔水性能良好时，主要通过含水层出露于地表的补给区接受补给，在承压区也可接受潜水的越流补给。承压水的排泄方式也有很多方式，它可通过标高较低的含水层出露区或断裂带排泄到地表水、潜水含水层或者另外的承压含水层，也可直接排泄到地表成为上升泉。

所以承压含水层接受其他水体补给必须同时具备的两个条件：(1) 其他水体（地表水、潜水或其他承压含水层）的水位必须高出承压含水层的测压水位；(2) 其他水体与该含水层之间必须有联系通道。

当承压含水层测压水位高于其他水体水位且与其他水体有联系通道时，承压水向其他水体排泄。

8.4 地下水循环

自然界中水以气、液、固的形态分布于地球的大气圈、水圈和岩石圈中，各相应的圈中的水，分别称之为大气水、地表水和地下水。地球上总水量约为$1.4\times10^9km^3$，其分布见表8-4。

表 8-4 地球上各类水体的分布

水体分类	体积/km^3	体积分数/%
海水	1.37×10^9	97.2
冰川水	2.92×10^7	2.13
地下水	8.35×10^6	0.59
淡水湖	1.25×10^5	0.0089
咸水湖和内陆海	1.04×10^5	0.0074
土壤滞留水	6.7×10^4	0.00475
大气水分	1.3×10^4	0.00092
河水	1.25×10^3	0.00009
总计	1.41×10^9	100.0

地球中以各种形态存在的水分，在太阳辐射能及地球引力的作用下，总是在沿着复杂的途径不断地在变化、运动和循环。如图1-1所示，从海洋蒸发的水凝结降落到陆地，再经过径流或蒸发形式重新返回海洋，这称为水的外循环（又称大循环）；而从海洋或陆地蒸发的水分依旧降落到海洋或陆地的循环方式称为水的内循环（又称小循环）。由此可见，地下水的运移既是自然界水分大循环的一个重要的组成部分，同时又独立地参与自身的补给、径流、排泄的小循环。

地下水含水层或含水系统通过积极地参与自然界的水循环，与外界交换水量、能量、热量和盐量。补给、径流与排泄决定着地下水水量和水质的时空分布；同时这种补给、径流、排泄的无限往复也构成了地下水循环。根据地下水循环位置，可分为补给区、径流区和排泄区。

8.4.1 地下水的补给

地下水补给通常可看做“在地下水位处或附近进入地下水系统的入流”，是指含水层或含水系统从外界获得水量的过程。地下水补给来源主要有大气降水、地表水、凝结水、相邻含水层之间的补给以及与人类活动有关的地下水补给。地下水补给区是含水层出露或接近地表接受大气降水和地表水等入渗补给的地区。

8.4.1.1 大气降水对地下水的补给

大气降水包括雨、雪、雹等形式，当大气降水降落到地表后，一部分形成地表径流，一部分蒸发重新返回大气圈，另一部分会渗入地下。后者中相当一部分滞留于包气带中，构成土壤水；补足包气带水分亏损后，其余部分的水才能下渗补给含水层，称为补给地下水的入渗补给量。大多数的地下水补给是在潮湿的季节发生的，那时的土壤是湿润的，多余的水分即可渗透下去。美国本土平均25%左右的年降水量会变成地下水补给。降水量中变成补给的比例在地区间差异明显。

影响大气降水补给地下水数量的因素较复杂，其中主要的有降水特征、包气带的岩性及厚度、地下水的埋深、地形条件、植被覆盖情况等。一般当降水量大、降水持续时间长、地形平坦、植被繁茂、上部岩层渗透性好、地下水埋藏深度不大时，大气降水才能大量下渗补给地下水。这些影响因素中起主导作用的常常是包气带的岩性，但各因素之间也是相互制约、互为条件的。如强岩溶化地区，即使地形陡峻，地下水位埋深达数百米，由于包气带渗透性强，连续集中的暴雨也可以大部分被吸收。

大气降水入渗补给的方式有两种：一种是活塞式下渗，指入渗水的湿润锋面整体向下推进，犹如活塞式的运移，其特点是降水入渗全部补充包气带水分亏缺后，其余的入渗水才能补给含水层，入渗补给过程中新水推动老水，老水先到达潜水面；另一种是捷径式入渗，指降水强度较大时，由于岩土多为非均质，粒间孔隙、集合体间孔隙、根孔、虫孔及裂隙中的细小孔隙来不及吸收全部水分时，一部分入渗的雨水就沿着渗透性良好的大孔道优先快速下渗，且其水分沿下渗通道向周围的细小孔隙扩散，其特点是新水可超越老水向下运移，不必全部补充包气带水分亏损。砂砾质土中以活塞式下渗为主，黏性土中两者同时发生。

8.4.1.2 地表水对地下水的补给

地表水：包括江、河、湖、海、水库、池塘、水田等，与地下水之间有着密切的水力联系。地表水对地下系统的入流是一种补给，但地表水位的变化会影响地表水入流，在某些情形下会转变为地下水的出流情况（见下面地下水的排泄），如图 8-11（b）所示。

地表水补给地下水常见于某些大河流的下游和河流中上游的洪水期，此种情形［如图 8-11（a）所示］地表水水位往往高于岸边的地下水水位。

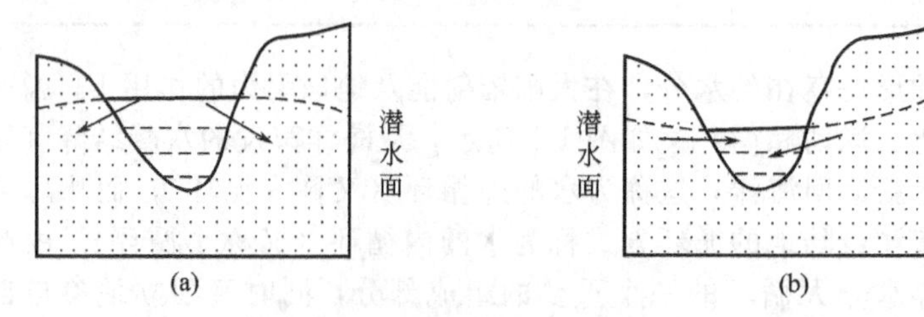

图 8-11 地表水补给地下水示意

在干旱地区，降水量非常小，地表水的渗漏常常是地下水的主要或唯一补给源。如河西走廊的武威地区，与地下水有关联的河流有 6 条，这些河流流经几千米的砂砾石层河床之后，分别有约8%～30%的河水被漏失，来自河水的补给占该地区地下水径流量的99%。

地表水对地下水的补给强度主要受岩层透水性的影响，同时也取决于地表水水位与地下水水位的相对高差，以及洪水的延续时间、河水流量、河水的含泥砂量、地表水体与地下水联系范围的大小等因素。

8.4.1.3 凝结水的补给

凝结作用是指气温下降到一定程度时，气态水分子转化为液态水分子的过程。凝结水是一种特殊的降水，在水分平衡中起着一定的补充作用。凝结水来源于空气中的水汽和深部土壤水分，凝结作用基本发生在温度较低的晚上至次日凌晨时段；影响凝结水产生的主要因素为近地面大气温度与地表土壤温差、空气相对湿度、冻结期等，土壤的高含盐量也有利于凝结水的生成。一般情况下，凝结形成的地下水相当有限，但对于广大的沙漠地区，大气降水和地表水体的渗入补给量都很少，凝结水往往是其主要的补给来源。

8.4.1.4 含水层之间的补给

两个含水层存在水头差且有联系的通路时，水头较高的含水层会补给水头较低的含水层，如图8-12、图8-13所示。

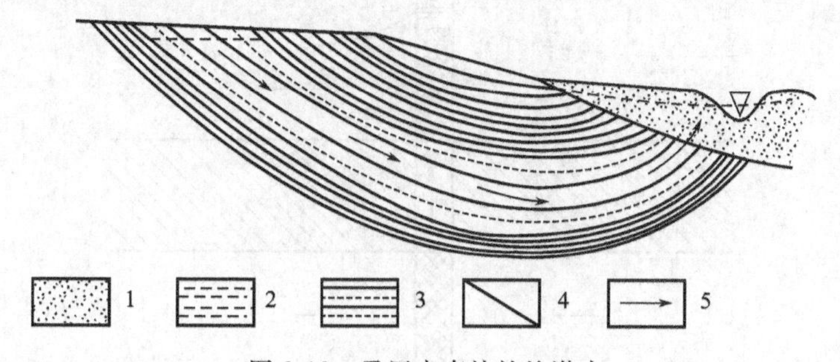

图8-12 承压水直接补给潜水

1—砂砾石层；2—页岩；3—砂岩；4—断层；5—地下水流向

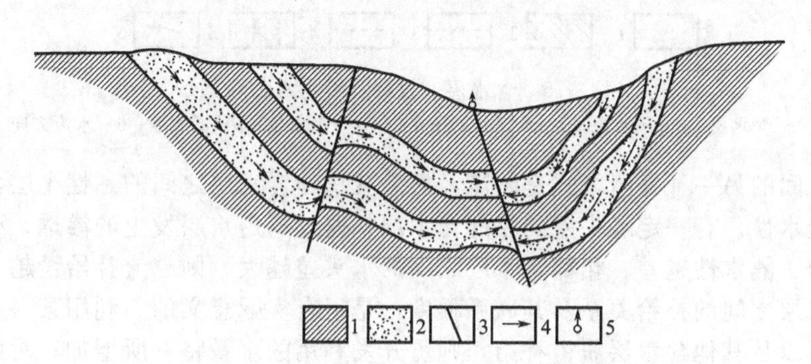

图8-13 含水层之间通过断层发生联系

1—隔水层；2—含水层；3—导水断面；4—地下水流向；5—泉

在松散沉积物中，隔水层分布不连续，在其缺失部位的相邻含水层之间便通过“天窗”发生水力联系（图8-14）。

基岩构成的隔水层也可能有“天窗”。但在一般情况下，基岩隔水层比较稳定，隔水性能较好，因此切穿隔水层的导水断层，往往是其主要补给通路。断层的导水能力越强（透水性好、宽度大、延伸远），含水层之间水头差越大，而距离越近，则补给量越大。

另外穿过数个含水层的采水孔，可以人为地使水头较高的含水层补给给水头较低的一层（图8-15）。

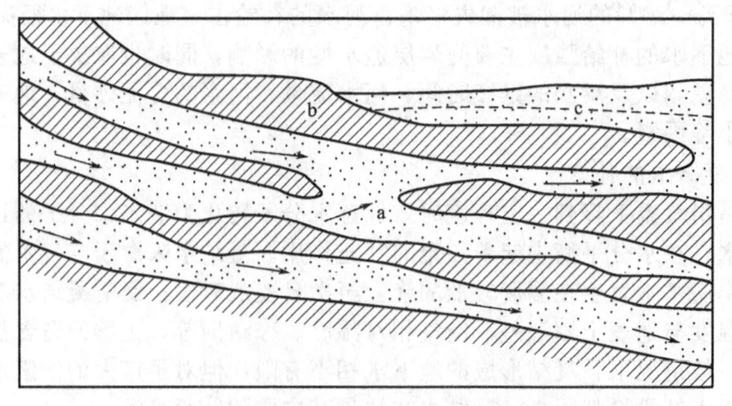

图 8-14　承压水通过“天窗”补给潜水

a—承压含水层；b—隔水层；c—潜水含水层

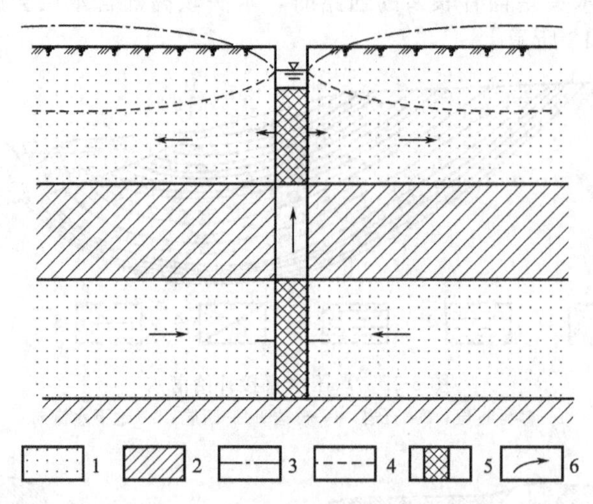

图 8-15　含水层通过钻孔发生水力联系

1—含水层；2—隔水层；3—承压水测压水位；4—潜水位；5—滤水管；6—水流方向

含水层之间的另一种补给方式是越流。松散沉积物含水层之间的黏性土层，并不完全隔水而具有弱透水性。有一定水头差的相邻含水层，通过弱透水层发生的渗透，称为越流。显然隔水层越薄、隔水性越差、相邻含水层之间的水头差越大，则越流补给量越大。

查明含水层之间的补给关系及其联系程度，是很有实际意义的。利用某一含水层时，如果该含水层可以从其他含水层获得补给，则可开发利用的水量将有所增加；对此含水层排水时，如果不考虑这种联系，可能会做出错误的排水设计，从而达不到预期的排水效果。

8.4.1.5　地下水的人工补给

地下水的人工补给包括人类某些生产活动（此类活动不是专门为补给地下水而进行的，如修建水库、农业灌溉等）引起的对地下水的补给以及有意识地专门修建一些工程、采取一些措施，将地表水自流或用压力引入含水层，或使大气降水和地表水的入渗量增加等形式（图 8-16）。

人工补给地下水具有占地少、造价低、易管理、蒸发少等优点，不仅可增加地下水资源，而且可以改善地下水的水质、调节地下水的温度、阻拦海水倒灌、减小地面沉降等作用。从发展的观点来看，人工补给地下水势必越来越成为地下水的重要补给源之一，尤其是在一些集中开采和过度开采地下水的地区。

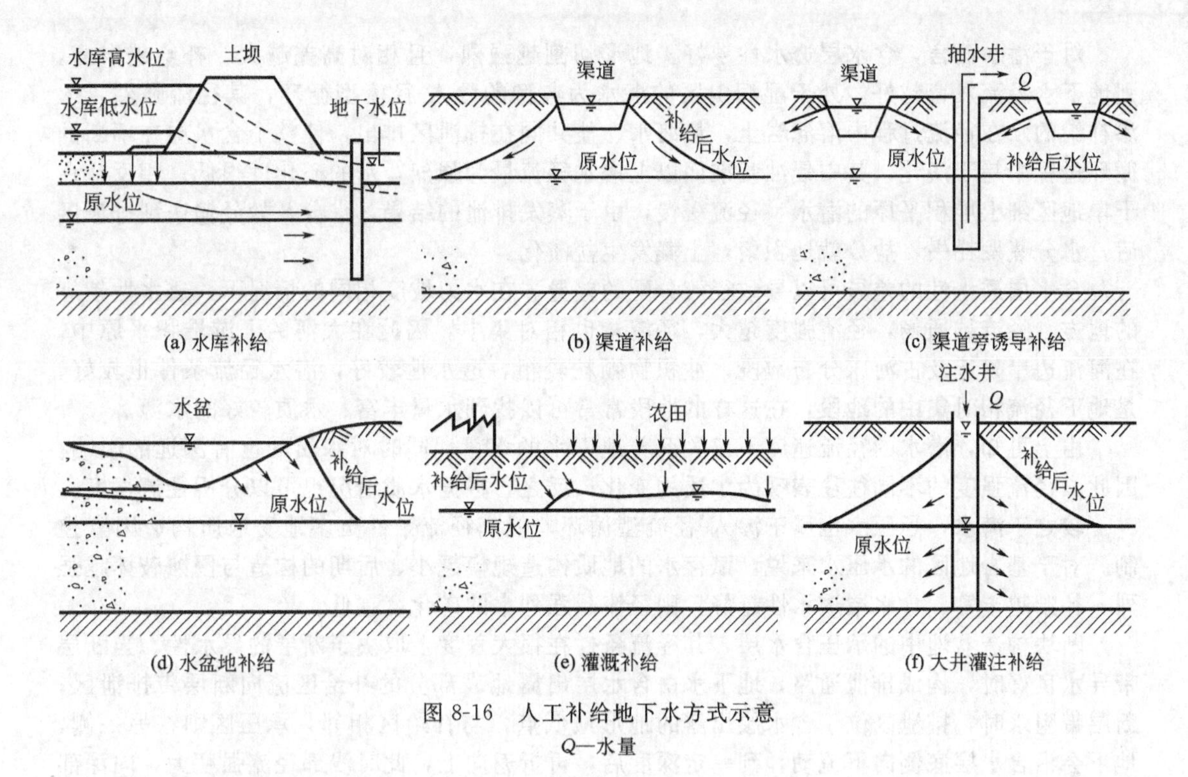

图 8-16 人工补给地下水方式示意

Q—水量

8.4.2 地下水的径流

含水层中的地下水由补给区向排泄区流动的过程称为径流。径流是连接补给和排泄的中间环节。除了某些构造封闭的自流盆地外，地下水一直处于不断的径流过程中。地下水不断汇集水量、溶滤含水介质、积累盐分，并将水量和盐分最终输送的排泄区。径流的强弱影响着含水层水量与水质的形成过程及其时空分布。因而地下水的补给、径流和排泄是地下水形成过程中一个统一的不可分割的循环过程。研究地下水径流，包括径流方向、径流强度、径流量及影响径流的因素等。

8.4.2.1 地下水径流方向

地下水的排泄区总是分布于地形相对低下的地方，因此地形的高低对其影响很大，总体上讲，地下水是从高处流向低处，尤其是潜水，天然情况下其径流受地形控制明显。

在很长一个时期，一直把地下水的径流，尤其是潜水的径流看成平面流动，认为垂直方向的运动是可以忽略的。但是在实际工作中，用平面流动分析水文地质现象时，往往会遇到一些无法解释的矛盾。

实际上，地下水径流是相当复杂的，很少具有单一的径流方向。以我国华北平原为例，在总的地势控制下，由山前向滨海的地下水做纵向流动，同时山前下降的地下水流在平原中某些部位上升。在局部地形的控制下，浅层地下水由地上河及地上古河道下降，越流补给深层地下水，而在河间洼地则由深部向浅层做上升越流运动。

在大规模开采与排除地下水等人类活动影响下，含水系统的水头重新分布，径流方向随之改变，会形成新的径流系统，甚至于原来的补给区与排泄区也会相互易位。

8.4.2.2 地下水径流强度与水质

地下水的径流强度通常用单位时间通过单位过水断面的流量，即渗透速度来表征。因此根据达西定律，径流强度与含水层的透水性、补给区至排泄区之间的水头差成正比，而与流动距离成反比。

对于潜水而言，含水层透水性越好、地形切割越强烈，且相对高差越大、补给越丰富，则地下水径流发育越好。处于湿润山区的潜水为典型的渗入-径流型循环，其径流强烈，入渗补给的水在径流过程中溶滤岩土，最终水、盐共同在排泄区排出，使整个含水层在不断的循环过程中趋于淡化，其中侵蚀基准面以上潜水径流最为强烈，水的矿化度很低；相反，在干旱地区细土堆积平原的潜水，径流缓慢，由于蒸发排泄的结果，水分及盐分输送到排泄区后，水分蒸发耗失，盐分就地积聚，土壤发生盐渍化。

含水层透水性的差异可以导致径流分配的差异。在水力坡度相同的情况下，透水性越好的地方，径流越通畅，径流强度越大，径流量也相对集中。因此在大河的下游堆积平原中，在河流边岸附近及古河床分布地段，冲积物颗粒较粗，透水性较好，潜水径流条件也较好，是地下径流相对集中的地段，在这样的地段常常可以找到水量丰富、水质较好的水源。

由上可知，潜水的径流速度不仅关系着地下水的水量，同时对水质的也有深远的影响。因此，径流强度的不同往往表现为水质的变化；反之，根据水质情况也可以分析径流强度。

较之于潜水，承压水也属于渗入-径流型循环，但其径流条件更多地受地质构造因素控制。对于基岩地区的承压水来说，赋存水的地质构造规模越小、后期的构造与侵蚀破坏越强烈、补给越丰富、含水层透水性越好，则径流越强烈水的矿化度越低。

断块构造盆地中的承压含水层，其径流条件在很大程度上取决于断层的导水性。当断层带导水良好时，构成排泄通路，地下水由含水层出露地表部分的补给区流向断层带排泄区；断层带阻水时，排泄区位于含水层出露的地形最低点，与补给区相邻，承压区则在另一侧，地下会沿含水层底侧向下流动，到一定深度后，再折返向上，此时浅部径流强度大，向深部变弱，水的矿化度相应向深处变高。

8.4.2.3 地下水径流量

地下水的径流量就是地下水流经某过水断面的流量，常用地下径流率 M 来表示，其意义为 $1km^2$ 含水层分布面积上的地下水径流量 $[m^3/(s \cdot km^2)]$，也称为地下径流模数。

年平均地下径流率可用下式计算。

$$M=\frac{Q}{365\times 86400\times F} \tag{8-8}$$

地下径流率是反映地下径流量的一种特征值，其大小取决于含水层厚度和地下水的补给排泄条件。补给量越大，其径流量也越大。在山区，地下径流畅通，以水平排泄为主，因此其径流量和补给量、排泄量三者接近相等，可以通过确定潜水排泄量（泉的总流量与潜水向河流排泄量的总和）来确定潜水的径流量。

8.4.3 地下水的排泄

地下水的排泄是指含水层或含水层系统失去水量的过程。在排泄过程中，地下水的水量、水质及水位都会随之发生改变。排泄方式有点状、线状和面状，包括泉向江河泄流、蒸发、蒸腾、径流及人工开采（井、渠、坑等）。含水层中的地下水向外部排泄的范围称为排泄区。

8.4.3.1 泉

泉是地下水的天然露头，是地下含水层或含水通道呈点状出露地表的地下水涌出现象，为地下水集中排泄形式。地下水只要在地形、地质和水文地质条件适当的地方，均可以泉水的形式涌出地表。

(1) 泉的形成与分类。泉的形成主要是由于地形受到侵蚀，使含水层暴露于地表；其次是由于地下水在运动过程中岩石透水性变弱或受到局部隔水层阻挡，使地下水位抬高溢出地表。如承压含水层被断层切割，且断层又导水，则地下水沿断层上升至地表即可形成泉。

泉水多出露在山区与丘陵的沟谷和坡角、山前地带、河流两岸、洪积扇的边缘和断层带附近，这是因为此类地段受侵蚀强烈，岩层多次受褶皱、断裂、侵入作用，形成了有利于地下水向地表排泄的通道；而平原区一般都堆积了较厚的第四纪松散岩石，地形切割微弱，地下水很少有条件直接排向地表，所以泉在平原区较少见。

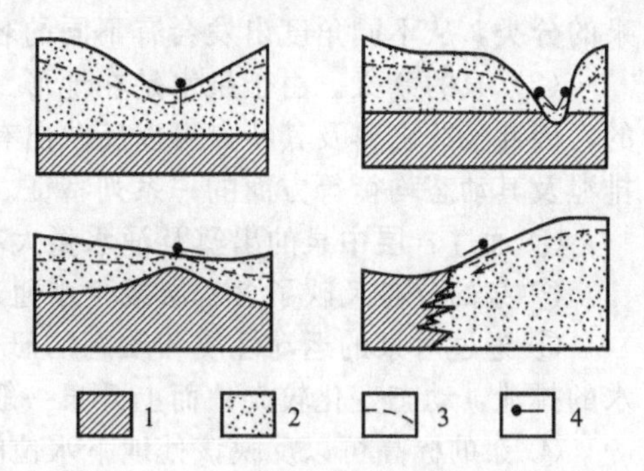

图 8-17　下降泉的形成条件示意

1—隔水层；2—含水层；3—地下水水位；4—泉

根据泉水出露性质可分为下降泉和上升泉。

① 下降泉。是地下水受重力作用自由流出地表的泉，由潜水含水层或上层滞水补给（图 8-17）。由上层滞水补给的下降泉，泉水流量变化大，枯水季节水量很小，甚至枯干，水质也往往不好，一般不作为供水水源；由潜水排泄补给的下降泉的水量较上层滞水泉的稳定，水质一般较好，但季节性变化仍然显著。

② 上升泉。是承压水的天然露头，是地下水在静水压力作用下上升并溢出地表的泉（图 8-18），又称为自流泉。此种泉水水量稳定，水质也较好，若有足够的水量则是理想的供水水源。

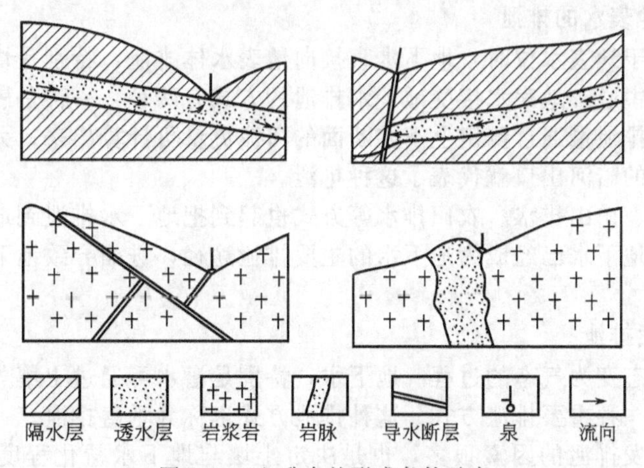

图 8-18　上升泉的形成条件示意

根据泉水出露原因可分为侵蚀泉、接触泉、溢出泉和断层泉。

① 侵蚀泉。当河流、冲沟切割到潜水含水层时，潜水即排出地表形成泉水，这种泉称为侵蚀下降泉；若承压含水层顶板被切割穿，承压水便喷涌成泉，称为侵蚀上升泉。

② 接触泉。地形被切割到含水层下面的隔水层，地下水被迫自两者接触处涌出地表，形成接触下降泉；在岩脉或侵入体与围岩接触处，因冷凝收缩而产生裂隙，地下水便沿裂缝涌出地表，形成接触上升泉。

③ 溢出泉。岩石透水性变弱或隔水层隆起，以及阻水断层所隔等因素使潜水流动受阻而涌出地表形成的泉，称为溢出泉或回水泉。

④ 断层泉。承压含水层被导水的断层切割时，地下水便沿断层上升流出地表成为断层泉。

此外泉还有其他的类型，例如间歇泉是周期性间断地喷发热水和蒸汽的泉；多潮泉是在岩溶地区的岩溶通道中由于虹吸作用具有一定规律的周期性流出的泉；水下泉是地表水体以下岩石中流出的泉；矿泉是矿水的天然露头；冷泉是水温低于年平均气温的泉；温泉是水温超过当地年平均气温而低于沸点的泉；沸泉是温度约等于当地非典的地热流体露头等。关于泉的分类，从不同角度出发会有不同的名目，十分复杂，在此不再赘述。

(2) 泉的意义。由于泉水是在地形、地质及水文地质条件适当结合的情况下才排出地表的，因此泉的出露及其特点可以反映出有关岩石富水性、地下水类型和地下水补给、径流、排泄及其动态均衡等方面的一系列特征。

① 通过岩层中泉的出露及涌水量大小，可以确定岩石的含水性和含水层的富水程度。

② 泉的分布反映了含水层或含水通道的分布，及其补给区和排泄区的位置。

③ 通过对泉的运动性质和动态的研究，可以判断地下水的类型。如下降泉一般来自潜水的排泄，动态变化较大；而上升泉一般来自承压水的排泄，其动态较为稳定。

④ 泉的标高可以反映该处地下水位的标高。

⑤ 泉水的化学成分、物理性质与气体成分，可以反映该处地下水的水质特点及储水构造特点。

⑥ 泉的水温反映了地下水的埋藏条件。如水温接近气温，说明含水层埋藏较浅，补给源不远；如果是温泉，一般则来自地下深处。

⑦ 泉的研究有助于判断地质构造。由于许多泉常出露于不同岩层的接触带或构造断裂带上，因此当在地面上见到与这些地层界线或构造带有关的泉时，则可判断被掩盖的构造位置。

8.4.3.2 向地表水的排泄

当地下水位高于地表水位时，地下水直接向地表水体排泄，特别是切割含水层的山区河流，往往成为排泄中心。地表水接受地下水排泄的方式有两种：一种是散流形式，这种排泄是逐渐进行的，其排泄量通过测定上下游断面的河流流量可计算出来；另一种是比较集中地排入河中，岩溶区的暗河出口就代表了这种排泄。

另外人工抽水、矿山排水、农田排水等方式也起到把地下水排泄到地表的作用，且在许多地区，人工开采地下水已经成为地下水的主要排泄途径，进而导致地下水循环发生了巨大变化。

8.4.3.3 蒸发排泄

蒸发是水由液态变为气态的过程。地下水，特别是潜水可通过土壤蒸发、植物蒸腾而消耗，成为地下水的一种重要排泄方式，这种排泄方式也称为垂直排泄。

影响地下水蒸发排泄的因素很多，也是决定土壤与地下水盐化程度的因素，主要有温度、湿度、风速等自然条件，同时也受地下水的埋深和包气带岩性等因素的控制。气候越干燥，相对湿度越小，地下水蒸发就越强烈；潜水埋藏深度越小，蒸发就越强烈；包气带岩性决定土的毛细上升高度和潜水蒸发速度，一般粉质亚黏土、粉砂等毛细上升高度大、毛细上升速度较快，潜水蒸发较为强烈；地下水流动系统中干旱、半干旱地区的低洼排泄区是潜水蒸发最为强烈的地方。在干旱内陆地区，地下水蒸发排泄非常强烈，常常是地下水排泄的主要形式。如在新疆的极端干旱地区，不仅3～5m内的潜水有强烈的蒸发，而且7～8m甚至更大的深度内都受到强烈蒸发作用的影响。

蒸发排泄的强度不同，使各地潜水性质有很大差别。如我国南方地区，蒸发量较小，则潜水矿化度普遍不高；而北方大多是干旱或半干旱地区，埋藏较浅的潜水矿化度一般较高。由于潜水不断蒸发，水中盐分在土壤中逐渐聚集起来，这是造成苏北、华北东部、河西走廊等地土壤盐碱化的主要原因。

8.4.3.4 不同类型含水层之间的排泄作用

潜水和承压水虽然是两种不同类型的地下水，但它们之间常有着极为密切的联系，往往相互转化和相互补给。如果潜水分布在承压水排泄区，而承压水位又比潜水位高，承压水则成为潜水的补给源；反之，潜水成为承压水的一个排泄出路。当承压含水层的补给区位于潜水含水层之下，则潜水可直接向承压水排泄。

如果潜水含水层与下部的承压含水层之间存在有导水的断层，则切断隔水层的断层将成为两个含水层的过水通道，潜水位高于承压水位时，潜水将向承压水排泄，而承压水相应获得潜水补给；反之，承压水将向潜水排泄（图 8-19）。

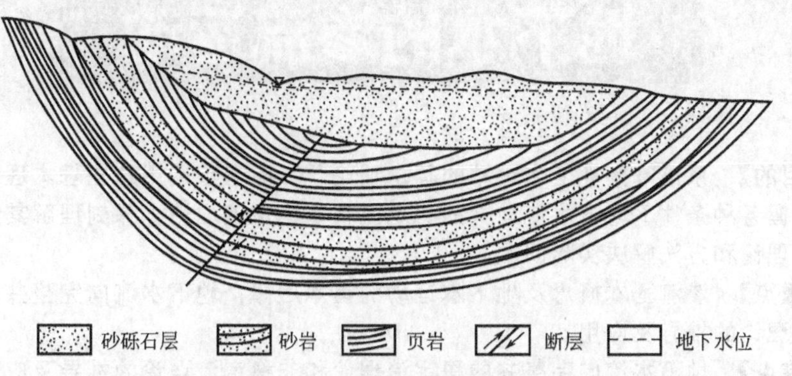

图 8-19　潜水和承压水通过断层相互补给和排泄示意

从以上的论述中可以看出，两个相邻的含水层之间之所以能产生排泄作用，是由于两含水层之间有水流通道和水头差。此外，在生产实践中可以人为地使某一含水层向另一含水层排泄，以达到工程的目的。如在一些地区的地下建筑施工中，为了防潮和不使建筑物浸泡在水中，可采用人工排水的方法来降低潜水位，即将高水位的潜水用钻孔（管井）作为通道排入下部的承压含水层中。

【任务解决】 松散沉积层的地下水被过量开采，水位大幅度下降后，会因为静水压力减小、黏性土层压密释水而导致地面沉降。为防止此类事件的发生，应合理利用地下水，对于高度依赖地下水地区，应加大人工补给地下水的力度。

【知识拓展】 海陆交界带的水文系统是全球水循环的一个重要组成部分。地下水向海岸地带的排泄对海水的营养物和溶质平衡有重要作用。海陆交界带正在成为区域水文地质研究的一个热点。

【思考与练习题】

1. 某基岩含水层中的两个水井间隔 15m，一个产水，另一个却不产水，是什么原因可能导致这样的区别？
2. 简述空隙、孔隙、裂隙、溶穴的基本概念。
3. 简述结合水、重力水、毛细水、气态水的基本概念及其特点。
4. 论述岩石水理性质的主要影响因素。
5. 简述包气带、饱水带、含水层、隔水层、弱透水层的基本概念。
6. 简述地下水的分类依据。
7. 简述包气带水、潜水、承压水的概念及其埋藏条件和水力特点。
8. 在储水与释水时，含水层厚度是不变的，承压含水层的储水与释水是如何进行的？
9. 人工开采对地下水循环有什么影响？
10. 为何在沙漠地区特别重视对凝结水研究？
11. 简述地下水径流的补给及排泄的途径。

第9章

地下水的渗流运动

【学习目的】 系统掌握地下水运动的基本理论，并能初步运用这些基本理论分析水文地质问题；掌握各种条件下地下水流向井的稳定流和非稳定流理论，深刻理解其适用条件，并能应用这些理论和方法解决实际问题。

【学习重点】 渗流基本概念及地下水运动的基本定律；地下水流向完整井的稳定流理论和非稳定流理论的推导及应用。

【学习难点】 地下水流向完整井的稳定流理论和非稳定流理论的推导及应用。

【本章任务】 某矿设计竖井涌水量预测。

该设计竖井 116m，井径 2m，根据勘测资料自上而下揭穿煤系地层 30m，岩溶灰岩 86m，为了预测涌水量，在勘测阶段曾于建井位置布置一个水文地质孔（孔径为 0.055m），进行分层抽水试验。抽水结果表明，煤系地层含水微弱，在评价涌水量时可忽略不计。根据试验资料预测该竖井的涌水量。

【学习情景】 上海某引水工程，设计要求基坑深度 9m，需采用井点降水。但由于施工单位对工程场地地层资料及水文地质条件不甚清楚，就盲目施工，没有采取井点降水，并以 1∶1.75 的坡度直接下挖。在距地表 5m 处发现一层粉质黏土层。当时因雨停工，天晴后，采用三班制抢工浇筑混凝土，由于粉质黏土层地下水渗出，造成大半个篮球场面积的土坡从 4m 以上的高度塌下，造成十人被埋在土中，三人死亡的重大事故。

流体在孔隙介质中的流动称为渗流（Seepage Flow）。地下水运动是最常见的渗流实例。在土建、水利、石油、采矿、地质等许多部门，都涉及有关地下水渗流的问题，例如土建工程中的渗流问题。若建筑物的地基是透水的，如砂砾石、岩石地基等都不同程度地可以透水，当水通过地基渗透时，不仅引起水量损失，同样也可以引起地基丧失稳定性。由于渗流的动水压力作用，在建筑物底部产生向上的扬压力，这对建筑物的稳定也有不利影响。又如水利、给排水工程中的渗流问题。在灌溉或工业与民用给水中，常用井和廊道等集水构筑物。在土壤改良及建筑施工中，为降低地下水位，也常用集水井或集水廊道，将地下水集中排走。只有掌握地下水的流动规律，才能正确选择集水构筑物的尺寸，计算集水构筑物的供水能力。再如采矿工程中的渗流问题。矿业开发一般多为地下作业。在井巷的开拓和回采的过程中，不可避免要接近或揭露到某些含水层，当井巷或其作业面处于含水体附近或承压水位以下，水体中的水就会因此失去原来的平衡，在矿山压力和水压力作用下，沿着围岩的薄弱环节，以各种形式向井巷涌水。如果是突然涌水，通常会形成水害，影响矿山的开采速度，有时会造成人员伤亡。还有如与渗流有关的环境问题：地震引起的沙土液化，水库蓄水诱发的地震，大量抽取地下水或开采液体引起的地面沉降。

从以上各类工程和环境中的大量渗流问题，可以看出渗流是工程设计、施工以及安全使用的重要因素，也是评价工程的社会、经济和环境效益的重要内容。

解决各类工程中诸多的渗流问题和渗流引起的环境问题必须依据渗流的基本理论和方

法，本章的任务就是研究地下水渗流运动的基本规律及地下水向井流动的基本理论，为解决实际工程中的渗流问题提供理论基础。

9.1 地下水运动的特征及其基本定律

地下水在多孔介质中运动，由于多孔介质中孔隙和裂隙大小和多少、形状和分布很复杂，地下水质点在其中运动毫无规律，有些地方甚至不连续，无论理论分析还是实验手段都很难确定在某一具体位置的真实运动速度，从工程应用的角度来说也没有这样的必要。对于解决实际工程问题，最重要的是了解在某一范围内宏观渗流的平均效果，即忽略个别质点的运动，研究具有平均性质的运动规律。

从宏观角度研究，其实就是采用一种假想渗流代替在多孔介质中运动着的实际渗流，以通过对假想渗流的研究，从而达到了解真实渗流平均运动规律的目的。我们把这种假想的渗流称为理想渗流（Ideal Seepage Flow）。理想渗流应具备以下特点。①连续地充满整个介质空间（包括空隙空间和骨架占据的空间）。②通过过水断面的流量和真实水流通过该断面的流量相同。③在断面上的水头及压力与真实水流的水头和压力相等，在多孔介质中运动时所受的阻力等于真实水流所受的阻力。

具备了这些特点，研究水力学和流体力学的概念和方法，就可以引申到研究渗流中来；水力学和流体力学的规律也同样可以适用于地下水的渗流运动。

后续提到的渗流均指理想渗流。渗流所占据的空间称为渗流场（Seepage Field），描述渗流的参数称为渗流运动要素，如压力 P、速度 v 及水头 H 等。

9.1.1 地下水运动的基本特征

9.1.1.1 地下水运动的基本概念

（1）过水断面和渗流速度。在含水层中垂直于渗流方向的岩石截面称为过水断面（Cross-Sectional Area）。该断面并不是实际过水断面的面积，而是整个岩石截面，包括空隙面积和固体颗粒所占据的面积。过水断面的形状和大小随渗流方向的变化而变化，当渗流平行流动时过水断面为平面，当渗流弯曲流动时过水断面为曲面。渗流过水断面如图 9-1 所示。

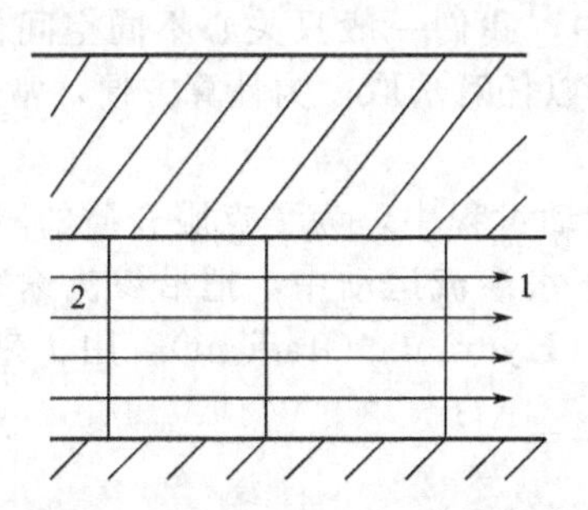

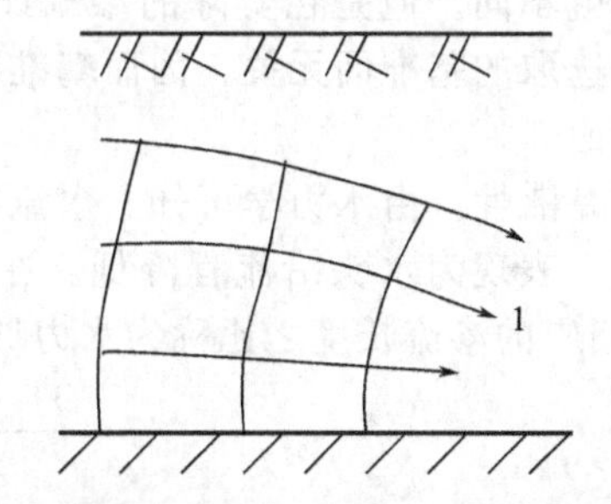

图 9-1 渗流过水断面

1—渗流方向；2—过水断面

单位时间内通过某一过水断面的液体体积称为渗流量（Seepage Discharge）。设通过某过水断面（面积为 A）有一个渗流量 Q，则渗流速度（Specific Discharge/Seepage Velocity）定义如下。

$$v=\frac{Q}{A} \tag{9-1}$$

渗流速度 v 代表渗流在过水断面上的平均速度，它并不是一个真实水流的速度，而是一种假想的水流速度。该假想认为水流充满整个过水断面，地下水就以这种速度流动。实际上，地下水仅仅在空隙中流动，假设地下水在空隙中运动的实际平均流速为 $\bar{u}$，则

$$\bar{u}=\frac{Q}{nA} \tag{9-2}$$

式中，n 为含水层的空隙率。

因此渗流速度 v 和地下水的实际平均流速 $\bar{u}$ 存在下列关系。

$$v=n\bar{u} \tag{9-3}$$

(2) 渗流水头和水力坡度。水头（Hydraulic Head）是指过水断面上单位重力液体所具有的机械能。渗流水头是指水流中空间上某点所具有的总势能。根据水力学的知识可知，水流中任意点测压管水头可表示为：

$$H_{\mathrm{n}}=z+\frac{p}{\gamma} \tag{9-4}$$

式中，H_{n} 为测压管水头；z 为位置水头；$\frac{p}{\gamma}$ 为压强水头。

总水头为测压管水头和流速水头之和，即：

$$H=H_{\mathrm{n}}+\frac{\alpha v^2}{2g} \tag{9-5}$$

式中，H 为总水头；$\frac{\alpha v^2}{2g}$ 为速度水头。

但是地下水的运动非常慢，流速水头 $\frac{\alpha v^2}{2g}$ 也很小，远远小于测压管水头 $z+\frac{p}{\gamma}$，通常忽略不计。例如当地下水流速为 1cm/s 时，这对地下水来说已经是很快的速度了，此时的流速水头仅为 0.0005cm 左右，比测压管水头少几个数量级，所以可以忽略不计。因此在渗流计算中，通常认为总水头和测压管水头相等，即：

$$H=H_{\mathrm{n}}=z+\frac{p}{\gamma} \tag{9-6}$$

在后续计算中，对两者不再加以区别，统称为水头，用 H 来表示。

位置水头 z 随所取基准面的变化而变化。选取的基准面不同，位置水头不同，测压管水头和总水头也就不同。但是在实际的渗流计算中，我们一般只关心不同空间位置的水头差值，该差值与选取的基准面无关，因而基准面可以任意选取。为计算方便，常选取水平隔水底板作为基准面。

渗流具有黏滞性。由水力学可知，水流在流动过程中，为了克服介质的阻力不断做功，能量不断消耗，表现为水头沿流程降低。在地下水渗流运动中，把沿渗流途径的水头损失（降低值）与相应的渗流长度之比称为水力坡度（Hydraulic Gradient），用 J 来表示。

$$J=\frac{H_1-H_2}{L}=\frac{\Delta H}{L} \tag{9-7}$$

根据伯努利方程 $H=z+\frac{p}{\gamma}+\frac{\alpha v^2}{2g}$，同时忽略速度水头，则有：

$$J=\frac{H_1-H_2}{L}=\frac{\left(z_1+\frac{p_1}{\gamma_1}\right)-\left(z_2+\frac{p_2}{\gamma_2}\right)}{L} \tag{9-8}$$

式中，J 为水力坡度；ΔH 为水头损失，m；L 为渗流长度，m；γ 为水的重度，$\mathrm{N/m^3}$。

由于地下水运动一般是沿着曲线运动，也就是说水力坡度是沿程不断变化的，因此要想准确地描述水力坡度，通常用微分形式来表示，即在渗流场中任取一点，此时水头为 $H=H(x,y,z,t)$，经过 $\mathrm{d}t$ 时间，水头损失为 $\mathrm{d}H$，渗流长度变化量为 ds，则水力坡度可表示成微分形式为：

$$J=-\frac{\mathrm{d}H}{\mathrm{d}s} \tag{9-9}$$

矢量 J 在笛卡尔坐标系中的三个分量为：

$$J_x=-\frac{\partial H}{\partial x},J_y=-\frac{\partial H}{\partial y},J_z=-\frac{\partial H}{\partial z} \tag{9-10}$$

因为水力坡度 J 为正值，而沿水流方向的变化量为负值，为保证水力坡度 J 为正值，在前面加负号。

(3) 流线、迹线、等水头线和流网。流线（Streamline）是指某一时刻渗流场中的一条曲线，这条线上的各个水质点速度方向都与之相切，也可以说是某时刻各点流向的连线。迹线是指水质点在渗流场中某一段时间内的运动轨迹。一般情况下，流线和迹线不重合，在稳定流条件下，流线和迹线重合。

由于流体具有黏滞性，因而渗流场中各点的水头并不相同。我们把渗流场内水头值相同的各点连成一条线，称为等水头线（Groundwater Contour）。流网（Flow Net）是由一系列等水头线与流线组成的网格，通常有平面流网和剖面流网两种。图 9-2 所示分别是平面流网和剖面流网。

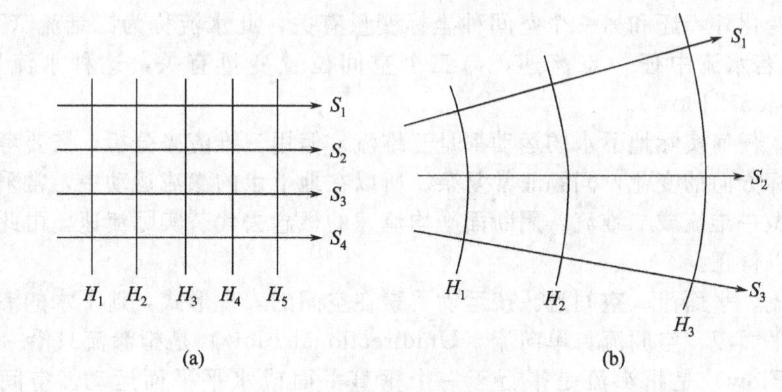

图 9-2 流网

S—流线；H—等水头线

流网具有以下特点：①在各向同性介质中，构成流网的等水头线与流线垂直（正交），在各向异性介质中，等水头线与流线斜交；②相邻两条等水头线间的势差为常量，相邻两条流线间的单宽流量也为常量；③等水头线与流线不是两个独立问题，知道一方就可根据正交原则推求另一方。

(4) 各向同性介质和各向异性介质。如果介质中各点的渗透性能都相同，称为均质介质(Homogeneous Medium)；如果渗透性能随各点位置而变化，称为非均质介质（Heterogeneous Medium）。如果土壤渗透性能不随渗流方向而变化（即各点各方向的渗透性能都相同），称为各向同性介质；反之称为各向异性介质。

9.1.1.2 地下水运动的分类

在自然因素和人为因素的影响下，地下水的运动要素总是随着时间和空间发生变化，且变化的幅度也不尽相同。为研究方便，现对地下水的运动进行如下分类。

(1) 层流和紊流。地下水在岩石孔隙中渗流时，水流质点有秩序地、互不掺杂的流动称为层流（Laminar Flow）；反之，水流质点做无秩序地、互相掺杂的流动称为紊流（Turbulent Flow）。

地下水的流动通常为层流，只有在较大孔隙（如岩溶管道宽大裂隙）中才做紊流流动。

（2）稳定流和非稳定流。按运动要素随时间的变化，地下水的渗流运动可以分为稳定流和非稳定流。渗流场中任何空间点上所有的水流运动要素均不随时间改变的流动称为稳定流（Steady Flow）。也就是说，在稳定流情况下，任一空间点上，无论哪个液体质点通过，其运动要素都是不变的，运动要素仅仅是空间坐标的连续函数，而与时间无关。

$$\left.\begin{array}{l}u_x=u_x(x,y,z)\\u_y=u_y(x,y,z)\\u_z=u_z(x,y,z)\end{array}\right\}\tag{9-11}$$

因此，所有运动要素对时间的偏导数应等于零，即

$$\frac{\partial u_x}{\partial t}=\frac{\partial u_y}{\partial t}=\frac{\partial u_z}{\partial t}=0\tag{9-12}$$

如果渗流场中任何空间点上有一个水流运动要素随时间而改变，则称为非稳定流（Unsteady Flow）。

地下水运动普遍为非稳定流，稳定流是其特殊情况。

（3）一维流、二维流、三维流。按运动要素与空间坐标的关系，地下水的渗流运动可以分为一维流、二维流和三维流。凡水流中任一点的运动要素只与一个空间自变量有关，称为一维流（One-Dimensional Flow）。如果在水流中任取一过水断面，断面上任一点流速，除了随断面位置变化外，还和另一个空间种坐标变量有关，此水流称为二维流（Two-Dimensional Flow）。若水流中任一点流速，与三个空间位置变量有关，这种水流称为三维流（Three-Dimensional Flow）。

严格地说，任何实际地下水的运动都是三维流。但用三维流来分析，需要考虑运动要素在三个空间坐标方向的变化，问题非常复杂。所以在地下水的渗流运动中，常采用简化的方法，把水流看做一维流或二维流，用断面平均流速的概念去代替实际流速，由此产生的误差用修正系数加以修正。

（4）单向流、平面流、空间流。按运动要素在空间的表现形式，地下水的渗流运动可以分为单向流、平面流、空间流。单向流（Unidirectional Flow）是指渗流只沿一个方向。平面流（Planar Flow）是指渗流是平行于一个垂直平面或水平平面运动。空间流（Spatial Flow）指的是渗流方向不与任意直线或平面平行，是最复杂的渗流运动。

单向流肯定是一维流；平面流通常是二维流，但在某些条件进行坐标变换，可将二维流转变为一维流；而空间流通常为三维流，同理也可将其转变为一维流。

（5）缓变流与急变流。当地下水流的流线为相互平行的直线时，称为均匀流（Uniform Flow）。若水流的流线不是相互平行的直线，称为非均匀流（Non-Uniform Flow）。水流的流线不是相互平行的的直线可以分为两种情况，一种是流线虽然相互平行但不是直线，另一种是流线虽为直线但不相互平行。

根据流线不平行和弯曲的程度，可将非均匀流分为急变流和缓变流。当水流的流线虽然不是相互平行的直线，但几乎近于平行直线时称为缓变流。如果水流流线之间的夹角很小，或流线曲率半径很大，则可将其视为缓变流。若水流的流线夹角很大或流线的曲率半径很小，称为急变流。

天然状态下，地下水一般呈缓变流。

9.1.1.3 地下水运动的基本特征

地下水的运动具有以下特征。

(1) 曲折复杂的渗流通道，所以水流运动途径也是曲折复杂的。

(2) 水流受孔隙介质控制，流速的大小和方向频繁变化。

(3) 孔隙通道狭窄，水流所受阻力很大，流速极其缓慢。渗透性很好的砾石层中水的平均流速仅为每天几米、几十米。

(4) 水流的运动要素常常不是空间的连续函数，绝大多数渗流为非稳定流运动，极少数为稳定流运动。

(5) 天然条件下，一般均认为呈缓变流动，有时为非缓变流动。

地下水运动属三维，这个问题研究起来很复杂，一般通过缓变流动的假设，把地下水运动的三维问题转化为二维问题来研究。

9.1.2 地下水运动的基本定律

9.1.2.1 达西定律——线性渗透定律

关于渗流的基本规律，早在1852～1855年首先由法国工程师达西（H. Darcy）通过试验研究而总结出来，后人称之为达西定律（Darcy's Law）。达西的试验研究是在均质砂土中液体做均匀流动的情况下进行的，但是这个研究成果已被后来的学者推广到整个渗流计算中去，达西定律成为最基本、最重要的公式。

(1) 达西试验装置。达西试验装置如图9-3所示，装置的上面是一个开口的直立圆筒，其中装有均质砂土，圆筒上部有进水管及溢水设备，作用是保持圆筒中的水位恒定，管的右侧壁装有两根测压管，分别设置在相距为L的两个过水断面1—1和2—2上，用来测定两个过水断面的水头，水从圆筒的上部经过砂土渗透，由底部的滤水网排出，渗流流量由计量器量出。当圆筒的上部水面保持恒定时，通过砂土的渗流即为恒定流，测压管中的水面也恒定不变。试验中，达西观察到，安装在不同过水断面上的测压管的水面高度不同。2—2断面的测压管水面低于1—1断面的测压管水面，也就是说，水经过砂土渗流时有水头损失。水在砂土中的渗流为均匀流，由于流速水头极小，忽略不计，所以测压管水头等于总水头，测压管水头差即为两端面间的水头损失。设1—1和2—2两个断面的测压管水头差为h_w，总水头损失为ΔH，则有$\Delta H=h_w$，所以在L流程上的渗流水头损失为ΔH。

达西发现，在不同尺寸的圆筒和不同类型土的渗流中所通过的渗透流量Q，与圆筒的横断面积A和水力坡度J成正比，并与土壤的渗透性有关。可由下式表示。

$$Q=KAJ=KA\frac{H_1-H_2}{L}=KA\frac{h_w}{L}=KA\frac{\Delta H}{L} \tag{9-13}$$

或者

$$v=\frac{Q}{A}=\frac{KAJ}{A}=KJ \tag{9-14}$$

式中，Q为渗流量，m^3/s；v为渗流断面平均渗透速度，即渗流流速，m/s；A为过水断面面积，m^2；J为水力坡度；K为反映土的透水性质的比例系数，称为渗透系数，表示水力梯度为1时的渗透速度，m/s。

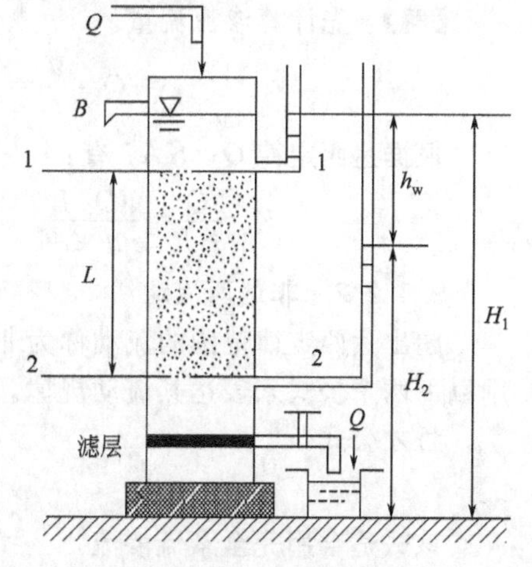

图9-3 达西试验装置

上述两式即为达西定律。它表明在均质孔隙介质中渗流流速与水力坡度成线性关系，故又称为线性渗透定律（Linear Seepage Flow Law）。

在达西试验中，地下水做一维的均匀流动，即渗透速度和水力坡度的大小、方向沿流程不变。我们可以把达西推广到一般的三维流情况，渗流的水力坡度J以微分形式表示，即$J=-\frac{dH}{ds}$，则达西定律的微分形

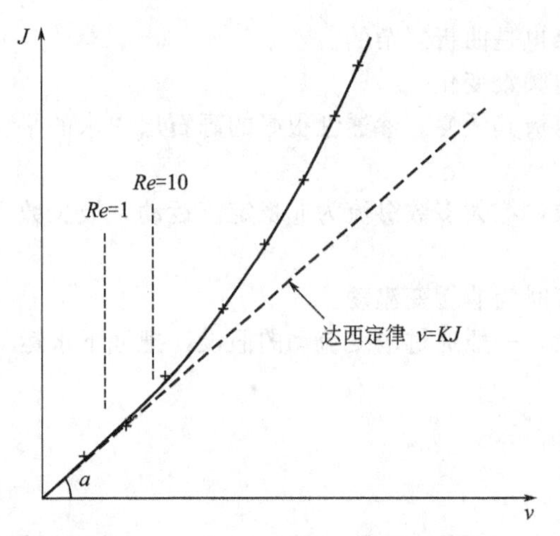

图 9-4 渗透速度和水力坡度的关系

式如下。

$$v=KJ=-K\frac{\mathrm{d}H}{\mathrm{d}s} \tag{9-15}$$

我们把渗透速度在笛卡尔坐标系中沿 x、y、z 三个分量分别表示为 v_x、v_y、v_z；当流动发生在均质各向同性介质中时，K 不变，则有：

$$v_x=-K\frac{\partial H}{\partial x};v_y=-K\frac{\partial H}{\partial y};v_z=-K\frac{\partial H}{\partial z} \tag{9-16}$$

（2）达西定律的适用范围。达西定律指出，渗流速度与水力坡度成线性关系，但是许多学者的研究证明，随着渗流速度的增大，这种线性关系便不再存在，如图 9-4 所示，也就是说达西定律有一定的适用范围。

要想满足渗流速度与水力坡度成一次方关系，液体必须做层流运动，由此可见达西定律只能适用于层流渗流。在实际工程中，除了大孔隙介质中的渗流为紊流之外，绝大多数渗流均属于层流范围，达西定律都可以适用。

关于达西定律的适用界限，大多数学者认为仍以雷诺数表示更为适当，但是不同学者所用雷诺数的表达形式不一样。因而得出的临界值也各不相同。多数研究表明，只有雷诺数 Re 在不超过 1～10 的某一数值时，地下水的运动速度较慢，才符合达西定律。随着雷诺数的增大，渗流速度增大，地下水的运动由层流向紊流转变，所以存在一个临界雷诺数 Re_k，当实际雷诺数 $Re<Re_k$ 时，地下水的运动为层流，符合达西定律；当实际雷诺数 $Re>Re_k$ 时，地下水的运动为紊流，不符合达西定律。雷诺数 Re 可由下式计算。

$$Re=\frac{1}{0.75n+0.23}\times\frac{vd}{\nu} \tag{9-17}$$

式中，Re 为雷诺数；n 为土壤的孔隙率；d 为土的有效粒径，通常用 d_{10} 来代表有效粒径，m；v 为渗流速度，m/s；ν 为水的运动黏滞系数，m^2/s。

层流运动的 Re_k 一般为 7～9。

【例 9-1】 用测定达西定律的试验装置（如图 9-3）测定土壤的渗透系数，已知圆筒直径为 30cm，水头差 80cm，6h 渗透量 85L，两测压管距离为 40cm，试求土壤的渗透系数。

【解】 先计算渗流流量。

$$Q=\frac{V}{t}=\frac{85\times10^{-3}}{6\times3600}=3.94\times10^{-6}\mathrm{m^3/s}$$

根据达西定律 $Q=KAJ$ 有：

$$K=\frac{Q}{AJ}=\frac{4Q}{\pi d^2}\frac{L}{\Delta H}=\frac{4\times3.94\times10^{-6}\times0.4}{3.14\times0.3^2\times0.8}=2.79\times10^{-5}\mathrm{m/s}$$

9.1.2.2 非达西流动

超出达西定律范围的流动称为非达西流，即雷诺数大于 1～10。对于非层流渗流，通常用以下两个公式来表达其流动规律。

哲才公式：

$$v=K\sqrt{J} \tag{9-18}$$

该式适合用完全紊流渗流。

斯姆莱盖尔公式：

$$v=K\sqrt[m]{J} \tag{9-19}$$

上式中当 $m=1$ 时，为层流渗流；当 $m=2$ 时，则为完全紊流渗流；当 $1<m<2$ 时，为层流到紊流的过渡区。

天然条件下地下水的渗流速度通常很缓慢，绝大部分为层流运动，一般可用线性定律描述其运动规律。

9.1.2.3 渗透系数、渗透率和导水系数

(1) 渗透系数。渗透系数（Permeability Coefficient）K，也称水力传导系数（Hydraulic Conductivity），是一个重要的水文地质参数，是表征岩石渗透特性的一个综合指标，常用单位是 cm/s 或 m/d。渗透系数越大，岩石的透水能力越强；反之，渗透系数越小，岩石的透水能力越弱。渗透系数的大小取决于很多因素，如颗粒排列，粒度成分，渗流液体的重度和黏滞性等，但主要因素是土的颗粒形状、大小、不均匀系数及水温，要精确地确定其数值是比较困难的，一般确定 K 值常用以下几种方法。

① 经验法。当进行初步估算时，由于没有可靠的实际资料，可参照有关规范和已有工程的资料来选定 K 值。这种方法只适用于粗略估算。各种土的渗透系数参考值见表 9-1。

表 9-1 土的渗透系数参考值

土名	渗透系数 K		土名	渗透系数 K	
	m/d	cm/s		m/d	cm/s
黏土	<0.005	$<6\times10^{-6}$	细砂	1～5	1×10^{-3}～6×10^{-3}
亚黏土	0.005～0.1	6×10^{-6}～1×10^{-4}	中砂	5～20	6×10^{-3}～2×10^{-3}
亚砂土	0.1～0.5	1×10^{-4}～6×10^{-4}	粗砂	20～50	2×10^{-3}～6×10^{-2}
黄土	0.25～0.5	3×10^{-4}～1×10^{-4}	砾石	50～100	6×10^{-2}～1×10^{-1}
粉砂	0.5～1.0	6×10^{-4}～1×10^{-3}	卵石	100～500	1×10^{-1}～6×10^{-1}

② 室内测定法。为了能较真实地反映土的透水性质，可将天然土取若干土样，在实验室测定其渗透系数，达西试验装置就是常用的一种。将有关数据代入达西公式，便可求出渗透系数。

$$K=\frac{QL}{A\Delta H} \tag{9-20}$$

由于天然土样并非完全均质土壤，所以该法也不可能完全反映真实情况，但该法是从实际出发，且设备简单，费用少。

③ 野外测定法。野外测定法即在所研究的渗流区域内进行现场实测。该法可获得较为符合实际的大面积的平均渗透系数，在研究大型工程渗流的问题时，多用此法。

(2) 渗透率（Permeability）。前面所述影响渗透系数的因素包括土的性质和液体的性质，从这两层来分析，达西定律可表示为如下形式。

$$v=KJ=-\frac{k\rho g}{\mu}\times\frac{\mathrm{d}H}{\mathrm{d}s} \tag{9-21}$$

即
$$K=\frac{k\rho g}{\mu} \tag{9-22}$$

式中，ρ 为液体的密度；g 为重力加速度；μ 为动力黏滞系数；k 为表征土壤渗透能力的常数，称为渗透率，仅与土的结构特性有关。

渗透率 k 的量纲为 $[L^2]$：

$$k=\frac{K\mu}{\rho g}=\frac{K\nu}{g}=\frac{[\mathrm{LT}^{-1}][\mathrm{L}^2\mathrm{T}^{-1}]}{[\mathrm{LT}^{-2}]}=[L^2]$$

常用单位是 cm^2 或 darcy（$1darcy = 9.87 \times 10^{-9} cm^2$）。

(3) 导水系数（transmissivity）。渗透系数 K 虽然能说明土壤的透水性，但它不能单独说明含水层的出水能力。为此我们引出导水系数的概念。

对于二维均质含水层，其厚度为 M，则定义导水系数为：

$$T = KM \tag{9-23}$$

导水系数反映整个含水层的输水能力，表示水头下降为 1m 时，整个含水层的单位宽度的流量值。量纲是 $[L^2T^{-1}]$，常用单位 m^2/d。

9.2 地下水流向井的稳定流理论

在供水和排水工程中，为了开采和疏干地下水，需要应用井、钻孔、排水沟渠等构筑物来揭露地下水，这些构筑物称为取水构筑物。井是最常用的取水构筑物。井在含水层中抽水时，井周围的地下水位就开始下降，形成降落漏斗。在抽水过程中，地下水也有稳定和不稳定运动。在工作初期，降落漏斗迅速扩大，井中的水位和附近的地下水位也随时间有明显的变化，这时地下水处于不稳定状态，称为不稳定井流（Unsteady Well Flow）。经过一定长时间以后，漏斗扩展速度减小，最后趋于零，形成一种稳定的工作状态，地下水位也相应地在某一高度上稳定下来，此时称为稳定井流（Steady Well Flow）。最后当井停止工作时，地下水位将逐渐上升直至恢复到原位，这时井流又由稳定流转变为不稳定流。本节和下节就地下水流向井的稳定流理论和非稳定流理论做相关介绍。

9.2.1 取水构筑物的类型

由于地下水类型、埋藏深度、含水层性质、开采和集取地下水的方式和取水构筑物形式等各不相同，取水构筑物也有不同的分类方法。

按照取水方式的不同，可分为水平取水构筑物和垂直取水构筑物两类。水平取水构筑物的设置方向与地表大体相平行，主要有排水沟、集水管、排水廊道等，如图 9-5（a）所示。它们广泛应用于降低地下水位，防止城市和工程建设受地下水浸没等方面，有时也用于供水。垂直取水构筑物的设置方向与地表相垂直，通常指钻孔、水井等，如图 9-5（b）所示。它们主要用于供水或排泄地下水。

按揭露含水层的程度和进水条件不同，可分为完整取水构筑物和不完整取水构筑物。完整取水构筑物是指揭穿整个含水层，并在整个含水层厚度上都有进水，如图 9-5（b）中的（1）和（2）。不完整取水构筑物是指未揭穿整个含水层，或者虽然揭穿了整个含水层，但仅在部分厚度上有进水，如图 9-5（b）中的（3）和（4）。

在实践中，当含水层较薄或埋藏较浅时，常使用完整取水构筑物；在厚度及埋深较大的含水层中，常使用不完整取水构筑物。

按揭穿地下水的类型不同可分为潜水取水构筑物和承压水取水构筑物。前者是指揭露潜水含水层，后者是指揭露承压水含水层。见图 9-5（b）。

井中的管井和筒井是最常见的取水构筑物，如图 9-5（b）中的（1）和（3）所示为管井，（2）和（4）所示为筒井。管井和筒井是按照井径大小和开凿方法的不同而分的。管井直径一般在 50～1000mm，深井可达 1000mm 以上，常见的管井直径大多小于 500mm。管井用于开采深层地下水，深度一般在 200m 以内，通常用凿井机械开凿。筒井广泛用于集取浅层地下水，直径大于 0.5m 甚至数米，一般为 5～8m，最大不超过 10m，井深一般在 15m 以内。多用于开采埋深小于 12m，含水层厚度在 5～20m 之内的地下水。施工方法常用大开

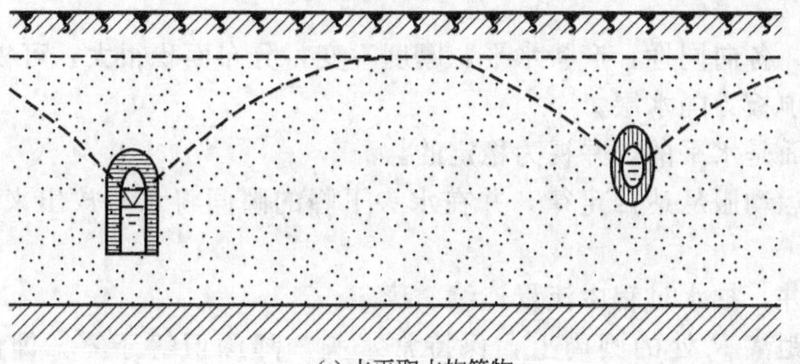

(a) 水平取水构筑物

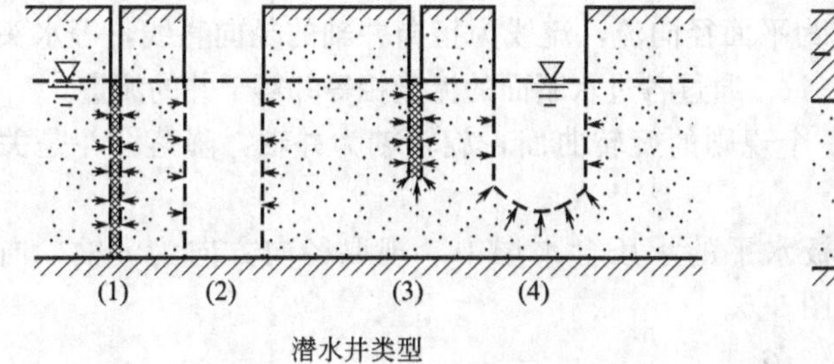

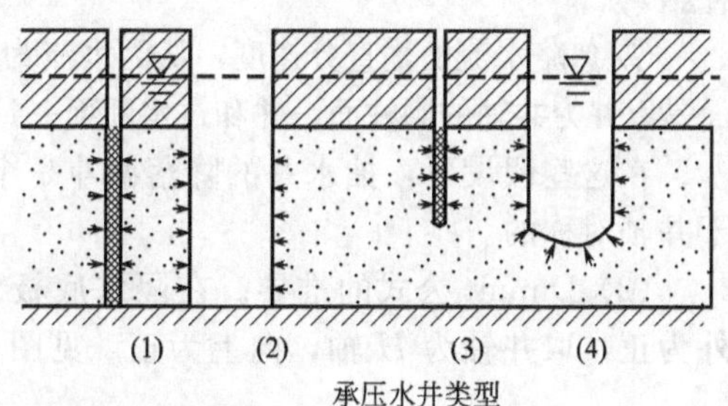

(b) 垂直取水构筑物

图 9-5　取水构筑物类型

槽法和沉井法。

不论是管井还是筒井，都有完整式和不完整两种，如图 9-5（b）所示。

9.2.2　地下水流向承压水完整井的稳定流

9.2.2.1　稳定流基本方程式

设地下水和固体骨架都是不可压缩的（储水率 μ_s 为零，液体的密度 ρ 为零），即不可压缩的液体在刚性介质中运动，渗流的连续性方程如下。

$$\frac{\partial v_x}{\partial x}+\frac{\partial v_y}{\partial y}+\frac{\partial v_z}{\partial z}=0 \tag{9-24}$$

把达西定律的微分形式$\left(v_x=-K\dfrac{\partial H}{\partial x};\ v_y=-K\dfrac{\partial H}{\partial y};\ v_z=-K\dfrac{\partial H}{\partial z}\right)$代入式(9-24）中，可得：

$$\frac{\partial}{\partial x}\left(K_x\frac{\partial H}{\partial x}\right)+\frac{\partial}{\partial y}\left(K_y\frac{\partial H}{\partial y}\right)+\frac{\partial}{\partial z}\left(K_z\frac{\partial H}{\partial z}\right)=0 \tag{9-25}$$

上式即为稳定渗流基本方程式。

当地下水的渗流发生在均质、各向同性介质中时，即 K 不变，由式(9-25）式得：

$$\frac{\partial}{\partial x}\left(K\frac{\partial H}{\partial x}\right)+\frac{\partial}{\partial y}\left(K\frac{\partial H}{\partial y}\right)+\frac{\partial}{\partial z}\left(K\frac{\partial H}{\partial z}\right)=0$$

$$\frac{\partial^2 H}{\partial x^2}+\frac{\partial^2 H}{\partial y^2}+\frac{\partial^2 H}{\partial z^2}=0 \tag{9-26}$$

上式通常称为拉普拉斯（Laplace）方程。

式(9-26）的右端为零，也就是说同一时间内流入单元体的水量和流出的水量相等。这个结论虽然是在承压含水层中得出的，但同样适用于潜水含水层。

9.2.2.2　承压水完整井稳定流

裘布依（Dupuit）早在 1863 年就提出完整井流的计算公式。现在这些公式仍有理论意义和广泛的使用价值。

（1）Dupuit 假设

① 含水层为均质、各向同性，产状水平、厚度不变，分布面积很大，可视为无限延伸。

② 含水层底板、顶板为隔水层。

③ 抽水前地下水面是水平的，并视为稳定的。

④ 含水层中水的运动服从达西定律，并在水头下降的瞬间将水释放出来，可忽略弱透水层的弹性释水。

⑤ 抽水井是完整井，抽水过程中流量连续、稳定。

⑥ 在距井轴一定距离 R 处的圆周上，保持常水头，降深值等于零，即四周有定水头补给。

⑦ 忽略水流的垂直分速度，认为水流为平面径向流，流线为指向井轴的径向直线，等水头面是以井为共轴的圆柱面，并和过水断面一致，通过各过水断面的流量相等并等于井的流量。

在这些假设下，抽水井的降落漏斗是个规则的旋转曲面，旋转轴为井轴，降落漏斗是关于井轴对称的。

（2）Dupuit 公式的推导。在隔水底板水平的承压含水层中，现取径向方向为 r 轴，向外为正，取井轴为 H 轴，向上为正，见图 9-6。

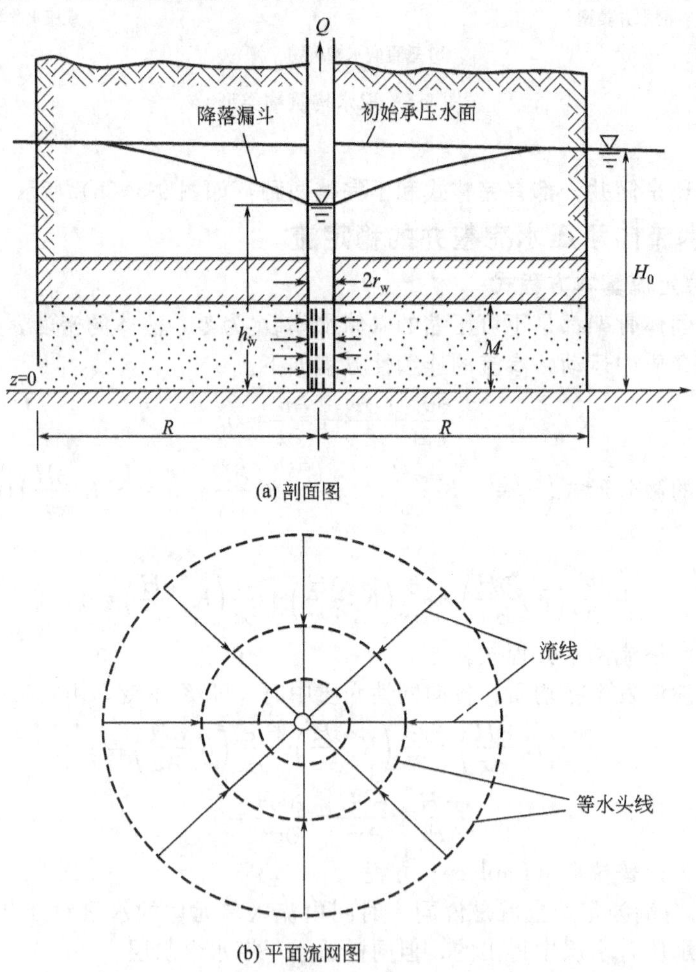

图 9-6 位于岛屿中心的承压水井

r_w—井的半径；R—井径距补给边界距离；H_0—抽水前初始水位；

h_w—抽水井内稳定水位；M—含水层厚度

根据上述假设，可建立承压水完整井的稳定流方程。当地下水为稳定流时，满足式(9-26)，把其改写成柱坐标方程为：

$$\frac{1}{r}\times\frac{\partial}{\partial r}\left(r\frac{\partial H}{\partial r}\right)+\frac{1}{r^2}\times\frac{\partial^2 H}{\partial\theta^2}+\frac{\partial^2 H}{\partial z^2}=0 \tag{9-27}$$

因为水流是水平的，故$\frac{\partial^2 H}{\partial z^2}=0$；同时该函数对井轴是对称的，所以$\frac{\partial H}{\partial\theta}=0$。则上式可变为：

$$\frac{\mathrm{d}}{\mathrm{d}r}\left(r\frac{\mathrm{d}H}{\mathrm{d}r}\right)=0 \tag{9-28}$$

此时，边界条件有：

$$\begin{cases}H=H_0\text{，此时 }r=R\\H=h_w\text{，此时 }r=r_w\end{cases} \tag{9-29}$$

式中，H_0 为抽水前初始水位，m；h_w 为抽水井内稳定水位，m；R 为井径距补给边界距离，又称影响半径，m；r_w 为井的半径，m。

对式(9-28) 积分得

$$r\frac{\mathrm{d}H}{\mathrm{d}r}=C_1 \tag{9-30}$$

式中，C_1 为积分常数。

因为水流服从达西定律，且不同过水断面的流量相等，并等于井的流量，则有如下公式。

$$Q_r=KAJ=2\pi KMr\frac{\mathrm{d}H}{\mathrm{d}r}=Q$$

由上式可求出积分常数 $C_1=\frac{Q}{2\pi KM}$，即有 $r\frac{\mathrm{d}H}{\mathrm{d}r}=\frac{Q}{2\pi KM}$，对 $r\frac{\mathrm{d}H}{\mathrm{d}r}=\frac{Q}{2\pi KM}$再进行积分得：

$$H=\frac{Q}{2\pi KM}\ln r+C_2 \tag{9-31}$$

式中 C_2 也为积分常数。

把边界条件式(9-29) 代入 (9-31)，消去 C_2 得承压水完整井流量公式。

$$Q=\frac{2\pi KM(H_0-h_w)}{\ln\frac{R}{r_w}} \tag{9-32}$$

或

$$H_0-h_w=s_w=\frac{Q}{2\pi KM}\ln\frac{R}{r_w} \tag{9-33}$$

式中，Q 为井的抽水量，m^3/d；s_w 为井中水位降深，初始水位到井中稳定水位的距离，m；M 为含水层厚度，m；K 为渗透系数，m/d；其他符号意义同上。

这就是承压水完整井流公式，也称为裘布依（Dupuit）公式。若把上式中的自然对数改为常用对数，式(9-33) 变为：

$$Q=2.73\frac{KMs_w}{\lg\frac{R}{r_w}} \tag{9-34}$$

裘布依公式是在一系列假设条件下得出的，按照上述假设，当一口井布置在均质、各向同性的圆形岛屿中心时才能得到满足，这种条件在实际工程中是很少的。为了应用上述公式，计算时可以从两种情况考虑：一种情况是当含水层侧向的补给不是圆形时，但经过一段时间抽水后，水位稳定了。也可将地下水的运动看成是稳定流。此时可以把非圆的含水层概化成一个圆形，用一个引用影响半径 R_0 代替公式中的 R，则有如下公式。

$$Q=2.73\frac{KMs_w}{\lg\frac{R_0}{r_w}} \tag{9-35}$$

另一种情况是，当抽水井离补给边界很远，但在抽水井附近有一个或两个观测孔。

若距离抽水井中心 r 处有一个观测孔，其对应水位为 H，再把井径 r_w 及对应井中水深 h_w 代入（9-31），可得：

$$H=\frac{Q}{2\pi KM}\ln r+C_2$$

$$h_w=\frac{Q}{2\pi KM}\ln r_w+C_2$$

两式相减得：

$$H-h_w=s_w-s=\frac{Q}{2\pi KM}\ln\frac{r}{r_w} \tag{9-36}$$

若距离抽水井中心为 r_1 和 r_2 处有两个观测孔，其对应水位分别为 H_1 和 H_2，相应的水位降深分别是 s_1 和 s_2，同样可得出：

$$H_1=\frac{Q}{2\pi KM}\ln r_1+C_2$$

$$H_2=\frac{Q}{2\pi KM}\ln r_2+C_2$$

两式相减得：

$$H_2-H_1=s_1-s_2=\frac{Q}{2\pi KM}\ln\frac{r_2}{r_1} \tag{9-37}$$

上述两式也称为带姆（Thiem）公式。它与非稳定井流在长时间抽水的近似公式完全一致。这表明在无限承压含水层中的抽水井附近，确实存在似稳定流区。

【例 9-2】 一承压含水层隔水底板水平，均质，各向同性，延伸范围很广，初始的含水层厚度为 100m，渗透系数为 5m/d，有一半径为 1m 的完整井 A，井中水位 120m，在离该井 100m 的地点有一水位为 125m 的观测井 B，求井 A 的稳定日出水量。

【解】 由式(9-36) 可直接求井 A 的出水量。代入数据：

$$125-120=\frac{Q}{2\pi\times5\times100}\ln\frac{100}{1}$$

得：

$$Q=3409.2\text{m}^3/\text{d}$$

即井 A 的稳定日出水量为 3409.2m^3。

【例 9-3】 已知承压含水层厚度为 6m，在其上打一直径为 $d=200$mm 的承压完整井，在距井轴 15m 处钻一观测孔。当抽水至恒定水位时，井中水位降深 $s_w=3$m，观测孔中水位降深 $s=1$m，试求该井的影响半径 R。

【解】 由式(9-36) 得：

$$3-1=\frac{Q}{2\pi KM}\ln\frac{r}{r_w}$$

由式(9-33) 得：

$$3=\frac{Q}{2\pi KM}\ln\frac{R}{r_w}$$

两式相比：

$$\frac{2}{3}=\frac{\ln\frac{r}{r_w}}{\ln\frac{R}{r_w}}=\frac{\ln r-\ln r_w}{\ln R-\ln r_w}=\frac{\ln15-\ln0.1}{\ln R-\ln0.1}$$

得出：

$$\ln R=5.1974$$

$$R=181\text{m}$$

即井的影响半径 $R=181\text{m}$。

【例 9-4】 在厚度为 27.50m 的承压含水层中有一口抽水井和两个观测孔。已知渗透系数为 34m/d，抽水时，距抽水井 50m 处观测孔的水位降深为 0.30m，110m 处观测孔的水位降深为 0.16m，试求抽水井的流量。

【解】 由式(9-37) 可直接求出。代入数据有：

$$0.30-0.16=\frac{Q}{2\pi\times34\times27.50}\ln\frac{110}{50}$$

$$Q=1042.6\text{m}^3/\text{d}$$

即抽水井的流量为 $1042.6\text{m}^3/\text{d}$。

9.2.3 地下水流向潜水完整井的稳定流

如图 9-7 所示为无限分布的潜水含水层中的完整井，该含水层均质各向同性，经长时间定流量抽水后，在井附近形成一个相对稳定的降落漏斗，最上部称为浸润曲面。在抽水井附近，流线弯曲度较大，等水头面不是圆柱面，水流为空间径向流；远离抽水井时，流线弯曲度较小，等水头面近似为一个圆柱面。在这种情况下渗透速度不仅有水平分量，而且还有垂直分量，所以给计算带来很大困难。由于在远离抽水井地段时（大约 $r>1.5H$），等水头面为近似圆柱面，渗流的垂直速度很小，这样我们可以用上面的 Dupui 假设，忽略垂直分速度，把原来的三维流转化为二维流，把空间流转化为平面流来研究。

在隔水底板水平的潜水含水层中，以隔水底板作为基准面，设潜水含水层厚度为 h，此时 $h=H$。在远离抽水井地段，稳定潜水流服从布森内斯克（Boussinesq）方程，即：

$$\frac{\partial}{\partial x}\left(h\frac{\partial H}{\partial x}\right)+\frac{\partial}{\partial y}\left(h\frac{\partial H}{\partial y}\right)=0 \quad (9\text{-}38)$$

当 $h=H$ 时，上式变为：

$$\frac{\partial}{\partial x}\left(h\frac{\partial h}{\partial x}\right)+\frac{\partial}{\partial y}\left(h\frac{\partial h}{\partial y}\right)=0 \quad (9\text{-}39)$$

同样写出柱坐标的简化形式如下。

$$\frac{1}{r}\frac{\text{d}}{\text{d}r}\left(r\frac{\text{d}h^2}{\text{d}r}\right)=0$$

上式两端同时乘以 r，变为：

$$\frac{\text{d}}{\text{d}r}\left(r\frac{\text{d}h^2}{\text{d}r}\right)=0 \quad (9\text{-}40)$$

对式(9-40) 进行积分得：

$$r\frac{\text{d}(h^2)}{\text{d}r}=C_1 \quad (9\text{-}41)$$

因水流服从达西定律，且不同过水断面的流量相等，并等于井的流量，即：

$$Q=Q_r=KAJ=2\pi Khr\frac{\text{d}h}{\text{d}r}=\pi rK\frac{\text{d}(h^2)}{\text{d}r}$$

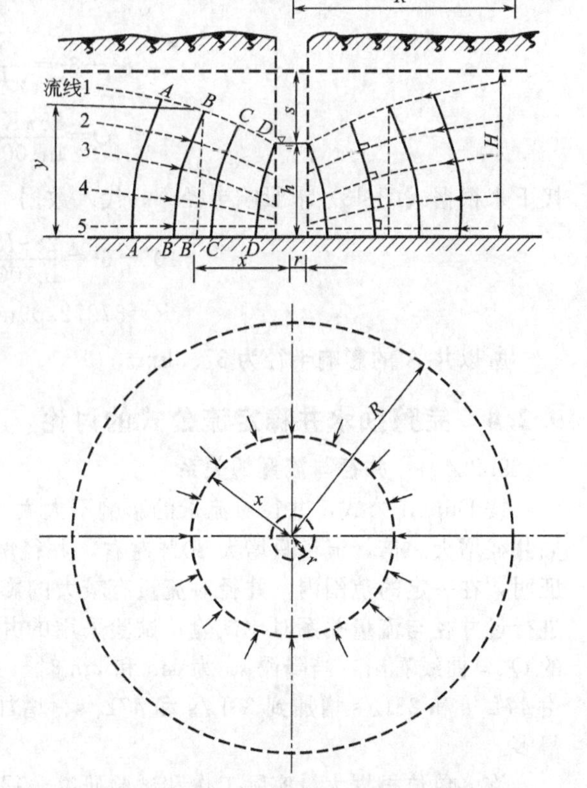

图 9-7 地下水向潜水完整井的运动

H—潜水含水层初始水位；s—井内水位下降深度，简称水位降深；h—井内动水位至含水层底板的距离；R—影响半径；r—井半径

由该式得出积分常数 $C_1=\frac{Q}{\pi K}$，即 $r\frac{\mathrm{d}(h^2)}{\mathrm{d}r}=\frac{Q}{\pi K}$，对 $r\frac{\mathrm{d}(h^2)}{\mathrm{d}r}=\frac{Q}{\pi K}$再积分，得：

$$h^2=\frac{Q}{\pi K}\ln r+C_2 \tag{9-42}$$

并把边界条件$\begin{cases}h=H_0，此时\ r=R\\h=h_w，此时\ r=r_w\end{cases}$代入，消去积分常数 C_2，可得：

$$H_0^2-h_w^2=\frac{Q}{\pi K}\ln\frac{R}{r_w} \tag{9-43}$$

或

$$(2H_0-s_w)s_w=\frac{Q}{\pi K}\ln\frac{R}{r_w} \tag{9-44}$$

把式(9-44) 写成常用对数，变为：

$$Q=\frac{1.366K(2H_0-s_w)s_w}{\lg\frac{R}{r_w}} \tag{9-45}$$

式中各符号的意义与承压水井的相同。

上述两式称为潜水井的 Dupuit 公式。

【例 9-5】 一潜水含水层隔水底板水平，均质，各向同性，延伸范围很广，初始的含水层厚度为 10m，渗透系数为 10m/d，有一半径为 1m 的完整井 A，井中水位为 6m，在离该井 100m 的地点有一水位为 8m 的观测井 B，试计算井 A 的影响半径。

【解】 由公式 $h^2-h_w^2=\frac{Q}{\pi K}\ln\frac{r}{r_w}$先求井 A 的出水量：代入数据得：

$$8^2-6^2=\frac{Q}{\pi K}\ln\frac{100}{1}$$

$$Q=\frac{28\pi K}{\ln 100}\mathrm{m}^3/\mathrm{d}$$

接下来根据式(9-43) 求影响半径 R。代入数据

$$10^2-6^2=\frac{28\pi K}{\ln 100}\times\frac{1}{\pi K}\ln\frac{R}{1}$$

$$R=37272.09\mathrm{m}=37.3\mathrm{km}$$

所以井 A 的影响半径为 37.3km。

9.2.4 完整抽水井稳定流公式的讨论

9.2.4.1 井径与流量的关系

按 Dupuit 公式，井径对流量的影响不太大，因为井径 r_w 以对数形式出现在公式中。例如井径增大一倍，流量只增大 10%左右，井径增大 10 倍，流量仅增大 40%左右。然而实际证明，在一定的范围内，井径对流量有较大的影响。例如有关单位曾在北京附近南苑试验场进行过井径与流量关系对比试验，试验采用的井径为 100mm、150mm、200mm 三种，所得的 Q-s_w 曲线看出，当降深 s_w 为 1m 和 2m 时，井径由 100mm 增加到 150mm 时，流量分别由 17L/s 和 23L/s 增加到 33L/s 和 47L/s，增加量约 1 倍，远比 Dupuit 公式计算的数据大得多。

许多单位根据大量实际工作和试验研究，得出如下认识：①当降深相同时，井径增加同样的幅度，强透水层中井的流量增加的比弱透水层中的井多；②井流量随井径增加的幅度，强透水层比弱透水层的大，流量随井径增加的比例，大降深比小降深增加的快；③流量的增长率随井径的增加而逐渐减弱，小井径时，由井径增大所引起的流量增加率很大，中等井径

时，流量的增加率减小，当井径继续增大时，流量的增加率就不太明显了。出现这种现象的解释不一，有些学者认为这是由于井附近水流流态变化的影响，也有人认为，一口井的出水能力应考虑含水层的出水能力和井管的过水能力两方面因素的制约。如果仅考虑含水层的出水能力，裘布依公式中井径和流量的关系是正确的。当含水层的透水性较好或水位降深较大时，含水层能提供较大的流量，但由于井管的过水能力所限，井径增加时，流量明显增加。这对小口径井特别明显。但当井径已经足够大或含水层的透水性质较差时，井管的过水能力对流量的影响退居次要地位，此时井径和流量的关系比较符合裘布依公式。

9.2.4.2　降深与流量的关系

(1) 降深与流量关系的理论曲线。降深与流量的关系常用 Q-s_w 曲线表示。由上面的介绍可知如下内容。

对于承压水完整井有：

$$Q=2.73\frac{KMs_w}{\lg\frac{R}{r_w}}$$

令常数

$$2.73\frac{KM}{\lg\frac{R}{r_w}}=q$$

$$Q=qs_w \tag{9-46}$$

其中 q 为待定系数，式(9-46) 所示为线性方程，是一条通过圆点的直线，如图 9-8 所示。

对潜水完整井有：

$$Q=\frac{1.366K(2H_0-s_w)s_w}{\lg\frac{R}{r_w}}=1.366\frac{2KH_0}{\lg\frac{R}{r_w}}s_w-\frac{1.366K}{\lg\frac{R}{r_w}}s_w^2$$

令常数

$$1.366\frac{2KH_0}{\lg\frac{R}{r_w}}=b,\quad \frac{1.366K}{\lg\frac{R}{r_w}}=c$$

则

$$Q=-cs_w^2+bs_w \tag{9-47}$$

式(9-47) 所示方程为一条通过原点，开口向下的抛物线，如图 9-9 所示。

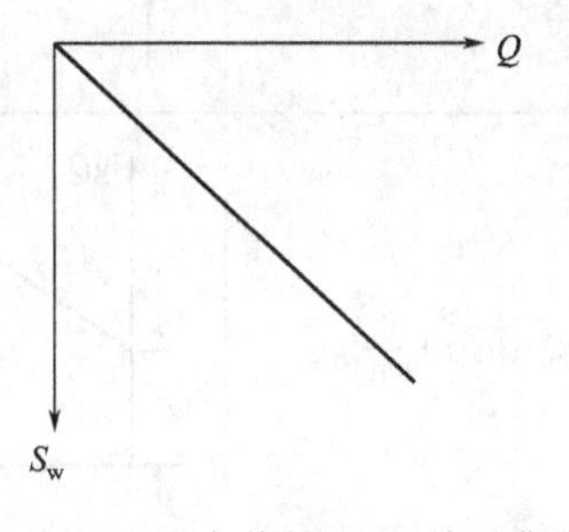

图 9-8　承压水井的 Q-s_w 关系曲线

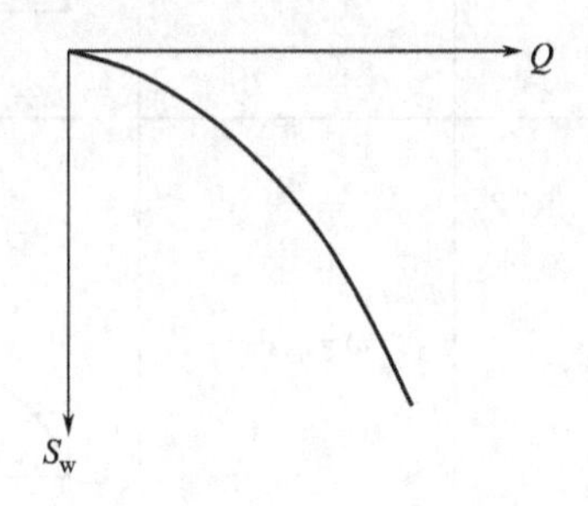

图 9-9　潜水井的 Q-s_w 关系曲线

图 9-8 和图 9-9 是根据裘布依公式绘制的承压井和潜水井的 Q-s_w 理论关系曲线。由两图中可以看出，井的流量 Q 随井深 s_w 的增大而增大，两者成正比关系。也就是说，按裘布依公式计算的降深 s_w，表示地下水流克服含水层的摩擦阻力所消耗的水头，或水流以流量 Q 经含水层流到滤水管外壁的水头损失。但在实际抽水过程中，很多情况并不符合上述规律，两者也是非线性关系。这是因为实际抽水所测得的降深，不仅仅是克服含水层的摩擦阻力而消耗的水头损失，而是多种原因造成的水头损失的叠加。

这些水头损失主要包括以下几部分。

① 地下水在含水层中向井流动所产生的水头损失，按裘布依公式计算的降深就是指这一部分水头损失。这部分水头损失常称为含水层水头损失。

② 由于打井施工时泥浆等堵塞井周围的含水层，增加了水流阻力所造成的水头损失。

③ 水流通过过滤器孔眼时所产生的水头损失。

④ 水流在滤水管内流动所产生的水头损失。

⑤ 水流在井管内向上流至水泵吸水口所产生的水头损失。

陈雨荪先生在20世纪70年代就井附近的水头损失问题做过详细研究，得出井的降深随滤水管在井中位置的变化而变化，井的实际井深包括两部分：一部分是含水层水头损失，即由裘布依公式表示的降深；另一部分水头损失称为井损，与 Q^2 成正比，由于井损的存在，导致井内水位不一致。关于井损的计算，会在后面介绍。

（2）降深与流量关系的经验公式。实际抽水中的降深和流量的关系并非像式(9-46）和式(9-47）所显示的直线和抛物线，而是表现为各种各样的曲线。大量的抽水井试验资料证明，常见的 Q-s_w 曲线类型有直线型、抛物线型、幂函数曲线形和对数曲线型。四种经验公式及其图解曲线列于表9-2中。

表9-2　降深与流量关系的经验公式及图解曲线

	经验公式	Q-s_w 曲线	转化后的公式	转化后的曲线
直线型	$Q=qs_w$	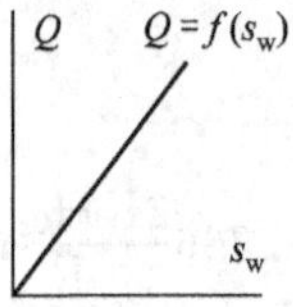 Q　$Q=f(s_w)$　s_w		
抛物线形	$s_w=aQ+bQ^2$	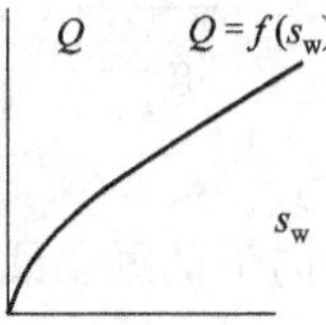 Q　$Q=f(s_w)$　s_w	$s_w/Q=a+bQ$ $s_{w0}=\frac{s_w}{Q}$	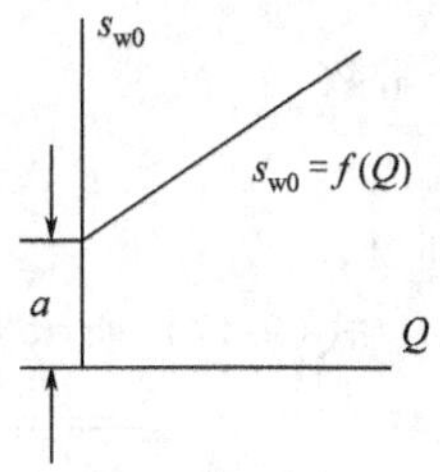 s_{w0}　$s_{w0}=f(Q)$　a　Q
幂函数曲线型	$Q=q_0 s_w^{1/m}$	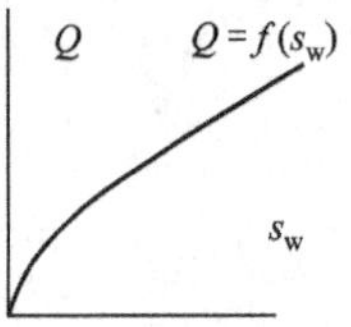 Q　$Q=f(s_w)$　s_w	$\lg Q=\lg q_0+\frac{1}{m}\lg s_w$	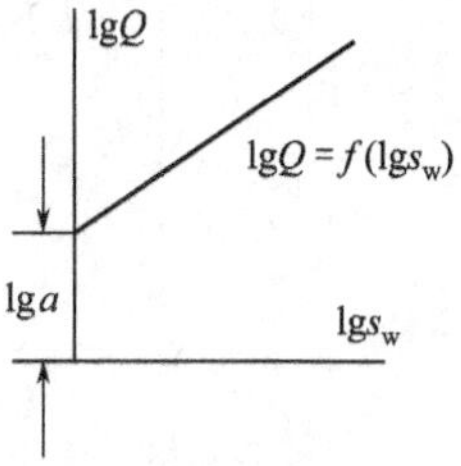 $\lg Q$　$\lg Q=f(\lg s_w)$　$\lg a$　$\lg s_w$
对数曲线形	$Q=a+b\lg s_w$	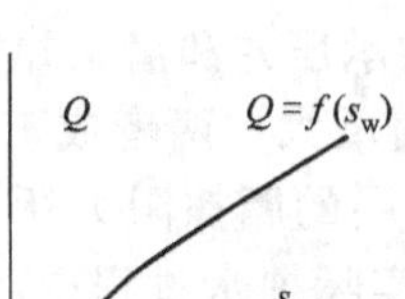 Q　$Q=f(s_w)$　s_w	$Q=a+b\lg s_w$	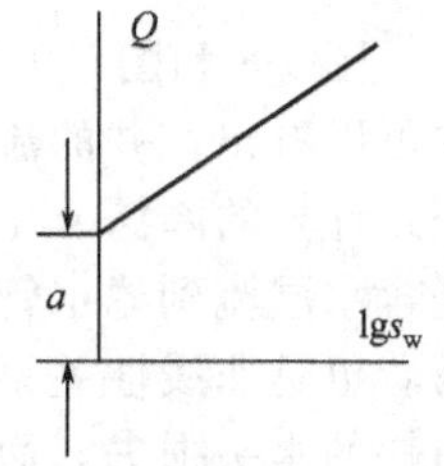 Q　a　$\lg s_w$

(3) 井损。前面谈到，实际测得的抽水井中的降深是含水层水头损失和井损两部分的叠加。上面公式中计算的降深，仅仅是由于含水层水头损失造成的，下面介绍有关井损的计算。

C. E. Jacob 认为，井损值和抽水井流量 Q 的二次方成正比，用 Δs 表示井损，则有 $\Delta s=CQ^2$，C 称为井损常数。

因此，总降深 $s_{t,w}$ 可表示为：

$$s_{t,w}=s_w+CQ^2=BQ+CQ^2 \tag{9-48}$$

式中 B 为系数，稳定流时可按 Dupuit 公式有：

$$B=\frac{R/r_w}{2\pi T} \tag{9-49}$$

M. I. Rorabangh 认为，在井附近和井内可能出现紊流，井损值和 Q^n 成正比，n 可能不等于 2。于是式(9-49) 可表示为更一般的形式。

$$s_{t,w}=BQ+CQ^n \tag{9-50}$$

稳定流时，井内的总降深和井损值随抽水井流量的变化的曲线，见图 9-10。

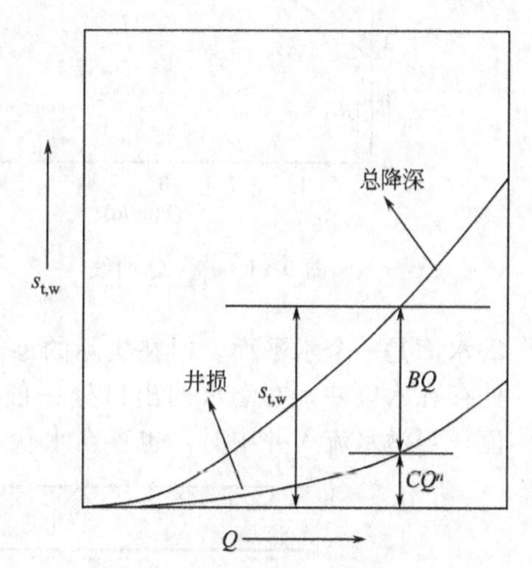

图 9-10　当 B 为常数时总降深和井损随流量的变化关系

迄今为止，我们都假定井半径 r_w 的大小对抽水井的降深影响不大，这主要是指 B 值。对 C 值是有相当影响的。因为水在井内的流速同井管截面积大小有关，而截面又和井半径的平方成正比，所以井半径对井损有较大的影响。

从图 9-10 可以看出，当流量较小时，井损很小，实际上可以忽略。但当流量变大时，井损在总降深中就占有相当大的比例。

井损值一般可用抽水试验资料确定。

对于多次降深的稳定流抽水试验，若有三次以上的降深和观测孔资料，且 $n=2$ 时，将式(9-48) 改写为：

$$\frac{s_{t,w}}{Q}=B+CQ \tag{9-51}$$

由上式可以看出，如以 $\frac{s_{t,w}}{Q}$ 为纵坐标，Q 为横坐标，将三次以上稳定降深的抽水资料点绘在方格纸上，可绘出最佳的拟合直线。直线的斜率为 C，直线在纵坐标上的截距为 B。于是可求得井损为：

$$\Delta s=CQ^2 \tag{9-52}$$

如果认为 $n\neq 2$，由式(9-50) 可变形为：

$$\frac{s_{t,w}}{Q}=B+CQ^{n-1} \tag{9-53}$$

式(9-53) 中含有三个待定常数 B、C 和 n，通常用试算法确定，然后由式(9-52) 求出井损值。

如果抽水试验资料为阶梯降深抽水试验，则需用叠加法求井损。

【例 9-6】 在某承压含水层中做不同降深的稳定流抽水试验，观测资料见表 9-3。已知含水层厚度为 38m，影响半径为 1000m，当抽水井以流量 5028m³/d 抽水时，距抽水井 100m 处观测孔的稳定水位降深为 0.30m。试确定井损值。

表 9-3　稳定流抽水观测资料

水位降深次数	$Q/(m^3/d)$	$s_{t,w}/m$	$\frac{s_{t,w}}{Q}/(d/m^2)$
1	1684	0.48	2.85×10^{-4}
2	2860	1.08	3.78×10^{-4}
3	3790	1.83	4.82×10^{-4}
4	5028	2.90	5.77×10^{-4}

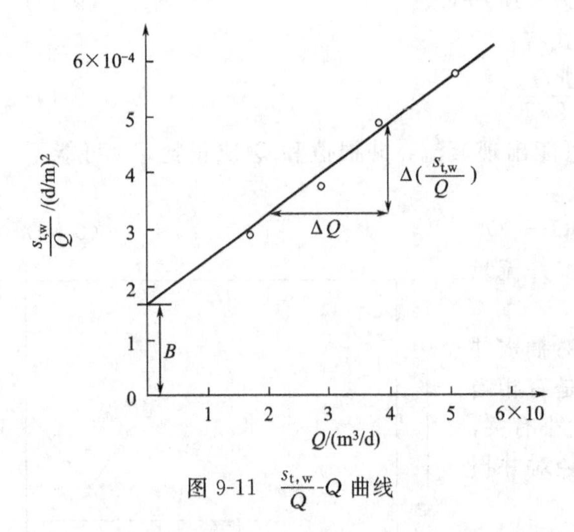

图 9-11　$\frac{s_{t,w}}{Q}$-Q 曲线

【解】 首先依据表 9-3 中资料在直角坐标系中绘制$\frac{s_{w总}}{Q}$-Q 曲线，并通过大多数点将其拟合成一直线，如图 9-11 所示。

接下来求直线斜率 C 和截距 B。

$$C=\Delta\left(\frac{s_{t,w}}{Q}\right)\Big/\Delta Q=\frac{1.60\times10^{-4}}{2\times10^3}=8\times10^{-8}$$

$$B=1.70\times10^{-4}$$

计算最大流量抽水时的井损值。

$$CQ^2=8\times10^{-8}\times5028^2=2.02\text{m}$$

即该抽水井的井损为 2.02m。

9.2.4.3　水跃（渗出面）及其对 Dupuit 公式计算结果的影响

在 Dupuit 公式的推导过程中，我们认为潜水面是一个水平面。但在实际的渗流过程中，潜水面通常不是水平的，潜水面上不同位置处存在水位差，在潜水的出口处一般都存在渗出面，也称水跃。井内外的水位差称为水跃值。当潜水流入井中时，也存在水跃，即井壁的水位 h_s 高于井内的水位 h_w，见图 9-12。

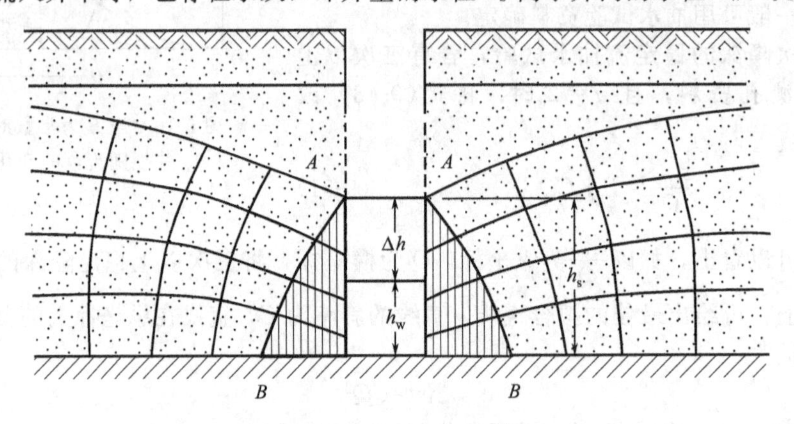

图 9-12　潜水井水跃示意

渗出面的存在有两个作用：①井附近的流线是曲线，等水头面是曲面，只有当井壁和井中存在水头差时，图 9-12 中阴影部分的水才能进入井内；②渗出面的存在，保持了适当高度的过水断面，以保证把流量 Q 输入井内。如果不存在渗出面。则当井中水位降到隔水底板时，井壁处的过水断面将等于零，就无法通过水了。早期某些国外学者认为潜水井的水位只能降到含水层的一半，并认为此时井的流量最大，这种看法没有考虑渗出面的存在，是片面的。

既然 Dupuit 公式没有考虑渗出面的存在，计算公式中用的是井内水位 h_w。那么计算结果是否正确？要不要用井壁水位 h_s 代替井内水位 h_w？下面分别从浸润曲线的计算和流量两方面来分析。

因渗出面的存在，按 Dupuit 公式计算出的浸润曲线（以下简称 Dupuit 曲线）在井附近低于实际的浸润曲线。杨式德（1949）曾对一潜水井的例子用张弛法求得精确解，表明当 $r>\frac{9}{10}H_0$ 时，Dupuit 曲线与精确解算得到的曲线完全一致。当 $r<\frac{9}{10}H_0$，二者开始偏离，到井壁处，实际的浸润曲线高悬于井内动水位之上。一般来说，当 $r\leqslant H_0$ 时，用 Dupuit 公式计算潜水井的浸润曲线是不准确的。

但是用 Dupuit 公式计算的流量却是精确地。为此曾做过严格的数学证明。因此用 Dupuit 公式计算流量时，用井内水位 h_w 是正确的。如果用井壁水位 h_s 代替井内水位 h_w，反而不正确了。

完整井抽水时水跃值的大小可用下式计算。

$$\Delta h=\sqrt{\bar{Q}+0.73\lg\left(\frac{\sqrt{\bar{Q}}}{r_w}-0.51\right)+h_w^2}-h_w^2 \tag{9-54}$$

式中，Δh 为水跃值或渗出面高度，m；h_w 为井内水位，m；$\bar{Q}$ 为引用流量，$\bar{Q}=Q/K$，m^2；r_w 为井径，m。

有时也应用阿勃拉莫夫经验公式计算。

$$\Delta h=\alpha\sqrt{\frac{Qs_w}{KF}} \tag{9-55}$$

式中，F 为过滤器的表面积，m^2；α 为与过滤器构造有关的经验系数，对于完整井的包网和填砾过滤器，$\alpha=0.15\sim0.25$；条孔和缠丝过滤器，$\alpha=0.06\sim0.08$。对于非完整井，通常可按井的不完整程度由上式求得的数值增加 28%～50%。

其他符号意义同上。

9.2.4.4 井的最大流量问题

从潜水完整井的 Dupuit 公式可以看出，当 $s_w=H_0$（即 $h_w=0$）时，井的流量应达到最大值。但是当 $h_w=0$ 时，即井壁处的过水断面为零，水无法通过，这是自相矛盾的。

出现上述矛盾是因为在推导 Dupuit 公式时忽略了渗流速度的垂直分量（假设为平面流）。当水位降落值不大时，渗流速度的垂直分量很小，忽略不计对实际结果影响不大。随着地下水位降落值的增大，渗流速度的垂直分量也相应增大，如果继续忽略不计，和实际结果会有很大的出入。所以 Dupuit 公式只有在水位降落值和含水层厚度相比不大的情况下，才有较高的准确性，它不能用来做最大流量的理论分析。

承压完整井和潜水完整井的情况有所不同，在动水位没有降到含水层顶板以前，水流运动是平面流，不会出现上述矛盾；当动水位继续降到含水层顶板以下，此时承压完整井转变为承压潜水井，也会出现上述矛盾。

9.2.5 干扰井

在规模较大的供水或排水工程中，常有很多井同时工作，组成一个井群系统。如果在一个含水层中有两口或多口井共同工作，它们之间就会相互影响，我们通常把这种影响称为干扰。多井系统又称为干扰井。

井群的相互影响或井群的干扰有两种情况：①在井中水位降深相同的条件下，共同工作时各井的流量小于各井单独工作时的流量；②在各井流量相等的条件下，共同工作时各井的水位降深大于各井单独工作时的水位降深。

产生这种现象的原因，实质上是由于井群互相影响使各井出水能力降低的结果。

在多井系统中，各井干扰的程度和井距、布置方式、含水层的岩性、厚度、储量、补给条件以及井的流量等有关。

井群干扰计算的目的，主要是确定处于互相影响下的井距，各井流量及井的数量，同时为合理布置井群，进行技术经济比较提供依据。

由于井群布置方式很多，而且水文地质情况不一，故井群干扰计算公式很多，下面仅介绍以水位叠加原理为基础的理论公式。

9.2.5.1 叠加原理

对于由线性偏微分方程和线性定解条件组成的定解问题，可以运用叠加原理，它对求干扰井问题和边界附近的井流问题用处很大。因此有必要先对它做一个简单介绍。叠加原理可表述为：如 H_1，H_2，…，H_n是关于水头 H 的线性偏微分方程的特解，C_1，C_2，…，C_n 为任意常数，则这些特解的线性组合为：

$$H=\sum_{i=1}^{n}C_iH_i \tag{9-56}$$

式(9-56) 仍是原方程的解。常数 C_1，C_2，…，C_n要根据 H 所满足的边界条件来确定。如方程是非齐次的，并设 H_0 为该非齐次方程的一个特解，H_1 和 H_2 为相应的齐次方程的两个解。

$$H=H_0+C_1H_1+C_2H_2 \tag{9-57}$$

式(9-57) 也是该非齐次方程的解。常数 C_1 和 C_2 要根据 H 所满足的边界条件来确定。

9.2.5.2 干扰井的理论公式

(1) 公式的推导。设在无限水平含水层中有 n 口任意布置的完整抽水井，且相互干扰。各井到计算点 A 的距离分别用 r_1，r_2，…，r_n表示，各井的干扰出水量为 Q'_1，Q'_2，…，Q'_n。

承压井各井单独工作时，A 点的水位高度按式(9-31) 计算，潜水井各井单独工作时，A 点的水位高度按式(9-42) 计算。n 口井同时抽水时，A 点的水位高度按叠加原理如下。

承压井系统：

$$H=\sum_{i=1}^{n}H_i=\frac{Q'_1}{2\pi KM}\ln r_1+\frac{Q'_2}{2\pi KM}\ln r_2+\cdots+\frac{Q'_n}{2\pi KM}\ln r_n+C \tag{9-58}$$

潜水井系统：

$$h^2=\sum_{i=1}^{n}h_i^2=\frac{Q'_1}{\pi K}\ln r_1+\frac{Q}{\pi K}\ln r_2+\cdots+\frac{Q'_n}{\pi K}\ln r_n+C \tag{9-59}$$

当井群抽水持续较长时间时，会形成一个相对稳定的区域降落漏斗。该区域漏斗通常是不规则的形状，所以各井的影响半径也不等，但如果各井分布比较集中，则区域降落漏斗也接近圆形，各井的影响半径也认为相同，而且等于区域的影响半径 R，即 $R_1=R_2=\cdots=R_n$。则在补给边界上的水位高度如下。

承压井系统：

$$H_0=\sum_{i=1}^{n}H_{i0}=\frac{Q'_1}{2\pi KM}\ln R_1+\frac{Q'_2}{2\pi KM}\ln R_2+\cdots+\frac{Q'_n}{2\pi KM}\ln R_n+C \tag{9-60}$$

潜水井系统：

$$H_0{}^2=\sum_{i=1}^{n}H_{0i}^2=\frac{Q'_1}{\pi K}\ln R_1+\frac{Q}{\pi K}\ln R_2+\cdots+\frac{Q'_n}{\pi K}\ln R_n+C \tag{9-61}$$

分别取式(9-60) 和式(9-58) 之差及式(9-61) 和式(9-59) 之差，消去常数 C 可得如下。

承压井系统：
$$H_0-H=\frac{1}{2\pi KM}\sum_{i=1}^{n}Q'_i\ln\frac{R}{r_i} \tag{9-62}$$

潜水井系统：
$$H_0^2-h^2=\frac{1}{\pi K}\sum_{i=1}^{n}Q'_i\ln\frac{R}{r_i} \tag{9-63}$$

如果各干扰井的出水量相等，即 $Q_1'=Q_2'=\cdots=Q_n^i=Q'$，则上面两式可简化，得出降深公式如下。

承压井：
$$s=\frac{Q'}{2\pi KM}\ln\frac{R^n}{r_1r_2\cdots r_n} \tag{9-64}$$

潜水井：
$$s=H_0-\sqrt{H_0-\frac{Q'}{\pi K}\ln\frac{R^n}{r_1r_2\cdots r_n}} \tag{9-65}$$

流量公式如下。

承压井：
$$Q'=\frac{2\pi KM(H_0-H)}{\ln\frac{R^n}{r_1r_2\cdots r_n}} \tag{9-66}$$

潜水井：
$$Q'=\frac{\pi K(H_0^2-h^2)}{\ln\frac{R^n}{r_1r_2\cdots r_n}} \tag{9-67}$$

(2) 规则布井的干扰井公式

① 相距为 L、流量、降深及影响半径均相同的两口井。若将上述计算点 A 取到 1 号井的井壁，则有 $r_1=r_w$、$r_2=L$，将其代入有 (9-66) 和式(9-67) 有如下结论。

承压井：
$$Q_1'=Q_2'=\frac{2\pi KM(H_0-h_w)}{\ln\frac{R^2}{r_wL}} \tag{9-68}$$

潜水井：
$$Q_1'=Q_2'=\frac{\pi K(H_0^2-h_w^2)}{\ln\frac{R^2}{r_wL}} \tag{9-69}$$

总流量公式如下。

承压井：
$$Q_{总}'=Q_1'+Q_2'=\frac{2\pi KM(H_0-h_w)}{\ln\frac{R}{\sqrt{r_wL}}} \tag{9-70}$$

潜水井：
$$Q_{总}'=Q_1'+Q_2'=\frac{\pi K(H_0^2-h^2)}{\ln\frac{\sqrt{R}}{\sqrt{r_wL}}} \tag{9-71}$$

对比式(9-70) 与单井流量公式式(9-32)(承压井)、式(9-71) 与单井流量公式式(9-45)(潜水井) 可以看出，干扰井群的总流量 Q' 相当于半径为 $\sqrt{r_wL}$ 的单井流量。但因 $\sqrt{r_wL}\gg r_w$，在技术上打两口直径较小的井比打一口直径很大的井 容易些。

② 布置在边长为 L 的正方形顶点且流量、降深及影响半径均相同的四口井。对此种四口井，同样若将上述计算点 A 取到 1 号井的井壁，则有 $r_1=r_w$、$r_2=r_3=L$，将其代入式(9-66) 和式(9-67) 有如下公式。

承压井：
$$Q_1'=Q_2'=Q_3'=Q_4'=\frac{2\pi KM(H_0-h_w)}{\ln\frac{R^4}{r_wLL\sqrt{2}L}}=\frac{2\pi KM(H_0-h_w)}{\ln\frac{R^4}{\sqrt{2}r_wL^3}} \tag{9-72}$$

潜水井：
$$Q_1'=Q_2'=Q_3'=Q_4'=\frac{\pi K(H_0^2-h_w^2)}{\ln\frac{R^4}{\sqrt{2}r_wL^3}} \tag{9-73}$$

③ 按半径为 r 的圆周均匀布置 n 口井。图 9-13 为按半径为 r 的圆周均匀布置 n 口井，若将上述计算点 A 取到 1 号井的井壁有 $r_1=r_w$，$r_2=r_{2,1}$，…，$r_n=r_{n,1}$，由几何关系可知 $r_1r_2\cdots r_n=r_1r_{2,1}\cdots r_{n,1}=nr_wr^{n-1}$，代入式(9-66) 和式(9-67) 有：

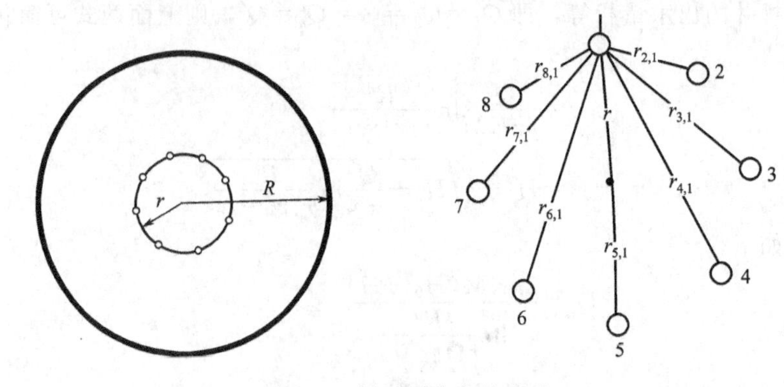

图 9-13　沿圆周分布的井群

承压井：
$$Q'=\frac{2\pi KM(H_0-h_w)}{\ln\dfrac{R^n}{nr_w r^{n-1}}} \tag{9-74}$$

潜水井：
$$Q'=\frac{\pi K(H_0^2-h_w^2)}{\ln\dfrac{R^n}{nr_w r^{n-1}}} \tag{9-75}$$

当井数无限多，即 $n\rightarrow\infty$，各井将连成一个半径为 R_0 的环状水渠，如同一口大井。大井的流量用 Q_Σ 表示，则 Q_Σ 可由下式计算。

$$Q_\Sigma=\lim_{n\rightarrow\infty}(nQ')$$

将式(9-56) 和式(9-57) 代入上式并取极限。

承压井：
$$Q_\Sigma=\frac{2\pi KM(H_0-h_w)}{\ln\dfrac{R}{R_0}} \tag{9-76}$$

潜水井：
$$Q_\Sigma=\frac{\pi K(H_0^2-h_w^2)}{\ln\dfrac{R}{R_0}} \tag{9-77}$$

式中，R_0 为引用半径，当延圆周布井时，它是圆的半径；如按其他形状或不规则布井时可按下式计算。

$$R_0=\sqrt{\frac{F}{\pi}}=0.565\sqrt{F} \tag{9-78}$$

式中，F 为井所围的图形的面积。

④ 补给边界对称分布的无限井排。如图 9-14 所示。设井的间距为 σ，等距分布，井排距两侧补给边界的距离相等。流量按下两式计算。

承压井：
$$Q'=2.73\frac{KM(H_0-h_w)}{\lg\dfrac{\sigma}{\pi r_w}+\lg sh\dfrac{\pi R}{\sigma}} \tag{9-79}$$

潜水井：
$$Q'=1.366\frac{KM(H_0^2-h_w^2)}{\lg\dfrac{\sigma}{\pi r_w}+\lg sh\dfrac{\pi R}{\sigma}} \tag{9-80}$$

9.2.6　非完整井的稳定渗流运动

非完整井是指未揭穿整个含水层，或者虽然揭穿了整个含水层，但仅在部分厚度上有进水的井，或者说是过滤器的长度（进水部分长度）小于整个含水层厚度的井。按过滤器在含水层中的进水部分不同，非完整井可以分为井底进水，井壁进水和井底、井壁同时进水三种。

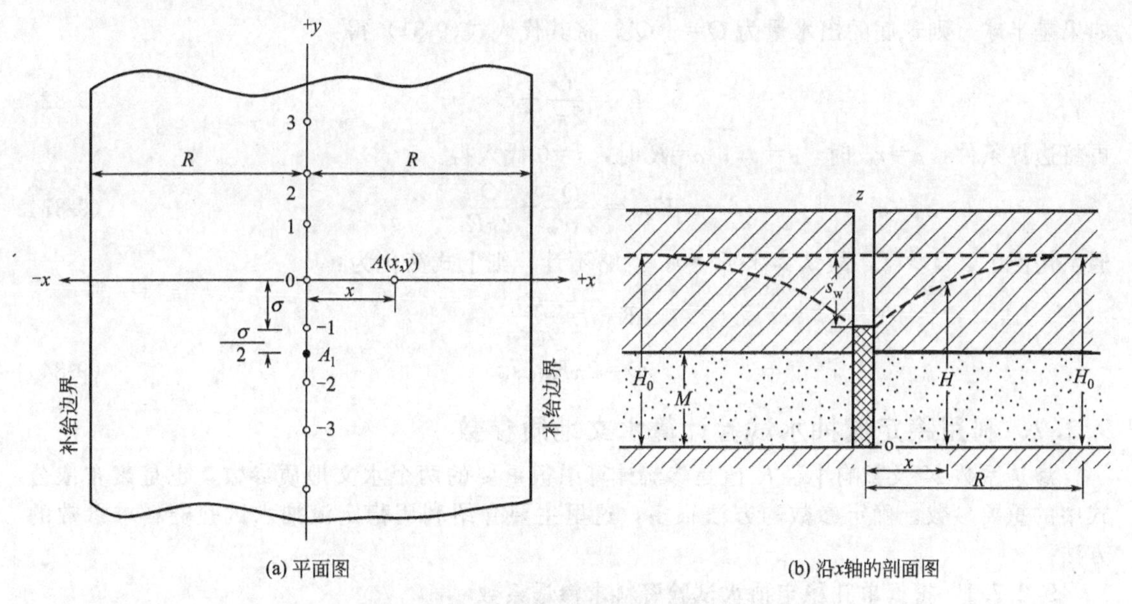

图 9-14　补给边界对称分布的无限井排

注：字母含义同图 9-6。

地下水向非完整井运动时，由于流线弯曲度大，阻力加大，水头损失加大，其流量比完整井的流量小。

通过试验发现，当距离井轴 r 在 1.5～2m，即越靠近井轴，弯曲越厉害，形成三维流区。当 $r \geqslant 1.5$～2m 时，流线基本上近似于平行直线，垂直分速度很小，不完整程度的影响可以忽略。因此，研究地下水向非完整井运动规律的重点是井附近的三维流区。

非完整井在实际中经常用到，如当含水层的厚度很大，不需要把水位降到含水层底板时，常打成非完整井。非完整井的运动特点与完整井的不同。地下水向非完整井运动，由于井的不完整性影响，流线在井附近的弯曲度较大，此时渗流速度的垂直分量不可忽略。因此相对于完整井的平面流，非完整井流是轴对称的三维流。

当井刚刚穿过厚度很大的承压含水层顶板，就可近似地认为该含水层是以顶部隔水层为边界的半无限区域，流向井的水流可看成是径向直线，等势面为同心球面，在球坐标中为一维渗流。这种情况可以用一个空间汇点来描述。

汇点是指在均质含水层中，如果渗流是以一定强度从各个方面沿径向流向一点，并被该点吸收，则称该点为汇点。反之，渗流由一点沿径向流处，则称该点为源点。空间汇点可以理解为直径无限小的球形过滤器，渗流沿半径方向流向球形过滤器并被吸收。

设离汇点距离为 ρ 的任意点 A 的降深为 s，点 A 所在的球形过水断面面积和水力坡度可表示为：

$$A=4\pi\rho^2$$
$$J=\frac{\mathrm{d}s}{\mathrm{d}\rho}$$

由达西定律，流向汇点的流量 Q' 为：

$$Q'=KAJ=-K\times4\pi\rho^2\times\frac{\mathrm{d}s}{\mathrm{d}\rho}$$

分离变量，积分得：

$$Ks=\frac{Q'}{4\pi\rho}+C \tag{9-81}$$

如果是半球，则球底的出水量为 $Q=\frac{1}{2}Q'$，将其代入式(9-81) 得：

$$Ks=\frac{Q}{2\pi\rho}+C \tag{9-82}$$

再将边界条件：$\rho=r_w$ 时，$s=s_w$；$\rho=R$ 时，$s=0$ 代入得：

$$Ks_w=\frac{Q}{2\pi r_w}-\frac{Q}{2\pi R} \tag{9-83}$$

通常情况下，$R\gg r_w$，故认为 $1/R\to 0$，忽略不计，则上式简化为：

$$Ks_w=\frac{Q}{2\pi r_w}$$

$$Q=2\pi K r_w s_w \tag{9-84}$$

9.2.7 利用稳定流抽水试验计算水文地质参数

渗透系数 K 及影响半径 R 值是渗流计算中很重要的两个水文地质参数，也是裘布依公式中的重要参数。确定参数的方法很多，这里主要介绍利用稳定流抽水试验资料求参数的方法。

9.2.7.1 根据单孔稳定抽水试验资料求渗透系数

所谓单孔稳定抽水试验是指在一个已经打成的抽水井中抽水，取得井的出水量及其相应的降深值，根据这些数据来计算所需的参数。一般情况下，单孔抽水试验做三个落程的试验，即有三次稳定的出水量和三个稳定的降深值，设其分别为 Q_1、Q_2、Q_3，s_1、s_2、s_3。

首先根据上述资料绘制 Q-s_w 曲线，如果曲线符合式(9-34) 和式(9-45)，可直接求出参数 K。

承压水：
$$K=\frac{0.366Q}{Ms_w}\lg R/r_w \tag{9-85}$$

潜水：
$$K=\frac{0.733Q}{H_0^2-h_w^2}\lg R/r_w \tag{9-86}$$

如果曲线不符合式(9-34) 和式(9-45)，说明有井损存在，此时降深是流量的高次方和多项式，但实际工作中常见的方次一般不超过二次，可用下式表示。

$$s_w=aQ\pm bQ^2 \tag{9-87}$$

或写成
$$s_w=s'_w+\Delta s \tag{9-88}$$

式中，s_w 为实际降深，m；s'_w为理论降深，m；a、b 分别为层流系数和紊流系数；Δs 为井损，m。

如果曲线符合式(9-87)，可把实际抽水资料进行修正，去掉井损。从而求出参数。

将式(9-87) 两边同时除以 Q 得：

$$\frac{s_w}{Q}=a\pm bQ \tag{9-89}$$

此时 s_w/Q-Q 便成为直线关系。s_w/Q 称为单位降深。

对于有两次以上的抽水试验资料，可用解析法求出 a 和 b。

$$a=\frac{s_1Q_2^2-s_2Q_1^2}{Q_1Q_2^2-Q_2Q_1^2}\quad b=\frac{s_2/Q_2-s_1/Q_1}{Q_2-Q_1} \tag{9-90}$$

把 b 代入式(9-88) 求理论降深为：

$$s'_w=s_w-bQ^2 \tag{9-91}$$

将取得的理论降深代入 (9-85) 可求出参数 K。

承压井：
$$K=\frac{0.366Q}{Ms'_w}\lg R/r_w \tag{9-92}$$

潜水井：

$$K=\frac{0.733Q}{H_0^2-h_w'^2}\lg R/r_w \tag{9-93}$$

【例 9-7】 北方某承压井的多次降深抽水试验结果如表 9-4 所示，井径为 0.2m，含水层厚度为 2.6m，影响半径为 200m，试确定其渗透系数 K。

表 9-4　某承压井的多次降深抽水试验

下降次数	出水量 $Q/(m^3/d)$	抽水井水位降深/m
1	88	1.7
2	144	3.0
3	189	4.5
4	228	6.4

【解】 首先依据表 9-4 中的资料在直角坐标系中绘制 Q-s_w 曲线（如图 9-15 所示)。

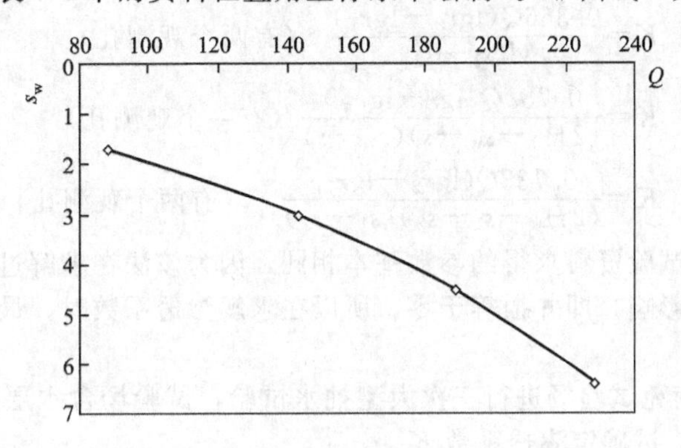

图 9-15　Q-s_w 曲线

该曲线是一条抛物线，说明有井损存在，下面用解析法求 K。

先用式(9-90) 求系数 b。

$$b_1=\frac{s_2/Q_2-s_1/Q_1}{Q_2-Q_1}=\frac{3.0/144-1.7/88}{144-88}=2.70\times10^{-5}$$

$$b_2=\frac{s_3/Q_3-s_2/Q_2}{Q_3-Q_2}=\frac{4.5/189-3.0/144}{189-144}=6.61\times10^{-5}$$

$$b_3=\frac{s_4/Q_4-s_3/Q_3}{Q_4-Q_3}=\frac{6.4/228-4.5/189}{228-189}=10.92\times10^{-5}$$

取其平均值为：

$$b=\frac{b_1+b_2+b_3}{3}=6.74\times10^{-5}$$

理论降深为：　$s_{w1}'=s_{w1}-bQ_1{}^2=1.7-6.74\times10^{-5}\times88^2=1.17\text{m}$

$$s_{w2}'=s_{w2}-bQ_2{}^2=3.0-6.74\times10^{-5}\times144^2=1.60\text{m}$$

$$s_{w3}'=s_{w3}-bQ_3{}^2=4.5-6.74\times10^{-5}\times189^2=2.09\text{m}$$

$$s_{w4}'=s_{w4}-bQ_4{}^2=6.4-6.74\times10^{-5}\times228^2=2.90\text{m}$$

在将 s_{w1}'、s_{w2}'、s_{w3}'、s_{w4}' 分别代入 (9-85) 得：

$$K_1=\frac{0.366Q}{Ms_{w1}'}\lg R/r_w=\frac{0.366\times88}{M\times1.17}\lg R/r_w=27.5\times\frac{\lg R/r_w}{M}$$

同理可得：

$$K_2=\frac{0.366Q}{Ms_{w2}'}\lg R/r_w=32.9\times\frac{\lg R/r_w}{M}$$

$$K_3=\frac{0.366Q}{Ms_{w3}'}\lg R/r_w=33.1\times\frac{\lg R/r_w}{M}$$

$$K_4=\frac{0.366Q}{Ms'_{w4}}\lg R/r_w=28.8\times\frac{\lg R/r_w}{M}$$

取其平均值为：

$$K=\frac{K_1+K_2+K_3+K_4}{4}=30.6\times\frac{\lg R/r_w}{M}=30.6\times\frac{\lg 200/0.2}{2.6}=35.3\text{m/d}$$

9.2.7.2 根据多孔稳定抽水试验资料求渗透系数

多孔抽水试验是指在一个孔抽水，在多个观测孔观测水位动态，从试验中可以获得抽水井不同降深的稳定出水量及各观测孔中的稳定水位（或稳定降深值）。

用多孔抽水试验资料求渗透参数的方法有解析法和图解法两种。

下面用解析法来求。由式(9-36)、式(9-37)、式(9-46)、式(9-47) 可求得参数 K。

承压井：

$$K=\frac{0.366Q(\lg r-\lg r_w)}{M(s_w-s)}\quad\text{（有一个观测孔）}\tag{9-94}$$

$$K=\frac{0.366Q(\lg r_2-\lg r_1)}{M(s_1-s_2)}\quad\text{（有两个观测孔）}\tag{9-95}$$

潜水井：

$$K=\frac{0.733Q(\lg r-\lg r_w)}{(2H_0-s_w-s)(s_w-s)}\quad\text{（有一个观测孔）}\tag{9-96}$$

$$K=\frac{0.733Q(\lg r_2-\lg r_1)}{(2H_0-s_1-s_2)(s_1-s_2)}\quad\text{（有两个观测孔）}\tag{9-97}$$

该法与单孔抽水试验资料求得的参数基本相同，因为该法在求解过程中可以不考虑进内紊流及附近的三维流影响，即井损等于零。所以在求解渗透系数时，最好用观测孔资料，该法既方便又准确。

【例 9-8】 北京南苑试验场进行三次大型抽水试验，试验场含水层厚度为 34m，部分试验资料如表 9-5 所示，试确定渗透系数 K。

表 9-5 北京南苑抽水试验

下降次数	出水量 Q/(t/d)	抽水井降深/m (r_w=0.1)	观测孔降深 1号 r=1.04	2号 r=8.0	3号 r=32.0	4号 r=40.0	5号 r=48.0
1	2780	0.675	0.438	0.216	0.140	0.128	0.112
2	4700	1.358	0.718	0.368	0.260	0.206	0.185
3	7465	2.640	1.240	0.613	0.368	0.317	0.289

取其平均值为：

$$K=\frac{K_1+K_2+K_3}{3}=\frac{119.44+128.08+105.96}{3}=117.82\text{m/d}$$

9.2.7.3 根据抽水试验资料确定影响半径

确定影响半径 R 的方法很多，但精度都不太高，实践证明，利用两个以上的观测孔的公式，计算结果尚比较可靠，下面给出几个理论公式。

单孔：

承压井：

$$\lg R=2.73\frac{KM(H-h_w)}{Q}+\lg r_w\tag{9-98}$$

潜水井：

$$\lg R=1.366\frac{K(H^2-h_w^2)}{Q}+\lg r_w\tag{9-99}$$

一个观测孔：

承压井：

$$\lg R=\frac{s_w\lg r-s\lg r_w}{s_w-s}\tag{9-100}$$

潜水井：
$$\lg R=\frac{s_w(2H-s_w)\lg r-s(2H-s)\lg r_w}{(s_w-s)(2H-s_w-s)} \tag{9-101}$$

两个观测孔：

承压井：
$$\lg R=\frac{s_1\lg r_2-s_2\lg r_1}{s_1-s_2} \tag{9-102}$$

潜水井：
$$\lg R=\frac{s_w(2H-s_1)\lg r_2-s_2(2H-s_2)\lg r_1}{(s_1-s_2)(2H-s_1-s_2)} \tag{9-103}$$

或
$$\lg R=\frac{\Delta h_1^2\lg r_2-\Delta h_2^2\lg r_1}{h_2^2-h_1^2} \tag{9-104}$$

利用上述这些公式计算影响半径 R，同样有解析法和图解法两种。解析法是将观测资料数据代入上述某个公式中，即可求出影响半径 R；图解法是利用观测资料绘制 s-$\lg R$ 曲线，在曲线上当降深等于零时，所对应的半径值即为影响半径 R。

9.3 地下水流向井的非稳定流理论

9.3.1 非稳定流理论所解决的主要问题

上节介绍的地下水流向井的稳定流理论有一定的实用价值，但在应用上也有很大的局限性。最大的缺陷在于稳定流理论所描绘的仅仅是在一定条件下，地下水在有限时间段的一种暂时平衡状态，这种平衡状态是不随时间变化的。但是自然界中实际地下水的运动并不存在稳定流状态，而是随时间不断变化的。因而稳定流理论的应用只能局限于某个特定条件下，解释地下水运动状态，而不能说明从一个状态到另一个状态之间的整个发展过程。或者用数学语言来说，裘布依公式最大的缺陷是没有考虑时间这个变量。而非稳定流理论就解决了这个难题，也就是说非稳定流理论同时考虑了时间变量。

9.3.2 基本概念

9.3.2.1 无限含水层

开采地下水时，来自含水层的顶、底板或侧向边界的补给量，实际上总是存在的。但如果顶、底板为相对隔水层，则其补给量对短时间抽水的井来说影响甚微，可以忽略不计。在不考虑顶、底板的补给量时，若承压含水层侧向边界离井很远，边界对研究区的水头分布也没有明显影响时，可以把它看做是无外界补给的无限含水层。

9.3.2.2 弹性储存

弹性储存（Elastic Storage）是指从承压含水层中抽取地下水，主要是由于水头降低，引起含水层弹性压缩、承压水弹性膨胀，从而释放部分地下水。当水头回升时，承压含水层又将储存所释放的地下水。这种现象称为弹性储存。

9.3.2.3 越流、越流补给和越流系统

若抽水含水层的顶板、底板为弱透水层，当从含水层中抽水时，由于水头降低而使抽水含水层与相邻含水层之间形成水头差，相邻含水层便通过弱透水层与抽水含水层之间建立水力联系。这种水力联系称为越流（Leakage）。两个含水层之间要产生越流，必须具备以下两个条件：一是弱透水层两侧的含水层间必须具备一定的水头差，即具有一定的水力坡度，而且必须大于弱透水层的水力坡度；二是弱透水层中地下水的渗流方向必须是单向的。

越流补给（Leakage Recharge）是指两个相邻的含水层间的夹层为弱透水层，当两含水层水位不同时，则高水位含水层中的地下水可透过夹层补给低水位含水层，这种现象称为越

流补给。越流补给水量的多少，主要取决于两含水层间的地下水位差和夹层的透水性，与夹层所处空间位置的高低无关。

在有越流存在的井流中，我们把抽水含水层、弱透水层及发生越流补给的相邻含水层合称为越流系统（Leakage System）。抽水含水层称为主含水层或越补含水层，相邻含水层称为补给层。

9.3.3 承压含水层中地下水流向井的非稳定流运动

在无限含水层中，不考虑补给量的影响，抽水井的出水量主要来自含水层的贮存量，所以含水层水位不断下降，漏斗不断扩大。为了简化理论分析，建立数学模型，对抽水井所在的含水层做如下假设。

① 含水层透水性均质各向同性，等厚，侧向无限延伸，产状水平。

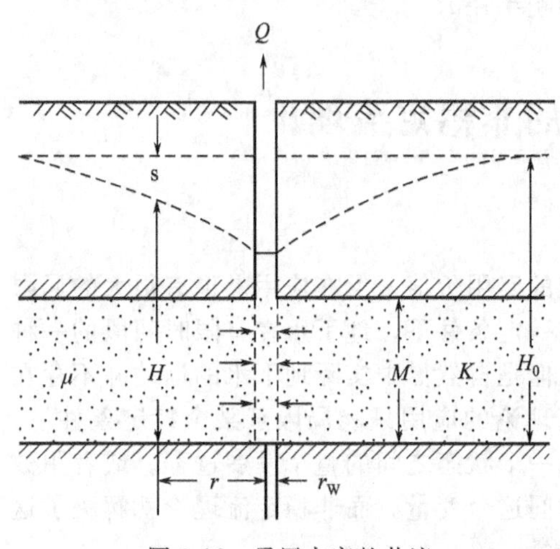

图 9-16 承压水完整井流

② 抽水前的天然压力水面为水平面，或者说天然状态下水力坡度为零。

③ 完整井做定流量抽水，流量沿井壁均匀进水。

④ 井径无限小，水流服从 Darcy 定律。

⑤ 顶、底板为隔水层，忽略垂直水量交换。

⑥ 水头下降引起的地下水从贮存量中的释放是瞬时完成的。

在上述假设条件下，抽水后将形成以井轴为对称轴的下降漏斗，并沿径向不断扩展。流向井的水流为径向流，在柱坐标中可看成是一维流，此时水位 $H=f(r,t)$ 或水位降 $s=g(r,t)$，如图 9-16 所示。

根据上面的假设，单井定流量的承压水完整井非稳定流可归纳为如下的数学模型。

$$
\begin{cases}
\dfrac{\partial^2 s}{\partial r^2}+\dfrac{1}{r}\dfrac{\partial s}{\partial r}=\dfrac{\mu^*}{T}\times\dfrac{\partial s}{\partial t} & (t>0,\ 0<r<\infty)\\
s(r,0)=0 & (0<r<\infty)\\
s(\infty,t)=0,\ \left.\dfrac{\partial s}{\partial r}\right|_{r\to\infty}=0 & (t>0)\\
\lim\limits_{r\to 0} r\dfrac{\partial s}{\partial r}=-\dfrac{Q}{2\pi T}
\end{cases}
\tag{9-105}
$$

$$
s(r,t)=\frac{Q}{4\pi T}W(u) \tag{9-106}
$$

式中，$s(r,t)$ 为水井以恒定流量 Q 抽水 t 时间后，计算点处的水位降落值；Q 为抽水井的流量；T 为导水系数；t 为抽水时间；r 为计算点到抽水井的距离；$W(u)$ 为井函数，为一级收敛级数，可从井函数数值表（表 9-6）中查出；u 为井函数自变量，$u=\dfrac{r^2}{4\alpha t}=\dfrac{r^2\mu^*}{4Tt}$；$\mu^*$ 为含水层的储水系数。

式(9-105) 和式(9-106) 即为无补给的承压水完整井在定流量抽水时的非稳定流计算公式，也称为 Theis（泰斯）公式，其中井函数 $W(u)$ 有时也用指数积分 $E_i(u)$ 表示。

为了计算方便，井函数 $W(u)$ 不能表示成初等函数，通常将其展开成级数形式。

$$W(u) = -0.577216 - \ln u + \sum_{n=1}^{\infty}(-1)^n \frac{u^n}{n \cdot n!} \tag{9-107}$$

根据式(9-107) 可制成井函数值简表，见表 9-6。

表 9-6　井函数 $W(u)$ 数值简表

	$N\times10^{-15}$	$N\times10^{-14}$	$N\times10^{-13}$	$N\times10^{-12}$	$N\times10^{-11}$	$N\times10^{-10}$	$N\times10^{-9}$	$N\times10^{-8}$
1.0	33.9616	31.6590	29.3564	27.0538	24.7512	22.4486	20.1460	17.8435
1.3	33.6992	31.3966	29.0940	26.7914	24.4889	22.1863	19.8837	17.5811
1.6	33.4916	31.1890	28.8864	26.5834	24.2206	21.9180	19.6154	17.3735
1.9	33.3197	31.0171	28.7145	26.4119	24.1034	21.8028	19.5042	17.1503
2.0	33.2684	30.9658	28.6632	26.3607	24.0581	21.7555	19.4529	17.1503
2.3	33.1286	30.8261	28.5235	26.2309	23.9183	21.6157	19.3131	17.0106
2.6	33.0060	30.7035	28.4009	26.0983	23.7957	21.4931	19.1905	16.8880
2.9	32.8968	30.5943	28.2917	25.9891	23.6865	21.3839	19.0813	16.7788
3.0	32.8629	30.5604	28.2578	25.9552	23.6526	21.3500	19.0474	16.7449
3.3	32.7676	30.4651	28.1625	25.8599	23.5880	21.2855	18.9829	16.6803
3.6	32.6806	30.3780	28.0755	25.7729	23.4703	21.1677	18.8651	16.5625
3.9	32.6006	30.2980	27.9954	25.6928	23.3902	21.0877	18.7851	16.4825
4.0	32.5753	30.2727	27.9701	25.6675	23.3649	21.0623	18.7598	16.4572
4.3	32.5029	30.2004	27.8978	25.5952	23.2926	20.9900	18.6874	16.3884
4.6	32.4355	30.1329	27.8303	25.5277	23.2252	20.9226	18.6200	16.3147
4.9	32.3723	30.0697	27.7672	25.4646	23.1620	20.8594	18.5568	16.2542
5.0	32.3521	30.0495	27.7470	25.4444	23.1418	20.8392	18.5366	16.2340
5.3	32.2939	29.9913	27.6887	25.3861	23.0835	20.7809	18.4783	16.1758
5.6	32.2388	29.9362	27.6336	25.3310	23.0285	20.7259	18.4233	16.1207
5.9	32.1866	29.8840	27.5814	25.2789	22.9763	20.6737	18.3711	16.0685
6.0	32.1698	29.8672	27.5646	25.2620	22.9595	20.6563	18.3543	16.0517
6.3	32.1210	29.8184	27.5158	25.2133	22.9107	20.6081	18.3055	16.0029
6.6	32.0745	29.7719	27.4693	25.1667	22.8641	20.5616	18.2590	15.9564
6.9	32.0300	29.7275	27.4249	25.1223	22.8197	20.5171	18.2145	15.9119
7.0	32.0156	29.7131	27.4105	25.1079	22.8053	20.5027	18.2001	15.8976
7.3	31.9737	29.6711	27.3685	25.0659	22.7633	20.4608	18.1582	15.8556
7.6	31.9334	29.6308	27.3282	25.0257	22.7231	20.4205	18.1179	15.8153
7.9	31.8947	29.5921	27.2895	24.9869	22.6844	20.3818	18.0792	15.7766
8.0	31.8821	29.5795	27.2769	24.9744	22.6718	20.3692	18.0666	15.7640
8.3	31.8453	29.5427	27.2401	24.9375	22.6350	20.3324	18.0298	15.7272
8.6	31.8090	29.5072	27.2046	24.9020	22.2995	20.2969	17.9943	15.6917
8.9	31.7755	29.4729	27.1703	24.8678	22.5652	20.2626	17.9600	15.6574
9.0	31.7643	29.4618	27.1592	24.8566	22.5540	20.2514	17.9488	15.6462
9.3	31.7315	29.4290	27.1264	24.8238	22.5212	20.2186	17.9160	15.6135
9.6	31.6998	29.3972	27.0946	24.7920	22.4895	20.1869	17.8843	15.5817
9.9	31.6690	29.3664	27.0639	24.7613	22.4587	20.1561	17.8535	15.6509
	$N\times10^{-7}$	$N\times10^{-6}$	$N\times10^{-5}$	$N\times10^{-4}$	$N\times10^{-3}$	$N\times10^{-2}$	$N\times10^{-1}$	N
1.0	15.5409	13.2383	10.9357	8.6332	6.3315	4.0379	1.8229	0.2194
1.3	15.2785	12.9759	10.6734	8.3709	6.0695	3.7785	1.5889	0.1355
1.6	15.0709	12.7683	10.4657	8.1634	5.8621	3.5739	1.4092	0.08631
1.9	14.8990	12.5964	10.2939	7.9915	5.6906	3.4050	1.2649	0.05620

续表

	$N\times10^{-7}$	$N\times10^{-6}$	$N\times10^{-5}$	$N\times10^{-4}$	$N\times10^{-3}$	$N\times10^{-2}$	$N\times10^{-1}$	N
2.0	14.8477	12.5451	10.2426	7.9402	5.6394	3.3547	1.2227	0.04890
2.3	14.7080	12.4054	10.1028	7.8004	5.4999	3.2179	1.1099	0.03250
2.6	14.5854	12.2328	9.9802	7.6779	5.3776	3.0983	1.0139	0.02185
2.9	14.4762	12.1736	9.8710	7.5687	5.2687	2.9920	0.39309	0.01482
3.0	14.4423	12.1397	9.8371	7.5348	5.2340	2.9591	0.9057	0.01305
3.3	14.3470	12.0444	9.7418	7.4395	5.1399	2.8668	0.8361	0.008939
3.6	14.2599	11.9574	9.6548	7.3526	5.0532	2.7827	0.7745	0.006160
3.9	14.1799	11.8773	9.5748	7.2725	4.9735	2.7056	0.7194	0.004267
4.0	14.1546	11.8520	9.5495	7.2472	4.9482	2.6813	0.7024	0.003779
4.3	14.0823	11.7797	9.4771	7.1749	4.8762	2.6119	0.6546	0.002633
4.6	14.0148	11.7122	9.4097	7.1075	4.8091	2.5474	0.6114	0.001841
4.9	13.9516	11.6491	9.3465	7.0444	4.7463	2.4871	0.5721	0.001291
5.0	13.9314	11.6289	9.3263	7.0242	4.7261	2.4679	0.5598	0.001148
5.3	13.8732	11.5706	9.2687	6.9659	4.6681	2.4126	0.5250	0.000808
5.6	13.8181	11.5155	9.2130	6.9109	4.6134	2.3604	0.4930	0.000571
5.9	13.7659	11.4633	9.1606	6.8588	4.5615	2.3111	0.4637	0.000404
6.0	13.7491	11.4465	9.1440	6.8420	4.5448	2.2953	0.4544	0.000360
6.3	13.7003	11.3978	9.0952	6.7932	4.4963	2.2494	0.4280	0.000256
6.6	13.6538	11.3512	9.0487	6.7467	4.4501	2.2058	0.4036	0.000182
6.9	13.6094	11.3068	9.0043	6.7023	4.4059	2.1643	0.3810	0.000129
7.0	13.5950	11.2924	8.9889	6.6878	4.3916	2.1508	0.3738	0.000116
7.3	13.5530	11.2504	8.9479	6.6460	4.3500	2.1118	0.3532	0.000082
7.6	13.5127	11.2102	8.9076	6.6057	4.3100	2.0744	0.3341	0.000059
7.9	13.4740	11.1714	8.8689	6.5671	4.2716	2.0386	0.3163	0.000042
8.0	13.4614	11.1589	8.8563	6.5545	4.2591	2.0269	0.3106	0.000038
8.3	13.4246	11.1220	8.8195	6.5177	4.2226	1.9930	0.2943	0.000027
8.6	13.3891	11.0865	8.7840	6.4822	4.1874	1.9604	0.2790	0.000019
8.9	13.3548	11.0523	8.7497	6.4480	4.1534	1.9290	0.2647	0.000014
9.0	13.3437	11.0411	8.7386	6.4368	4.1423	1.9187	0.2602	0.000012
9.3	13.3109	11.0083	8.7058	6.4040	4.1098	1.8888	0.2470	0.000009
9.6	13.2791	10.9765	8.6740	6.3723	4.0784	1.8599	0.2347	0.000006
9.9	13.2483	10.9458	8.6433	6.3416	4.0479	1.8320	0.2231	0.000005

只要求出 u 值，从表 9-6 中就可查出相应的 $W(u)$ 值；反之亦然。

当抽水时间较长，$u=\frac{r^2}{4at}$足够小时，式(9-107) 中的总和项同前两项相比已相对很小，此时泰斯井函数可用式(9-107) 的前两项近似表示为：

$$W(u)=-0.5772-\ln\frac{r^2}{4at}=-\ln1.781-\ln\frac{r^2}{4at}=\ln\frac{2.25at}{r^2}$$

于是式(9-107) 可简化为：

$$s=\frac{Q}{4\pi T}W(u)=\frac{Q}{4\pi T}\ln\frac{2.25Tt}{\mu^* r^2}=\frac{2.3Q}{4\pi T}\lg\frac{2.25Tt}{\mu^* r^2} \tag{9-108}$$

此式称为 Jacob（雅柯布）公式。该式简单，使用方便，当 $u\leqslant0.01$ 时，用 Jacob 公式计算的结果与 Theis 公式计算的结果相比，误差<5%。

【例 9-9】 直径为 0.4m 的一口承压完整井，以恒定出水量 $56m^3/h$ 抽水。该井所在地层的水文地质参数为：导水系数 $T=275m^2/d$，释水系数 $\mu^*=0.0055$。试用泰斯公式计算该井连续抽水24h和一年后在井壁和离井100m、1000m处的各点水位降落值。

【解】 先计算：
$$\frac{Q}{4\pi T}=\frac{56\times 24}{4\pi\times 275}=0.3889$$

接下来计算井函数自变量 $u=\frac{r^2}{4\alpha t}$，其中 $\alpha=\frac{T}{\mu^*}=\frac{275}{0.0055}=5\times 10^4\,\mathrm{m^2/d}$

当 $t=24h=1\mathrm{d}$，$u=\frac{r^2}{4\alpha t}=\frac{r^2}{4\times 5\times 10^4\times 1}=5\times 10^{-6}r^2$

当 $t=1a=365\mathrm{d}$，$u=\frac{r^2}{4\alpha t}=\frac{r^2}{4\times 5\times 10^4\times 365}=1.37\times 10^{-8}r^2$

列表（表9-7）计算各点的水位降落值如下。

表9-7 各点水位降落计算

t/d	1			365		
r/m	0.2（井壁处）	100	1000	0.2（井壁处）	100	1000
r^2	0.04	10^4	10^6	0.04	10^4	10^6
$\alpha/(\mathrm{m^2/d})$		5×10^4			5×10^4	
$u=r^2/(4\alpha t)$	2×10^{-7}	5×10^{-2}	5	5.5×10^{-10}	1.4×10^{-4}	1.4×10^{-2}
$W(u)$	14.8477	2.4678	0.001148	20.7349	8.2967	3.6915
$Q/(4\pi T)$		0.3889			0.3889	
s/m	5.774	0.960	0.0004	8.067	3.227	1.435

9.3.4 潜水含水层中地下水流向井的非稳定流运动

潜水和承压水不同的地方是潜水有可变的自由水面。所以在研究潜水含水层中地下水流向井的非稳定流运动，除了已假定的一些定解条件，潜水井流还受下列因素的影响：自由水面下降使抽水量来源不同，除来自降压的弹性释放量外，主要将由疏干饱和层的重力给水量来供给；自由水面下降引起不可忽视的垂向流速，在井附近区域尤其明显；自由水面下降使潜水流厚度变薄，导水系数不是定值，而是 (r,t) 的函数。这些因素很复杂，在理论上不是全部都能解决的。

早在1954年，布尔顿提出考虑垂向流速的理论；之后又在一维径向流基础上，用经验式建立了“延迟给水”的理论，这些理论都是考虑单一因素，但它的应用却为理论提供了感性和理性认识。1970年，纽曼在分析已有的理论基础上提出了考虑潜水弹性释放和重力给水，垂向分速度和均质的各向异性等因素的潜水井流理论。根据水均衡原理建立有关潜水面移动的连续相方程，进而得出潜水面边界条件的近似表达式。下面介绍纽曼（Neuman）模型及其解。

9.3.4.1 Neuman井流公式

在建立Neuman模型时，对抽水井所在的潜水含水层做了如下假设。

① 含水层透水性均质各向异性，侧向无限延伸，隔水底板水平。

② 抽水前的天然自由水面为水平面。

③ 完整井做定流量抽水，井径无限小，水流服从Darcy定律。

④ 抽水期间自由水面上没有入渗补给和蒸发排泄，潜水面降深同含水层厚度相比很小。

在上述假设条件下，在潜水井抽水后，由于介质的压缩，水体的膨胀和自由面的重力给水，水从含水层中释放出来，我们可建立以下潜水井流的定解问题。

$$\frac{\mu_s}{K_r}\frac{\partial s}{\partial t}=\frac{\partial^2 s}{\partial r^2}+\frac{1}{r}\frac{\partial s}{\partial r}+\frac{\partial^2 s}{\partial z^2} \tag{9-109}$$

$$
\left.\begin{aligned}
& s(r,z,t)\mid_{t=0}=0 \\
& s(r,z,t)\mid_{t\to\infty}=0 \\
& \frac{\partial}{\partial z}s(r,0,t)=0 \\
& K_z\frac{\partial}{\partial z}s(r,H_0,t)=-\mu\frac{\partial}{\partial t}s(r,H_0,t) \\
& \lim_{r\to 0}\left(r\frac{\partial s}{\partial r}\right)=-\frac{Q}{2\pi T}(t>0,T=kh)
\end{aligned}\right\} \tag{9-110}
$$

式中，K_r为水平径向渗透系数，m/d；K_z 为垂向渗透系数；μ_s 为储水率；H_0 为潜水层初始厚度。

利用 Lapbace 变换和 Hankel 变换分别消去变量 t 和 r_1，化成常微分方程，再求解。最后得出潜水完整井非稳定流公式为：

$$
s(r,z,t)=\frac{Q}{4\pi T}\int_0^{\infty}4yJ_0(y\beta^{1/2})[\omega_0(y)+\sum_{n=1}^{\infty}\omega_n(y)]\mathrm{d}y \tag{9-111}
$$

式中
$$
\omega_0(y)=\frac{\{1-\exp[-t_s\beta(y^2-\gamma_0^2)]\}ch(\gamma_0 z_d)}{\{y^2+(1+\sigma)\gamma_0^2-[(y^2-\gamma_0^2)^2/\sigma]\}ch(\gamma_0)} \tag{9-112}
$$

$$
\omega_n(y)=\frac{\{1-\exp[-t_s\beta(y^2+\gamma_n^2)]\}\cos(\gamma_n z_d)}{\{y^2-(1+\sigma)\gamma_n^2-[(y^2-\gamma_n^2)^2/\sigma]\}\cos(\gamma_n)} \tag{9-113}
$$

其中，γ_0 和 γ_n分别为下列两个方程的根：

$$
\sigma\gamma_0 sh(\gamma_0)-(y^2-\gamma_0^2)ch(\gamma_0)=0(\gamma_0^2<y^2) \tag{9-114}
$$

$$
\sigma\gamma_n\sin(\gamma_n)+(y^2+\gamma_n^2)\cos(\gamma_n)=0 \tag{9-115}
$$

此处 $(2n-1)\frac{\pi}{2}<\gamma_n<n\pi$ $(n\geqslant 1)$；$\sigma=\frac{\mu^*}{\mu}$；$K_d=\frac{K_z}{K_r}$；$z_d=\frac{z}{H_0}$；$h_d=\frac{H_0}{r}$；$t_s=\frac{Tt}{\mu^* r^2}$；$\beta=\frac{K_d}{h_d^2}=\frac{r^2K_z}{H_0^2K_r}$。

式(9-111) 可求得潜水含水层中某一点的降深。实际工作中，通常记录到的是某一范围内的平均降深，而不是某一点上的降深，故可用下式消去 z_d，即：

$$
s_{z_1z_2}(r,t)=\frac{1}{z_2-z_1}\int_{z_1}^{z_2}s(r,z,t)\mathrm{d}z
$$

对于完整井来说，所观测到的降深是在整个含水层厚度上的平均值 $s(r,\ t)$，此时上式的解仍可用式(9-111) 表示，或用下式表示。

$$
s=\frac{Q}{4\pi T}W(u_A,u_B,r,\sigma) \tag{9-116}
$$

$$
W(u_A,u_B,r,\sigma)=\int_0^{\infty}4yJ_0(y,r)\left[\omega_0(y)+\sum_{n=1}^{\infty}\omega_n(y)\right]\mathrm{d}y \tag{9-117}
$$

式(9-116) 即为潜水完整井非稳定流的 Neuman（纽曼）公式。

式(9-116) 中的 $\omega_0(y)$ 和 $\omega_n(y)$ 分别按下式定义。

$$
\omega_0(y)=\frac{\{1-\exp[-t_s\beta(y^2-\gamma_0^2)]\}th(\gamma_0 z_d)}{\{y^2+(1+\sigma)\gamma_0^2-[(y^2-\gamma_0^2)^2/\sigma]\}\gamma_0} \tag{9-118}
$$

$$
\omega_n(y)=\frac{\{1-\exp[-t_s\beta(y^2+\gamma_n^2)]\}tg(\gamma_n)}{\{y^2-(1+\sigma)\gamma_n^2-[(y^2-\gamma_n^2)^2/\sigma]\}\gamma_n} \tag{9-119}
$$

式(9-116) 中 $u_A=\frac{\mu^* r^2}{4Tt}$，适用于小的时间值；$u_B=\frac{\mu^* r^2}{4Tt}$，适用于大的时间值；$W(u_A,u_B,r,\sigma)$ 为纽曼井函数，通常 σ 很小，为了减少独立变量，纽曼取 $\sigma=10^{-9}$ 时给出了可供计算的函数值，见表 9-8、表 9-9。

表 9-8　潜水完整井 A 组标准曲线 s_d 数值

t_s	β=0.001	β=0.004	β=0.01	β=0.03	β=0.06	β=0.1	β=0.2	β=0.4	β=0.6
1×10^{-1}	2.48×10^{-2}	2.48×10^{-2}	2.41×10^{-2}	2.35×10^{-2}	2.30×10^{-2}	2.24×10^{-2}	2.14×10^{-2}	1.99×10^{-2}	1.88×10^{-2}
2×10^{-1}	1.45×10^{-1}	1.42×10^{-1}	1.40×10^{-1}	1.36×10^{-1}	1.31×10^{-1}	1.27×10^{-1}	1.19×10^{-1}	1.08×10^{-1}	9.88×10^{-2}
3.5×10^{-1}	3.58×10^{-1}	3.52×10^{-1}	3.45×10^{-1}	3.31×10^{-1}	3.18×10^{-1}	3.04×10^{-1}	2.79×10^{-1}	2.44×10^{-1}	2.17×10^{-1}
6×10^{-1}	6.62×10^{-1}	6.48×10^{-1}	6.33×10^{-1}	6.01×10^{-1}	5.70×10^{-1}	5.40×10^{-1}	4.83×10^{-1}	4.03×10^{-1}	3.43×10^{-1}
1×10^{0}	1.02×10^{0}	9.92×10^{-1}	9.63×10^{-1}	9.05×10^{-1}	8.49×10^{-1}	7.92×10^{-1}	6.88×10^{-1}	5.42×10^{-1}	4.38×10^{-1}
2×10^{0}	1.57×10^{0}	1.52×10^{0}	1.46×10^{0}	1.35×10^{0}	1.23×10^{0}	1.12×10^{0}	9.18×10^{-1}	6.59×10^{-1}	4.97×10^{-1}
3.5×10^{0}	2.05×10^{0}	1.97×10^{0}	1.88×10^{0}	1.70×10^{0}	1.51×10^{0}	1.34×10^{0}	1.03×10^{0}	6.90×10^{-1}	5.07×10^{-1}
6×10^{0}	2.52×10^{0}	2.41×10^{0}	2.27×10^{0}	1.99×10^{0}	1.73×10^{0}	1.47×10^{0}	1.07×10^{0}	$6.96\times10^{+1}$	
1×10^{1}	2.97×10^{0}	2.80×10^{0}	2.61×10^{0}	2.22×10^{0}	1.85×10^{0}	1.53×10^{0}	1.08×10^{0}		
2×10^{1}	3.56×10^{0}	3.30×10^{0}	3.00×10^{0}	2.41×10^{0}	1.92×10^{0}	1.55×10^{0}			
3.5×10^{1}	4.01×10^{0}	3.65×10^{0}	3.23×10^{0}	2.48×10^{0}	1.93×10^{0}				
6×10^{1}	4.42×10^{0}	3.93×10^{0}	3.37×10^{0}	2.49×10^{0}	1.94×10^{0}				
1×10^{2}	4.77×10^{0}	4.12×10^{0}	3.43×10^{0}	2.50×10^{0}					
2×10^{2}	5.16×10^{0}	4.26×10^{0}	3.45×10^{0}						
3.5×10^{2}	5.40×10^{0}	4.29×10^{0}	3.46×10^{0}						
6×10^{2}	5.54×10^{0}	4.30×10^{0}							
1×10^{3}	5.59×10^{0}								
2×10^{3}	5.62×10^{0}								
3.5×10^{3}	5.62×10^{0}	4.30×10^{0}	3.46×10^{0}	2.50×10^{0}	1.94×10^{0}	1.55×10^{0}	1.08×10^{0}	9.96×10^{-1}	5.07×10^{-1}

续表

t_s	$\beta=0.8$	$\beta=1.0$	$\beta=1.5$	$\beta=2.0$	$\beta=2.5$	$\beta=3.0$	$\beta=4.0$	$\beta=5.0$	$\beta=7.0$	$\beta=8.0$
1×10^{-1}	1.79×10^{-2}	1.70×10^{-2}	1.53×10^{-2}	1.38×10^{-2}	1.25×10^{-2}	1.13×10^{-2}	9.33×10^{-3}	7.72×10^{-3}	6.39×10^{-3}	5.30×10^{-3}
2×10^{-1}	9.15×10^{-2}	8.49×10^{-2}	7.13×10^{-2}	6.03×10^{-2}	5.11×10^{-2}	4.35×10^{-2}	3.17×10^{-2}	2.34×10^{-2}	1.74×10^{-2}	1.31×10^{-2}
3.5×10^{-1}	1.94×10^{-1}	1.75×10^{-1}	1.36×10^{-1}	1.07×10^{-1}	8.46×10^{-2}	6.78×10^{-2}	4.45×10^{-2}	3.02×10^{-2}	2.10×10^{-2}	1.51×10^{-2}
6×10^{-1}	2.96×10^{-1}	2.56×10^{-1}	1.82×10^{-1}	1.33×10^{-1}	1.01×10^{-1}	7.67×10^{-2}	4.76×10^{-2}	3.13×10^{-2}	2.14×10^{-2}	1.52×10^{-2}
1×10^{0}	3.60×10^{-1}	3.00×10^{-1}	1.99×10^{-1}	1.40×10^{-1}	1.03×10^{-1}	7.79×10^{-2}	4.78×10^{-2}		2.15×10^{-2}	
2×10^{0}	3.91×10^{-1}	3.17×10^{-1}	2.03×10^{-1}	1.41×10^{-1}						
3.5×10^{0}	3.94×10^{-1}									
6×10^{0}										
1×10^{1}										
2×10^{1}										
3.5×10^{1}										
6×10^{1}										
1×10^{2}										
2×10^{2}										
3.5×10^{2}										
6×10^{2}										
1×10^{3}										
2×10^{3}										
3.5×10^{3}	3.94×10^{-1}	3.17×10^{-1}	2.03×10^{-1}	1.41×10^{-1}	1.03×10^{-1}	7.79×10^{-2}	4.78×10^{-2}	3.13×10^{-2}	2.15×10^{-2}	1.52×10^{-2}

表 9-9　潜水完整井 B 组标准曲线 s_d 数值

t_y	$\beta=0.001$	$\beta=0.004$	$\beta=0.01$	$\beta=0.03$	$\beta=0.06$	$\beta=0.1$	$\beta=0.2$	$\beta=0.4$	$\beta=0.6$
1×10^{-4}	5.62×10^{0}	4.30×10^{0}	3.46×10^{0}	2.50×10^{0}	1.94×10^{0}	1.56×10^{0}	1.09×10^{0}	6.97×10^{-1}	5.08×10^{-1}
2×10^{-4}									
3.5×10^{-4}									
6×10^{-4}									
1×10^{-3}								6.97×10^{-1}	5.08×10^{-1}
2×10^{-3}								6.97×10^{-1}	5.09×10^{-1}
3.5×10^{-3}								6.98×10^{-1}	5.10×10^{-1}
6×10^{-3}								7.00×10^{-1}	5.12×10^{-1}
1×10^{-2}								7.03×10^{-1}	5.16×10^{-1}
2×10^{-2}						1.56×10^{0}	1.09×10^{0}	7.10×10^{-1}	5.24×10^{-1}
3.5×10^{-2}					1.94×10^{0}	1.56×10^{0}	1.10×10^{0}	7.20×10^{-1}	5.37×10^{-1}
6×10^{-2}				2.50×10^{0}	1.95×10^{0}	1.57×10^{0}	1.11×10^{0}	7.37×10^{-1}	5.57×10^{-1}
1×10^{-1}				2.51×10^{0}	1.96×10^{0}	1.58×10^{0}	1.13×10^{0}	7.63×10^{-1}	5.89×10^{-1}
2×10^{-1}	5.62×10^{0}	4.30×10^{0}	3.46×10^{0}	2.52×10^{0}	1.98×10^{0}	1.61×10^{0}	1.18×10^{0}	8.29×10^{-1}	6.67×10^{-1}
3.5×10^{-1}	5.63×10^{0}	4.31×10^{0}	3.47×10^{0}	2.54×10^{0}	2.01×10^{0}	1.66×10^{0}	1.24×10^{0}	9.22×10^{-1}	7.80×10^{-1}
6×10^{-1}	5.63×10^{0}	4.31×10^{0}	3.49×10^{0}	2.57×10^{0}	2.06×10^{0}	1.73×10^{0}	1.35×10^{0}	1.07×10^{0}	9.54×10^{-1}
1×10^{0}	5.63×10^{0}	4.32×10^{0}	3.51×10^{0}	2.62×10^{0}	2.13×10^{0}	1.83×10^{0}	1.50×10^{0}	1.29×10^{0}	1.20×10^{0}
2×10^{0}	5.64×10^{0}	4.35×10^{0}	3.56×10^{0}	2.73×10^{0}	2.31×10^{0}	2.07×10^{0}	1.85×10^{0}	1.72×10^{0}	1.68×10^{0}
3.5×10^{0}	5.65×10^{0}	4.38×10^{0}	3.63×10^{0}	2.88×10^{0}	2.55×10^{0}	2.37×10^{0}	2.23×10^{0}	2.17×10^{0}	2.15×10^{0}
6×10^{0}	5.67×10^{0}	4.44×10^{0}	3.74×10^{0}	3.11×10^{0}	2.86×10^{0}	2.75×10^{0}	2.68×10^{0}	2.66×10^{0}	2.65×10^{0}
1×10^{1}	5.70×10^{0}	4.52×10^{0}	3.90×10^{0}	3.40×10^{0}	3.24×10^{0}	3.18×10^{0}	3.15×10^{0}	3.14×10^{0}	3.14×10^{0}
2×10^{1}	5.76×10^{0}	4.71×10^{0}	4.22×10^{0}	3.92×10^{0}	3.85×10^{0}	3.83×10^{0}	3.82×10^{0}	3.82×10^{0}	3.82×10^{0}
3.5×10^{1}	5.85×10^{0}	4.94×10^{0}	4.58×10^{0}	4.40×10^{0}	4.38×10^{0}	4.38×10^{0}	4.37×10^{0}	4.37×10^{0}	4.37×10^{0}
6×10^{1}	5.99×10^{0}	5.23×10^{0}	5.00×10^{0}	4.92×10^{0}	4.91×10^{0}	4.91×10^{0}	4.91×10^{0}	4.91×10^{0}	4.91×10^{0}
1×10^{2}	6.16×10^{0}	5.59×10^{0}	5.46×10^{0}	5.42×10^{0}	5.42×10^{0}	5.42×10^{0}	5.42×10^{0}	5.42×10^{0}	5.42×10^{0}

续表

t_y	$\beta=0.8$	$\beta=1.0$	$\beta=1.5$	$\beta=2.0$	$\beta=2.5$	$\beta=3.0$	$\beta=4.0$	$\beta=5.0$	$\beta=6.0$	$\beta=7.0$
1×10^{-4}	3.95×10^{-1}	3.18×10^{-1}	2.04×10^{-1}	1.42×10^{-1}	1.03×10^{-1}	7.80×10^{-2}	4.79×10^{-2}	1.14×10^{-2}	2.15×10^{-2}	1.53×10^{-2}
2×10^{-4}						7.81×10^{-2}	4.80×10^{-2}	3.15×10^{-2}	2.16×10^{-2}	1.53×10^{-2}
3.5×10^{-4}					1.08×10^{-1}	7.83×10^{-2}	4.81×10^{-2}	3.16×10^{-2}	2.17×10^{-2}	1.54×10^{-2}
6×10^{-4}					1.04×10^{-1}	7.85×10^{-2}	4.84×10^{-2}	3.18×10^{-2}	2.19×10^{-2}	1.56×10^{-2}
1×10^{-3}	3.95×10^{-1}	3.18×10^{-1}	2.04×10^{-1}	1.42×10^{-1}	1.04×10^{-1}	7.89×10^{-2}	4.78×10^{-2}	3.21×10^{-2}	2.21×10^{-2}	1.58×10^{-2}
2×10^{-3}	3.96×10^{-1}	3.19×10^{-1}	2.05×10^{-1}	1.43×10^{-1}	1.05×10^{-1}	7.99×10^{-2}	4.96×10^{-2}	3.29×10^{-2}	2.28×10^{-2}	1.64×10^{-2}
3.5×10^{-3}	3.97×10^{-1}	3.21×10^{-1}	2.07×10^{-1}	1.45×10^{-1}	1.07×10^{-1}	8.14×10^{-2}	5.09×10^{-2}	3.41×10^{-2}	2.39×10^{-2}	1.73×10^{-2}
6×10^{-3}	3.99×10^{-1}	3.23×10^{-1}	2.09×10^{-1}	1.47×10^{-1}	1.09×10^{-1}	8.38×10^{-2}	5.32×10^{-2}	3.61×10^{-2}	2.57×10^{-2}	1.89×10^{-2}
1×10^{-2}	4.03×10^{-1}	3.27×10^{-1}	2.13×10^{-1}	1.52×10^{-1}	1.13×10^{-1}	8.79×10^{-2}	5.68×10^{-2}	3.93×10^{-2}	2.86×10^{-2}	2.15×10^{-2}
2×10^{-2}	4.12×10^{-1}	3.37×10^{-1}	2.24×10^{-1}	1.62×10^{-1}	1.24×10^{-1}	9.80×10^{-2}	6.61×10^{-2}	4.78×10^{-2}	3.62×10^{-2}	2.84×10^{-2}
3.5×10^{-2}	4.25×10^{-1}	3.50×10^{-1}	2.39×10^{-1}	1.78×10^{-1}	1.39×10^{-1}	1.13×10^{-1}	8.06×10^{-2}	6.12×10^{-2}	4.86×10^{-2}	3.98×10^{-2}
6×10^{-2}	4.47×10^{-1}	3.74×10^{-1}	2.65×10^{-1}	2.05×10^{-1}	1.66×10^{-1}	1.40×10^{-1}	1.06×10^{-1}	8.53×10^{-2}	7.14×10^{-2}	6.14×10^{-2}
1×10^{-1}	4.83×10^{-1}	4.12×10^{-1}	3.07×10^{-1}	2.48×10^{-1}	2.10×10^{-1}	1.84×10^{-1}	1.49×10^{-1}	1.28×10^{-1}	1.13×10^{-1}	1.02×10^{-1}
2×10^{-1}	5.71×10^{-1}	5.06×10^{-1}	4.10×10^{-1}	3.57×10^{-1}	3.23×10^{-1}	2.98×10^{-1}	2.66×10^{-1}	2.45×10^{-1}	2.31×10^{-1}	2.20×10^{-1}
3.5×10^{-1}	6.97×10^{-1}	6.42×10^{-1}	5.62×10^{-1}	5.17×10^{-1}	4.89×10^{-1}	4.70×10^{-1}	4.45×10^{-1}	4.30×10^{-1}	4.19×10^{-1}	4.11×10^{-1}
6×10^{-1}	8.89×10^{-1}	8.50×10^{-1}	7.92×10^{-1}	7.63×10^{-1}	7.45×10^{-1}	7.33×10^{-1}	7.18×10^{-1}	7.09×10^{-1}	7.03×10^{-1}	6.99×10^{-1}
1×10^{0}	1.16×10^{0}	1.13×10^{0}	1.10×10^{0}	1.08×10^{0}	1.07×10^{0}	1.07×10^{0}	1.06×10^{0}	1.06×10^{0}	1.05×10^{0}	1.05×10^{0}
2×10^{0}	1.66×10^{0}	1.65×10^{0}	1.64×10^{0}	1.63×10^{0}	1.63×10^{0}	1.63×10^{0}	1.63×10^{0}	1.63×10^{0}	1.63×10^{0}	1.63×10^{0}
3.5×10^{0}	2.15×10^{0}	2.14×10^{0}	2.14×10^{0}	2.14×10^{0}	2.14×10^{0}	2.14×10^{0}	2.14×10^{0}	2.14×10^{0}	2.14×10^{0}	2.14×10^{0}
6×10^{0}	2.65×10^{0}	2.65×10^{0}	2.65×10^{0}	2.64×10^{0}	2.64×10^{0}	2.64×10^{0}	2.64×10^{0}	2.64×10^{0}	2.64×10^{0}	2.64×10^{0}
1×10^{1}	3.14×10^{0}	3.14×10^{0}	3.14×10^{0}	3.14×10^{0}	3.14×10^{0}	3.14×10^{0}	3.14×10^{0}	3.14×10^{0}	3.14×10^{0}	3.14×10^{0}
2×10^{1}	3.82×10^{0}	3.82×10^{0}	3.82×10^{0}	3.82×10^{0}	3.82×10^{0}	3.82×10^{0}	3.82×10^{0}	3.82×10^{0}	3.82×10^{0}	3.82×10^{0}
3.5×10^{1}	4.37×10^{0}	4.37×10^{0}	4.37×10^{0}	4.37×10^{0}	4.37×10^{0}	4.37×10^{0}	4.37×10^{0}	4.37×10^{0}	4.37×10^{0}	4.37×10^{0}
6×10^{1}	4.91×10^{0}	4.91×10^{0}	4.91×10^{0}	4.91×10^{0}	4.91×10^{0}	4.91×10^{0}	4.91×10^{0}	4.91×10^{0}	4.91×10^{0}	4.91×10^{0}
1×10^{2}	5.42×10^{0}	5.42×10^{0}	5.42×10^{0}	5.42×10^{0}	5.42×10^{0}	5.42×10^{0}	5.42×10^{0}	5.42×10^{0}	5.42×10^{0}	5.42×10^{0}

9.3.4.2 Neuman 井流公式的简单分析

在抽水早期，还未能发生重力排水，此时 $\mu=0$，$\sigma\to\infty$（相当于承压含水层），则由式(9-111) 可知：

$$\lim_{\sigma\to\infty}\sigma r_0=\lim_{r_0}\frac{r_0}{sh(r_0)}(y^2-r_0^2)ch(r_0)=y^2$$

由此式得：

$$\lim_{\sigma\to\infty}\omega_0(y)=\frac{1-\exp(-t_s\beta y^2)}{2y_2}=0$$

把这两个条件代入式(9-111)，同时置换 $\varepsilon=\beta^{\frac{1}{2}}y$ 时，式(9-111) 便可简化为：

$$s=\frac{Q}{4\pi T}\int_0^{\infty}2[1-\exp(-t_s\eta^2)]J_0(\varepsilon)\frac{d\varepsilon}{\varepsilon}$$

利用已有的积分式得：

$$\int_0^{\infty}\exp(-\alpha y^2)J_0(y)\frac{dy}{y}=\frac{1}{2}\int_0^{\frac{1}{4\alpha}}\exp(-y)\frac{dy}{y}$$

进一步得：

$$s(r,t)=\frac{Q}{4\pi T}\int_{u_A}^{\infty}e^{-\varepsilon}\frac{d\varepsilon}{\varepsilon}\tag{9-120}$$

此式即是关于 u_A 的泰斯曲线公式。

这说明早期潜水层相当于承压含水层，主要由弹性释放量供给抽水量；因自由液面反映滞后，使垂向流速不明显，井流仍保持水平的径向流。

在抽水中期，如取 $\mu^*=0$，$\sigma=0$，用 σu_B 代替 u_A，则式(9-111) 又可简化为：

$$s=\frac{Q}{4\pi T}\int_0^{\infty}2J_0(y\beta^{\frac{1}{2}})\left\{1-\exp[-t_y\beta_y th(y)]\frac{ch(yz_d)}{ch(y)}\right\}\frac{dy}{y}\tag{9-121}$$

式中，$t_y=\frac{Tt}{\mu r^2}$。

该式已偏离了泰斯解。这说明到抽水中期的潜水层已由弹性释放逐渐转为重力给水；自由液面开始下降，使潜水层上部出现垂向流速，而且离井越近反应越明显。

到抽水后期，抽水时间继续增长，$u_B\leqslant 0.05\left(u_B=\frac{\mu r^2}{4Tt}\right)$时，取 $th(y)\approx y$，则上式又趋近于泰斯解。

$$s=\frac{Q}{4\pi T}\int_0^{\infty}\frac{1}{\varepsilon}e^{-\varepsilon}d\varepsilon\tag{9-122}$$

式中，$u_B=\frac{\mu r^2}{4Tt}$。

这又说明后期潜水层弹性释放已完全消失，自由液面下降，引起的重力给水已占绝对优势；然而随着漏斗扩展，水力坡度变缓，垂直流速的影响已减弱，重新趋近于水平径向流。

9.3.5 地下水向非完整井的非稳定流运动

Hantush 对承压含水层非完整井的非稳定运动问题进行了研究并得出解答。

在下列的假设条件下，建立非完整井在非稳定运动时的数学模型。

① 承压含水层是均质各向同性、等厚和水平分布的，侧向无限延伸。

② 不考虑弱透水层的弹性释水。

③ 非完整井做定流量抽水，井径无限小，水流服从 Darcy 定律。

④ 上下含水层的初始水头一致，且初始水头面是水平的。

在上述假设条件下，采用柱坐标系，将原点取在含水层顶板井的中心处，z 轴向下为正（见图 9-17），建立的数学模型如下。

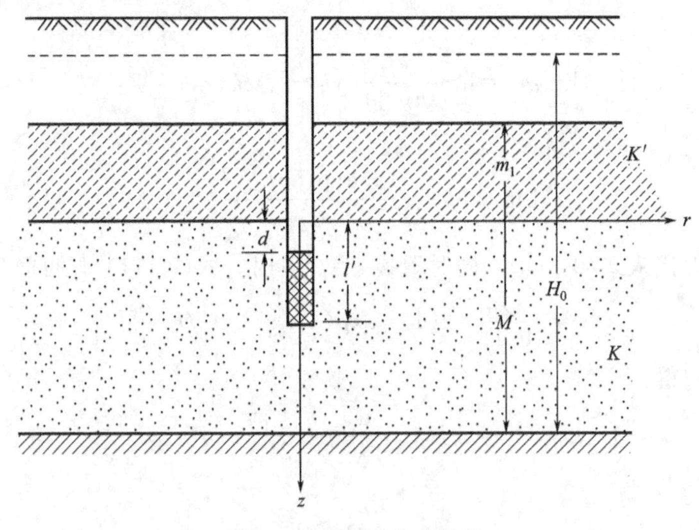

图 9-17　承压水非完整井

$$
\begin{cases}
\dfrac{\partial^2 s}{\partial r^2}+\dfrac{1}{r}\dfrac{\partial s}{\partial r}+\dfrac{\partial^2 s}{\partial z^2}-\dfrac{s}{B^2}=\dfrac{\mu^*}{T}\dfrac{\partial s}{\partial t} \\
s(r,z,t)\big|_{t=0}=0 \\
\lim\limits_{r\to\infty}s(r,z,t)=0 \\
\dfrac{\partial s}{\partial z}\bigg|_{z=0}=\dfrac{\partial s}{\partial z}\bigg|_{z=M}=0 \\
\lim\limits_{r\to 0}\left[(l'-d)r\dfrac{\partial s}{\partial r}\right]=\begin{cases}0 & (0<z<d) \\ -\dfrac{Q}{2\pi K} & (d<z<l') \\ 0 & (l'<z<M)\end{cases}
\end{cases}
\tag{9-123}
$$

Hantush 应用 Laplace 变换和 Fourier 余弦变换得出该方程的解：

$$
s=\frac{Q}{4\pi T}\left[W(u)+\frac{2M}{\pi(l'-d)}\sum_{n=1}^{\infty}\frac{1}{n}\cos\frac{n\pi z}{M}\times\sin\frac{n\pi(l'-d)}{M}\times W_n\left(u,\frac{n\pi r}{M}\right)\right] \tag{9-124}
$$

9.3.6　有越流补给时地下水流向井的非稳定流运动

在研究有越流补给的层状含水层井流时，必须考虑越流补给对井流的影响。对于这种井流的研究，通常不能孤立地研究抽水层，必须把抽水影响的各层作为一个统一的水流系统来研究，即前面说的越流系统。越流系统通常可以划分为三类：①第一类越流系统是在主含水层抽水时，不考虑弱透水层弹性释放、忽略补给层水位变化，在弱透水层较薄的地区，常形成这种补给；②第二类越流系统是在主含水层抽水时，考虑弱透水层弹性释放、不考虑补给层水位变化，这种情况常出现在弱透水层相当厚的承压含水层中；③第三类越流系统是在主含水层抽水时，不考虑弱透水层弹性释水，考虑补给层水位变化。

在有地下水运动的工程研究中，第一种类型更为重要，因此后面主要介绍不考虑弱透水层弹性释放情况下的越流补给。

9.3.6.1　有越流补给的渗流基本方程

如图 9-18 所示为一非均质各向同性的越流系统，主含水层厚度为 M，上下各有一个厚度为 m_1 和 m_2、渗透系数为 K_1 和 K_2 的弱透水层。弱透水层的外围又分别为潜水含水层和

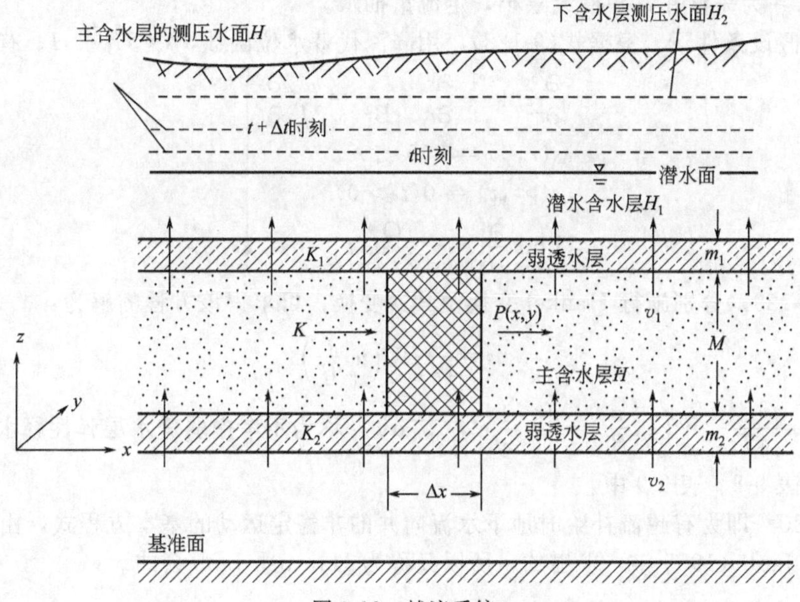

图 9-18　越流系统

下伏的承压含水层。

当弱透水层的渗透系数 K_1 和 K_2 远远小于主含水层的渗透系数 K 时，此时可近似地认为补给层的水基本上是垂直通过弱透水层，主含水层的水流近似看做是二维渗流。在不考虑弱透水层的弹性释水的条件下，有越流补给时的渗流基本方程如下。

$$\frac{\partial}{\partial x}\left(T\frac{\partial H}{\partial x}\right)+\frac{\partial}{\partial y}\left(T\frac{\partial H}{\partial y}\right)+W=\mu^{*}\frac{\partial H}{\partial t} \tag{9-125}$$

式中，W 为越流补给强度，由下式可求得：

$$W=K_1\frac{H-H_1}{m_1}+K_2\frac{H_2-H}{m_2} \tag{9-126}$$

把该式代入式(9-125) 可得：

$$\frac{\partial}{\partial x}\left(T\frac{\partial H}{\partial x}\right)+\frac{\partial}{\partial y}\left(T\frac{\partial H}{\partial y}\right)+K_1\frac{H-H_1}{m_1}+K_2\frac{H_2-H}{m_2}=\mu^{*}\frac{\partial H}{\partial t} \tag{9-127}$$

若介质为各向同性，由上式可得：

$$\frac{\partial^2 H}{\partial x^2}+\frac{\partial^2 H}{\partial y^2}+K_1\frac{H-H_1}{Tm_1}+K_2\frac{H_2-H}{Tm_2}=\frac{\mu_*}{T}\frac{\partial H}{\partial t}$$

或写成

$$\frac{\partial^2 H}{\partial x^2}+\frac{\partial^2 H}{\partial y^2}+\frac{H-H_1}{{B_1}^2}+\frac{H_2-H}{{B_2}^2}=\frac{\mu_*}{T}\frac{\partial H}{\partial t} \tag{9-128}$$

式中，B 为越流因素，$B_1=\sqrt{\frac{Tm_1}{K_1}}$，$B_2=\sqrt{\frac{Tm_2}{K_2}}$。

9.3.6.2　有越流补给时地下水流向井的非稳定运动的基本方程

假设越流系统满足以下条件。

① 越流系统中每一层都是均质各向同性，分布面积很广，可忽略侧向边界影响，含水层底部水平，含水层和弱透水层都是等厚的。

② 含水层中水流服从 Darcy 定律。

③ 虽然发生越流，但相邻含水层在抽水过程中水头保持不变。

④ 通过弱透水层的水流可视为垂向一维流。

⑤ 抽水含水层天然水力坡度为零，抽水后为平面径向流。

⑥ 抽水井为完整井，井径无限小，定流量抽水。

在上述假设条件下，根据式(9-128)，用降深代替水位函数，$s=H_0-H$，有：

$$\left.\begin{aligned}&\frac{\partial^2 s}{\partial r^2}+\frac{1}{r}\frac{\partial s}{\partial r}-\frac{s}{B^2}=\frac{\mu^*}{T}\frac{\partial s}{\partial t}\\&s(r,0)=0(0<r<\infty)\\&s(\infty,t)=0(t>0)\\&\lim_{r\to 0}r\frac{\partial s}{\partial r}=-\frac{Q}{2\pi T}(t>0)\end{aligned}\right\}\tag{9-129}$$

对式(9-129) 分别施行 Hankel 变换及其逆变换，可求得该方程的解为：

$$s=\frac{Q}{4\pi T}W\left(u,\frac{r}{B}\right)\tag{9-130}$$

式中 $u=\frac{r^2\mu^*}{4Tt}, W\left(u,\frac{r}{B}\right)=\int_u^{\infty}\frac{1}{y}e^{-y-\frac{r^2}{4B^2y}}dy$，称为不考虑弱透水层弹性释水的越流井函数，其值见表 9-8、表 9-9 中。

式(9-130) 即为有越流补给时地下水流向井的非稳定运动的基本方程式，由于该解是由 Hantush 和 Jaob（1955 年）求出的，所以又称为 Hantush-Jaob 公式。

9.4 水文地质对土木工程的影响

9.4.1 毛细水对土木工程的影响

毛细水（Capillary Water）主要存在于直径为 0.5～0.002mm 大小的孔隙中。大于 0.5mm 孔隙中，一般以毛细边角水形式存在；小于 0.02mm 孔隙中，一般被结合水充满，无毛细水存在的可能。毛细水对土木工程主要有以下影响。

（1）产生毛细压力，即：

$$p_c=2\omega\cos\theta/d\tag{9-131}$$

式中，p_c为毛细压力，kPa；d 为毛细管直径，m；ω 为水的表面张力系数，N/m，当温度为 10℃时，$\omega=0.073$N/m；θ 为水浸润毛细管壁的接触角度，(°)。当 $\theta=0°$时，认为毛细管壁是完全浸润的；当 $\theta<90°$时表示水能浸润表面；当 $\theta>90°$时，表示水不能润湿固体表面。

对于砂性土特别是细沙、粉砂，毛细压力作用会使砂性土具有一定的黏聚力。

（2）毛细水对土中气体的分布与流通有一定的影响，常常是导致产生封闭气体的原因。封闭气体可以增加土的弹性和减小土的渗透性。

（3）当地下水位埋深较浅时，由于毛细水上升，可以助长地基土的冰冻现象、致使地下室潮湿甚至危害房屋基础、破坏公路路面、促使土的沼泽化及盐渍化，从而增强地下水对混凝土等建筑材料的腐蚀。土的毛细水最大上升高度见表 9-10。

表 9-10 土的毛细水最大上升高度（据西林-别克丘林，1958）

土名	粗砂	中砂	细砂	粉砂	黏性土
最大上升高度 h_c/cm	2～5	12～35	35～70	70～150	＞200～400

9.4.2 重力水对土木工程的影响

9.4.2.1 潜水位上升引起的岩土工程问题

潜水位上升可以引起很多岩土工程的问题，总结如下。

(1) 潜水位上升后，由于毛细水作用可能导致土壤次生沼泽化、盐渍化、改变岩土体物理力学性质，增强岩土和地下水对建筑材料的腐蚀。在寒冷地区，可助岩土体的冻胀破坏。

(2) 潜水位上升，原来干燥的岩土被水饱和、软化，降低岩土抗剪强度，可能诱发边坡产生变形、滑移、崩塌、失稳等不良地质现象。

(3) 崩解性岩土、湿陷性黄土、盐渍岩土等遇水后，可能产生崩解、湿陷、软化，其岩土结构被破坏，强度降低，压缩性增大。而膨胀性岩土遇水后则产生膨胀性破坏。

(4) 潜水位上升，可能使硐室淹没，还可能使建筑物基础上浮，危及安全。

9.4.2.2 地下水位下降引起的岩土工程问题

地下水位下降往往会引起地面沉降、海水入侵、地裂缝等一系列不良现象。

(1) 地面沉降。地面沉降（Land Subsidence）是指在一定的地表面积内所发生的地面水平面降低的现象。地下水位下降诱发地面沉降的现象可以用有效应力原理加以解释。地下水位的下降减小了土中的孔隙水压力，从而增加了土壤颗粒间的有效应力，有效应力的增加要引起土的压缩。许多大城市过量抽取地下水致使区域地下水位下降，从而引发地面沉降，就是这个原因。同样道理，由于在许多土木工程中进行深基础施工时，往往需要人工降低地下水位。如果降水周期长、水位降深大、土层有足够的固结时间，则会导致降水影响范围内的土层产生固结沉降，轻者造成邻近的建筑物、道路、地下管线的不均匀沉降，重者导致建筑物开裂、道路破坏、管线错断等危害的产生。人工减低地下水位导致土木工程的破坏还有另一方面的原因。如果抽水井滤网和反滤层的设计不合理或施工质量差，那么抽水时会将土层中的粉粒、砂粒等细小土颗粒随同地下水一起带出地面，使降水井周围土层很快产生不均匀沉降，造成土木工程的破坏。另外降水井抽水时，井内水位下降，井外含水层中的地下水不断流向滤管，经过一段时间后，在井周围形成漏斗状的弯曲水面——降落漏斗。由于降落漏斗范围内各点地下水下降的幅度不一致，因此会造成降水井周围土层不均匀沉降。

(2) 海水入侵。海水入侵（Sea Water Intrusion）是源于“人为超量开采地下水造成水动力平衡的破坏”。近海地区的潜水或承压含水层往往与海水相连，在天然状态下，陆地的地下淡水向海洋排泄，含水层保持较高的水头，淡水与海水保持某种动态平衡，因而陆地淡水含水层能阻止海水入侵。如果大量开发陆地地下淡水，引起大面积地下水位下降，可能导致海水向地下水含水层入侵，使灌溉地下水水质变咸，土壤盐渍化，灌溉机井报废，导致水田面积减少，旱田面积增加。

(3) 地裂缝。地裂缝（Ground Fissure）是地表岩、土体在自然或人为因素作用下，产生开裂，并在地面形成一定长度和宽度的裂缝的一种地质现象。按照成因分为8种类型，其中隐伏裂隙开启裂缝、松散土体潜蚀裂缝、黄土湿陷裂缝、地面沉陷裂缝等都与地下水有关。

近年来，在我国很多地区发现地裂缝，西安是地裂缝发育最严重的城市，据分析是地下水位大面积、大幅度下降而诱发的。过量开采承压水引发的地裂缝两侧地面不均匀沉降。

9.4.2.3 地下水的渗透破坏

地下水的渗透破坏主要有潜蚀、流砂和管涌三个方面。

(1) 潜蚀。潜蚀（Subsurface Erosion）指水流沿土层的垂直节理、劈理、裂隙或洞穴进入地下，复向沟谷流出，形成地下流水通道所发生的机械侵蚀和溶蚀作用。

渗透水流在一定水力坡度（即地下水水力坡度大于岩土产生潜蚀破坏的临界水力坡度）

条件下产生较大的动水压力冲刷、挟走细小颗粒或溶蚀岩土体，使岩土体中的孔隙不断增大，甚至形成洞穴，导致岩土体结构松动或破坏，以致产生地表裂隙、塌陷，影响工程的稳定。在黄土和岩溶地区的岩、土层中最容易发生潜蚀作用。

(2) 流砂。流砂 (Drift Sand) 是指松散细小颗粒土被地下水饱和后，在动水压力即水头差的作用下，产生的悬浮流动现象。流砂多发生在颗粒级配均匀的粉细砂中，有时在粉土中也会产生流砂。其表现形式是所有颗粒同时从一近似于管状通道被渗透水流冲走。流砂发展结果是使基础发生滑移或不均匀沉降、基坑坍塌、基础悬浮等。流砂通常是由于工程活动引起的。但是在有地下水出露的斜坡、岩边或有地下水溢出的地表面也会发生。流砂对岩土工程危害极大，所以在可能发生流砂的地区施工时，应尽量利用其上面的土层作为天然地基，尽量避免在水位下开挖施工。

(3) 管涌。地基土在具有某种渗透速度的渗透水流作用下，其细小颗粒被冲走，岩土的孔隙逐渐增大，慢慢形成一种能穿越地基的细管状渗流通路，从而掏空地基或坝体，使地基或斜坡变形、失稳，此现象被称为管涌 (Piping)。管涌通常是由于工程活动引起的，但是在有地下水出露的斜坡、岸边或有地下水溢出的地表也会发生。

在有可能发生管涌的地层中修建水坝、挡土墙及基坑排水工程时，为防止管涌发生，设计时必须控制地下水溢出带的水力坡度，使其小于产生管涌的临界水力坡度。

9.4.2.4 地下水的浮托作用

当建筑物基础底面位于地下水位以下时，地下水对基础底面产生净水压力，即产生浮托力 (Buoyancy Force)。如果基础位于粉土、砂土、碎石土和节理裂隙不发育的岩石地基上，可按地下水位100%计算浮托力；如果基础位于节理裂隙不发育的岩石地基上，可按地下水位50%计算浮力；如果基础位于黏性土地基上，其浮托力较难确定，应结合地区的经验考虑。

地下水不仅对建筑物基础产生浮托力，同样对其水位以下的岩体、土体产生浮托力。所以在确定地基承载力设计值时，无论是基础底面以下土的天然重度或者基础底面以上土的加权平均重度，地下水位以下一律取有效重度。

9.4.2.5 承压水对基坑的作用

当深基坑下部有承压含水层存在，开挖基坑会减小含水层上覆隔水层的厚度，在隔水层厚度减小到一定程度时，承压水的水头压力能顶裂或冲毁基坑底板，造成突涌现象。基坑突涌将会破坏地基强度，并给施工带来很大困难。所以在进行基坑施工时，必须分析承压水头是否会冲毁基坑底部的黏性土层。在工程实践中，通常用压力平衡概念进行验算，即：

$$\gamma M=\gamma_w H \tag{9-132}$$

式中，γ、γ_w 分别为黏性土的重度和地下水的重度，kN/m^3；H 为相对于含水层顶板的承压水头值，m；M 为基坑开挖后基坑底部黏土层的厚度，m。

所以基坑底部黏土层的厚度必须满足：

$$M>\gamma_w>\gamma$$

如果 $M\leqslant\gamma_w H/\gamma$ 时，则必须采用人工方法抽汲承压层中的地下水，局部降低承压水头，使其下降，直到满足 $\gamma M=\gamma_w H$，方可避免产生基坑突涌现象。

9.4.2.6 地下水对混凝土的腐蚀影响

地下工程、桥梁基础等都不可避免地长期与地下水接触，地下水中含的多种化学成分可以与建筑物的混凝土部分发生化学反应，在混凝土内形成新的化合物。这些物质形成或体积膨胀时可以使混凝土开裂破坏，或溶解混凝土中某些组成部分使其结构破坏、强度降低，最终使混凝土因受到侵蚀而破坏。

地下水中起侵蚀作用的主要化学成分是游离的 CO_2 和 SO_4^{2-}，此外其还与水的 pH 值、HCO_3^- 含量及 Mg^{2+} 的含量有关。

(1) 地下水对混凝土的侵蚀类型。硅酸盐水泥遇水硬化，并且形成 $Ca(OH)_2$、水化硅酸钙（$CaOSiO_3 \cdot 12H_2O$）、水化铝酸钙（$CaOAl_2O_3 \cdot 6H_2O$）等，这些物质组合会受到地下水中某些成分的腐蚀。根据地下水对建筑结构材料侵蚀性的性质，将侵蚀类型分为三种：结晶性侵蚀、分解性侵蚀和结晶分解性复合侵蚀。

① 结晶性侵蚀。结晶性侵蚀是水中硫酸盐类与混凝土中的固态游离石灰质或水泥结石作用，产生结晶。结晶体形成时，体积增大，产生膨胀压力导致混凝土破坏，如 SO_4^{2-} 生成 $CaSO_4 \cdot 2H_2O$ 时，体积增大 1 倍，生成 $MgSO_4 \cdot 7H_2O$ 时，体积增大 430%。

② 分解性侵蚀。分解性侵蚀是水中 H^+ 与侵蚀性 CO_2 超过一定限度时，使混凝土表面的碳化层以及混凝土中固态游离石灰质溶解于水，使混凝土毛细孔中的碱度降低，引起水泥结石按下式分解。

$$2CaCO_3 + 2H^+ \longrightarrow Ca(HCO_3)_2 + Ca^{2+} \longrightarrow 2HCO_3^- + 2Ca^{2+} \quad (9\text{-}133)$$

$$CaCO_3 + CO_2 + H_2O \longrightarrow Ca(HCO_3)_2 \longrightarrow 2HCO_3^- + Ca^{2+} \quad (9\text{-}134)$$

由上述反应可知，当地下水中 CO_2 含量超过平衡时所需的数量时，混凝土中的 $CaCO_3$ 就被溶解而受腐蚀。将超过平衡浓度的 CO_2 称为侵蚀性 CO_2。地下水中侵蚀性 CO_2 越多，对混凝土的腐蚀越强。地下水流量、流速都很大时，CO_2 易补充，平衡难建立，因而腐蚀加快。

③ 结晶分解复合性侵蚀。结晶分解复合性侵蚀是指某些弱碱硫酸盐阳离子与混凝土作用所发生的侵蚀，如 $MgSO_4$、$(NH_4)_2SO_4$ 等与混凝土的作用，既有结晶性侵蚀，又有分解性侵蚀的作用。$CaCO_3$ 与镁盐作用的生成物中，除 $Mg(OH)_2$ 不易溶解外，$CaCl_2$ 则易溶于水，生成物并随之流失；硬石膏一方面与混凝土中的水化铝酸钙反应生成水化硫铝酸钙（水泥杆菌）；另一方面，硬石膏遇水生成二水石膏。二水石膏在结晶时，体积膨胀，破坏混凝土的结构。

(2) 地下水对混凝土侵蚀性评价标准。根据各种侵蚀所引起的破坏作用，规定结晶性侵蚀的评价指标为 SO_4^{2-} 的含量；分解性侵蚀的评价指标是侵蚀性 CO_2、HCO_3^- 和 pH 值；而将 Mg^{2+}、NH_4^+、Cl^-、SO_4^{2-} 的含量作为结晶分解性侵蚀的评价标准。同时在评价环境水（与混凝土接触的水，包括地下水和地表水）对混凝土的侵蚀性时，必须结合建筑场地所属的环境类别，如表 9-11 所示。

表 9-11　混凝土侵蚀的场地环境类型

环境类别	场地环境地质条件
Ⅰ	高寒区 w、干旱区直接临水；高寒区、干旱区 $w \geqslant 10\%$ 的强透水土层或含水量 $w \geqslant 20\%$ 的弱透水土层
Ⅱ	湿润区直接临水；湿润区含水量 $w \geqslant 20\%$ 的强透水土层或 $w \geqslant 30\%$ 的弱透水土层
Ⅲ	高寒区、干旱区含水量 $w < 20\%$ 的弱透水土层或含水量 $w < 10\%$ 的强透水土层；湿润区含水量 $w \leqslant 30\%$ 的弱透水土层或含水量 $w < 20\%$ 的强透水土层

注：1. 高寒区是指海拔高度等于或大于 3000m 的地区；干旱区是指海拔高度小于 3000m 的地区，干燥度指数等于或大于 1.5 的地区；湿润区是指干燥度指数小于 1.5 的地区。

2. 强透水层是指碎石土、砾砂、中砂和细砂；弱透水层是指粉砂、粉土和黏性土。

3. 含水量 $w < 3\%$ 的土层，可视为干燥土层，不具有腐蚀环境条件。

4. 当有地区经验时，环境类型可根据地区经验划分；当同一场地出现两种环境类型时，应根据具体情况选定。

地下水对建筑材料腐蚀性的评价标准如表9-12和表9-13所示。结晶、分解和结晶分解复合性三类腐蚀中，只要有一类具有腐蚀，则按该类腐蚀等级作为评价结论。若有两类或三类均具有腐蚀时，已具有较高腐蚀等级者作为综合评价结论。

表9-12　按环境类型水和土对混凝土结构的腐蚀性评价　　单位：mg/L

腐蚀等级	腐蚀介质	环境类型		
		Ⅰ	Ⅱ	Ⅲ
弱	硫酸盐含量 (SO_4^{2-})	250～500	500～1500	1500～3000
中		500～1500	1500～3000	3000～6000
强		＞1500	＞3000	＞6000
弱	镁盐含量 (Mg^{2+})	1000～2000	2000～3000	3000～4000
中		2000～3000	3000～4000	4000～5000
强		＞3000	＞4000	＞5000
弱	铵盐含量 (NH_4^+)	100～500	500～800	800～1000
中		500～800	800～1000	1000～1500
强		＞800	＞1000	＞1500
弱	苛性碱含量 (OH^-)	35000～43000	43000～57000	57000～70000
中		43000～57000	57000～70000	70000～100000
强		＞57000	＞70000	＞100000
弱	总矿化度	10000～20000	20000～50000	50000～60000
中		20000～50000	50000～60000	60000～70000
强		＞50000	＞60000	＞70000

注：1. 表中数值使用于有干湿交替作用的情况，无干湿交替作用时，表中数值应乘以1.3的系数。

2. 表中数值使用于不冻区（段）的情况；对冻区（段），表中数值应乘以0.8的系数，对微冻区（段）应乘以0.9的系数。

3. 表中数值使用于水的腐蚀性评价，对土的评价，应乘以1.5的系数，单位以mg/kg表示。

4. 表中苛性碱含量（OH^-）含量（mg/L）应为NaOH和KOH中的OH^-含量（mg/L）。

表9-13　按地层渗透性水和土对混凝土的腐蚀性评价

腐蚀等级	pH值		侵蚀性CO_2/(mg/L)		HCO_3^-/(mmol/L)	
	A	B	A	B	A	B
弱	5.0～6.5	4.0～5.0	15～30	30～60	1.0～0.5	—
中	4.0～5.0	3.5～4.0	30～60	60～100	＜0.5	—
强	＜4.0	＜3.5	＞60	—	—	—

注：1. 表中A指直接临水或强透水层中的地下水；B指弱透水层中的地下水。

2. HCO_3^-含量是指水的矿化度低于0.1g/L软水，该类水质HCO_3^-的腐蚀性。

3. 土的腐蚀性评价只考虑pH值指标；评价其腐蚀性时，A是指含水量$w \geqslant 20\%$的强透水土层；B是指含水量$w \geqslant 30\%$的弱透水土层。

9.4.2.7　地下水对钢筋混凝土结构的腐蚀影响

地下水对钢筋混凝土结构中钢筋的腐蚀性评价和对钢结构腐蚀性的评价标准见表9-14和表9-15。

表 9-14　水对钢筋混凝土结构中钢筋的腐蚀评价

腐蚀等级	水中的 Cl^- 含量/(mg/L)		土中的 Cl^- 含量/(mg/kg)	
	长期浸水	干湿交替	$w<20\%$的土层	$w\geqslant 20\%$的土层
弱腐蚀	>5000	100～500	400～750	250～500
中等腐蚀	—	500～5000	750～7500	500～5000
强腐蚀	—	>5000	>7500	>5000

注：当水或土中同时存在氯化物和硫酸盐时，表中的 Cl^- 含量是指氯化物中的 Cl^- 与硫酸盐折算后的 Cl^- 之和，即 Cl^- 含量等于 $Cl^- + SO_4^{2-} \times 0.25$。单位分别为 mg/L 和 mg/kg。

表 9-15　水对钢结构腐蚀性评价

腐蚀等级	pH 值	($Cl^- + SO_4^{2-}$) 含量/(mg/L)
弱腐蚀	3～11	<500
中等腐蚀	3～11	≥500
强腐蚀	3～11	为任何浓度

水质腐蚀指标中，金属结构物受环境水腐蚀时，只要有一项已具腐蚀，则按该相应的腐蚀等级作为评价结论；若有两项或两项以上具有同一腐蚀等级者，在评价结论中应提高一个腐蚀等级；若有两项或两项以上均具腐蚀时，以具有较高腐蚀等级者作为评价结论的腐蚀等级。必要时，应取金属建筑材料在场地环境及相应条件下进行专门腐蚀试验，以腐蚀率和局部腐蚀程度做出环境水腐蚀性评价结论。

【任务解决】

(1) 分析整理岩溶灰岩含水层的抽水资料。

(2) 绘制流量与水位的各种关系曲线（直线型、抛物线形、幂函数曲线形、对数曲线形），并判别其所属类型。

(3) 确定参数，预测竖井的涌水量。

【知识拓展】 为了预防和消除地下水对矿井建设和采矿生产造成的危害，应采取哪些措施防治矿井水？

对于矿井水的防治，可以从两方面考虑，一是防水，二是治水。防水就是防止矿井水大量涌水，减少渗入矿井的水源。如可以先查明矿井周围水体、含水层情况等，修建防水墙或防水闸门进行隔离。治水就是疏干地下水或降压等，如可以采用各种取水构筑物揭露含水层和富水带进行地下水的疏排。

【思考与练习题】

1. 什么是渗流？为什么要通过渗流来研究真实的地下水流？
2. 实际流速和渗流流速之间是什么关系？
3. 地下水的渗流运动按运动要素在空间的表现形式上可分为哪些分类？
4. 水力坡度的表达式 $J=\frac{H_1-H_2}{L}$ 与 $J=-\frac{dH}{ds}$ 有何区别？
5. 达西定律的适用条件是什么？
6. 取水构筑物的有哪几种类型？
7. 裘布依（Dupuit）公式是在什么条件下推导出来的？
8. 稳定井流流量的经验计算公式有哪几种？如何选择？
9. 根据井径出水量计算公式，井径的大小对出水量影响如何？实际情况又如何，为什么？
10. 什么是井损，为什么会产生井损？
11. 什么是渗出面，分析其存在的必然性？
12. 用裘布依（Dupuit）公式计算流量时应采用井壁水位 h_s 还是井内水位 h_w，为什么？
13. 什么是干扰井，有干扰井时井的出水量如何变化？
14. 按过滤器在含水层中的进水部分不同，非完整井可以分为哪几种？
15. 非稳定流理论解决的主要问题是什么？

16. 什么是越流，产生的条件有哪些？

17. 承压水完整井稳定流和非稳定流的渗流速度是什么关系？

18. 在有越流补给时地下水流向井的非稳定运动中，降深随时间如何变化？

19. 在实验室中，利用达西试验装置测定土样的渗透系数。圆筒直径为 $d=20\text{cm}$，两测压管的间距为 $L=40\text{cm}$，测得渗流量为 $Q=100\text{mL/min}$，两测压管水头差为 20cm。试求土样的渗透系数。

20. 一承压完整井，抽水达到恒定时的水位降深 $s_w=5\text{m}$，含水层厚度 $M=15.9\text{m}$，渗透系数 $K=8\text{m/d}$，井中水深 $h_w=19.8\text{m}$，影响半径 $R=100\text{m}$，井径 $r_w=12.7\text{m}$，试求其抽水量。

21. 某承压含水层中有一口直径为 0.20m 的抽水井，在距抽水井 527m 远处设有一个观测孔。含水层厚度为 52.50m，渗透系数为 11.12m/d。试求井内水位降深为 6.61m，观测孔水位降深为 0.78m 时抽水井的流量。

22. 在厚度为 27.50m 的承压含水层中有一口抽水井和两个观测孔。已知渗透系数为 50m/d，抽水时，距抽水井 40m 处观测孔的水位降深为 0.32m，90m 处观测孔的水位降深为 0.1m。试求抽水井的流量。

23. 在厚度为 12.5m 的潜水含水层中有一口抽水井和一个观测孔，两者之间相距 50m，已知抽水井半径为 0.06m。渗透系数为 24.3m/d，抽水时，井内水位降深为 2.50m，观测孔处水位降深为 0.24m，试求抽水井的流量。

24. 在某潜水含水层中有一口抽水井和两个观测孔，含水层厚 44m，渗透系数为 0.25m/h，两观测孔距抽水井的距离为 $r_1=50\text{m}$，$r_2=100\text{m}$，抽水时相应水位降深为 $s_1=6\text{m}$，$s_2=3\text{m}$。试求抽水井的流量。

25. 在单井中进行三次抽水试验，试验数据如下。

$s_{w1}=1.8\text{m}$，$Q_1=40\text{L/s}$；$s_{w2}=3.2\text{m}$，$Q_2=60\text{L/s}$；$s_{w3}=4.7\text{m}$，$Q_3=75\text{L/s}$。

试根据抽水试验结果，按经验公式计算水位降落值为 6.5m 时井的出水量。

26. 在某承压含水层中进行了三次不同降深的稳定流抽水试验。已知含水层厚 16.50m，影响半径为 1000m，当流量为 $511.5\text{m}^3/\text{d}$ 时，距抽水井 50m 处观测孔的水位降深为 0.67m。试根据表 9-16 确定抽水井的井损值。

表 9-16　井损值

降深次数	$Q/(\text{m}^3/\text{d})$	$s_{t,w}/\text{m}$	$\frac{s_{t,w}}{Q}/(\text{d/m}^2)$
1	320.54	1.08	3.37×10^{-3}
2	421.63	1.55	3.68×10^{-3}
3	511.50	1.90	3.71×10^{-3}

27. 相距 400m 的两口承压井，井径、流量、降深及影响半径均相同。数据如下：井径为 0.3m，影响半径为 700m，含水层厚度为 10m，试计算两口井同时抽水时，水位降深为 4m 时的总出水量。

28. 在某河漫滩阶地的冲积砂层中打了一口抽水井和一个观测孔。已知初始潜水位为 14.69m，抽水试验时的水位观测资料列于表 9-17 中，试计算含水层的渗透系数。

表 9-17　水位观测资料

类别	至抽水井中心距离/m	第一次降深		第二次降深		第三次降深	
		水位/m	流量/(m^3/d)	水位/m	流量/(m^3/d)	水位/m	流量/(m^3/d)
抽水井	0.15	13.32	302.40	12.90	456.80	12.39	506.00
观测孔	12.00	13.77	—	13.57	—	13.16	—

29. 某承压含水层中的两个观测孔距抽水井分别为 30m 和 90m。抽水稳定时，测得两孔的水位降深分别为 0.14m 和 0.08m。试确定抽水井的影响半径。

30. 某承压含水层中的两个观测孔距抽水井分别为 30m 和 90m。抽水稳定时，测得两孔的水位降深分别为 0.14m 和 0.08m。试确定抽水井的影响半径。

31. 在承压含水层中进行非稳定流抽水试验，抽水井在平面上是无限的，抽水持续了 9 个小时，流量为 $69\text{m}^3/\text{h}$，观测孔距抽水井 197m，观测孔水位降深资料如表 9-18 所示，试用确定含水层的储水系数 μ^* 和导水系数 T。

表 9-18　观测孔水位降深资料

抽水开始后的累计时间 t		水位降深 s/m	抽水开始后的累计时间 t		水位降深 s/m
/min	/h		/min	/h	
1	0.02	0.05	180	3.0	0.735
4	0.07	0.054	210	3.5	0.755
6	0.1	0.10	240	4.0	0.76
10	0.17	0.175	270	4.5	0.76
15	0.25	0.26	300	5.0	0.763
20	0.33	0.33	330	5.5	0.77
25	0.42	0.383	360	6.0	0.772
30	0.5	0.425	390	6.5	0.785
60	1.0	0.575	420	7.0	0.79
75	0.25	0.62	450	7.5	0.792
90	1.5	0.64	480	8.0	0.794
120	2.0	0.685	510	8.5	0.795
150	2.5	0.725	540	9.0	0.796

第10章 地下水污染与防治

【学习目的】 了解地下水污染的概念及原因，结合地下水污染的主要形式理解地下水污染物的迁移过程、规律和数学模拟，并可以通过数学模拟公式表征不同污染源导致的地下水污染迁移过程。

【学习重点】 了解地下水污染的概念及原因，明白了地下水污染概念的多样性、污染途径主要形式的复杂性以及地下水污染源和污染物的多变性。理解地下水污染物的迁移过程、规律和数学模拟。

【学习难点】 地下水污染物的迁移过程、规律和数学模拟。

【本章任务】 某含水层的有效孔隙度$n=0.2$，容重$\rho=2g/cm^3$，经试验测得氯仿的分配系数$K_d=0.567$，DDT（滴滴涕，双对氯苯基三氯乙烷）杀虫剂的分配系数$K_d=3654$。通过计算说明哪个物质可能对地下水带来更大的危害。

【学习情景】 目前地下水污染已经成为全球性问题，在中国约有70%人口以地下水为主要饮用水源，根据国土资源部长期地下水监测资料，1981～1984年和2000～2002年两轮全国地下水资源评价结果，以及1999年以来开展的部分地区地下水污染调查评价结果显示，我国地下水污染问题的确较严重，主要表现在300多个城市由于地下水污染造成供水紧张；地下水污染不仅检出的成分越来越多，越来越复杂，而且污染程度和深度也在不断增加，有些地区深层地下水中已有污染物检出；天然水质不良与水型地方病问题突出。据统计，因天然水质不良导致水型氟中毒2297.78万人，碘缺乏病、克山病567.5万人，患大骨节病102.5万人，全国饮用不符合标准的地下水的人数达数千万之多。

10.1 地下水污染

10.1.1 地下水污染概念

环境污染的组成部分之一是地下水污染，只有了解地下水污染的含义，才能弄清地下水污染的状况，才可以研究地下水污染的防治措施。

目前国内外对地下水污染的含义尚无统一的定义。不同的学者从不同的角度出发，给予“地下水污染”不同的定义。争论的关键主要集中在：天然条件下地下水中有害组分增加是不是会使其受污染和衡量地下水受污染的标准。

德国教授马修斯（G. Martthess）在“The Properties of Groundwater”一书中的定义是：“受人类活动污染的地下水，是由人类活动直接或间接引起总溶解固体及总悬浮固体含量超过国内或国际上制定的饮用水和工业用水标准的最大允许浓度的地下水；不受人类活动影响的天然地下水，也可能含有超过标准的组分，在这种情况下，也可据其某些组分超过天然变化值的现象而定为污染。”他认为，人类活动或天然条件下，都会污染地下水。国内或国际上制定的饮用水和工业用水标准是衡量地下水是否受污染的标准。

美国学者米勒（D. W. Miller）等在论文中提到：“Contamination 和 Pollution 这两个词是同义词，意思是指由于人类活动的结果使天然水水质变到其适用性遭到破坏的程度；地下水通过含水层运动的天然结果，也会使一种或多种组分的浓度增加，这种现象称为‘矿化’。”他认为天然条件下一种或多种组分的浓度增加则称为“矿化”。而地下水污染是人类活动导致的地下水水质变差。

法国的弗里德（Jean J. Fried）教授在“Groundwater Pollution”一书中认为：“污染是水的物理、化学和生物特性的改变，这种改变通常会限制或阻碍地下水在各方面的使用。”

弗里基（R. A. Freeze）和彻里（J. A. Cnerry）在“Groundwater”一书中认为：“凡由于人类活动而导致进入水环境的溶解物，不管其浓度是否达到使水质明显恶化的程度，都称为污染物（Contamination），而把污染（Pollution）一词作为污染浓度已达到人们不能允许程度的状况的一个专门术语。”他认为污染浓度已达到人们不能允许的程度是衡量地下水是否受污染的标准。

林年丰等在《环境水文地质学》中认为：凡是在人类活动的影响下，地下水质变化朝着水质恶化方向发展的现象，统称为地下水污染。不管此种现象是否使水质恶化达到影响使用的程度，只要这种现象一发生，就应视为污染。至于在天然环境中所产生的地下水某些组分相对富集及贫化而使水质恶化的现象，不应视为污染，而应称为“天然异常”。所以水质朝着恶化的方向发展和这种变化是人类活动引起的，是判断地下水是否污染必须具备的两个条件。

《中华人民共和国水污染防治法》中对水污染的定义是：“水污染是指水体因某种物质的介入，而导致其化学、物理、生物或者放射性等方面特征的变化，从而影响水的有效利用，危害人体健康或者破坏生态环境，造成水质恶化的现象。”

国家环境保护总局编写的《中国环境影响评价》（培训教材）中对地下水污染的定义是：“地下水的污染物质超过了地下水的自净能力，从而使地下水的组成及其性质发生变化的现象。”

10.1.2 地下水污染的特点

地下水污染与地表水污染有明显的差别，其具体特点如下。

10.1.2.1 隐蔽性

即使地下水已经受到了较严重的污染，但它往往还是无色无味，不易从气味、颜色、鱼类死亡等鉴别出来，受有毒有害组分污染的池下水，对人体的影响往往是慢性的长期效应。

10.1.2.2 难以逆转性

地下水一旦受到污染，很难治理和恢复，主要是由于其流速极其缓慢，切断污染源后，仅靠含水层本身的自然净化，所需时间很长，要十年、几十年，甚至上百年。难以逆转的另一个原因是某些污染物被土壤介质和有机质吸附之后，会在水环境特征的变化中发生解吸，再吸附的反复交替。

例如美国一空军基地由于偶然事故而使 30000gal（113562 L）燃料油溢流到地上，结果使结晶岩含水层受到严重污染。以致附近的供水井 15 年之后仍不能使用。

又如北京南郊一农药厂有一个排污渗坑，使地下水受农药（乐果）严重污染，附近几个水源井关闭，1966 年地下水中乐果的含量高达 8.5mg/L；1969 年回填渗坑，不再排放污水，回填后 13 年（1982）乐果浓度才降到 0.63mg/L。

10.1.3 地下水污染源、污染物和污染途径

10.1.3.1 地下水污染源

由于人类活动的影响，使地下水水质受到各种污染。引起地下水污染的物质称为地下水污染物。向地下水释放或排放污染物的场所称为地下水污染源。因此，污染物的种类、浓度

和分布范围主要取决于污染源。地下水污染源见图10-1。

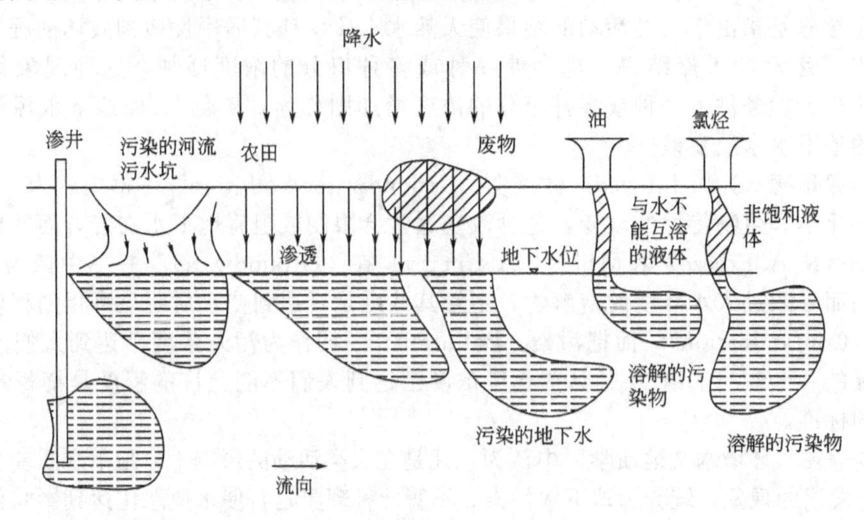

图10-1 地下水污染源

由图10-1可以看出，渗入含水层的污水可能来自渗漏的废水管道、受污染的地表水体、水库、池塘、污水池或洼地，也可能来自垃圾场和填坑的渗漏。某些污染物（如硝酸盐、农药）可能由降水从表层土壤中沥出，由渗流而带入含水层。某些污染物（油、烃化合物）也可能以一种不溶于水的形式进入土壤，它们逐渐被下渗水或地下水流所溶解，从而引起地下水的污染。

污染源的类型有很多，从不同角度可将地下水污染源划分为各种不同的类型。

（1）按对地下水污染的原因划分，可以分为自然污染源（Natural Pollution Source）和人为污染源（Man-Made Pollution Source）。

自然污染源

- 环境地质源：岩石是矿物的集合体，各种矿物有其特定的化学成分。赋存于岩石中的水，将其中某些有害物质溶于水中或运移到其他含水层中，造成水体污染。地下水开采可能导致含盐高或水质差的含水层的水进入开采含水层，造成水质污染。
- 自然灾害源：许多自然灾害可直接或间接造成地下水污染，如火山爆发喷发出大量的熔岩流、火山灰和有害气体，直接或间接地污染地下水地震产生的地裂缝，导致地面污水流入地下。洪水泛滥增大向地下水的入渗量并夹带污染物进入地下等。

人为污染源

- 工业污染源：工业“三废”排入环境。工业水种类繁多，通常BOD_5、SS和TOC较高，还含有大量的有机或无机化合物，这些废水可直接或间接地排入地下水。向大气中排放的污染物可由于重力沉降，雨水洗淋等作用而降落到地面，渗入地下水。固体废物中的有害物质则可通过天然降水的淋溶等方式而进入地防矿床开采产生的尾矿淋滤液及矿石加工污水可能成为地下水的污染河，矿坑水疏干会使氧进入原来的地下水环境，使某些矿物氧化而成为地下水污染物，如煤中的黄铁矿氧化和淋滤后，使地下水中Fe、SO_4^{2-}升高，pH值降低，采煤过程中地层中分离出的沉积水，也可能使地下水中的Cl^-升高。
- 农业污染源：主要是污水灌溉、农药和化肥的不当使用或过量使用造成的面源污染，然后经大气降水的淋滤作用等进入地下水。
- 交通污染源：交通工具排出的废气、废水和油类等，可能间接进入地下水影响水质。在北方的冬天，城市路面抛撒防结冰剂，如NaCl和尿素，使地表径流中的Na、Cl等浓度增高，渗入地下，使地下水水质变差。
- 生活污染源：通过渗井、渗坑、化粪池、无组织的管道等排放，引起浅层地下水中的SS、BOS_5、N、P、Cl和大肠杆菌等超标，对地下水威胁最大的是氨、细菌和病毒。城市雨水和城市利用渗坑排放废水，也会引起地下水的污染。

(2) 按产生各种污染物的部门或活动划分，分为工业污染源、农业污染源、生活污染源及环境污染源。此种划分法便于掌握地下水污染的特征及污染作用的规律。

(3) 按污染源的形态特征划分，可以分为点状污染源、带状污染源和面状污染源，这种分类方法便于掌握地下水的污染范围和采取相应的防治污染的措施。

(4) 按污染作用划分，可分为连续的和瞬时的（偶然的）两类，连续性污染也包括有周期性变化的污染。

除此之外，还有些其他分类方法，例如根据污染物所在的地点，将潜水污染源归纳为以下9类：①生活和工业废水储存地段（储水池、沉淀池、蒸发池、残渣水池等）；②地面固体废物堆放地段（垃圾堆、盐场等）和工业生产污秽地段；③排泄污水的钻孔和水井；④石油产品、化工原料及其产品的堆放场地；⑤高矿化地下水喷出地表的地段；⑥施用肥料及有毒农药的耕地及用污水灌溉的农田；⑦损坏了的排水系统及个别在工艺过程中使用液体的车间场地；⑧与潜水有水力联系的下覆高矿化地下含水层；⑨与潜水有水力联系的已污染的地表水体。

对于封闭较好的承压含水层来说，其污染源为与承压水有水力联系而又被污染了的潜水含水层，以及潜水污染源9类中的7、8、9三类。

美国环境保护局1977年提出的地下水污染源分类也有参考价值，见表10-1。

表10-1　美国环保局地下水污染源分类法（1977）

废物		非废物
按设计要求排入地面和地下水的废物	无意识排入地面和地下水的废物	排放到地面及地下水的非废物污染物质
喷灌 化粪池、污水池等 污泥(水)处理厂 水池的渗入和溶滤 排放废水的井 盐水注入井	地表蓄水池 人工填土 动物排泄物 酸性矿山排水 矿山废石堆与尾矿坝	地下储放池与管线的意外溢出 公路防冻盐堆 矿石堆 农业活动

10.1.3.2　地下水中的主要污染物

地下水污染物种类繁多，随污染源而异，要研究地下水污染，必须首先对地下水的污染物有一个明确的概念。按地下水污染物的性质可分为三类，下面分别加以叙述。按性质可分为三大类。

(1) 化学污染物。化学污染物（Chemical Contaminants）可分为有机污染物（Organic Contaminations）和无机污染物（Inorganic Contaminations），或者按常规成分和有毒成分来划分。目前研究较多的是无机污染物，对于有机污染物往往由于测试手段、采样和分析上的复杂处理过程等原因研究得很不够。

目前发现的地下水有机污染主要为氯代烃污染、单环芳烃污染、有机农药污染及多环芳烃污染等。含量甚微，一般为10^{-9}数量级。最普遍的无机污染物是NO_3^-，其次是Cl^-、硬度（Ca^{2+}、Mg^{2+}）和总溶解固体物等。微量金属主要是Cr、Hg、Cd、Zn等，微量非金属主要是As、F等。

近年来，地下水有机物污染常常具有种类多、含量低、危害大、治理难（难降解的持久性）等特点。许多有机污染物具有致癌、致畸、致突变的“三致”效应，对人体健康有着严重的影响，而且大多数有机污染物在地下水环境中很难通过自然降解过程去除，很可能会长期存在并长期累积。因此，就污染物的种类、污染的范围以及对人类健康的危害而言，地下水中有机污染物危害尤为突出。世界卫生组织（WHO）1971 年推荐的水质指标为 29 项，其中有机物指标 2 项，到 1993 年 WHO 推荐水质指标增加到 116 项，有机物指标增至 87 项。1990 年，中国环境监测总站周文敏提出了反映我国环境特征的中国环境优先控制污染物“黑名单”，共有 14 类 68 种优先控制污染物，其中有毒有机化合物 12 类 58 种。2001 年 5 月 23 日《关于持久性有机污染物的斯德哥尔摩公约》正式启动了人类向 POPs 宣战的进程。

另如美国环保局把对有机污染物的研究集中在 120 种上，并列为优先监测项目。在 17 个州进行了地下水某些有机物的监测，见表 10-2。另据美国环境委员会 1981 年报道，美国某地供几百万人用的几百个水源井关闭了三年之久，因其有机污染物的浓度比地表水还高几个数量级。

表 10-2　美国 17 个州饮用井有机化合物检出情况

有机化合物	检查井数/个	检出率/%
三氯乙烯	2895	14
四氯化碳	1659	18
四氯乙烯	1586	13
1,1,1-三氯乙烷	1585	19
1,1-二氯乙烷	787	18
1,2-二氯乙烷	1218	7
二氯乙烯	781	23
三氯甲烷	1195	2
氯乙烯	1109	6

(2) 生物污染物。地下水中生物污染物（Biological Contaminants）可分为三类：细菌、病毒和寄生虫。人畜粪便中多达 400 多种细菌，病毒有 100 余种。在未经消毒的污水中含有大量的细菌和病毒，它们进入含水层将会污染地下水。而污染的可能性与细菌和病毒的存活时间、地层结构、地下水流速、pH 值等多种因素有关。

用作饮用水指标的大肠菌类在人体及热血动物的肠胃中经常发现，它们是非致病菌。地下水中曾发现并引起过水媒病传染的致病菌有：致病性大肠杆菌、伤寒杆菌、痢疾杆菌、霍乱弧菌等。

病毒比细菌小得多，存活时间长，比细菌更易进入含水层，在地下水中曾发现的病毒主要是肠道病毒，如脊髓灰质炎病毒、甲型肝炎病毒、柯萨奇病毒 A 和 B、埃可病毒等，而且每种病毒又有多种类型，对人体健康危害较大。

寄生虫包括原生动物、蛔虫及血吸虫等。美国环保局曾报道有 9 起水媒病（2018 个病例）是由于地下水受寄生虫污染引起的，它们的病因是饮用受犁形鞭毛虫和人蛔虫污染的地下水引起的。根据美国自来水协会对 1976 ～ 1994 年 740 件水媒流行病的统计，由原生动物的事件约占总量的 1/5。同时，与无机毒物、有机农药、细菌等原因导致的水媒流行病比较，由肠贾第鞭毛虫和隐孢子虫等致病性原生动物引起的疾病具有爆发性次数多、爆发比例高、致病人数多、治疗效果差等特点。

(3) 放射性污染物（Radioactive Contaminants）。放射性矿床或含放射性的地层是地下水中放射性污染物的天然来源，核试验散落物、核电厂以及医院、实验室使用的放射性同位素等，也可能进入地下水形成放射性地下水污染。

10.1.3.3　地下水的污染途径

地下水污染途径是指污染物从污染源进入到地下水中所经过的路径。研究地下水的污染途径有助于了解该地区地下水污染特征，以采取正确的防治地下水污染措施。但是地下水污染途径是复杂多样的。人们为了便于研究，对污染途径有不少分类方法，有人以污染源的种类分类，如固体废物堆的淋滤、污水渠道和污水坑的渗漏、化学液体的溢出、农业活动的污染以及采矿活动的污染等，这种分类的缺点是过于繁杂。也有人按污染物进入地下水的方式分为渗入型和直接进入型。下面重点介绍按照水力学的特点分类，此种分类的特点是简单明了，按此分类法可把地下水污染途径归纳为四类，如表 10-3 所示。

表 10-3　地下水污染途径分类

类型	污染途径	污染来源	被污染的含水层	示意图
间歇入渗型	降水对固体废物的淋滤	工业和生活的固体废物	潜水	图 10-2(a)
	矿区疏干地带的淋滤和溶解	疏干地带的易溶矿物	潜水	图 10-2(b)
	灌溉水及降水对农田的淋滤	农田表层土壤残留的农药、化肥及易溶盐类	潜水	
连续入渗型	渠、坑等污水的渗漏	各种污水及化学液体	潜水	图 10-2(c)
	受污染地表水的渗漏	受污染的地表污水体	潜水	图 10-2(d)
	地下排污管道的渗漏	各种污水	潜水	图 10-2(e)
越流型	地下水开采引起的层间越流	受污染的含水层或天然咸水等	潜水或承压水	图 10-3(a)
	水文地质天窗的越流	受污染的含水层或天然咸水等	潜水或承压水	图 10-3(b)
	经井管的越流	受污染的含水层或天然咸水等	潜水或承压水	图 10-3(c)
径流型	通过岩溶发育通道的径流	各种污水或被污染的地表水	主要是潜水	
	通过废水处理井的径流	各种污水	潜水或承压水	图 10-3(d)
	盐水入侵	海水或地下咸水	潜水或承压水	

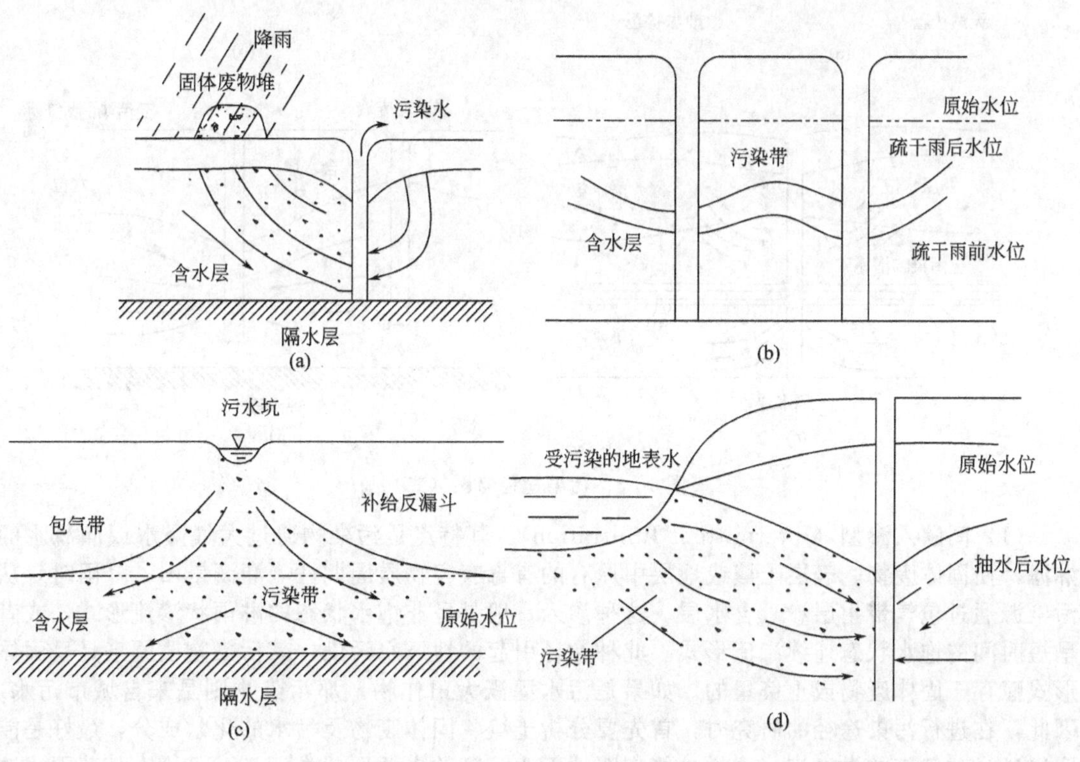

图 10-2

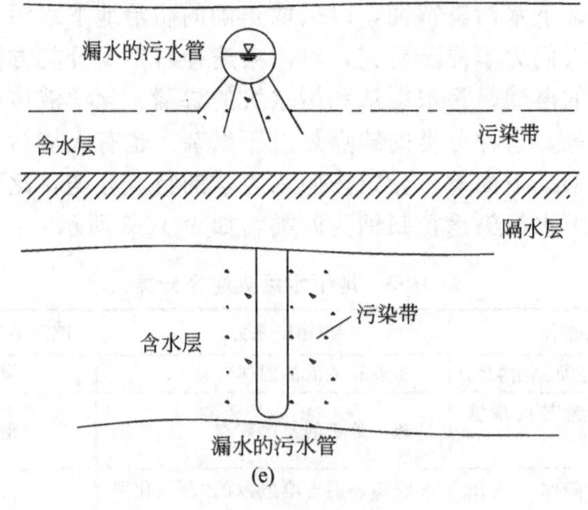

图 10-2　污染途径略图（一）

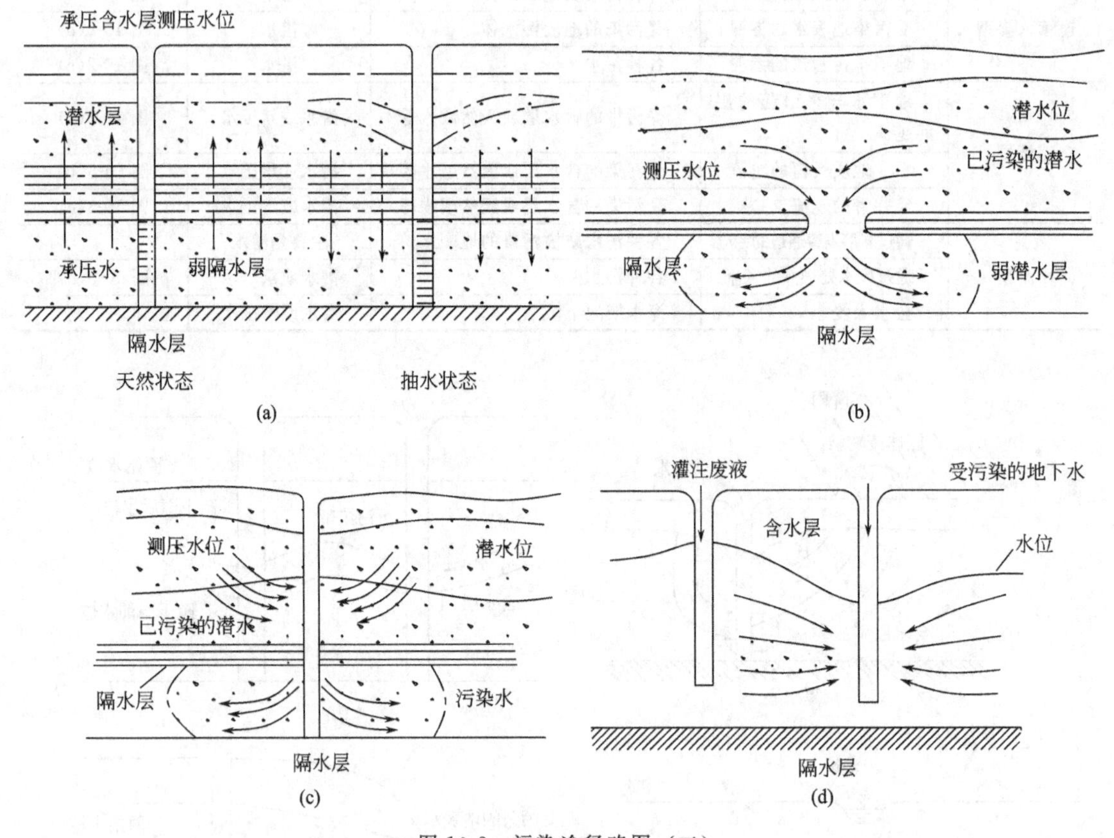

图 10-3　污染途径略图（二）

（1）间歇入渗型（Intermittent Infiltration）。其特点是污染物通过大气降水或灌溉水的淋滤，使固体废物、表层土壤或地层中原有的有毒有害物质周期性（灌溉旱田，降雨时）从污染源通过包气带土层渗入含水层。这种渗入一般是呈非饱水状态的淋雨状渗流形式，或者呈短时间的饱水状态连续渗流形式。此种途径引起的地下水污染，其污染物质原来是呈固体形式赋存于固体废物或土壤里的。如果是污水灌溉大田作物，那污染物则是来自城市污水。因此，在进行污染途径的研究时，首先要分析土壤、固体废物及污水的化学成分，最好是能取得通过包气带的淋滤液，这样才能查明地下水污染的来源。此类污染，无论在其范围或浓度上，均可能有明显的季节性变化，受主要污染的对象是浅层地下水。

(2) 连续入渗型 (Continuous Infiltration)。其特点是污染物随污水或污染溶液不断地经包气带渗入含水层。这种情况下或者包气带完全饱水，呈连续入渗的形式，或者是包气带上部的表土层完全饱水呈连续渗流形式，而其下部（下包气带）呈非饱水的淋雨状的渗流形式渗入含水层。这种类型的污染物质一般是液态的。最常见的是污水蓄积地段（污水渗坑、污水池、污水快速渗滤场、污水管道等）的渗漏，以及被污染的地表水体和污水渠的渗漏，当然污水灌溉的水田（水稻等）更会造成大面积的连续入渗。这种类型的污染对象也主要是浅层含水层。

上述两种途径的共同特征是污染物都是自上而下经过包气带进入含水层的。因此对地下水污染程度的大小，主要取决于包气带的物质成分、地质结构、厚度以及渗透性能等因素。一般来说，颗粒细紧密、渗透性差，则污染慢；反之，颗粒粗大松散、渗透性能良好，则污染重。根据第四纪沉积分布特征大致有如下三种情况：在河床、洪积扇顶部、河漫滩，常常为砂砾石直接裸露于地表，渗透性很强，因此污染物很容易随水流渗入到含水层中；在洪积扇中部、河流的低阶地处，第四纪堆积物往往是由亚砂土及粉细砂构成的细粒物质，不仅渗透性能小，而且对污染物还有一定的吸附过滤作用，可以使污染物进入含水层的时间大为滞后，污染物质的浓度也会大大地降低；在洪积扇的前缘、河流下游的阶地上，第四纪堆积物颗粒很细，往往有一定厚度的亚黏土层及黏土层，其渗透性能很弱，尤其是厚度稍大时，污染物很难渗入下部含水层中去。

(3) 越流型 (Overflow)。其特点是污染物通过层间弱透水层越流的形式转入其他含水层。其转移的途径如下。

① 天窗直接进入型。上下含水层间的隔水层往往存在天窗（水文地质窗）使上下含水层发生水力联系，当其中一个含水层受到污染时，污染物则可通过天窗进入另一含水层。

② 人为途径。包括各种钻孔未经很好地止水，造成污染物沿钻孔直接进入含水层中；还有结构不合理的废井、破坏的老井等，这些都为污染物的越流打开了人为的天窗。

(4) 径流型 (Runoff)。其特点是污染物通过地下径流形式进入含水层。典型的径流型污染途径是当区域性含水层在某个部位受到污染时，污染物就会随地下径流向含水层的其他部位迁移；海水入侵也是径流型的污染途径。海水入侵是沿海地区地下淡水超量开采而造成海水（地下盐水）向陆地流动的地下径流。它可能污染潜水，也会污染承压水。我国大连市由于大量开采地下淡水引起海水入侵含水层，使得有些井矿化度大大增高而不能再利用。宁波市也由于开采地下水的淡水量超过了天然补给量，淡水体正在缩小，咸淡水体界面在向淡水体方面移动。天津市也发现同样的现象。

10.2 污染物在地下水系统中的物理、化学和生物作用过程

污染物在地下水系统中的迁移、转化过程是复杂的物理、化学及生物综合作用的结果。地表的污染物在进入含水层时，一般都要经过表土层及下包气带，而表土层和下包气带对污染物不仅有输送和储存功能，而且还有延续或衰减污染的效应。因此，有人称表土层和下包气带为天然的过滤层。实际上是由于污染物经过表土层及下包气带时产生了一系列的物理、化学和生物作用，使一些污染物降解为无毒无害的组分；一些污染物由于过滤吸附和沉淀而截留在土壤里；还有一些污染物被植物吸收或合成到微生物里，结果使污染物浓度降低，这称为自净作用 (Self-Purification)。但是污染物在上述迁移过程中，还可能发生与自净作用相反的现象，即有些作用会增加污染物的迁移性能，使其浓度增加，或从一种污染物转化成

另一种污染物，如污水中的 NH_3-N，经过表土层及下包气带中的硝化作用会变成为 NO_3^--N，使得 NO_3^--N 浓度增高。

10.2.1 物理、化学作用

10.2.1.1 机械过滤和稀释

机械过滤作用主要取决于土壤介质的性质和污染物颗粒的大小。一般是土壤粒径越细，过滤效果越好。过滤效果主要是去除悬浮物，其次是细菌。此外，一些主要组分的沉淀物，如碳酸钙、硫酸钙；一些次要及微量组分的沉淀物，如 $Fe(OH)_3$、$Al(OH)_3$ 以及有机物-黏土絮凝剂也可被去除。在松散的地层中，悬浮物一般在 1m 内即能去除，而在某些裂隙地层里，有时悬浮物可迁移几千米。细菌的直径一般是 0.5～10μm，病毒的直径一般是 0.001～1μm。因此，在砂土里（其孔隙直径一般是大于 40μm），过滤对细菌的去除是无效的，而在黏土或粉土地层里，或含黏土及粉土地层里，过滤对细菌的去除是有效的，而对病毒是无效或效果很差。但是往往有些细菌和病毒附着在悬浮物里，这样过滤去除细菌和病毒的效果更佳。

影响过滤的因素很多，如水动力学作用、分子扩散、沉积作用等运移过程。因此，要精确地表示过滤过程是很困难的，目前一般都是利用质量守恒和考虑运动学定律来描述固体物质的总的过滤过程。

孔隙介质所截留的固体物质，最初起着有利于过滤的作用，但随着时间的延长，可能出现孔隙通道的堵塞、渗透能力减弱的现象，而且还可能由于化学过程和生物过程加剧堵塞现象。

当污水与地下水相混合时，或当雨水下渗通过包气带补给地下水时，或污染物在含水层中产生弥散作用时，均会产生稀释作用，它可使地下水中污染物浓度降低，但并不意味着污染物的去除。

10.2.1.2 物理吸附

土壤介质特别是土壤中的胶体颗粒具有巨大的表面能，它能够借助于分子引力把地下水中的某些分子态的物质吸附在自己的表面上，称这种吸附为物理吸附（Physical Adsorption）。

物理吸附具有下列特征。

(1) 吸附时土壤胶体颗粒的表面能降低，所以是放热反应，一般吸附每克分子放热小于 5kcal (20.934kJ)。

(2) 吸附基本上没有选择性，即对于各种不同的物质，只是分子间力的大小有所不同，分子引力随分子量的增加而加大。对于同一系列化合物中，吸附随分子量的增加而增加。

(3) 不产生化学反应，因此不需要高温。

(4) 由于热运动，被吸附的物质可以在胶体表面做某些移动，也即较易解吸。

基于上述特征，所以凡是能降低表面能的物质，如有机酸、无机盐等，都可以被土壤胶粒表面所吸附，称为正吸附。能够增加表面能的物质，如无机酸及其盐类如氯化物、硝酸盐、硫酸盐等，则受土壤胶粒的排斥，称为负吸附。此外土壤胶粒还可吸附 NH_3、H_2 以及 CO_2 等气态分子。

10.2.1.3 物理化学吸附

如前所述，土壤胶体带有双电层，其扩散层的补偿离子可以和地下水中同电荷的离子进行等当量代换，这是一种物理化学现象，故称物理化学吸附（Physical-Chemistry Adsorption），也称离子代换吸附。它是土壤中吸附污染物的主要方式。

土壤中的离子代换吸附作用分为如下两种。

（1）土壤中的阳离子代换吸附作用。土壤胶体一般是带负电，所以能够吸附保持阳离子，其扩散层的阳离子可被地下水中的阳离子代换出来，故称为代换吸附。

① 土壤阳离子吸附作用的特征

a. 是一种能迅速达到动态平衡的可逆反应。离子代换的速度虽因胶体的种类而异，但是一般能在几分钟内即可达到平衡。

b. 阳离子的代换关系是等当量代换，例如一个 Ca^{2+} 可以代换两个 H^+，也即 40mg 的 Ca^{2+} 代换 2mg H^+。

② 离子代换能力，是指一种阳离子将另一种阳离子从胶体上取代出来的能力。各种阳离子代换能力的强弱，取决于下列因素。

a. 电荷价。根据库仑定律，离子的电荷价越高，受胶体电性的吸引力越大，因而离子代换能力也越强。

b. 离子半径及水化程度。同价离子中，离子半径越大，代换能力越强。因为在电荷价相同的情况下，半径较大的离子，单位表面积上电荷量较小，电场强度较弱，对水分子的吸引力小，即水化力弱，离子外围的水膜薄，受到胶体的吸力就较大，因而具有较强的代换能力，如表 10-4 所示。

表 10-4 原子价、离子半径及水化程度与代换力顺序的关系

离子	原子价	相对原子质量	离子半径/Å		代换力顺序
			未水化者	水化者	
Na	1	23.00	0.98	7.90	第七
K	1	39.10	1.33	5.32	第五
NH_4	1	18.01	1.43	5.37	第六
Rb	1	85.48	1.49	5.09	第四
H	1	1.008	—	—	第一
Ca	2	40.08	1.06	10.00	第二
Mg	2	24.32	0.78	13.00	第三

土壤中一些阳离子代换力的大小排列顺序如下：

$$Fe^{3+} \geqslant Al^{3+} > H^+ > Ba^{2+} > Sr^{2+} > Ca^{2+} > Mg^{2+} > Cs^+ > Rb^+ > NH_4^+ > K^+ > Na^+ > Li^+$$

应当指出，H^+ 虽然只有一价，但因半径极少，水化力很弱（一个 H^+ 只与一个水分子结合，生成 H_3O^+ 离子），运动速度大，故 H^+ 的代换能力比二价阳离子还要强。

c. 离子浓度。代换作用受质量作用定律支配。代换力弱的离子，在浓度虽大的情况下，也可代换出低浓度的代换力强的离子。

③ 土壤中阳离子代换量（Cation Exchange Capacity，CEC）。单位质量土壤吸附保持阳离子的最大数量，称为阳离子代换量，通常用 meq/kg 土表示。

应当注意，阳离子吸附容量与重金属的土壤容量不是同一概念，后者是指在发生污染危害之前，土壤重金属含量的最高值。它主要取决于各种重金属元素的毒性大小及其在土壤中有效浓度的高低。

土壤阳离子代换量的大小取决于土壤负电荷数量的多少。单位重量土壤负电荷越多，对阳离子的吸附量也越大。土壤胶体的数量、种类和土壤 pH 值三者共同决定土壤负电荷的数量。因此土壤质地越黏，有机质含量越高，土壤的 pH 值越大，土壤的负电荷数量就越大，阳离子的代换量也就越大。

④ 盐基饱和度（Base Saturation Percentage）。土壤的代换性阳离子分为两类：一类是致酸离子，包括 H^+ 和 Al^{3+}；另一类是盐基离子，包括 Ca^{2+}、Mg^{2+}、K^+、Na^+、NH_4^+

等。土壤胶体上所吸附的阳离子都是盐基离子的土壤，称为盐基饱和土壤，它具有中性或碱性反应；土壤胶体吸附有一部分致酸离子的土壤，称为盐基不饱和土壤。在土壤代换性阳离子中盐基离子所占的百分数称为土壤盐基饱和度。

$$盐基饱和度(\%)=\frac{代换性盐基离子总量(meq/100)}{阳离子代换量(meq/100g\ 土)}\times 100\% \tag{10-1}$$

土壤盐基饱和度的大小，主要取决于气候和母质等条件。由于我国雨量分布是由南向北逐渐减少的，所以土壤盐基饱和度也有由北向南渐少的趋势。少雨的北方，盐基淋溶弱，土壤盐基饱和度大，土壤的 pH 值也较大；多雨的南方，情况正好相反。在气候相同的地区，母质富含盐基的土壤，其盐基饱和度较大

(2) 土壤中阴离子的代换吸附作用。对于阴离子吸附起作用的是带正电的胶体，它比阳离子代换吸附作用要弱得多。阴离子代换吸附作用也是可逆的反应，能很快达到平衡，平衡的转移也受质量作用定律支配。但是土壤中阴离子代换吸附常常与化学吸附作用同时发生，两者不易区别清楚；因此相互代替的离子之间没有明显的当量关系。

各种不同的阴离子，其代换能力也有差别，根据测定，各种阴离子被土壤吸附顺序如下：

F^-＞草酸根＞柠檬酸根＞磷酸根（$H_2PO_4^-$）≥砷酸根≥硅酸根＞HCO_3^-＞$H_2BO_3^-$＞CH_3COO^-＞SCN^-＞SO_4^{2-}＞Ce^-＞NO_3^-

以上的顺序没有价数及离子大小的规律。有人认为，阴离子代换能力的大小与该离子和胶体晶格间所形成的溶解度有关，溶解度越小，代换能力越大。其次，凡是离子半径愈接近于 OH^- 的半径（$r=1.32\sim1.40$Å）的，其代换能力愈大。

土壤阴离子代换量与黏土矿物成分和土层反应有关。含水氧化铁、铝的阴离子代换量在土壤溶液 pH 值为 5 时，可达 100～150meq/100g 土，高岭石含量高的土壤，阴离子代换量也较大。阴离子代换量随着土壤 pH 值的升高而降低，并在某一 pH 值时，还出现负吸附。

10.2.1.4 化学吸附

化学吸附（Chemisorption）是土壤颗粒表面的物质与污染物质之间，由于化学键力发生了化学作用，使得化学性质有所改变。原来在土壤溶液中的可溶性物质，经化学反应后转变为难溶性化合物的沉淀物，因为在地下水中常含有大量的 Cl^-、SO_4^{2-}、HCO_3^- 等阴离子。所以一旦有重金属污染物进入时，在一定的氧化还原电位和 pH 值条件下，则可产生相应的氢氧化物、硫酸盐或碳酸盐而发生沉淀现象。

此外还可能有石灰吸附空气中的 CO_2，形成 $CaCO_3$ 沉淀以及锌粒吸附污水中的汞形成锌汞齐合金等。

沉淀析出的盐类，在 pH 值和氧化还原电位改变时，还可能再溶解。当然这会影响水动力学过程，从而间接地影响受水动力过程制约的其他形式的去除作用。同时沉淀会形成新的吸附面积，溶解则会减少吸附面积，所以沉淀过程也影响着吸附性能。

化学吸附的特点是：吸附热大，相当于化学反应热，吸附有明显的选择性；化学键力大时，吸附是不可能的。

10.2.1.5 沉淀和溶解

污染物在包气带及含水层迁移时，其浓度常常受某些难溶化合物溶解度的控制。如果其离子活度积大于溶度积，便产生沉淀，从而使污染物的浓度降低。容易生成难溶盐沉淀的污染组分，其迁移能力也越小。盐类的溶解难易程度，常以溶解度来划分：溶解度大于 10g/L 者，称为易溶盐，溶解度为 1～10g/L 者称为微溶盐，溶解度小于 1g/L 者称为难溶盐。在研究溶解度对污染物浓度的控制时，一般只考虑难溶盐，因为它们易产生沉泥。污染物通过包气带，进而进入含水层，并与天然地下水相混合，在这个迁移过程中，污染物浓度是否会

受某些难溶盐溶解度的控制而产生沉淀，一般按照质量作用定律，以及有关的热力学数据，先算出游离离子的摩尔浓度，然后算出离子积。求得其饱和指数，用这样的方法即可加以判断。但应该指出的是，由于热力学数据是在实验室内的简单溶液中获得的，而天然地下水及受污染的地下水是一种复杂的溶液，因此根据热力学数据的判断有时有误差。例如按某些地下水化学分析结果计算的 $CaCO_3$；饱和指数大于 1 时，从理论上讲应该产生沉淀，但实际并未产生。所以在研究具体问题时，仍有许多问题值得深入研究。因为难溶盐的沉淀除受溶度积控制外，还与 pH 值、氧化还原条件等密切相关，除了与无机络合离子（如离子对）有关外，还与有机络合离子（螯合物）有关。

在总溶解固体浓度大的地下水中，即在离子强度大于 0.1，或者在比 0.1 小得多的地下水中，常常出现络合组分。我们可以把这些络合组分看作是热力学上的统一体，而且它们与自由离子处于动平衡状态。络合是称为中心原子的阳离子与阴离子或分子的结合，例如 $CaCO_3^0$、$CaHCO_3^+$、$CaSO_4^0$ 等。无论是无机络合，或是有机络合，都可能改变某些化合物的溶解度。例如在土壤水中，与富里酸、柠檬酸等形成的络合物是易溶的，它们可增加某些化合物的溶解度；而与腐殖酸形成的螯合物是难溶的，它们可降低某些化合物的溶解度。Cu、Pb、Cd 和 Zn 的腐殖酸络合物的 pK 值分别为 8.65、8.35、6.25 和 5.72；而 Cu、Pb 和 Zn 的富里酸络合物，其 pK 值分别为 4.0、4.0 和 3.6，显然重金属的腐殖酸络合物比重金属的富里酸络合物更稳定，更不易解离。就土壤中许多络合物而言，其络合稳定性按下列顺序减小：

$$Mn^{2+} < Zn^{2+} < Cd^{2+} < Ni^{2+} < Fe^{2+} < Pb^{2+} < Ca^{2+} < Al^{3+} < Fe^{3+}$$

腐殖酸的总键合能力是比较大的，每 100g 腐殖酸约键合 200～600meq 金属，所键合的阳离子是不可逆的与腐殖酸固定在一起，以这种键合性质的阳离子约占其键合能力的 2/3。所以说，富里酸存在可增加某些组分的迁移能力，而腐殖酸则降低某些组分的迁移能力。这方面的研究目前还不多，但仍是研究污染物迁移能力的一个不可忽视的因素。

10.2.1.6 氧化还原反应

地下水系统中有不少元素具有多种氧化态，氧化还原反应直接影响其迁移性能。具有多种氧化态的元素主要有 N、S、Fe、Mn、Cr、Hg、As 等。即使有些只有一种氧化态的元素（如 Cu、Pb、Cd、Zn），其迁移性能也明显地受氧化还原条件的影响，但影响程度较小。

图 10-4 是 Pb、Cd、Cr、As 的 pH-*Eh* 图。这四个组分是有毒组分，是地下水污染研究中的重要组分，前两个元素只有一个氧化态（正二价态），后两个元素具有两个氧化态。该图说明，对于只有一个氧化态的 Pb 和 Cd 来说，当 pH 大于 7 或 8，氧化还原电位并不很低的情况下，产生难溶的碳酸盐沉淀，而氧化还原电位很低时，则产生难溶的硫化物沉淀。地下水中的 As，只有在 *Eh* 很低时产生难溶的硫化物沉淀，而对任何的 *Eh* 和 pH 值，都不产生碳酸盐沉淀。地下水中的 Cr，在 pH 很低而 *Eh* 较高时，产生比较难溶的氧化物沉淀。

在饮用水水质标准所规定的组分中，在浅层的地下水一般所具有的 pH-*Eh* 条件下，最易迁移的组分是 Cr、As、Se。在氧化条件下，在具有正常的 pH 值的浅层水里，As 和 Cr 以一价或二价的阴离子形式存在。Se 的情况也是这样，*Eh* 很低时才产生难溶的硫化物沉淀，而在氧化的条件下，其迁移不受溶解度的控制。

虽然各种元素的 pH-*Eh* 图对各种元素在不同的 pH-*Eh* 条件下的迁移能力可提供一个总的情况，但不能直接利用它们来预测地下水中污染物的迁移能力。因为要把 pH-*Eh* 图直接应用于鉴别各种污染物的迁移性能，就必须准确地测定 pH 值和 *Eh* 值；此外，地下水中的细菌也得查清，因为细菌对氧化还原往往影响很大。但是由于很难准确地测定地下水系统中的 *Eh*，同时缺乏细菌的定量数据，所以很难应用 pH-*Eh* 图系定量地确定地下水污染系统中某组分的存在形式及其迁移性能。

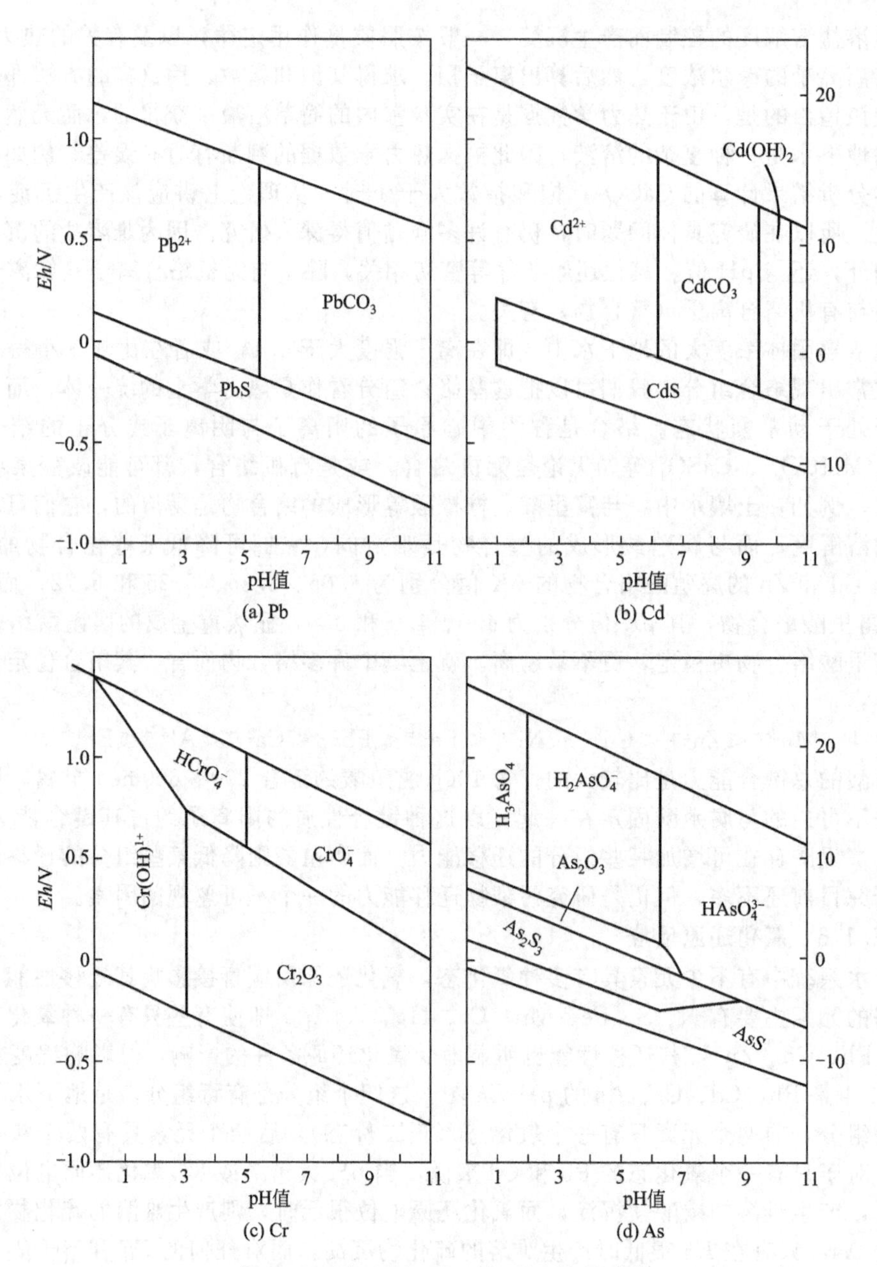

图 10-4　Pb、Cd、Cr、As 的 pH-*Eh* 图

在固体废物堆放地点下受污染的地下水中，往往具有很低的氧化还原电位，属还原条件，而其周围未被污染的地下水，则具有较高的氧化还原电位。表 10-5 是前联邦德国固体废物堆下地下水水样分析数据。

表 10-5　前联邦德国某一固体废物堆下地下水化学成分

测井号	*Eh*	O_2	COD	NO_3^-	NH_4^+	SO_4^{2-}	S^{2-}	Fe^{3+}
401	+176	6.3	0.4	16	0.21	184	0.007	0.4
405	−284	0	1587	131	1977	325	19	3.7
407	−154	0	28.7	42.6	26.4	234	3.3	4.2
413	+137	4.6	1.2	0.75	0.33	111	0.016	0.6

注：除 *Eh* 值单位为 mV 外，其余均为 mg/L。

该废物堆是该城市66万居民的大部分垃圾，从1925～1968年，堆高为42m，约1830万立方米。水样取水深度为8～11m，分析结果表明，距废物堆20m处的450井与距离废物堆80m的407井的地下水处于还原状态，*Eh* 均为负值，NH_4^+ 和COD含量很高，Fe^{2+} 和 S^{2-} 也比其他两个井明显高。而位于废物堆下游250 m处的413井，其水质已基本恢复到背景水质，与位于废物堆上游未被污染的401井近似。除上述固体废物堆下的地下水系统中存在氧化还原环境对污染物迁移的影响外，在一般的污水灌溉中也常常产生这种现象。据已有的研究资料表明，在原状土柱污水灌溉试验中，稻田柱160 m深处下渗水的 SO_4^{2-} 的浓度为182mg/L，而蔬菜柱相应深度下渗水的 SO_4^{2-} 高达600mg/L，说明蔬菜地下层土壤处于氧化环境，结果把污水中有机形式的硫氧化为 SO_4^{2-}，而稻田淹水土壤下的下层土壤处于弱还原环境，硫的氧化弱，所以后者下渗水的 SO_4^{2-} 远高于前者。

因为 O_2 在水中的溶解度低（25℃为9mg/L，5℃为11mg/L），又因为地下环境中 O_2 的补充受到限制，所以只要有少量有机质的存在就能耗尽地下水中的溶解氧。地下水中某些无机物还原和有机物氧化反应见表10-6（以最简单的碳水化合物 CH_2O 代表有机质）。

表10-6　地下水中某些无机物还原和有机物氧化反应

反应	反应式
需氧菌呼吸	$CH_2O+O_2(气) = H^- + HCO_3^-$
脱氮作用	$CH_2O+4/5NO_3^- = 1/5H^+ + 2/5N_2(气) + 2/5H_2O + HCO_3^-$
Mn(Ⅳ)还原	$CH_2O+2MnO_2(固)+3H^+ = 2Mn^{2+} + 2H_2O + HCO_3^-$
Fe(Ⅲ)还原	$CH_2O+Fe(OH)_3(固) \longrightarrow Fe^{2+} + H_2O + HCO_3^-$
硫酸盐还原	$CH_2O+1/2SO_4{}^{2-} = 1/2H^+ + 1/2HS^- + HCO_3^-$
甲烷发酵	$CH_2O+H_2O = 1/2CH_4 + 1/2HCO_3 + 1/2H^+$

$$CH_2O+O_2(气) = CO_2(气)+H_2O \tag{10-2}$$

据式(10-2)的质量守恒关系算得，只要8.4mg/L的 CH_2O 被氧化，就能消耗9mg/L的 O_2，这样水中的溶解氧就不存在了。但是即使地下水中的氧全部被耗尽，仍然可产生有机质的氧化。这时的氧化剂是地下水中的 SO_4^{2-}、NO_3^-、$Fe(OH)_3$ 等，如表10-6所列。表10-6所列的还原系列可在下列情况下发生：第一，当含 HCO_3^-、SO_4^{2-}、NO_3^- 等成分的水渗入到含大量有机质、$Fe(OH)_3$ 和 MnO_2 的含水层时；第二，当富含有机质的下渗补给水进入含水层迅速把地下水中的氧消耗尽以后。反应结果是，地下水中缺溶解氧，NO_3^- 和 SO_4^{2-} 减少，Fe^{2+}、Mn^{2+} 增加，有时可产生 HS^- 和 CH_4。上述组分含量的变化，往往可以作为地下水处于还原条件的标志。

10.2.1.7　pH值影响（酸碱反应）

地下水污染系统的pH值对污染物的迁移有明显的影响，由于pH值的变化，可能引起某些污染物的沉淀，同时也可能引起某些污染组分的吸附，从而降低这些组分的迁移能力。

天然地下水的pH值一般多在6～9，这是因为一般地下水均含有一定量的溶解 CO_2 和 HCO_3^- 而组成一个缓冲系统的缘故。pH值很高的地下水，通常是碳酸钠含量高的地下水；pH值很低的地下水通常是酸性矿山排水，这是硫化物氧化成硫酸盐，而硫酸盐进一步溶解的结果。如果有酸性污染水或酸雨渗入含水层时，地层中碳酸盐及硅铝酸盐的溶解可起到明显的缓冲作用，使pH值升高。据地下水系统的碳酸平衡原理，随着碳酸盐的溶解，水中的 HCO_3^- 和pH增加。同样硅铝酸盐溶解消耗水中的 H^+，结果使水中增加 Ca^{2+}、Mg^{2+}、Na^+、K^+，同时pH值和 HCO_3^- 也上升。

因此，酸性废水或酸雨的入渗不一定会引起地下水pH值降低，它可能溶解地层中某些矿物，增加其迁移能力；同时，如产生碳酸盐及硅铝酸盐的溶解，也可能使 pH 值升高，有利于某些金属离子形成氢氧化物或碱式盐沉淀。

10.2.1.8 化学降解

所谓化学降解（Chemical Degradation）是一些污染物在没有微生物参加情况下的分解。一般来说，化学降解是指有机物而言的。有机物通过化学降解，可使其转变为另一种形式，毒性小或无毒的形式。如某些农药通过化学降解强烈地被消耗，这些农药包括马拉硫磷、莠去津、丁烯磷、拿草特、敌草隆、利谷隆等。当然在酸性土壤里，所产生的化学脱氮作用（无微生物参加的化学还原）去除 NO_3^- 的过程，也属于化学降解。

除上述化学作用外，光分解也是一种减少污染物迁移的化学作用。光辐射到地面上，可使一些有机污染物变为无毒形式。目前资料证明能进行光分解的有机物有三氟化物、异狄氏剂、五氯酚、杀扑磷等。

10.2.2 生物作用

10.2.2.1 微生物作用产生的降解和转化过程

实践早已表明，无论是在包气带土壤中，或是埋藏不深的潜水中，甚至循环 100m 或更大深度的地下水中，都有微生物在活动，而且在零下几十度和零上 85～90℃的不同温度的地下水中微生物都能繁殖。微生物的种类包括细菌、真菌、放射菌和寄生虫。在污水灌溉或使用其他固体废物（如污泥、农家肥）和有机农药、化肥的土壤里，以及受污染的地下水中，其有机污染物作为微生物的碳源和能源，微生物在消耗有机物的同时，其群体密度也在增大。因此地下水污染系统中，在微生物参与下，可使有机物降解或向无机物转化。

所谓微生物降解，是指复杂的有机物（大分子有机物），通过微生物活动使其变成为简单的产物（CO_2 和 H_2O 等），如糖类在好氧条件下的降解为：

$$C_6H_{12}O_6+6O_2 \xrightarrow{\text{好氧细菌}} 6CO_2+6H_2O$$

无机物的转化是指一种形式的无机物通过微生物的活动，使其转化为另一种形式的无机物。如在好氧的地下水系统中，能使 H_2S 氧化成硫酸：

$$2H_2S+O_2 \xrightarrow{\text{硫酸细菌}} 2H_2O+2S$$

$$2S+3O_2+H_2O \xrightarrow{\text{硫酸细菌}} 2H_2SO_4$$

如果地下水系统中同时有碳酸盐存在，则可中和成硫酸盐沉淀析出：

$$H_2SO_4+CaCO_3 \longrightarrow CaSO_4+H_2O+CO_2\uparrow$$

无论是有机物的降解还是无机物的转化，都可在较深的地下水系统中的厌氧条件下通过厌氧细菌进行，只是降解速率要比在好氧条件下较小而已。在厌氧环境里，微生物可通过还原含氧的化合物（特别是 NO_3^-、SO_4^{2+}）获得所必需的氧。所以不含氧、水解常数小的有机物（如卤代大烃类），在地下水系统中的厌氧条件下难降解，而含氧的有机化合物（如乙醇、乙醚及脂类等）相对较易降解，如在厌氧条件下铵化和反硝化细菌的转化过程为：

$$8(H)+H^++NO_3^- \xrightarrow{\text{铵化细菌}} NH_4^++OH^-+2H_2O$$

$$10(H)+2H^++NO_3^- \xrightarrow{\text{反硝化细菌}} N_2+6H_2O$$

10.2.2.2 生物积累和植物摄取

(1) 生物积累。生物积累是指地下水中的污染物被有机体所吸收。这是一种消除地下水有害物质的重要因素。如果生物中积累的微量元素超过一定浓度时，则可能产生毒害作用，而使生物从繁殖生长状态转化为死亡状态，于是原先积累在生物体中的物质则又可能重新释放出来。

在水生生物中，通常用一个生物浓缩系数（Bio-Concentration Factor，BCF，亦称富集因子）来表示生物积累程度。

$$BCF=\frac{C_{org}}{C_w} \tag{10-3}$$

式中，C_{org}和C_w分别为物质在有机体内和周围水体中的浓度。

（2）植物摄取。某些污染物可作为植物的养分被植物根系吸收，由于植物生长过程的不断摄取，使一部分污染物被去除。植物易摄取的有：N、P、K、Ca、Mg、S、Fe、B、Zn、Cu、Mo、Ni、Ca、Mn以及某些农药。

10.3　污染物迁移的滞后现象及吸附作用

10.3.1　水文地球化学作用对污染物迁移能力的影响

上述各水文地球化学作用对污染物在地下水系统中的迁移能力的影响不尽相同，有的可使污染物的迁移能力降低，有的则相反，它可使污染物的迁移能力增加。具体归纳如下。

10.3.1.1　降低污染物迁移能力的水文地球化学作用

（1）沉淀作用。当某些组分在迁移过程中产生沉淀时，就会大大降低其在地下水系统中的迁移能力，可形成钙的碳酸盐、硫酸盐及磷酸盐沉淀；也可形成镁的碳酸盐、氯化物及氢氧化物沉淀。与腐殖酸形成的金属络合物通常是难溶的，如钙、镁的腐殖酸盐。此外，有机质分子还能与黏土颗粒形成絮凝剂而被截留在土壤里。通过生物絮凝作用使微生物群集，从而使细菌等微生物迁移受过滤作用的限制。

（2）吸附作用。当某些组分在迁移过程中能被介质吸附时，则也会降低其在地下水系统中的迁移能力，在有机物中，非极性的难溶有机物比极性有机物容易被吸附。此外，阳离子型的农药，也易被吸附。土壤介质中的吸附作用是去除细菌和病毒的一个重要因素。病毒的被吸附量随土壤阳离子交换容量的增加而增加。也包括特殊吸附剂：黏土矿物，铝、铁和锰的氢氧化物，还有腐殖酸盐、富里酸盐、碳酸钙、二氧化硅及钙的磷酸盐等。

（3）氧化还原作用。由于在地下水系统中发生的氧化还原作用而使得某些组分的迁移能力降低的情况，厌氧的还原条件能使硝化作用受到阻碍，而使反硝化脱氮作用则易于进行，从而使污水中的NH_4^+吸附在土壤里，NO_3^-转化为N_2，使NH_4^+和NO_3^-的迁移能力下降。同时SO_4^{2-}可还原为HS^-也起了阻碍迁移的作用。在有硫化物存在的还原环境里，会形成Cd、Pb、Cu、Zn、As、Ni、Co、Mn等的难溶硫化物沉淀，以及形成Cu、Fe、Mn、Ni的难溶氧化物沉淀，降低其迁移能力；在氧化条件下，可形成$Fe(OH)_3$和Cd、Pb碳酸盐的沉淀，也能阻碍其迁移。

（4）酸碱反应。pH值的变化可能引起某些组分在地下水系统中迁移能力的改变，如pH值的增加可引起$CaCO_3$和$MgCO_3$的沉淀，pH值的增加可引起某些微量金属形成碳酸盐沉淀。例如当pH值大于7或8时，会产生$CdCO_3$和$PbCO_3$沉淀；此外还可能形成$ZnCO_3$、$NiCO_3$、$BaCO_3$等沉淀。pH值变化也可能形成一些氢氧化物沉淀，如镁的氢氧化物在pH值大于10.5时沉淀，锰的氢氧化物在pH值大于8时沉淀，以及铝的氢氧化物在pH=5时便开始沉淀，当pH值为6～7时，会大量沉淀。

10.3.1.2　增加污染物迁移能力的水文地球化学作用

（1）溶解和淋滤。当补给水进入地下水系统时，早已在包气带及含水层中沉淀的组分可能溶解，早已被吸附剂吸附的组分可能解吸。溶解和解吸都会增加某些组分的迁移性能，当土壤含水量低时，有机氯农药等能被大量吸附，而当有新水源补给时，由于土壤含水量的增大可能使其产生解吸。烃类化合物也可能由于土壤含水量的增加而释放到入渗水中去。被截留在包气带土壤里的微生物（病毒和细菌）也可能被补给水洗刷，随补给水进入含水层。不少研究者发现，降雨后的井水样中，细菌含量增加，病毒在饱水的土壤中迁移较快。同时细菌在含水量较高的土壤中存活时间较长。

(2) 阳离子交换。阳离子交换是可逆的，其交换方向取决于介质的性质及地下水化学成分和入渗补给水的化学成分。在一定条件下，早已被吸附的污染物（化学组分）可能解吸，从而增加其迁移能力，由于阳离子交换而增加污染物迁移能力的具体情况如下。

① 主要无机组分。Ca、Mg 和 Na。我国北方一般土壤呈碱性，其吸附的阳离子大部分为 Ca^{2+} 和 Mg^{2+}，约占交换容量的 70%～80%。如果补给入渗的污水中含 Na^{+} 量相对较高时，则可能产生污水中的 Na^{+} 交换土壤中交换性 Ca^{2+} 和 Mg^{2+} 的现象，从而增加 Ca、Mg 的迁移能力，使地下水硬度升高。如果用淡水（包括污水）灌溉盐碱土，由于该土壤中已吸附了较多量的 Na^{+}，因此可产生上述相反方向的交换。

② 次要和微量无机组分。早已被吸附在吸附剂上的阳离子可能被置换（解吸）或洗提，它一方面取决于水中可置换被吸附离子的游离离子的浓度，另一方面也取决于该离子的吸附强度，被吸附离子的吸附强度越小，越易被吸附强度大的离子所置换，离子吸附强度顺序如下：

$$Fe^{3+} \geqslant Al^{3+} > H^{+} > Ba^{2+} > Sr^{2+} > Ca^{2+} > Mg^{2+} > Cs^{+}$$
$$> Rb^{+} > NH_4^{+} \geqslant K^{+} > Na^{+} > Li^{+}$$

③ 有机物。有机物的存在可通过产生有机酸（pH 值降低）和形成络合物及螯合物使某些污染物的迁移能力增加。如有机物的分解产生 CO_2，使水中 CO_2 分压升高，溶解钙镁碳酸盐，则增加了 Ca^{2+}、Mg^{2+} 和 HCO_3^{-} 的迁移能力。此外有机金属螯合物的形成，会使 Zn、Cu 等微量金属的迁移性能增加。还有当有机溶剂参与淋滤时，多氯联苯等化合物变得易于迁移。

(3) 氧化还原。地下水系统氧化还原条件的变化，特别是地下水超量开采或矿山疏干地下水，会使得原来处于地下水面以下的地段变成包气带，从而引起某些矿物氧化，使其变为较易溶解的盐类，促进某些元素的迁移。pH 值的变化可能引起某些沉淀物的溶解及污染物的解吸。当 pH 值小于 6 或大于 9 时，可能产生碳酸钙及铁锰氧化物的溶解反应。Cd、Cu、Fe、Ni 和 Zn 会随着 pH 值的降低迁移能力升高。此外由于 pH 值的升高，被吸附的酸性农药可能变成阴离子而解吸。同样，由于 pH 值的升高还可使病毒吸附量减少或使已吸附的病毒解吸。

10.3.2 污染物迁移的滞后现象及吸附作用

污染物随着水流进入包气带，进而进入含水层的水动力场的过程中，由于产生各种物理、化学及生物作用，使得污染物迁移与其周围地下水运动产生差异，出现前者比后者滞后的现象。这种滞后现象常用迟滞因子（Retardation Factor）来定量描述。迟滞因子（R）来源于对流-弥散-吸附方程：

$$\frac{\partial C}{\partial t} = D\frac{\partial^2 C}{\partial x^2} - v\frac{\partial C}{\partial x} - \frac{\rho}{n}\frac{\partial S}{\partial t} \tag{10-4}$$

式中，v 为沿 x 方向地下水的线性平均流速；C 为地下水中某污染物浓度；x 为水流方向的距离；D 为弥散系数；ρ 为含水层介质容重；n 为含水层有效孔隙度；S 为每单位质量介质吸附的污染物质量；t 为时间。

式(10-4) 右边的第三项为由于吸附引起的污染物的损失量。

如果污染物被吸附的速度比较快（相对于水流速度来说），很快达到吸附平衡，且其吸附反应是可逆的，则液态污染物平衡时的浓度（C）与固态吸附污染物平衡时的浓度（S）有如下关系：

$$\frac{\partial S}{\partial C}=K_{\mathrm{d}} \tag{10-5}$$

式中 K_{d} 定义为分配系数，即达到吸附平衡时固相和液相污染物的分配情况，其数学表示式如下。

$$K_{\mathrm{d}}=\frac{S}{C} \tag{10-6}$$

K_{d} 值可用试验的方法测得。如果是线性吸附，则 K_{d} 值为吸附等温线的斜率。对于特定的固相介质来说，某一污染物的 K_{d} 值为一常数。在这样的情况下，可用 K_{d} 值衡量各种污染染物的相对迁移能力，K_{d} 值越大，越易于吸附，越不易迁移；反之，K_{d} 值越小，越不易被吸附，越易于迁移。但应当说明的是，式(10-6）中的 S，除被吸附的污染物外，常常还包括沉淀等其他作用截留在固相里的污染物。可见 K_{d} 值实际上是某一固相介质对某一种污染物亲和性的量度。

若变换式(10-5）得：

$$\partial S=\partial C\times K_{\mathrm{d}} \tag{10-7}$$

将式(10-7）代入式(10-4）中得：

$$\left(1+\frac{\rho}{n}K_{\mathrm{d}}\right)\frac{\partial C}{\partial t}=D\frac{\partial^2 C}{\partial x^2}-\frac{\partial C}{\partial x} \tag{10-8}$$

若令

$$\left(1+\frac{\rho}{n}K_{\mathrm{d}}\right)=R \tag{10-9}$$

于是式(10-4）可写为：

$$R\frac{\partial C}{\partial t}=D\frac{\partial^2 C}{\partial x^2}-v\frac{\partial C}{\partial x} \tag{10-10}$$

则迟滞因子（R）可表示为：

$$R=\frac{v}{v'} \tag{10-11}$$

式中，v 为地下水流的线性流速；v'为污染带锋面的流速。

还可以表达为：

$$\frac{1}{R}=\frac{v'}{v} \tag{10-12}$$

式(10-12）中$\frac{1}{R}$称为污染物的相对速度。

迟滞因子（R）是具体测量地下水中污染物滞后现象的量度。如果 $R=10$，则说明地下水流速为污染物迁移速度的 10 倍，R 值越大，越不易迁移。

10.4 污染物在包气带土层及地下水中的迁移转化

污染物在包气带土层及潜水层中的迁移转化是十分复杂的。所谓迁移（Mobilization），指污染物在环境中的物理过程，包括污染物的分配、溶解、挥发、吸附等过程，在此过程中，污染物的结构未发生变化。所谓转化（Transformation），即有机物的生物化学过程，包括光降解、水解、氧化还原和生物降解、富集等过程，在此过程中，污染物的结构发生变化。控制污染物在包气带和潜水层多孔介质中迁移转化的因素和过程有：包气带土层及潜水层孔隙的结构大小和分布等特性参数，边界和初始条件；污染物质的类型，污染源的几何形状及污染物的释放方式；对流；水力弥散；地球化学和生物化学反应，以及放射性衰变及生物降解。污染物在包气带土层及地下水中的迁移速度和浓度的时空分布，在较多的情况下是上述各因素和过程综合作用的结果。

10.4.1 多孔介质

为了使讨论的问题更为明确，从流体力学角度把多孔介质定义如下。

(1) 多孔介质是一多相物质，在其所占据的空间中至少有一相不是固体，它们可以是气体相或液体相。固体相称为固体骨架，气体相和液体相（二者也可能只存在一相）所占据的空间叫孔隙（Pore）。当多孔介质的孔隙完全充满液体时，称为饱和（即饱水）介质，如孔隙中有气体相则叫做非饱和介质。

(2) 孔隙空间接近均匀分布，并比较狭窄。固体骨架的比表面较大。

(3) 至少构成孔隙空间的某些孔洞应相互连通，就流体通过多孔介质的流动来说，相互连通的孔隙为有效孔隙（Effective Pore），不连通的孔隙可以视为固体骨架部分。实际上，相互连通的孔隙的某些部分对流体在多孔介质中的流动也可以是无效的。例如死端孔隙（Dead-End Pores），即只有一条狭窄的小缝和互相连通的孔隙间联系着的盲孔隙。在这样的盲孔隙中，流体几乎不发生流动，详见图10-5。

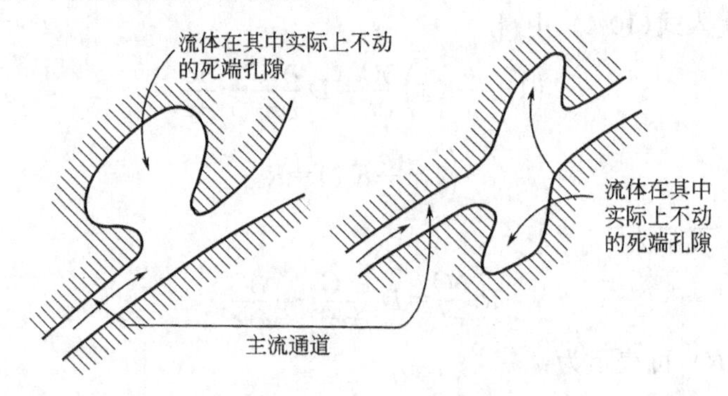

图10-5 死端孔隙

由于多孔介质骨架的表面几何形状是极不规则的，因此污染物在其中的迁移状况，就不可能从分子水平用拉格朗日方法进行研究，事实上也是不必要的。现在大量采用的是所谓宏观方法——连续介质法，基本内容如下。

① 首先引入简化的多孔介质模型。简化模型应易于数学处理并体现多孔介质的主要特征。由于这里的目的是为了分析污染物随地下水通过孔隙的流动，因此还必须对模型中的流体状态作一系列的假定和限制，以补充说明多孔介质的特征。

② 用一种假想水流代替在孔隙中流动的真实地下水。这种假设必须满足下列三个条件：两种水流（假设水流与真实水流）的推动力相等；通过同一断面的流量相等；在孔隙中所受阻力相等。满足上述条件的假想水流称为渗透水流。这种水流可以看作是连续水流，可以应用流体质点的连续方程和运动方程来描述水在多孔介质中的流动，从而回避了研究单个孔隙通道中流体质点流动的困难。多孔介质不论是否饱水，都可采用上述方法研究。

为了从宏观上研究多孔介质中的地下水运动，还必须求得有关的几何要素和运动要素的时空分布，为此就得定义多孔介质表征体元的概念，这是采用宏观方法的基础。例如在研究孔隙度 n 时，可以在多孔介质中取一点 P 点（数学点）为重心、体积为 ΔV_i 的体积单元，若在此体积单元内孔隙所占的体积为 $(\Delta V_p)_i$，则比值 n_i 如下。

$$n_i=\frac{(\Delta V_p)_i}{\Delta V_i} \tag{10-13}$$

当孔隙在多孔介质中均匀分布时，随着以 P 点为重心的体积元体体积 ΔV_i 的缩小，n_i 值并不变化，但当 ΔV_i 值减少到某一个 ΔV_0 值后，则 n_i 值将会大幅度波动。因此存在着一个较单个孔隙或颗粒体积大的 ΔV_0 值，使得下列极限存在。

$$n=\lim_{\Delta V_i \to \Delta V_0} \frac{(\Delta V_p)_i}{\Delta V_i}=\frac{(\Delta V_p)_0}{\Delta V_0} \tag{10-14}$$

极限值 n 为 P 点的孔隙度，特征体积 ΔV_0 叫做数学点 P 处的表征单元。

10.4.2 对流作用

污染物的对流（Convection，Advection）是指当地下水在土壤介质的孔隙中流动时，同时携带着污染物质以水的运移速度在孔隙中迁移，也称推流输送。这种随水流运动而携带的污染物的数量，称为污染物质对流通量 J_c。对流通量 J_c 与土壤中地下水中污染物浓度成正比，即：

$$J_c=qC \tag{10-15}$$

式中，J_c 为污染物质的对流通量（Convection Flux），即每单位时间内通过土体每单位横截面积的污染物质的量；C 为污染物在地下水中的浓度，即每单位体积地下水中污染物质的质量；q 为流量通量，即每单位时间内通过土体每单位横截面积的水流体积，可通过达西定律求出。

为了便于计算单位时间里保守性污染物质通过的距离，一般采用地下水流动的孔隙平均速度

$$v=q/\theta \tag{10-16}$$

式中，θ 对非饱和土壤为体积含水率，对饱和土壤为有效空隙度，应用 n_e 代替；v 为单位时间内通过的土壤直线长度，不考虑由孔隙形状而带来的流动途径的曲折，所以称孔隙平均速度，有时也称平均表观速度。

则污染物质的对流通量也可表示为：

$$J_c=v\theta C \tag{10-17}$$

10.4.3 弥散作用

弥散作用（Dispersion）是指流动在多孔介质中成分不同的两种易混合的液体间的过渡带的发生与发展的现象，见图 10-6。运移机理则是定性描述和定量评价各种易混合流体在多孔介质中相互代替的习性的理论。

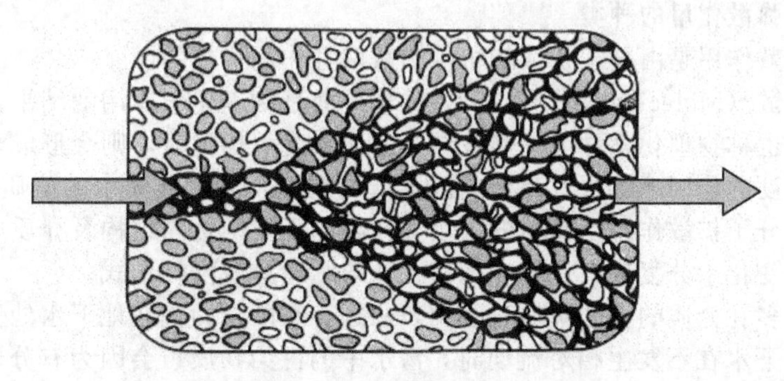

图 10-6 弥散现象

10.4.3.1 多孔介质的弥散作用

首先用两个例子来说明溶质在地下水中的弥散现象。

(1) 如图 10-7 (a) 所示，水由 A 到 B 流经一砂柱。砂柱先用纯水使之饱和，然后从

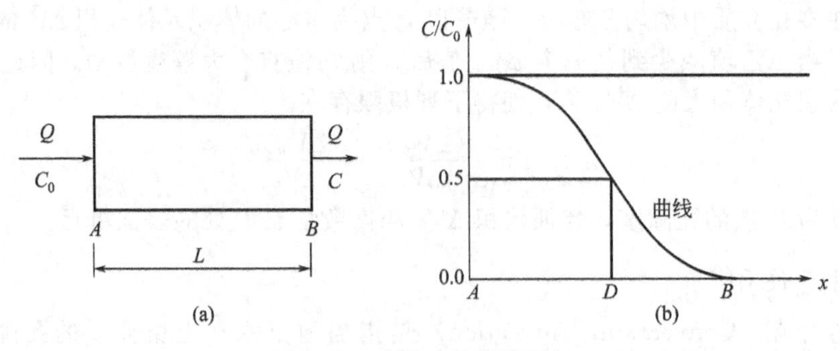

图 10-7　砂柱中的弥散现象

$t=0$ 时刻开始，沿断面 A 均匀注入一种浓度为 C_0 的保守性示踪剂溶液，在试验过程中保持 C_0 和 Q 不变。在 $t=t'$ 的某时刻，测定沿砂柱 L 长度上示踪剂的浓度变化，其浓度曲线为图 10-7（b）中的曲线，呈 S 形，这说明砂柱内浓度由 C_0 至零之间有一段逐渐变化的过渡带，这种浓度沿程递减的现象是纵向（沿水流方向）弥散的结果。

（2）在一口均匀的一维流场的井中连续注入一种保守性示踪剂溶液，然后在井周围观察到示踪物质逐渐散布开来，而且分布范围超出了按地下水平均流速所预计的区域。随着时间 t 的延续，示踪物质的分布范围沿水流方向（纵向）和垂直水流方向（横向）都在扩大，只是横向扩大较小而已，如图 10-8 所示。如果地下水流速很小，则不仅横向扩展会加大（与纵向扩展相对而言），而且还会出现与流动方向相反的逆向扩展。此外示踪剂的浓度则是自井向外逐渐变小，直到为零。上述的示踪剂超过地下水平均流速的移动、横向扩展及逆向扩展等现象的存在，都是弥散作用的结果。

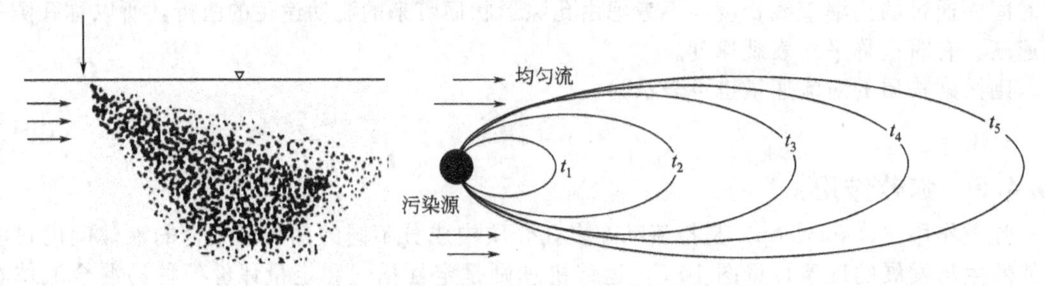

图 10-8　一维连续点源均匀流场示踪剂的扩展

10.4.3.2　弥散作用的种类

地下水的弥散作用是由分子扩散和机械弥散两种作用构成的。

（1）分子扩散（Molecular Diffusion）。分子扩散是物理化学作用的结果，是分子布朗运动的一种现象，也称物理化学弥散。当液体中溶质浓度不均匀时，则会形成化学势，于是溶质就会在浓度梯度的作用下由浓度高处向浓度低处运动，以使液体中的溶质浓度趋于均匀。在多孔介质中的分子扩散作用受孔隙的大小、孔隙的不均匀性与结构及介质中扩散离子的电价等综合影响，变化十分复杂，也存在横向扩散与纵向扩散两种形式。

分子扩散在多孔介质的整个弥散过程中是永远存在的。即使在地下水处于静止状态的时候，如污水与地下水在不发生相对流动时，污水中的污染物质也会因为有分子扩散作用而进入地下水中。在静止的重力水中，污染物从浓度高处向浓度低处的分子扩散，可用费克定律（Fick's Law）描述，扩散通量 J_{diff} 与浓度梯度 $\mathrm{d}C/\mathrm{d}x$ 存在下列关系。

$$J_{\text{diff}}=-D_{\text{diff}}\frac{\mathrm{d}C}{\mathrm{d}x} \tag{10-18}$$

式中，J_{diff} 为扩散通量，指单位时间通过土层的单位横截面积的溶质质量；D_{diff} 为溶质在重力水中的扩散系数，量纲为［L^2T^{-1}］，一般约为 $10^{-6} \sim 10^{-5} cm^2/s$；负号表示溶质从浓度高处向浓度低处运动。

在多孔介质中，液相中污染物质的分子扩散也可用费克定律描述，但污染物质在多孔介质中的分子扩散系数 D_{diff} 一般小于在重力水中的分子扩散系数，其原因有三。

① 多孔介质中的一部分体积被固体颗粒所占据，液相只占介质体积的一部分，最多是在饱和时等于介质的孔隙度，而在非饱和介质中，液相所能利用的体积将随含水率 θ 的下降而进一步降低，可认为 D_{diff} 是 θ 的函数。

② 由于污染物质的分子扩散是在介质的孔隙中发生，实际扩散的路径要比其在重力水中的扩散路径大得多。当含水率 θ 降低后，影响更加明显。

③ 其他原因。例如黏重的非饱和介质，当含水率 θ 降低后黏土表面吸收的水相中的离子浓度增大，黏滞性加大，从而导致对分子扩散阻力的增加。

在通常的条件下，上述各因素不易定量确定，因此往往采用综合因子 ∂ 来概括，即：

$$D_s = \partial\theta D_{diff} \tag{10-19}$$

于是多孔介质中的污染物质分子扩散通量（Molecular Diffusive Flux）可表示为：

$$J_{diff} = -D_s \frac{dC}{dx} \tag{10-20}$$

(2) 机械弥散（Mechanical Dispersion）。当含有各种污染物质的污水进入多孔介质的含水层后，则会由于两种液体（污水与地下水）在孔隙范围内的速度分布不均匀，使得两种液体产生机械混合。这种速度的不均匀是由以下三方面的作用引起的。

① 液体具有黏滞性，使土壤介质颗粒表面处的速度为零，距表面越远速度越大，在孔隙通道轴上达到最大，于是在孔隙中产生了个速度梯度，如图 10-9（a）所示。

若将土壤介质中的孔隙假想成为形成层流的圆管，半径为 R，由泊肖叶定律（Poiseuille's Law）可知，管中流速 v 随离中心的距离 r 的增加而降低。

$$v = 2\bar{v}\left(1 - \frac{r^2}{R^2}\right) \tag{10-21}$$

式中，$\bar{v}$ 为平均流速。可见，被水流携带的溶质流速取决于它在孔隙通道中的位置，在管壁处 $r=R$，$v=0$；而在管子中心 $v=2\bar{v}$，流速最大。

② 土壤介质各孔隙断面尺寸大小的差异，形成流速分布的不同，孔隙越大流速越快，从而发现各孔隙轴线上的最大流速不同，如图 10-9（b）所示。这种现象也可用泊肖叶定律说明：

$$Q = \frac{\pi R^4}{8\eta} T \tag{10-22}$$

式中，T 为水力梯度；η 为黏滞度；Q 为流量；R 为孔隙半径。从上式可见，通过孔隙的流量 Q 的大小与孔隙半径 R 的四次方成正比。土壤介质中孔隙半径变化幅度很大，可相差几个数量级，故各孔隙中的流速差异极大，如有效半径为 1mm 的孔隙导水能力是有效半径 $1\mu m$ 的孔隙的 10^{12} 倍。

③ 含水层颗粒骨架的阻挡，使流动于多孔介质孔隙中的水流质点的运动轨迹迂回曲折，运动方向不断变化，流速相对平均流速产生起伏，形成质点运动速度的差异［如图 10-9（c）所示］。

上述三种机械作用是同时发生的，其结果是产生机械弥散现象。机械弥散又叫动力弥散或水力弥散（Hydraulic dispersion）。沿平均流速方向发生的机械弥散称为纵向机械弥散(Longitudinal mechanical dispersion)，沿垂直于平均流速方向发生的机械弥散称为横向机械弥散（Transverse mechanical dispersion），在含水层的厚度方向（上下）发生的机械弥散称为垂向机械弥散（Vertical mechanical dispersion）。

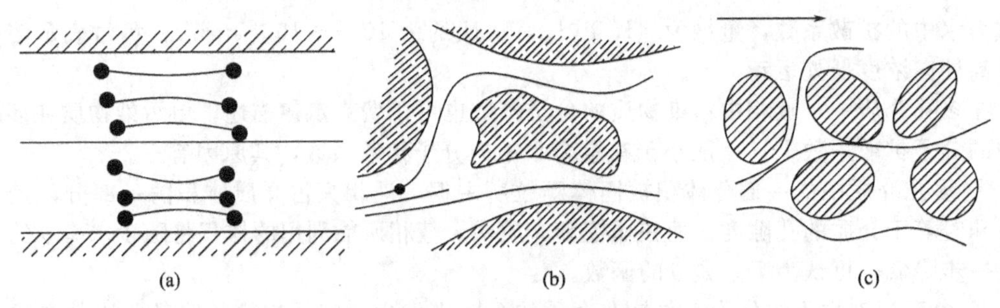

图 10-9 机械弥散作用

污染物质的机械弥散通量方程与分子扩散方程相类似，具体如下。

$$J_{\mathrm{dis}}=-D_{\mathrm{dis}}\frac{\mathrm{d}C}{\mathrm{d}x} \tag{10-23}$$

式中，J_{dis}为机械弥散通量，指单位时间内通过土壤单位截面的污染物质质量；D_{dis}为机械弥散系数，量纲为［L^2T^{-1}］。机械弥散系数D_{dis}与孔隙平均流速v呈线性关系，即：

$$D_{\mathrm{dis}}=\alpha v \tag{10-24}$$

式中的α称为弥散度，量纲为［L］，定义为描述多孔介质使溶质弥散的能力的特性长度，是与土壤特性有关的试验常数。

在一般情况下，当地下水在土壤介质中流动时，分子扩散和机械弥散在弥散过程中是同时起作用的。因此可把这两项作用叠加，合起来称为水动力弥散，所引起的弥散通量J为：

$$J=J_{\mathrm{diff}}+J_{\mathrm{dis}}=-D\frac{\mathrm{d}C}{\mathrm{d}x} \tag{10-25}$$

式中D为水动力弥散系数，也称综合扩散-弥散系数，量纲为［L^2T^{-1}］，用下式计算。

$$D=D_{\mathrm{diff}}+D_{\mathrm{dis}} \tag{10-26}$$

分子扩散系数D_{diff}和机械弥散系数D_{dis}对水动力弥散系数D的相对影响可用图 10-10 来说明。图中无量纲参数$V_{\mathrm{d}}/D_{\mathrm{diff}}$称为 Peclect 数，$d$为多孔介质的平均粒径。在不同的条件下，机械弥散和分子扩散的贡献不同。当地下水流速稍大时，机械弥散在水动力弥散中起主导作用；当地下水的流速很小时，分子扩散的作用就会变得很显著。

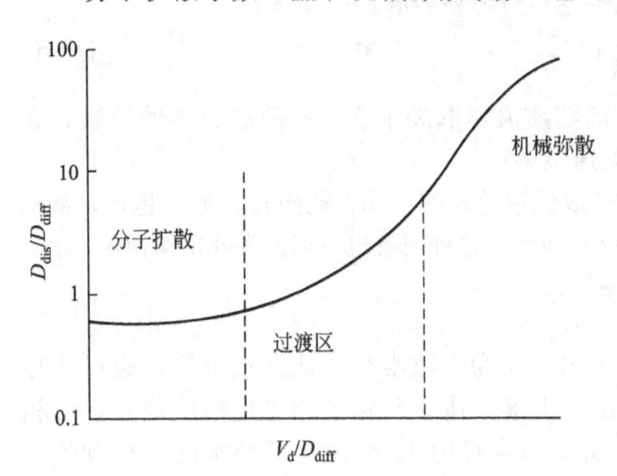

图 10-10 机械弥散和分子扩散对水动力弥散的相对影响

在自然界的大多数情况下，地下水都具有一定的流动速度，而且含水层中的上下运动也不明显，因此常常可以把分子扩散和垂向弥散加以忽略。但是如果地下水是运动在黏性土之中，地下水流速很小，或在研究污染物的短距离运移时，则分子扩散就不可以被忽略。若含水层很厚或含水层之间有垂向的越流补给时，则垂向弥散也是不可忽略的。

10.5 污染物在地下水系统中迁移数学模拟

10.5.1 基本方程

描述污染物质在饱和及非饱和土壤中迁移转化的基本方程通常写作：

$$\frac{\partial}{\partial x_i}\left[\theta D_{ij}\frac{\partial C}{\partial x_j}\right]-\frac{\partial}{\partial x_i}(Cq_i)-C'W^*+\theta\sum_{k=1}^{n}R_k=\frac{\partial(\theta C)}{\partial t} \tag{10-27}$$

弥散项　　对流项　源汇项　反应项　积累项

在饱和土壤中的基本迁移方程可简化为：

$$\frac{\partial}{\partial x_i}\left[D_{ij}\frac{\partial C}{\partial x_j}\right]-\frac{\partial}{\partial x_i}(Cv_i)-\frac{C'W^*}{n_e}+\sum_{k=1}^{n}R_k=\frac{\partial C}{\partial t} \tag{10-28}$$

式中，C 为污染物在地下水中的浓度；θ 为土层的体积含水率；q_i为 x_i方向的达西速率；v_i为 x_i方向的渗透速率或平均孔隙流速；D_{ij}为弥散系数张量；C'为源或汇的污染物质浓度；W^* 为单位体积的源或汇的体积流速；n_e为有效空隙度；R_k为 N 个不同的反应中第 k 个反应的溶解污染物质的产率；x_i为笛卡尔坐标。

式(10-28) 中 v_i通常是时间和空间的函数，可以用式(10-29) 计算，但应先解式(10-30) 求出在不同时间的水头 h 的分布值。

$$v_i=-\frac{K_{ij}}{n_e}\frac{\partial h}{\partial x_j} \tag{10-29}$$

$$\frac{\partial}{\partial x_i}\left[K_{ij}\frac{\partial h}{\partial x_j}\right]=S_0\frac{\partial h}{\partial t}+W^* \tag{10-30}$$

式中，K_{ij}为渗透系数张量；h 为水头；S_0 为比储存量。

弥散过程的机械弥散分量是由多孔介质中的速度偏差引起的，Scheidegger (1961) 假定它和渗透速度成正比：

$$D_{ij}=\alpha_{ijlm}\frac{v_l v_m}{v} \tag{10-31}$$

式中，a_{ijlm}是四阶张量，v_l和 v_m是流速分量，v 是流速向量的值。式(10-31) 表明了求解非均匀系统的污染物迁移问题的复杂性根源。事实上，在一般的非均匀条件下弥散系数是一个不定阶的张量，对一个非均匀系统式(10-28) 不可能有解析解或数值解。

在稳定均匀流条件下，如果不考虑补给和排水，式(10-28) ～式(10-30) 变为：

$$\frac{\partial}{\partial x_i}\left[D_{ij}\frac{\partial C}{\partial x_j}\right]-v_i\frac{\partial C}{\partial x_i}+\sum_{k=1}^{n}R_k=\frac{\partial C}{\partial t} \tag{10-32}$$

$$v_i=-\frac{K}{n_e}\frac{\partial h}{\partial x_i} \tag{10-33}$$

$$\frac{\partial^2 h}{\partial x_i^2}=0 \tag{10-34}$$

式中，K 为均匀多孔介质的渗透系数。

通常式(10-32) 中的弥散系数张量可进一步简化。对均匀多孔介质，如果 x_i处在流速向量 v 的方向上，则 $v_1=v$，$v_2=0$，根据 Bachmat 和 Bear (1964)：

$$D_{11}=\alpha_L v \tag{10-35}$$

$$D_{22}=D_{33}=\alpha_T v \tag{10-36}$$

式中，α_L和 α_T分别为纵向和横向的弥散度。综合考虑分子扩散和机械弥散的影响，水动力弥散系数可写作：

$$D_L=\alpha_L v+D_L^{diff} \tag{10-37}$$

$$D_T=\alpha_T v+D_T^{diff} \tag{10-38}$$

式中，D_L和 D_T分别为纵向弥散系数（Longitudinal dispersion coefficient）和横向弥散系数（Transverse dispersion coefficient）；D_L^{diff}和 D_T^{diff}分别为纵向分子扩散系数和横向分子扩散系数。由式(10-37) 和式(10-38) 表示的弥散系数仅是速度的函数，但 Marsily (1982)

指出它还可能是时间的函数。

如果忽略弥散系数与空间和时间的关系，并假定 x 轴与流速向量的方向一致，则对于一个二维问题式(10-32) 可简化为：

$$D_L \frac{\partial^2 C}{\partial x^2} + D_T \frac{\partial^2 C}{\partial y^2} - v \frac{\partial C}{\partial x} + \sum_{k=1}^{n} R_k = \frac{\partial C}{\partial t} \tag{10-39}$$

对于不产生反应的保守性物质，上式进一步简化为：

$$D_L \frac{\partial^2 C}{\partial x^2} + D_T \frac{\partial^2 C}{\partial y^2} - v \frac{\partial C}{\partial x} = \frac{\partial C}{\partial t} \tag{10-40}$$

如果流线是曲线，但流速的大小保持恒定，通常是定义两个曲线的坐标方向 S_l 和 S_t，S_l 是沿着流线的坐标，而 S_t 是与流线正交的坐标。在这个坐标系中，二维对流-弥散迁移方程［式(10-40)］变为：

$$D_L \frac{\partial^2 C}{\partial S_l^2} + D_T \frac{\partial^2 C}{\partial S_t^2} - v_l \frac{\partial C}{\partial S_l} = \frac{\partial C}{\partial t} \tag{10-41}$$

对于一维问题，非保守性物质和保守性物质的对流-弥散迁移方程可分别写作：

$$D \frac{\partial^2 C}{\partial x^2} - v \frac{\partial C}{\partial x} + \sum_{k=1}^{n} R_k = \frac{\partial C}{\partial t} \tag{10-42}$$

$$D \frac{\partial^2 C}{\partial x^2} - v \frac{\partial C}{\partial x} = \frac{\partial C}{\partial t} \tag{10-43}$$

10.5.2 非饱和土壤中的迁移方程

污染物在包气带与非饱和条件下迁移时，因其弥散系数和平均孔隙流速等迁移参数均为土壤含水率的函数，故远较饱和条件下复杂。

对于在迁移过程中会被介质吸附，并可衰变的污染物，如果平衡能很快达到并可表示为线性关系，则其一维垂向迁移方程为：

$$\frac{\partial}{\partial z}\left(\theta D \frac{\partial C}{\partial z}\right) - \frac{\partial (qC)}{\partial z} + \left(\frac{\partial \theta}{\partial t} + \lambda \theta\right) R_d C = R_d \frac{\partial (\theta C)}{\partial t} \tag{10-44}$$

式(10-44) 也可以用来统一描述饱和-非饱和介质中污染物的迁移问题。

对于保守性污染物质，式(10-44) 可写作：

$$\frac{\partial}{\partial z}\left(\theta D \frac{\partial C}{\partial z}\right) - \frac{\partial (qC)}{\partial z} = \frac{\partial (\theta C)}{\partial t} \tag{10-45}$$

10.5.3 考虑不动水体的迁移方程

如前所述，在细颗粒介质（如黏土、壤土等）中孔隙分布很不均匀，存在较多的死端孔隙，其中所含有的水流动滞缓，甚至不动。因此可将土壤水所占有的区域分为流动区和死水区。污染物质的迁移主要由流动区控制，但流动区和死水区都含有污染物，且污染物还会在两个区域间通过扩散发生质量交换。

(1) 饱和土壤中的迁移方程

① 保守性污染物的迁移方程。在饱和土壤中，保守性污染物在流动区和死水区土壤水体之间的迁移常用下述经验方程来描述。

$$\theta_{im} \frac{\partial C_{im}}{\partial t} = \alpha (C_m - C_{im}) \tag{10-46}$$

式中，θ_{im} 为死水区土壤的体积含水率，即非运移水的含水率；C_{im} 为死水区土壤水中的污染物浓度；C_m 为流动区土壤水中的污染物浓度；α 为描述污染物在流动区和死水区土壤水之间迁移的传递系数。

对于一维问题，保守性污染物的迁移方程为：

$$\theta_{\mathrm{m}}\frac{\partial C_{\mathrm{m}}}{\partial t}+\theta_{\mathrm{im}}\frac{\partial C_{\mathrm{im}}}{\partial t}=\theta_{\mathrm{m}}D\frac{\partial^2 C_{\mathrm{m}}}{\partial x^2}-v_{\mathrm{m}}\theta_{\mathrm{m}}\frac{\partial C_{\mathrm{m}}}{\partial x} \tag{10-47}$$

式中：θ_{m}为流动区土壤的体积含水率，即非运移水的含水率；v_{m}为运移水的流速。

对于二维问题，保守性污染物的迁移方程为：

$$\theta_{\mathrm{m}}\frac{\partial C_{\mathrm{m}}}{\partial t}+\theta_{\mathrm{im}}\frac{\partial C_{\mathrm{im}}}{\partial t}=\theta_{\mathrm{m}}D_{\mathrm{L}}\frac{\partial^2 C_{\mathrm{m}}}{\partial x^2}-\theta_{\mathrm{m}}D_{\mathrm{T}}\frac{\partial^2 C_{\mathrm{m}}}{\partial y^2}-v_{\mathrm{m}}\theta_{\mathrm{m}}\frac{\partial C_{\mathrm{m}}}{\partial x} \tag{10-48}$$

② 非保守性污染物的迁移方程。如果考虑污染物和土壤之间的吸附作用，则污染物在流动区和死水区土壤水之间的迁移可用下述方程来描述。

$$\theta_{\mathrm{im}}\frac{\partial C_{\mathrm{im}}}{\partial t}+(1-f)\rho_{\mathrm{b}}\frac{\partial S_{\mathrm{im}}}{\partial t}=\alpha(C_{\mathrm{m}}-C_{\mathrm{im}}) \tag{10-49}$$

式中，f为与运移水接触的土壤吸附点在土壤吸附点总数中所占的百分数；S_{im}为死水区中土壤的吸附量，即污染物在死水区中的固相浓度。

于是污染物在饱和区的一维迁移方程可写作：

$$\theta_{\mathrm{m}}\frac{\partial C_{\mathrm{m}}}{\partial t}+\theta_{\mathrm{im}}\frac{\partial C_{\mathrm{im}}}{\partial t}+f\rho_{\mathrm{b}}\frac{\partial S_{\mathrm{m}}}{\partial t}+(1-f)\rho_{\mathrm{b}}\frac{\partial S_{\mathrm{im}}}{\partial t}=\theta_{\mathrm{m}}D\frac{\partial^2 C_{\mathrm{m}}}{\partial x^2}-v_{\mathrm{m}}\theta_{\mathrm{m}}\frac{\partial C_{\mathrm{m}}}{\partial x} \tag{10-50}$$

式中，S_{m}为流动区中土壤的吸附量，即污染物在流动区中的固相浓度。

(2) 非饱和土壤中的迁移方程。在非饱和土壤中，保守性污染物在流动区和死水区土壤水之间的质量交换用下式描述。

$$\frac{\partial(\theta_{\mathrm{im}}C_{\mathrm{im}})}{\partial t}=\alpha(C_{\mathrm{m}}-C_{\mathrm{im}}) \tag{10-51}$$

对于一维问题，保守性污染物质的迁移方程为：

$$\frac{\partial(\theta_{\mathrm{m}}C_{\mathrm{m}})}{\partial t}+\frac{\partial(\theta_{\mathrm{im}}C_{\mathrm{im}})}{\partial t}=\frac{\partial}{\partial x}\left(\theta_{\mathrm{m}}D\frac{\partial C_{\mathrm{m}}}{\partial x}\right)-\frac{\partial(q_{\mathrm{m}}C_{m})}{\partial x} \tag{10-52}$$

相应的土壤水分运动方程为：

$$\frac{\partial\theta}{\partial t}=\frac{\partial}{\partial x}\left[D_{\mathrm{w}}(\theta)\frac{\partial\theta}{\partial x}\right]$$

$$q_{\mathrm{m}}=v_{\mathrm{m}}\theta_{\mathrm{m}}\qquad\theta=\theta_{\mathrm{m}}+\theta_{\mathrm{im}} \tag{10-53}$$

式中，q_{m}为运移水的通量；θ_{m}为土壤的体积含水率；D为水动力弥散系数；$D_{\mathrm{w}}(\theta)$为土壤水分运动的扩散系数。

当土壤水分处于稳定流动状态时，式(10-52)可简化为式(10-47)。而式(10-49)和式(10-50)也能用来描述会被土壤吸附的非保守性污染物在饱和土壤中的迁移规律。

对于剖面二维问题，保守性污染物质的迁移方程为：

$$\frac{\partial(\theta_{\mathrm{m}}C_{\mathrm{m}})}{\partial t}+\frac{\partial(\theta_{\mathrm{im}}C_{\mathrm{im}})}{\partial t}=\frac{\partial}{\partial z}\left(\theta_{\mathrm{m}}D_{\mathrm{L}}\frac{\partial C_{\mathrm{m}}}{\partial z}\right)+\frac{\partial}{\partial x}\left(\theta_{\mathrm{m}}D_{\mathrm{T}}\frac{\partial C_{\mathrm{m}}}{\partial x}\right)-\frac{\partial}{\partial x}(q_{\mathrm{m}}C_{\mathrm{m}}) \tag{10-54}$$

相应的水流方程为：

$$L(h)=\frac{\partial}{\partial x}\left[K(h)\frac{\partial h}{\partial x}\right]+\frac{\partial}{\partial z}\left[K(h)\frac{\partial h}{\partial z}\right]+\frac{\partial}{\partial z}\left[K(h)-\frac{\theta}{n}S_{\mathrm{m}}+C(h)\right] \tag{10-55}$$

式中，z为垂直坐标，向下为正；x为水平坐标；D_{L}为z方向，即水流方向上的弥散系数；D_{T}为x方向，即横向弥散系数；h为压力水头；$K(h)$为导水率；$C(h)$为容水度；S_{m}为弹性给水度。

【任务解决】 根据污染物迁移的滞后现象相关内容，则氯仿的迟滞因子：$R=1+\frac{\rho}{n}K_{\mathrm{d}}=1+\frac{2}{0.2}\times$

$0.567=6.67$；DDT 的迟滞因子：$R=1+\frac{2}{0.2}\times 3654=36541$。

上述计算结果表明，氯仿在地下水系统中的迁移速度仅比地下水流的速度滞后 6.67 倍，而 DDT 却滞后 36541 倍，所以说明 DDT 杀虫剂可能对地下水带来更大的危害。

【知识拓展】 国外对污染物在地下水中运移的研究和应用从 20 世纪初即已开始。许多学者研究了多维弥散、重力分异、吸附效应等水动力弥散问题。由于石油在开采、储运和炼制的过程中常会发生外泄事故，渗漏的成品油会对地下水土壤造成严重的污染。目前这已经成为世界普遍关心的问题，于是国外学者把注意力转向了包括石油在内的非亲水相液体（Nonaqueous phase liquid，简称 NAPL），对 NAPL 在地下水中的运移、控制、修复等方面开展了大量的研究工作。

我国 20 世纪 80 年代初才开始研究污染物在含水层中运移。1980 年初山东地质局、长春地质学院、地质部水文地质研究所、山东大学等单位在济南市郊区进行了为预测地下水污染发展趋势的地下水质模拟试验研究工作。随后更多研究单位开展了大量的地下水质模拟试验研究工作，特别是对地下水环境污染数学模型研究中的弥散系数的研究，由于弥散系数具有尺度效应，国内的弥散试验重点大都集中在准确地确定弥散系数上。

【思考与练习题】

1. 地下水污染的概念。
2. 详细表述地下水污染源的种类及污染特点。
3. 阐述地下水污染中重金属污染物的迁移规律及其危害。
4. 地下水污染中污染物吸附作用与污水处理活性污泥法吸附作用的差异。
5. 地下水污染物在包气带土层中的迁移规律及转化机理。
6. 常用的迁移方程解法有哪些？并列举饱和条件下迁移方程的数值解法。

附录

附录 1　海森概率格纸的横坐标分格表

P/%	由中值(50%)起的水平距离	P/%	由中值(50%)起的水平距离
0.01	3.720	7	1.476
0.02	3.540	8	1.405
0.03	3.432	9	1.341
0.04	3.353	10	1.282
0.05	3.290	11	1.227
0.06	3.239	12	1.175
0.07	3.195	13	1.126
0.08	3.156	14	1.080
0.09	3.122	15	1.036
0.10	3.090	16	0.994
0.15	2.967	17	0.954
0.2	2.878	18	0.915
0.3	2.748	19	0.878
0.4	2.652	20	0.842
0.5	2.576	22	0.774
0.6	2.512	24	0.706
0.7	2.457	26	0.643
0.8	2.409	28	0.583
0.9	2.366	30	0.524
1.0	2.326	32	0.468
1.2	2.257	34	0.412
1.4	2.197	36	0.358
1.6	2.144	38	0.305
1.8	2.097	40	0.253
2	2.053	42	0.202
3	1.881	44	0.151
4	1.751	46	0.100
5	1.645	48	0.050
6	1.555	50	0.000

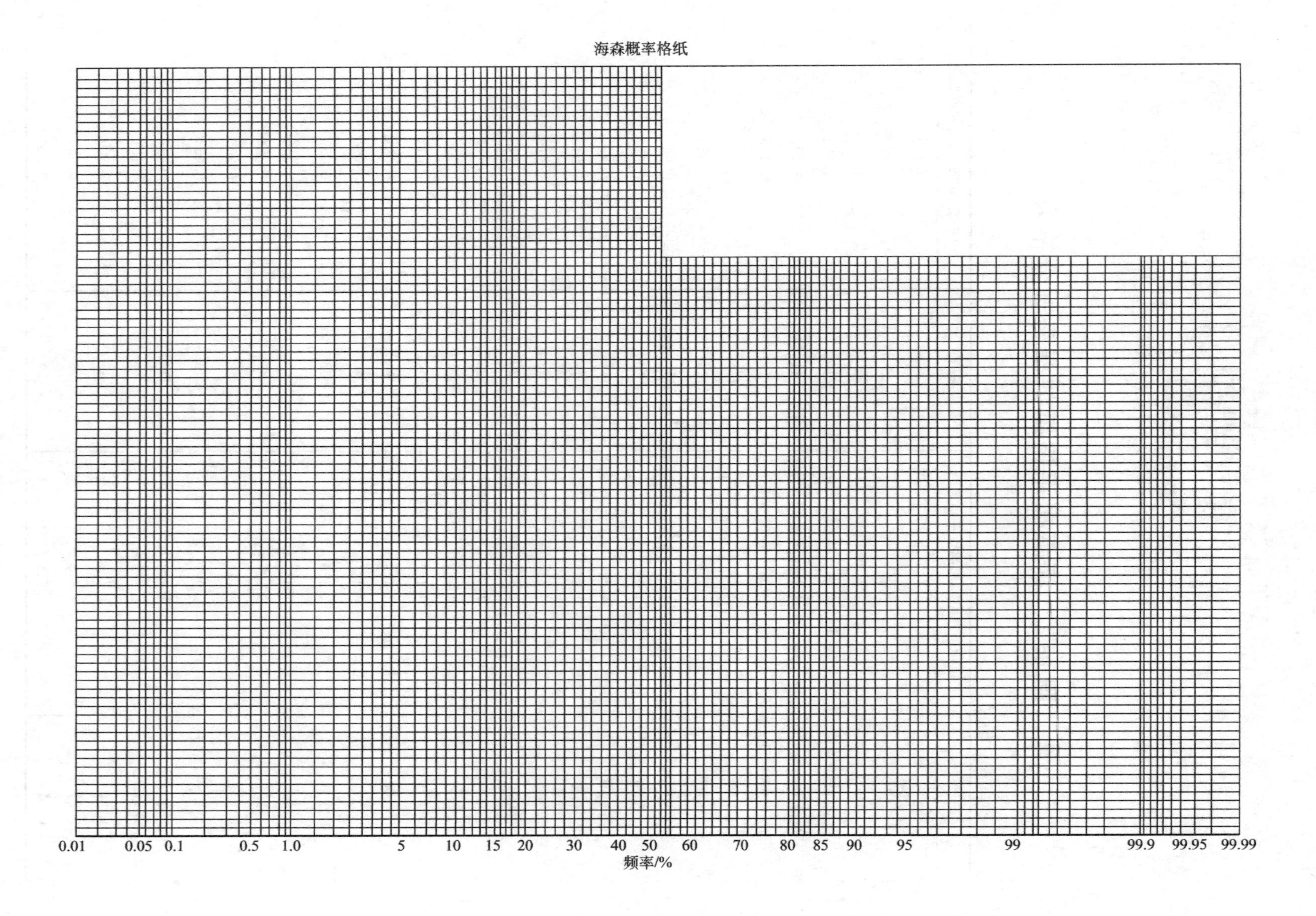
海森概率格纸
0.01
0.05
0.1
0.5
1.0
5
10
15
20
30
40
50
60
70
80
85
90
95
99
99.9
99.95
99.99
频率/%

附录2 皮尔逊Ⅲ型频率曲线离均系数 Φ_P 值表

C_S	P/%													
	0.01	0.1	1	3	5	10	25	50	75	90	95	97	99	99.9
0.00	3.72	3.09	2.33	1.88	1.65	1.28	0.67	-0.00	-0.67	-1.28	-1.65	-1.88	-2.33	-3.09
0.05	3.73	3.16	2.36	1.90	1.65	1.28	0.66	-0.01	-0.68	-1.28	-1.63	-1.86	-2.29	-3.02
0.10	3.94	3.23	2.40	1.92	1.67	1.29	0.66	-0.02	-0.68	-1.27	-1.62	-1.84	-2.25	-2.95
0.15	4.05	3.31	2.44	1.94	1.68	1.30	0.66	-0.02	-0.68	-1.26	-1.60	-1.82	-2.22	-2.88
0.20	4.16	3.38	2.47	1.96	1.70	1.30	0.65	-0.03	-0.69	-1.26	-1.59	-1.79	-2.18	-2.81
0.25	4.27	3.45	2.50	1.98	1.71	1.30	0.64	-0.04	-0.70	-1.25	-1.56	-1.77	-2.14	-2.74
0.30	4.38	3.52	2.54	2.00	1.72	1.31	0.64	-0.05	-0.70	-1.25	-1.56	-1.75	-2.10	-2.67
0.35	4.50	3.59	2.58	2.02	1.73	1.32	0.64	-0.06	-0.70	-1.24	-1.53	-1.72	-2.06	-2.60
0.40	4.61	3.66	2.62	2.04	1.75	1.32	0.63	-0.07	-0.71	-1.23	-1.52	-1.71	-2.03	-2.53
0.45	4.72	3.74	2.64	2.06	1.76	1.32	0.62	-0.08	-0.71	-1.22	1.51	-1.68	-2.00	-2.47
0.50	4.83	3.81	2.69	2.08	1.77	1.32	0.62	-0.08	-0.71	-1.22	-1.49	-1.66	-1.96	-2.40
0.55	4.94	3.88	2.72	2.10	1.79	1.33	0.62	-0.09	-0.72	-1.21	-1.47	-1.64	-1.92	-2.33
0.60	5.05	3.96	2.76	2.12	1.80	1.33	0.61	-0.10	-0.72	-1.20	-1.46	-1.61	-1.88	-2.27
0.65	5.16	4.03	2.79	2.14	1.81	1.33	0.60	-0.11	-0.72	-1.19	-1.44	-1.59	-1.84	-2.20
0.70	5.28	4.10	2.82	2.15	1.82	1.33	0.59	-0.12	-0.72	-1.18	-1.42	-1.57	-1.81	-2.14
0.75	5.39	4.17	2.86	2.17	1.83	1.34	0.58	-0.12	-0.72	-1.18	-1.41	-1.54	-1.77	-2.08
0.80	5.50	4.24	2.89	2.19	1.84	1.34	0.58	-0.13	-0.73	-1.17	-1.39	-1.52	-1.73	-2.02
0.85	5.62	4.31	2.92	2.20	1.85	1.34	0.58	-0.14	-0.73	-1.16	-1.37	-1.49	-1.70	-1.96
0.90	5.73	4.39	2.96	2.22	1.86	1.34	0.57	-0.15	-0.73	-1.15	-1.35	-1.47	-1.66	-1.90
0.95	5.84	4.46	2.99	2.24	1.87	1.34	0.56	-0.16	-0.73	-1.14	-1.34	-1.45	-1.62	-1.84
1.00	5.96	4.53	3.02	2.25	1.88	1.34	0.55	-0.16	-0.73	-1.13	-1.32	-1.42	-1.59	-1.79
1.05	6.07	4.60	3.06	2.27	1.89	1.34	0.54	-0.17	-0.74	-1.12	-1.30	-1.40	-1.55	-1.73
1.10	6.19	4.67	3.09	2.28	1.89	1.34	0.54	-0.18	-0.74	-1.11	-1.28	-1.37	-1.52	-1.68
1.15	6.30	4.74	3.12	2.30	1.90	1.34	0.53	-0.19	-0.74	-1.10	-1.26	-1.35	-1.48	-1.63
1.20	6.41	4.82	3.15	2.31	1.91	1.34	0.52	-0.20	-0.74	-1.09	-1.25	-1.33	-1.45	-1.58
1.25	6.53	4.89	3.18	2.33	1.92	1.34	0.52	-0.20	-0.74	-1.08	-1.22	-1.30	-1.42	-1.53
1.30	6.64	4.96	3.21	2.34	1.93	1.34	0.51	-0.21	-0.74	-1.06	-1.21	-1.28	-1.38	-1.48
1.35	6.75	5.03	3.24	2.36	1.93	1.34	0.50	-0.22	-0.74	-1.05	-1.19	-1.26	-1.35	-1.44
1.40	6.87	5.10	3.27	2.37	1.94	1.34	0.49	-0.23	-0.73	-1.04	-1.17	-1.23	-1.32	-1.39
1.45	6.98	5.16	3.30	2.38	1.95	1.34	0.48	-0.23	-0.73	-1.03	-1.15	-1.21	-1.29	-1.35
1.50	7.09	5.23	3.33	2.40	1.95	1.33	0.47	-0.24	-0.73	-1.02	-1.13	-1.19	-1.26	-1.31
1.55	7.21	5.30	3.36	2.41	1.96	1.33	0.46	-0.25	-0.73	-1.01	-1.11	-1.16	-1.23	-1.28
1.60	7.32	5.37	3.39	2.42	1.96	1.33	0.46	-0.25	-0.73	-0.99	-1.09	-1.14	-1.20	-1.24
1.65	7.43	5.44	3.42	2.43	1.97	1.33	0.45	-0.26	-0.72	-0.98	-1.08	-1.12	-1.17	-1.20
1.70	7.54	5.51	3.44	2.44	1.97	1.32	0.44	-0.27	-0.72	-0.97	-1.06	-1.10	-1.14	-1.17
1.75	7.66	5.58	3.47	2.46	1.98	1.32	0.43	-0.28	-0.72	-0.96	-1.04	-1.07	-1.11	-1.14
1.80	7.77	5.64	3.50	2.47	1.98	1.32	0.42	-0.28	-0.72	-0.95	-1.02	-1.05	-1.09	-1.11
1.85	7.88	5.71	3.53	2.48	1.99	1.31	0.41	-0.29	-0.72	-0.93	-1.00	-1.03	-1.06	-1.08
1.90	7.99	5.78	3.55	2.49	1.99	1.31	0.40	-0.29	-0.72	-0.92	-0.98	-1.01	-1.04	-1.05
1.95	8.10	5.84	3.58	2.50	1.99	1.31	0.40	-0.30	-0.72	-0.91	-0.97	-0.99	-1.01	-1.02
2.00	8.21	5.91	3.61	2.51	2.00	1.30	0.39	-0.31	-0.71	-0.90	-0.95	-0.97	-0.99	-1.00
2.05	8.32	5.97	3.63	2.52	2.00	1.30	0.38	-0.32	-0.71	-0.89	-0.94	-0.95	-0.96	-0.97
2.10	8.43	6.04	3.66	2.53	2.01	1.29	0.37	-0.32	-0.70	-0.88	-0.93	-0.93	-0.94	-0.95
2.15	8.54	6.10	3.68	2.54	2.01	1.28	0.36	-0.32	-0.70	-0.86	-0.92	-0.92	-0.92	-0.93

续表

C_S	P/%													
	0.01	0.1	1	3	5	10	25	50	75	90	95	97	99	99.9
2.20	8.64	6.16	3.71	2.55	2.01	1.28	0.35	−0.33	−0.69	−0.85	−0.90	−0.90	−0.90	−0.91
2.25	8.75	6.23	3.72	2.56	2.01	1.27	0.34	−0.34	−0.68	−0.83	−0.88	−0.88	−0.89	−0.89
2.30	8.86	6.30	3.75	2.56	2.01	1.27	0.33	−0.34	−0.68	−0.82	−0.86	−0.86	−0.87	−0.87
2.35	8.97	6.36	3.78	2.56	2.01	1.26	0.32	−0.34	−0.67	−0.81	−0.84	−0.84	−0.85	−0.85
2.40	9.07	6.42	3.80	2.57	2.01	1.25	0.31	−0.35	−0.66	−0.79	−0.82	−0.82	−0.83	−0.83
2.45	9.18	6.48	3.81	2.58	2.01	1.25	0.30	−0.36	−0.66	−0.78	−0.80	−0.80	−0.82	−0.82
2.50	9.28	6.55	3.85	2.58	2.01	1.24	0.29	−0.36	−0.65	−0.77	−0.79	−0.79	−0.80	−0.80
2.55	9.39	6.60	3.85	2.58	2.01	1.23	0.28	−0.36	−0.65	−0.75	−0.78	−0.78	−0.78	−0.78
2.60	9.50	6.67	3.87	2.59	2.01	1.23	0.27	−0.37	−0.64	−0.74	−0.76	−0.76	−0.77	−0.77
2.65	9.60	6.73	3.89	2.59	2.02	1.22	0.26	−0.37	−0.64	−0.73	−0.75	−0.75	−0.75	−0.75
2.70	9.70	6.79	3.91	2.60	2.02	1.21	0.25	−0.38	−0.63	−0.72	−0.73	−0.73	−0.74	−0.74
2.75	9.82	6.85	3.93	2.61	2.02	1.21	0.24	−0.38	−0.63	−0.71	−0.72	−0.72	−0.72	−0.73
2.80	9.93	6.92	3.95	2.61	2.02	1.20	0.23	−0.38	−0.62	−0.70	−0.71	−0.71	−0.71	−0.71
2.85	10.02	6.97	3.97	2.62	2.02	1.20	0.22	−0.39	−0.62	−0.69	−0.70	−0.70	−0.70	−0.70
2.90	10.11	7.03	3.99	2.62	2.02	1.19	0.21	−0.39	−0.61	−0.67	−0.68	−0.68	−0.69	−0.69
2.95	10.23	7.09	4.00	2.62	2.02	1.18	0.20	−0.40	−0.61	−0.66	−0.67	−0.67	−0.68	−0.68
3.00	10.34	7.15	4.02	2.63	2.02	1.18	0.19	−0.40	−0.60	−0.65	−0.66	−0.66	−0.67	−0.67
3.10	10.56	7.26	4.08	2.64	2.00	1.16	0.17	−0.40	−0.60	−0.64	−0.64	−0.65	−0.65	−0.65
3.20	10.77	7.38	4.12	2.65	1.99	1.14	0.15	−0.40	−0.58	−0.62	−0.61	−0.61	−0.61	−0.61
3.30	10.97	7.49	4.15	2.65	1.99	1.12	0.14	−0.40	−0.58	−0.60	−0.61	−0.61	−0.61	−0.61
3.40	11.17	7.60	4.18	2.65	1.98	1.11	0.12	−0.41	−0.57	−0.59	−0.59	−0.59	−0.59	−0.59
3.50	11.37	7.72	4.22	2.65	1.97	1.09	0.10	−0.41	−0.55	−0.57	−0.57	−0.57	−0.57	−0.57
3.60	11.57	7.83	4.25	2.66	1.96	1.08	0.09	−0.41	−0.54	−0.56	−0.57	−0.57	−0.57	−0.57
3.70	11.77	7.94	4.28	2.66	1.95	1.06	0.07	−0.42	−0.53	−0.54	−0.54	−0.54	−0.54	−0.54
3.80	11.97	8.05	4.31	2.66	1.94	1.04	0.06	−0.42	−0.52	−0.53	−0.53	−0.53	−0.53	−0.53
3.90	12.16	8.15	4.24	2.66	1.93	1.02	0.04	−0.41	−0.51	−0.51	−0.51	−0.51	−0.51	−0.51
4.00	12.36	8.25	4.37	2.66	1.92	1.00	0.02	−0.41	−0.50	−0.50	−0.50	−0.50	−0.50	−0.50
4.10	12.55	8.35	4.39	2.66	1.91	0.98	0.00	−0.41	−0.48	−0.49	−0.49	−0.49	−0.49	−0.49
4.20	12.74	8.45	4.41	2.65	1.90	0.96	−0.02	−0.41	−0.47	−0.48	−0.48	−0.48	−0.48	−0.48
4.30	12.93	8.55	4.44	2.65	1.88	0.94	−0.03	−0.41	−0.46	−0.47	−0.47	−0.47	−0.47	−0.48
4.40	13.12	8.65	4.46	2.65	1.87	0.92	−0.04	−0.40	−0.45	−0.46	−0.46	−0.46	−0.46	−0.46
4.50	13.30	8.75	4.48	2.64	1.85	0.90	−0.05	−0.40	−0.44	−0.44	−0.44	−0.44	−0.44	−0.44
4.60	13.49	8.85	4.50	2.63	1.84	0.88	−0.06	−0.40	−0.44	−0.44	−0.44	−0.44	−0.44	−0.44
4.70	13.67	8.95	4.52	2.62	1.82	0.86	−0.07	−0.39	−0.43	−0.43	−0.43	−0.43	−0.43	−0.43
4.80	13.85	9.04	4.54	2.61	1.80	0.84	−0.08	−0.39	−0.42	−0.42	−0.42	−0.42	−0.42	−0.42
4.90	14.04	9.18	4.55	2.60	1.78	0.82	−0.10	−0.38	−0.41	−0.41	−0.41	−0.41	−0.41	−0.41
5.00	14.22	9.22	4.57	2.60	1.77	0.80	−0.11	−0.38	−0.40	−0.40	−0.40	−0.40	−0.40	−0.40
5.10	14.40	9.31	4.58	2.59	1.75	0.78	−0.12	−0.37	−0.39	−0.39	−0.39	−0.39	−0.39	−0.39
5.20	14.57	9.40	4.59	2.58	1.73	0.76	−0.13	−0.37	−0.39	−0.39	−0.39	−0.39	−0.39	−0.39
5.30	14.75	9.49	4.60	2.57	1.72	0.74	−0.14	−0.36	−0.38	−0.38	−0.38	−0.38	−0.38	−0.38
5.40	14.92	9.57	4.62	2.56	1.70	0.72	−0.14	−0.36	−0.37	−0.37	−0.37	−0.37	−0.37	−0.37
5.50	15.10	9.66	4.63	2.55	1.68	0.70	−0.15	−0.35	−0.36	−0.36	−0.36	−0.36	−0.36	−0.36
5.60	15.27	9.74	4.64	2.53	1.66	0.67	−0.16	−0.35	−0.36	−0.36	−0.36	−0.36	−0.36	−0.36
5.70	15.45	9.82	4.65	2.52	1.65	0.65	−0.17	−0.34	−0.35	−0.35	−0.35	−0.35	−0.35	−0.35
5.80	15.62	9.91	4.68	2.51	1.63	0.63	−0.18	−0.34	−0.35	−0.35	−0.35	−0.35	−0.35	−0.35
5.90	15.78	9.99	4.68	2.49	1.61	0.61	−0.18	−0.33	−0.34	−0.34	−0.34	−0.34	−0.34	−0.34
6.00	15.94	10.07	4.68	2.48	1.59	0.59	−0.19	−0.33	−0.33	−0.33	−0.33	−0.33	−0.33	−0.33
6.10	16.11	10.15	4.69	2.46	1.57	0.57	−0.19	−0.33	−0.33	−0.33	−0.33	−0.33	−0.33	−0.33
6.20	16.28	10.22	4.70	2.45	1.55	0.55	−0.20	−0.32	−0.32	−0.32	−0.32	−0.32	−0.32	−0.32
6.30	16.45	10.30	4.70	2.43	1.53	0.53	−0.20	−0.32	−0.32	−0.32	−0.32	−0.32	−0.32	−0.32
6.40	16.61	10.38	4.71	2.41	1.51	0.51	−0.21	−0.31	−0.31	−0.31	−0.31	−0.31	−0.31	−0.31

附录3　皮尔逊Ⅲ型频率曲线三点法 S 与 C_S 关系

（一）P=1%～50%～99%

S	0	1	2	3	4	5	6	7	8	9
0.0	0.000	0.026	0.051	0.077	0.103	0.128	0.154	0.180	0.206	0.232
0.1	0.258	0.284	0.310	0.336	0.362	0.387	0.413	0.439	0.465	0.491
0.2	0.517	0.544	0.570	0.596	0.622	0.648	0.674	0.700	0.726	0.753
0.3	0.780	0.807	0.833	0.860	0.887	0.913	0.940	0.967	0.994	1.021
0.4	1.048	1.075	1.103	1.131	1.159	1.187	1.216	1.244	1.273	1.302
0.5	1.331	1.360	1.389	1.419	1.449	1.479	1.510	1.541	1.572	1.604
0.6	1.636	1.668	1.702	1.735	1.770	1.805	1.841	1.877	1.914	1.951
0.7	1.989	2.029	2.069	2.110	2.153	2.198	2.243	2.289	2.338	2.388
0.8	2.440	2.495	2.551	2.611	2.673	2.739	2.809	2.882	2.958	3.042
0.9	3.132	3.227	3.334	3.449	3.583	3.740	3.913	4.136	4.432	4.883

（二）P=3%～50%～97%

S	0	1	2	3	4	5	6	7	8	9
0.0	0.000	0.032	0.064	0.095	0.127	0.159	0.191	0.223	0.255	0.287
0.1	0.319	0.351	0.383	0.414	0.446	0.478	0.510	0.541	0.573	0.605
0.2	0.637	0.668	0.699	0.731	0.763	0.794	0.826	0.858	0.889	0.921
0.3	0.952	0.983	1.015	1.046	1.077	1.109	1.141	1.174	1.206	1.238
0.4	1.270	1.301	1.333	1.366	1.398	1.430	1.461	1.493	1.526	1.560
0.5	1.593	1.626	1.658	1.691	1.725	1.770	1.794	1.829	1.863	1.898
0.6	1.933	1.969	2.005	2.041	2.078	2.116	2.154	2.193	2.233	2.274
0.7	2.315	2.357	2.400	2.444	2.490	2.535	2.580	2.630	2.683	2.736
0.8	2.789	2.844	2.901	2.959	3.023	3.093	3.160	3.233	3.312	3.393
0.9	3.482	3.579	3.688	3.805	3.930	4.081	4.258	4.470	4.764	5.228

（三）P=5%～50%～95%

S	0	1	2	3	4	5	6	7	8	9
0.0	0.000	0.036	0.073	0.109	0.146	0.182	0.218	0.254	0.291	0.327
0.1	0.364	0.400	0.437	0.473	0.509	0.545	0.581	0.617	0.651	0.687
0.2	0.723	0.760	0.796	0.831	0.866	0.901	0.936	0.972	1.007	1.042
0.3	1.076	1.111	1.146	1.182	1.217	1.252	1.287	1.322	1.356	1.390
0.4	1.425	1.460	1.494	1.529	1.563	1.597	1.632	1.667	1.702	1.737
0.5	1.773	1.809	1.844	1.879	1.915	1.950	1.986	2.022	2.058	2.095
0.6	2.133	2.171	2.209	2.247	2.285	2.324	2.367	2.408	2.448	2.487
0.7	2.529	2.572	2.615	2.662	2.710	2.757	2.805	2.855	2.906	2.955
0.8	3.009	3.069	3.127	3.184	3.248	3.317	3.385	3.457	3.536	3.621
0.9	3.714	3.809	3.909	4.023	4.153	4.306	4.474	4.695	4.974	5.402

续表

(四) $P=10\%\sim50\%\sim90\%$

S	0	1	2	3	4	5	6	7	8	9
0.0	0.000	0.046	0.092	0.139	0.187	0.234	0.281	0.327	0.373	0.419
0.1	0.456	0.511	0.557	0.602	0.647	0.692	0.737	0.784	0.829	0.872
0.2	0.916	0.961	1.005	1.048	1.089	1.131	1.175	1.218	1.261	1.303
0.3	1.345	1.385	1.426	1.467	1.508	1.548	1.588	1.628	1.668	1.708
0.4	1.748	1.788	1.827	1.866	1.905	1.943	1.981	2.019	2.056	2.094
0.5	2.133	2.173	2.212	2.250	2.288	2.327	2.367	2.407	2.447	2.487
0.6	2.526	2.563	2.603	2.645	2.689	2.731	2.773	2.816	2.858	2.901
0.7	2.944	2.989	3.033	3.086	3.133	3.177	3.226	3.279	3.331	3.384
0.8	3.438	3.491	3.552	3.617	3.685	3.752	3.821	3.890	3.966	4.051
0.9	4.140	4.235	4.344	4.452	4.587	4.734	4.891	5.131	5.374	5.791

(五) $P=2\%\sim20\%\sim70\%$

S	0	1	2	3	4	5	6	7	8	9
0.0	0.291	0.342	0.394	0.446	0.497	0.552	0.607	0.662	0.717	0.774
0.1	0.831	0.887	0.944	1.001	1.060	1.119	1.181	1.241	1.299	1.359
0.2	1.420	1.483	1.543	1.601	1.663	1.724	1.784	1.846	1.907	1.966
0.3	2.029	2.089	2.150	2.211	2.273	2.334	2.394	2.454	2.514	2.576
0.4	2.635	2.694	2.754	2.814	2.874	2.934	2.994	3.056	3.118	3.179
0.5	3.239	3.299	3.360	3.421	3.485	3.548	3.610	3.675	3.739	3.803
0.6	3.868	3.934	4.000	4.069	4.137	4.207	4.279	4.349	4.419	4.494
0.7	4.572	4.649	4.727	4.808	4.891	4.975	5.059	5.148	6.379	5.335
0.8	5.434	5.538	5.646	5.751	5.868	5.982	6.103	6.236	8.947	6.531
0.9	6.693	6.861	7.051	7.241	7.476	7.746	8.063	8.414	5.374	9.757

(六) $P=2\%\sim30\%\sim80\%$

S	0	1	2	3	4	5	6	7	8	9
0.0	−0.230	−0.191	−0.150	−0.110	−0.069	−0.028	0.014	0.056	0.099	0.142
0.1	0.185	0.229	0.273	0.318	0.363	0.408	0.455	0.501	0.547	0.593
0.2	0.640	0.687	0.736	0.785	0.834	0.882	0.932	0.983	1.033	1.083
0.3	1.133	1.182	1.233	1.285	1.336	1.386	1.437	1.489	1.540	1.591
0.4	1.643	1.695	1.748	1.802	1.852	1.903	1.957	2.010	2.061	2.113
0.5	2.167	2.220	2.272	2.325	2.379	2.433	2.486	2.540	2.594	2.649
0.6	2.703	2.758	2.814	2.872	2.930	2.988	3.046	3.105	3.166	3.227
0.7	3.288	3.351	3.414	3.477	3.544	3.613	3.681	3.751	3.824	3.902
0.8	3.982	4.062	4.144	4.230	4.322	4.415	4.517	4.618	4.728	4.849
0.9	4.978	5.108	5.261	5.419	5.599	5.821	6.048	6.345	6.747	7.376

附录4 皮尔逊Ⅲ型频率曲线模比系数 K_P 值表

$C_S=2C_V$

C_V \ P/%	0.01	0.1	0.2	0.33	0.5	1	2	5	10	20	50	75	80	90	95	99	P/% \ C_S
0.05	1.20	1.16	1.15	1.14	1.13	1.12	1.11	1.08	1.06	1.04	1.00	0.97	0.96	0.94	0.92	0.89	0.10
0.10	1.42	1.34	1.31	1.29	1.27	1.25	1.21	1.17	1.13	1.08	1.00	0.93	0.90	0.87	0.84	0.78	0.20
0.15	1.67	1.54	1.48	1.46	1.43	1.38	1.33	1.26	1.20	1.12	0.99	0.90	0.86	0.81	0.77	0.69	0.30
0.18	1.82	1.65	1.59	1.56	1.53	1.46	1.40	1.31	1.23	1.14	0.99	0.88	0.83	0.77	0.73	0.63	0.36
0.20	1.92	1.73	1.67	1.63	1.59	1.52	1.45	1.35	1.25	1.16	0.99	0.86	0.81	0.75	0.70	0.59	0.40
0.22	2.04	1.82	1.75	1.70	1.66	1.58	1.50	1.39	1.29	1.18	0.98	0.84	0.79	0.73	0.67	0.56	0.44
0.24	2.16	1.91	1.83	1.77	1.73	1.64	1.55	1.43	1.32	1.19	0.98	0.83	0.80	0.71	0.64	0.53	0.48
0.25	2.22	1.96	1.87	1.81	1.77	1.67	1.58	1.45	1.33	1.20	0.98	0.82	0.76	0.70	0.63	0.52	0.50
0.26	2.28	2.01	1.91	1.85	1.80	1.70	1.60	1.46	1.34	1.21	0.98	0.82	0.76	0.69	0.62	0.50	0.52
0.28	2.40	2.10	2.00	1.93	1.87	1.76	1.66	1.50	1.37	1.22	0.97	0.79	0.73	0.66	0.59	0.47	0.56
0.30	2.52	2.19	2.08	2.01	1.94	1.83	1.71	1.54	1.40	1.24	0.97	0.78	0.71	0.64	0.56	0.44	0.60
0.35	2.86	2.44	2.31	2.22	2.13	2.00	1.84	1.64	1.47	1.28	0.96	0.75	0.67	0.59	0.51	0.37	0.70
0.40	3.20	2.70	2.54	2.42	2.32	2.15	1.98	1.74	1.54	1.31	0.95	0.71	0.62	0.53	0.45	0.30	0.80
0.45	3.59	2.98	2.80	2.65	2.53	2.33	2.13	1.84	1.60	1.35	0.93	0.67	0.58	0.48	0.40	0.26	0.90
0.50	3.98	3.27	3.05	2.88	2.74	2.51	2.27	1.94	1.67	1.38	0.92	0.64	0.54	0.44	0.34	0.21	1.00
0.55	4.42	3.58	3.32	3.12	2.97	2.70	2.42	2.04	1.74	1.41	0.90	0.59	0.50	0.40	0.30	0.16	1.10
0.60	4.85	3.89	3.59	3.37	3.20	2.89	2.57	2.15	1.80	1.44	0.89	0.56	0.46	0.35	0.26	0.13	1.20
0.65	5.33	4.22	3.89	3.64	3.44	3.09	2.74	2.25	1.87	1.47	0.87	0.52	0.42	0.31	0.22	0.10	1.30
0.70	5.81	4.56	4.19	3.91	3.68	3.29	2.90	2.36	1.94	1.50	0.85	0.49	0.38	0.27	0.18	0.08	1.40
0.75	6.33	4.93	4.52	4.19	3.93	3.50	3.06	2.46	2.00	1.52	0.82	0.45	0.35	0.24	0.15	0.06	1.50
0.80	6.85	5.30	4.84	4.47	4.19	3.71	3.22	2.57	2.06	1.54	0.80	0.42	0.32	0.21	0.12	0.04	1.60
0.90	7.98	6.08	5.51	5.07	4.74	4.15	3.56	2.78	2.19	1.58	0.75	0.35	0.25	0.15	0.08	0.02	1.80

$C_S=3C_V$

C_V \ P/%	0.01	0.1	0.2	0.33	0.5	1	2	5	10	20	50	75	80	90	95	99	P/% \ C_S
0.20	2.02	1.79	1.72	1.67	1.63	1.55	1.47	1.33	1.27	1.16	0.98	0.86	0.81	0.76	0.71	0.62	0.60
0.25	2.35	2.05	1.95	1.88	1.82	1.72	1.61	1.46	1.34	1.20	0.97	0.82	0.77	0.71	0.65	0.56	0.75
0.30	2.72	2.32	2.19	2.10	2.02	1.89	1.75	1.56	1.40	1.23	0.96	0.78	0.72	0.66	0.60	0.50	0.90
0.35	3.12	2.61	2.46	2.33	2.24	2.07	1.90	1.66	1.47	1.26	0.94	0.74	0.68	0.61	0.55	0.46	1.05
0.40	3.56	2.92	2.73	2.58	2.46	2.26	2.05	1.76	1.54	1.29	0.92	0.70	0.64	0.57	0.50	0.42	1.20
0.42	3.75	3.06	2.85	2.69	2.56	2.34	2.11	1.81	1.56	1.31	0.91	0.69	0.62	0.55	0.49	0.41	1.26
0.44	3.94	3.19	2.97	2.80	2.66	2.42	2.17	1.85	1.59	1.32	0.91	0.67	0.61	0.54	0.47	0.40	1.32
0.45	4.04	3.26	3.03	2.85	2.70	2.46	2.21	1.87	1.60	1.32	0.80	0.67	0.60	0.53	0.47	0.39	1.35
0.46	4.14	3.33	3.09	2.90	2.75	2.50	2.24	1.89	1.61	1.33	0.90	0.66	0.59	0.52	0.46	0.39	1.38
0.48	4.34	3.47	3.21	3.01	2.85	2.58	2.31	1.93	1.65	1.34	0.89	0.65	0.58	0.51	0.45	0.38	1.44
0.50	4.56	3.62	3.34	3.12	2.93	2.67	2.37	1.98	1.67	1.35	0.88	0.64	0.57	0.49	0.44	0.37	1.50
0.52	4.76	3.76	3.46	3.24	3.06	2.75	2.44	2.02	1.69	1.35	0.87	0.62	0.55	0.48	0.42	0.36	1.56
0.54	4.98	3.91	3.60	3.36	3.16	2.84	2.51	2.06	1.72	1.36	0.86	0.61	0.54	0.47	0.41	0.36	1.62
0.55	5.09	3.99	3.66	3.42	3.21	2.88	2.54	2.08	1.73	1.36	0.86	0.60	0.53	0.46	0.41	0.36	1.65
0.56	5.20	4.07	3.73	3.48	3.27	2.93	2.57	2.10	1.74	1.37	0.85	0.59	0.53	0.46	0.40	0.35	1.68
0.58	5.43	4.23	3.86	3.59	3.33	3.01	2.64	2.14	1.77	1.38	0.84	0.58	0.52	0.45	0.40	0.35	1.74
0.60	5.66	4.38	4.01	3.71	3.49	3.10	2.71	2.19	1.79	1.38	0.83	0.57	0.51	0.44	0.39	0.35	1.80
0.65	6.26	4.81	4.36	4.03	3.77	3.33	2.88	2.29	1.85	1.40	0.80	0.53	0.47	0.41	0.37	0.34	1.95
0.70	6.90	5.23	4.73	4.35	4.06	3.56	3.05	2.40	1.90	1.41	0.78	0.50	0.45	0.39	0.36	0.34	2.10
0.75	7.57	5.68	5.12	4.59	4.36	3.80	3.24	2.50	1.95	1.42	0.76	0.48	0.43	0.38	0.35	0.34	2.25
0.80	8.26	6.14	5.50	5.04	4.65	4.05	3.42	2.61	2.01	1.43	0.72	0.46	0.41	0.36	0.34	0.34	2.40

$C_S=3.5C_V$

C_V \ $P/\%$	0.01	0.1	0.2	0.33	0.5	1	2	5	10	20	50	75	80	90	95	99	$P/\%$ / C_S
0.20	2.06	1.82	1.74	1.69	1.64	1.56	1.48	1.36	1.27	1.16	0.98	0.86	0.81	0.76	0.72	0.64	0.70
0.25	2.42	2.09	1.99	1.91	1.85	1.74	1.62	1.46	1.34	1.19	0.96	0.82	0.77	0.71	0.66	0.58	0.88
0.30	2.82	2.38	2.24	2.14	2.06	1.92	1.77	1.57	1.40	1.22	0.95	0.78	0.73	0.67	0.61	0.53	1.05
0.35	3.26	2.70	2.52	2.39	2.29	2.11	1.92	1.67	1.47	1.26	0.93	0.74	0.68	0.62	0.57	0.50	1.23
0.40	3.75	3.04	2.82	2.66	2.58	2.31	2.08	1.78	1.53	1.28	0.91	0.71	0.65	0.58	0.53	0.47	1.40
0.42	3.95	3.18	2.95	2.77	2.63	2.39	2.15	1.82	1.56	1.29	0.90	0.69	0.63	0.57	0.52	0.46	1.47
0.44	4.16	3.33	3.08	2.88	2.73	2.48	2.21	1.86	1.59	1.30	0.89	0.68	0.62	0.56	0.51	0.46	1.54
0.45	4.27	3.40	3.14	2.94	2.79	2.52	2.25	1.88	1.60	1.31	0.89	0.67	0.61	0.55	0.50	0.45	1.58
0.46	4.37	3.48	3.21	3.00	2.84	2.56	2.28	1.90	1.61	1.31	0.88	0.66	0.60	0.54	0.50	0.45	1.61
0.48	4.60	3.63	3.35	3.12	2.94	2.65	2.35	1.95	1.64	1.32	0.87	0.65	0.59	0.53	0.49	0.45	1.68
0.49	4.71	3.71	3.42	3.18	3.00	2.70	2.39	1.97	1.65	1.32	0.87	0.65	0.59	0.53	0.49	0.45	1.72
0.50	4.82	3.78	3.48	3.24	3.06	2.74	2.42	1.99	1.66	1.32	0.86	0.64	0.58	0.52	0.48	0.44	1.75
0.52	5.06	3.95	3.62	3.36	3.16	2.83	2.48	2.03	1.69	1.33	0.85	0.63	0.57	0.51	0.47	0.44	1.82
0.54	5.30	4.11	3.76	3.48	3.28	2.91	2.55	2.07	1.71	1.34	0.84	0.61	0.56	0.50	0.47	0.44	1.89
0.55	5.41	4.20	3.83	3.55	3.34	2.96	2.58	2.10	1.72	1.34	0.84	0.60	0.55	0.50	0.46	0.44	1.93
0.56	5.55	4.28	3.91	3.61	3.39	3.01	2.62	2.12	1.73	1.35	0.83	0.60	0.55	0.49	0.46	0.43	1.96
0.58	5.80	4.45	4.05	3.74	3.51	3.10	2.69	2.16	1.75	1.35	0.82	0.58	0.53	0.48	0.46	0.43	2.03
0.60	6.06	4.62	4.20	3.87	3.62	3.20	2.76	2.20	1.77	1.35	0.81	0.57	0.53	0.48	0.45	0.43	2.10
0.65	6.73	5.08	4.58	4.22	3.92	3.44	2.94	2.30	1.83	1.36	0.78	0.55	0.51	0.46	0.44	0.43	2.28
0.70	7.43	5.54	4.98	4.56	4.23	3.68	3.12	2.41	1.83	1.37	0.75	0.53	0.49	0.45	0.44	0.43	2.45
0.75	8.16	6.02	5.38	4.92	4.55	3.92	3.30	2.51	1.92	1.37	0.72	0.50	0.47	0.44	0.43	0.43	2.63
0.80	8.91	6.53	5.81	5.29	4.87	4.18	3.49	2.61	1.97	1.37	0.70	0.49	0.47	0.44	0.43	0.43	2.80

$C_S=4C_V$

C_V \ $P/\%$	0.01	0.1	0.2	0.33	0.5	1	2	5	10	20	50	75	80	90	95	99	$P/\%$ / C_S
0.20	2.10	1.85	1.77	1.71	1.66	1.58	1.49	1.37	1.27	1.16	0.97	0.85	0.81	0.77	0.72	0.65	0.80
0.25	2.49	2.13	2.02	1.94	1.87	1.76	1.64	1.47	1.34	1.19	0.96	0.82	0.77	0.72	0.67	0.60	1.00
0.30	2.92	2.44	2.30	2.18	2.10	1.94	1.79	1.57	1.40	1.22	0.94	0.78	0.73	0.68	0.63	0.56	1.20
0.35	3.40	2.78	2.60	2.45	2.34	2.14	1.95	1.68	1.47	1.25	0.92	0.74	0.69	0.64	0.59	0.54	1.40
0.40	3.92	3.15	2.92	2.74	2.60	2.36	2.11	1.78	1.53	1.27	0.90	0.71	0.66	0.60	0.56	0.52	1.60
0.42	4.15	3.30	3.05	2.86	2.70	2.44	2.18	1.83	1.56	1.28	0.89	0.70	0.65	0.59	0.55	0.52	1.68
0.44	4.38	3.46	3.19	2.98	2.81	2.53	2.25	1.87	1.58	1.29	0.88	0.68	0.63	0.58	0.55	0.51	1.76
0.45	4.49	3.54	3.25	3.03	2.87	2.58	2.28	1.89	1.59	1.29	0.87	0.68	0.63	0.58	0.54	0.51	1.80
0.46	4.62	3.62	3.32	3.10	2.92	2.62	2.32	1.91	1.61	1.29	0.87	0.67	0.62	0.57	0.54	0.51	1.84
0.48	4.86	3.79	3.47	3.22	3.04	2.71	2.39	1.96	1.63	1.30	0.86	0.66	0.61	0.56	0.53	0.51	1.92
0.50	5.10	3.96	3.61	3.35	3.15	2.80	2.45	2.00	1.65	1.31	0.84	0.64	0.60	0.55	0.53	0.50	2.00
0.52	5.36	4.12	3.76	3.48	3.27	2.90	2.52	2.04	1.67	1.31	0.83	0.63	0.59	0.55	0.52	0.50	2.08
0.54	5.62	4.30	3.91	3.61	3.38	2.99	2.59	2.08	1.69	1.31	0.82	0.62	0.58	0.54	0.52	0.50	2.16
0.55	5.76	4.39	3.99	3.68	3.44	3.03	2.63	2.10	1.70	1.31	0.82	0.62	0.58	0.54	0.52	0.50	2.20
0.56	5.90	4.48	4.06	3.75	3.50	3.09	2.66	2.12	1.71	1.31	0.81	0.61	0.57	0.53	0.51	0.50	2.24
0.58	6.18	4.67	4.22	3.89	3.62	3.19	2.74	2.16	1.74	1.32	0.80	0.60	0.57	0.53	0.51	0.50	2.32
0.60	6.45	4.85	4.38	4.03	3.75	3.29	2.81	2.21	1.76	1.32	0.79	0.59	0.56	0.52	0.51	0.50	2.40
0.65	7.18	5.34	4.78	4.38	4.07	3.53	2.99	2.31	1.80	1.32	0.76	0.57	0.54	0.51	0.50	0.50	2.60
0.70	7.95	5.84	5.21	4.75	4.39	3.78	3.18	2.41	1.85	1.32	0.73	0.55	0.53	0.51	0.50	0.50	2.80
0.75	8.76	6.36	5.65	5.13	4.72	4.03	3.36	2.50	1.88	1.32	0.71	0.54	0.53	0.51	0.50	0.50	3.00
0.80	9.62	6.90	6.11	5.53	5.06	4.30	3.55	2.60	1.91	1.30	0.68	0.53	0.52	0.50	0.50	0.50	3.20

附录5　主要水文及水文地质组织

一、联合国教科文组织国际水文计划中国国家委员会

联合国教科文组织国际水文计划中国国家委员会（Chinese Naional Committee for the IHP of UNESCO）是我国执行联合国教科文组织国际水科学计划的常设机构。我国于1974年参加国际水文计划，并于1979年成立了常设的中国国家委员会。它代表我国政府参加联合国教科文组织在水文水资源领域的教育和科研等活动的组织工作，执行一系列计划项目，其中有水文循环研究，人类活动对水文循环的影响，水资源的合理估算和有效利用等；组织出版刊物、情报交流、学术会议和地区合作等以促进国际水文合作；水文科学的教育和培训。

二、国际地下水委员会（ICGW）

国际地下水委员会是国际水文科学协会（IAHS）下设的9个委员会之一，其中国际地表水委员会、国际水质委员会和国际水资源专业委员会与地下水有密切的联系。其研究方向和任务为：开展地下水资源评估和地下水管理的研究，促进理论和实践之间差距的缩小，以地下水资源和水质研究中有实用价值的新技术新方法的开发为最基本的研究目标，并通过技术转让和出版物发行等手段实现上述目标和任务。

三、国际水文地质学家协会（IAH）

国际水文地质学家协会成立于1956年，下设8个专业委员会：国际水文地质图委员会、国际热水矿水委员会、国际岩溶水文地质委员会、国际火山水文地质委员会、国际地下水保护委员会、国际矿区水文地质委员会、国际遥感水文地质委员会、国际地下水开发规划委员会。其宗旨是促进水文地质学家与有关各方面的合作，主要活动包括：推动科学研究、促进各组织之间的合作、组织召开国际学术会议、发行各种出版物等。

四、国际地下水模型中心（IGWMC）

国际地下水模型中心成立于1978年，目前设立两个区域办公室：一个于1987年设在美国印第安纳波利斯市，另一个于1984年设在荷兰代尔夫特市。其主要任务是：模型信息和技术的交流，主要的地下水模型（包括计算机软件）的研究和开发，有关地下水模型应用的培训和教育，出版地下水模型的新闻报道等。

参考文献

[1] UNESCO, World Water Balance and Water Resourcesof the Earth [M]. Paris: The UNESCO Press, 1978.
[2] 叶守泽主编. 水文水利计算 [M]. 北京: 中国水利水电出版社, 1994.
[3] 叶镇国编著. 土木工程水文学 [M]. 北京: 人民交通出版社, 2000.
[4] 叶镇国编著. 土木工程水文学原理及习题解法指南 [M]. 北京: 人民交通出版社, 2002.
[5] 杨维, 张戈, 张平编. 水文学与水文地质学 [M]. 北京: 机械工业出版社, 2011.
[6] 李广贺主编. 水资源利用与保护(第二版)[M]. 北京: 中国建筑工业出版社, 2010.
[7] 黄廷林, 马学尼主编. 水文学(第四版)北京: 中国建筑工业出版社, 2006.
[8] 任树梅. 工程水文学与水利计算基础 [M]. 北京: 中国农业大学出版社, 2008.
[9] 詹道江, 叶守译. 工程水文学 [M]. 北京: 中国水利水电出版社, 2000.
[10] David R. Maidment. 水文学手册 [M]. 张建云译. 北京: 科学出版社, 2002.
[11] 陶涛, 信昆仑. 水文学 [M]. 上海: 同济大学出版社, 2008.
[12] 王晓华. 水文学 [M]. 北京: 中国农业大学出版社, 2006.
[13] 高建峰. 工程水文与水资源评价管理 [M]. 北京: 北京大学出版社, 2006.
[14] 方子云. 中国水利百科全书. 环境水利分册 [M]. 北京: 中国水利水电出版社, 2004.
[15] 周丰, 郭怀成, 黄凯等. 基于多元统计方法的河流水质空间分析 [J]. 水科学进展, 2007.
[16] 雷志栋, 杨诗秀, 谢森传. 土壤水动力学 [M]. 北京: 清华大学出版社, 2009.
[17] 陈静生, 汪晋三. 地学基础 [M]. 北京: 高等教育出版社, 2001.
[18] 蔡运龙, 刘本培. 地球科学概论 [M]. 北京: 高等教育出版社, 2000.
[19] 武汉地质学院普通地质学教研室. 动力地质学原理 [M]. 北京: 地质出版社, 1978.
[20] 马建良, 王春寿. 普通地质学 [M]. 北京: 石油工业出版社, 2009.
[21] 杨伦, 刘少峰, 王家生. 普通地质学简明教程 [M]. 北京: 中国地质大学出版社, 1998.
[22] 姚文光, 郭令智. 普通地质学 [M]. 北京: 人民教育出版社, 1962.
[23] 胡明, 廖太平. 构造地质学 [M]. 北京: 石油工业出版社, 2007.
[24] 陈世悦. 矿物岩石学 [M]. 北京: 中国石油大学出版社, 2002.
[25] 房佩贤, 卫钟鼎, 廖资生. 专门水文地质学 [M]. 北京: 地质出版社, 1996.
[26] 王大纯, 张人权, 史毅虹. 水文地质学基础 [M]. 北京: 地质出版社, 2002.
[27] 肖长来, 梁秀娟, 王彪. 水文地质学 [M]. 北京: 清华大学出版社, 2010.
[28] 工程部水文地质工程地质技术方法研究队. 水文地质手册 [M]. 北京: 地质出版社, 1983.
[29] 沈振荣等. 水资源科学实验与研究—大气水、地表水、土壤水、地下水相互转化关系 [M]. 北京: 中国科学技术出版社, 1992.
[30] 潘宏雨, 马锁柱, 刘连成. 水文地质学基础 [M]. 北京: 地质出版社, 2008.
[31] 刘春华, 李其光, 宋中华等. 水文地质与电测找水技术 [M]. 郑州: 黄河水利出版社, 2008.
[32] 左建, 温庆博等. 工程地质及水文地质学 [M]. 北京: 中国水利水电出版社, 2009.
[33] 臧秀平. 工程地质 [M]. 北京: 高等教育出版社, 2004.
[34] 赵树德. 土木工程地质 [M]. 北京: 科学出版社, 2009.
[35] 苑莲菊. 工程渗流力学及应用 [M]. 北京: 中国建材工业出版社, 2001.
[36] 陈崇希. 地下水动力学 [M]. 北京: 地质出版社, 1983.
[37] 薛禹群. 地下水动力学原理 [M]. 北京: 地质出版社, 1986.